W0269501

Maniak · Wasserwirtschaft

Springer

Berlin
Heidelberg
New York
Barcelona
Budapest
Hongkong
London
Mailand
Paris
Singapur
Tokio

Ulrich Maniak

Wasserwirtschaft

Einführung in die Bewertung wasserwirtschaftlicher Vorhaben

Mit 75 Abbildungen und 34 Tabellen

Springer

Professor Dr.-Ing. Ulrich Maniak

Technische Universität Braunschweig
Leichtweiß-Institut für Wasserbau
Beethovenstraße 51a
38106 Braunschweig

ISBN-13:978-3-642-64001-8 Springer-Verlag Berlin Heidelberg New York

Die Deutsche Bibliothek - CIP-Einheitsaufnahme
Maniak, Ulrich: Wasserwirtschaft : Einführung in die Bewertung wasserwirtschaftlicher
Vorhaben / Ulrich Maniak. - Berlin; Heidelberg; New York; Barcelona; Hongkong; London;
Mailand; Paris; Singapur; Tokio: Springer, 2001
    (VDI-Buch)
    ISBN-13:978-3-642-64001-8   e-ISBN-13:978-3-642-59510-3
    DOI: 10.1007/978-3-642-59510-3

Springer-Verlag Berlin Heidelberg New York
ein Unternehmen der BertelsmannSpringer Science+Business Media GmbH
© Springer-Verlag Berlin Heidelberg 2001
Softcover reprint of the hardcover 1st edition 2001

Satz: Satzerstellung durch Autor
Einband: Struve & Partner, Heidelberg
Gedruckt auf säurefreiem Papier   SPIN: 10473433   68/3020 hu - 5 4 3 2 1 0

Vorwort

Der Text zur Einführung in wasserwirtschaftliche Projekte, deren Einordnung und Bewertung richtet sich an Studierende des Bauingenierwesens. Da diese Überlegungen wichtig für die Durchführbarkeit eines Vorhabens sind, müssen diese Grundlagen an die Studierenden früh herangetragen werden. Fragen der Wirtschaftlichkeit, Umweltbelastung und Nachhaltigkeit werden vorrangig behandelt. Auf hydrologische und wasserwirtschaftliche Untersuchungen, bauliche Konzeptionen und konstruktive Durchbildung der Wasserbauwerke wird nur soweit eingegangen, wie es zum Verständnis der Projektbewertung erforderlich ist. Rechtliche und allgemeine planerische Fragen werden nur dann aufgegriffen, wenn sie besondere Randbedingungen der Problemlösung bilden.

Die Einstufung der Aufgaben eines wasserwirtschaftlichen Projektes bezüglich seiner Auswirkung auf die Umwelt und die Bewertung des ökonomischen Nutzens werden behandelt. Es ist schwierig, Ansprüche an die wasserwirtschaftliche Entwicklung, die Ausgangsbedingungen und Standards, die in den verschiedenen Ländern bestehen, zusammenzufassen. Der vorliegende Text kann daher nur eine Einführung in die Problematik darstellen und Lösungskonzepte für einige Aufgabenstellungen anreissen. Diese Teilaspekte zu erläutern und auf Lücken hinzuweisen ist Ziel dieses Skriptes, das als Begleitung zu Lehrveranstaltungen dient, die an der TU Braunschweig seit längerem durchgeführt werden. Modelle zur Wasserbewirtschaftung werden soweit angesprochen, wie sie als unentbehrliche Entscheidungshilfen bei allen größeren Projekten eingesetzt werden. Hauptgewicht liegt nicht auf der Beschreibung ihrer Konzepte und Ansätze, vielmehr auf ihren Einsatzbereichen, Aussagevermögen und den Grenzen ihrer Anwendbarkeit. Auf Fragen des Risikos, die implizit bei der Verwendung von Modellergebnissen in die Projektanalyse einfliessen, wird eingegangen. Sozio-ökonomische und ökologische Grundlagen bilden unverzichtbare Bewertungsgrundlagen. Einige Methoden zur Auswahl von Varianten für wasserwirtschaftliche Maßnahmen, welche bei Projekten mit Ein- oder Mehrzwecknutzung angewendet werden, werden gestreift. Methoden der Optimierung und der Mehrzielplanung werden an einigen einfachen Beispielen erläutert ohne zurückzugreifen auf die in der Praxis üblicherweise angewandten Rechenprogramme.

Für Leserzuschriften bin ich dankbar, insbesondere für jeden Verbesserungsvorschlag. Dem Verlag sei für die verständnisvolle Zusammenarbeit besonders gedankt.

Braunschweig, 30. Juni 2000   Ulrich Maniak

Inhaltsverzeichnis

1 Einführung in wasserwirtschaftliche Planungen

1.1 Ziel und Umfang wasserwirtschaftlicher Planungen

1.1.1 Aufgaben und Planung von Maßnahmen zur Wasserbewirtschaftung

Wasserwirtschaft wird als zielbewußte Ordnung aller menschlichen Eingriffe auf das ober- und unterirdische Wasser bezüglich Menge, Güte und Ökologie definiert (LAWA, 1996). Wassergütewirtschaft ist die nutzungsorientierte Ordnung aller menschlichen Einwirkungen auf die Wasserbeschaffenheit (DIN 4049). Die Wasserbewirtschaftung vereint in sich traditionell die Gesamtheit der Bedingungen und Mittel zur Erfassung, rationellen Nutzung, Erhaltung der Nutzungsfähigkeit und zum Schutz der Wasserressourcen sowie zum Schutz vor Schäden durch Wasser im Interesse der Gesellschaft und ihrer Entwicklung. Die Wasserwirtschaft ist zuständig für alle Gewässerfunktionen, (wirtschaftliche, ökologische und allgemeine Wohlfahrtfunktionen), für ein ausgewogenes Verhältnis unter den Funktionen und für eine ganzheitliche Funktionsoptimierung.

Die *Hydrologie* ist die Wissenschaft vom Wasser auf und unter der Erdoberfläche des Festlandes. Sie untersucht die Eigenschaften und Erscheinungsformen des Wassers, seine Menge und Beschaffenheit, seine Kreisläufe und Wechselwirkungen mit Natur und Gesellschaft. Die Ingenieurhydrologie befaßt sich hauptsächlich mit den Prozessen, welche für die Ausschöpfung und Erneuerung der nutzbaren Wasserressourcen maßgebend sind. Sie untersucht die verschiedenen Phasen des Wasserkreislaufs der Erde, dessen Kenntnis wichtigste Grundlage der Wasserbewirtschaftung ist.

Die Wasserressourcen werden von dem Wasserdargebot, den Gewässern und den Naturpotentialen gebildet. Die Naturpotentiale umfassen das Selbstreinigungspotential, das biologische Ertragspotential, das ökologische Potential sowie die Potentiale für Transport, Hydroenergie und Erholung. Heute tritt anstelle der überwiegend ressourcenbezogenen Auffassung von Wasserwirtschaft ein Verständnis, das die Funktion des Wassers im Landschaftshaushalt und der Gewässer als Lebensräume und als Basis für wasserwirtschaftliche Zielsetzungen betrachtet, da Luft, Boden und Wasser das Umweltkontinuum ausmachen. Diese Bestandteile weisen komplexe Wechselwirkungen auf. Es bedeutet aber auch, daß die Umwelt als Gesamtheit betrachtet, geschützt und ein Umweltmanagement interdisziplinär betrieben werden muß. In der Praxis erfolgt oft noch eine ressourcenbezogene Bewirtschaftung durch Organisationen, die sie mehr oder minder unabhängig durchführen. Auch die Ressourcenbewirtschaftung selbst erfolgt auf verschiedenen Ebenen.

Eine wesentliche Aufgabe des Ingenieurs ist die Sicherung der Versorgung des Menschen in der Zukunft. Seine Aufgabe ist daher, für die Funktionen der natürlichen Systeme verantwortlich zu sein und die menschlichen Bedürfnisse und deren Befriedigung auf die Produktionspotentiale der Natur abzustellen und in diese zu integrieren, da ein Ausbau der Ökonomie über die Toleranz der Ökologie nicht möglich ist (Ingenieurökologie).

Ökologie ist die Lehre vom Haushalt der Natur. Der Haushalt kann nur analysiert werden, wenn die wechselseitigen Beziehungen, die zwischen Organismen bestehen, und die Wechselwirkungen, die es zwischen ihnen und der abiotischen Umwelt gibt, erkannt werden. Unter Umwelt wird die Gesamtheit der materiellen (stofflichen) und energetischen Einflußmaßnahmen verstanden, von denen das Dasein der Lebewesen abhängt (wirksame Umwelt). Die wirksamen Kräfte der Umwelt werden als Umweltfaktoren, welche in abiotische und biotische (Fauna, Flora) untergliedert werden, bezeichnet. Nach ihrer physischen Wirkungsweise werden unterschieden: energetische, hydrische, chemische und physikalische Faktoren. Sie lassen sich zusammenfassen in kosmische, geophysikalische, hydrische (Wasser in verschiedenen Zuständen), edaphische (Bodenart, Bodentyp), geochemische, biozönotische Faktoren (Artengefüge der umgebenden Lebensgemeinschaften und ihre Strukturierung) und technische Umwelt.

Nährstoffkreisläufe sind Folgen von biochemischen Pfaden, durch welche die anorganischen Elemente der Erde 1.) für lebende Organismen benutzbar gemacht werden, 2.) ihren Weg in die Nahrungskette finden und 3.) wieder abgebaut werden, um den Kreislauf von neuem zu beginnen. Diese Kreisläufe verbinden sich zur Biospäre. Innerhalb der Kreisläufe werden sie nach der Art, wie sie ihre Energie erhalten, kategorisiert in Primärproduzenten, Konsumenten und Destruenten.

Die biologischen Systeme, die sich durch die Wechselwirkung zwischen biotischen und abiotischen Komponenten entwickeln, realisieren sich in verschiedenen Organisationsebenen der lebenden Materie. Biologische Systeme höherer Ordnung sind Biozönosen, Mensch-Biozönose-Komplex und die Biosphäre. Das *Ökosystem* ist eine dauerhafte, sich gegenseitig beeinflussende Ansammlung von lebenden Organismen in ihrer unbelebten Umgebung, welche durch zyklische Energie- und Nährstoffflüsse vereinigt wird. Es ist also ein biologisches System, das durch das Struktur- und Funktionsbeziehungsgefüge (Wirkungsnetz) zustande kommt, das zwischen den Organismen und ihrer unbelebten Umwelt besteht. Es kann definiert werden als Integral von Biotop und Biozönose, wobei das Biotop meist als in sich geschlossenes Gebilde angesehen wird. Biologische Diversität (Biodiversität) bezieht sich auf die Vielfalt der Arten und Variabilität der lebenden Organismen und ihrer Lebensgemeinschaften. Sie besteht auf verschiedenen Ebenen: als Diversität des Ökosystems bezüglich verschiedener Landschaftstypen, die den natürlichen Lebensraum bilden oder als Artendiversität bezüglich der Arten in einem Ökosystem. Das Habitat ist der natürliche Lebensraum einer Pflanzen- oder Tierart einschließlich der natürlichen Lebensgrundlagen.

Die rationale, nachhaltige Bewirtschaftung und der wirksame Schutz der unverzichtbaren Wasserressourcen als wichtige Grundlagen der nationalen Wasserhaushaltspolitik wird in fast allen Ländern gefördert (EU-Wasserrahmenrichtlinie, 1999). Allgemein wird eine Politik verfolgt, die auf der rationellen Nutzung von Wasser in allen Bereichen der nationalen Wirtschaft abzielt, und zwar durch gesetzliche, administrative und wirtschaftliche Regelungen, die zur Vermeidung von Wasserverschwendung oder übermäßiger Wasserverluste beitragen (OECD, 1999). Dabei ist eine effiziente Nutzung vorrangig. Unter Effizienz wird das ökonomische Prinzip verstanden, nach dem bei gegebenem Ertrag der Aufwand minimiert oder bei gegebenem Aufwand der Ertrag maximiert werden soll, d.h. die Anwendung des rationalen Prinzips. Da die Probleme der Wassermengen- und -gütewirtschaft untrennbar sind, bei den Nutzern aber oft unterschiedliche Ansprüche an Menge und Güte bestehen, müssen durch die Bewirtschaftungsform Prioritäten bei der Wasserbereitstellung berücksichtigt werden. Da ökologische, ökonomische, soziale und kulturelle Probleme und ihre Wechselwirkungen nur mit einem ganzheitlichen Ansatz gelöst werden können, gehört die Integration der Unversehrtheit der Umwelt, die ökonomische Effizienz und die Gleichbehandlung verschiedener Interessen zum Leitbild einer nachhaltigen wasserwirtschaftlichen Entwicklung.

Im Falle grenzüberschreitender Auswirkungen von wasserwirtschaftlichen Maßnahmen oder Planungen sollten sich die betroffenen Staaten nicht nur einander im Rahmen der gutnachbarlichen Beziehungen informieren, sondern auch besonderen Wert auf die Koordinierung wichtiger Fragen legen, z.B. in Kommissionen bevor die Anlagen in Betrieb gehen.

Systeme zur Wasserbewirtschaftung beinhalten bauliche Strukturen oder andere Elemente im Einzugsgebiet eines Gewässers, welche die hydrologischen Gegebenheiten beeinflussen oder von ihnen abhängig sind. Sie haben sich als wirksame Instrumente zur Erkennung und Umsetzung von wasserwirtschaftlichen Zielen, einschließlich Festlegung von Prioritäten, Koordinierung funktioneller Verflechtungen und Optimierung, erwiesen. Eine integrierte Wasserbewirtschaftung ist ein Prozeß, der vom Wasserbedarf ausgehend, eine Strategie zur Bedarfsdeckung und einen Betriebsplan zur Durchsetzung entwickelt. Die Wasserbewirtschaftung sollte für eine naturräumliche Einheit, z.B. ein Einzugsgebiet, durchgeführt werden. Als Instrumentarium zur Entscheidungshilfe dienen Einzugsgebiets- oder Wasserbewirtschaftungsmodelle, mit denen Bewirtschaftungsszenarien simuliert werden können. Damit sollten folgende Dimensionen angesprochen werden: Die Wasserelemente, welche die physikalischen, chemischen und biologischen Eigenschaften der Wassermenge und -güte umfassen. Die zweite Dimension umfaßt die verschiedenen Wassernutzer. Die dritte Dimension erschließt die Durchführung der Bedarfsdeckung, welche sich dynamisch an die Bedarfsentwicklung anpassen muß. Wasserbewirtschaftungssysteme sollen eine angemessene Integration in langfristige Pläne wie z.B. Raumordnungspläne ermöglichen. Die mittelfristige Planung soll Verschiebungen in der Zielsetzung oder eine Überprüfung, ob die Ziele auf Dauer gültig sind, ermöglichen. Die Einführung formalisierter und flexibler Aktualisierungsverfahren, wie Überführung von raumbezogenen wasserwirtschaftlichen Informationen in relationale Datenbanken unter Verwendung von mathematischen Bewirtschaftungsmodellen für Flußgebiete, ist in der EU-Wasserrahmenrichtlinie daher vorgesehen. Raumordnung und Bebauung sollten ihre Instrumente wie Raumordnungspläne, Regionalpläne und Bauleitpläne dazu nutzen, Konfliktpotentiale zwischen Flächennutzungen einschließlich einzelner Gewässernutzungen und den wasserwirtschaftlichen Zielen zu minimieren.

Die Planung und die Auslegung wichtiger Wasserbewirtschaftungssysteme sollten sich über ein großes Flußgebiet erstrecken, um eine optimale Auslegung sicherzustellen, während für einen effizienten Betrieb und eine ordnungsgemäße Wartung die Verwaltung auf einer dezentralisierten unteren Ebene oft zweckmäßig ist. Bei der Planung von Wasserbewirtschaftungssystemen sollten vorhandene mathematische Modelle benutzt und Empfehlungen für ihre Anwendung auf den verschiedenen Ebenen gegeben werden. Klimatische Schwankungen, ausgedrückt durch Veränderungen der Durchschnittstemperatur und der Häufigkeit extremer Ereignisse sowie Veränderungen der Gewässergüte, sollten in Modellrechnungen und in der Ausgestaltung der Wasserbewirtschaftungssysteme in angemessener Weise berücksichtigt werden.

Die Realisierung der Wasserbewirtschaftung erfolgt durch Projekte. Ein *Projekt* ist definiert als eine Anzahl von baulichen und anderen Maßnahmen, welche die Wassernutzung ermöglichen, kontrollieren oder begrenzen. Der Anlaß zu wasserwirtschaftlichen Projekten können bestehende oder zukünftige ungünstige wasserwirtschaftliche Verhältnisse sein, wie Hochwasserschäden, unzureichende Vorflut oder Gewässergüte; Regelung des Grundwasserhaushaltes oder des Niedrigwasserabflusses, Änderungen oder Neuregelung der Gewässernutzung zur Wasserversorgung oder Wasserkrafterzeugung und die Schaffung neuer Wasserflächen zur Erholung können akuter Planungsanlaß sein. Durch Vorhaben auf dem Gebiete der Landwirtschaft (Flurbereinigungen), durch Siedlungstätigkeiten oder durch Verkehrswege werden auch wasserwirtschaftliche Maßnahmen ausgelöst.

Ein wasserwirtschaftliches Projekt durchläuft im Planungsprozeß bis hin zur Entscheidung mehrere Stufen. Sie umfassen die Planinitiierung, die Datenaufbereitung, die Formulierung und Auswahl von Alternativen sowie die Untersuchung zur Wirtschaftlichkeit und Nachhaltigkeit der gewählten Alternative (Bild 1.1). Der idealisierte Planungsprozeß, der sich in einem generellen Ablaufschema darstellen läßt, enthält mehrere Rückkoppelungen.

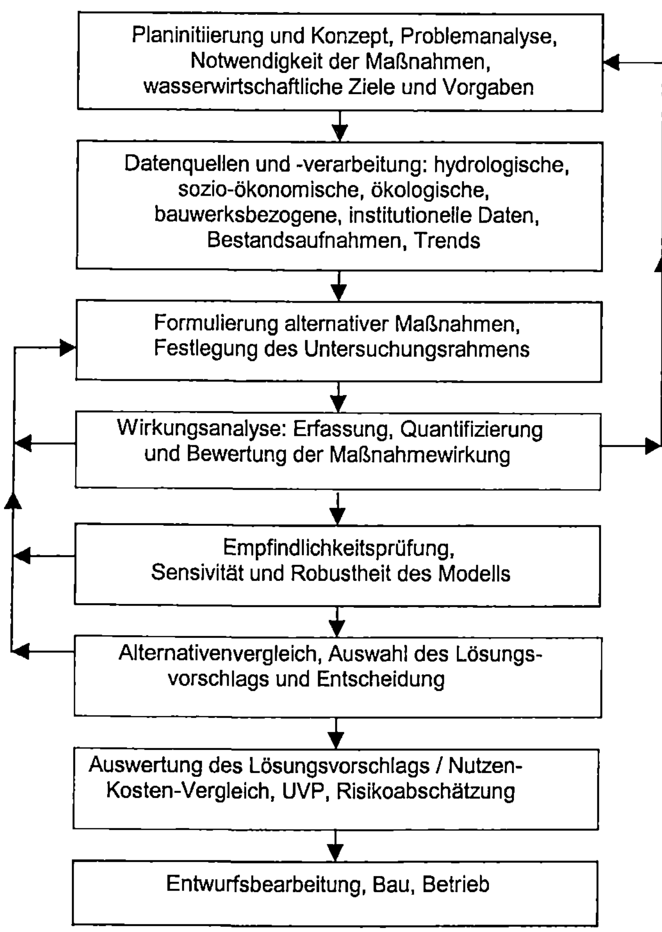

Bild 1.1. Generelles Ablaufschema des Planungsprozesses

Jedes Projekt durchläuft standardmäßig die drei Planungsstufen: Studie (reconnaissance study), Vorentwurf (feasibility study) und Bauentwurf (definitive plan study) (Unesco, 1987; Cowar, 1993; Grigg, 1996). Mit dem Planungsprozeß sind grundlegende Verfahrensschritte zur analytischen Bewertung wasserwirtschaftlicher Maßnahmewirkungen verbunden.

Das Ablaufschema soll am Beispiel einer Hochwasserschutzplanung erläutert werden. Auslösendes Moment für die Planung sind wiederholte Hochwasserschäden, deren Ausmaße die Nutzung der Talaue erheblich beeinträchtigen. Ziel des Hochwasserschutzes ist die Verbesserung der Lebensqualität, verbunden mit dem verbesserten Schutz für Siedlungen unter Einhaltung von Natur- und Landschaftsschutz, vor allem durch Sicherung von Rückhalteflächen und überschmemmungsgefährdeten Bereichen oder Rückgewinnung von Auen. Die hydrologischen, flußbaulichen und wasserrechtlichen Gegebenheiten sind Randbedingungen, jetzige und künftige Flächennutzung stellen weitere Vorgaben bzw. zu beachtende Entwicklungen dar. Alternative Maßnahmen, welche die gleiche Aufgabe auf unterschiedliche Weise erfüllen, sind zu untersuchen. Als aktiver Hochwasserschutz kommen dafür in Betracht Hochwasserrückhaltebecken, der punktuelle oder linienhafte Objektschutz, z.B. durch Deiche und Ausbau, oder als passiver Schutz die Ausweisung von Überschwemmungsgebieten oder die Aussiedlung aus dem hochwassergefährdeten Gebiet. Die Wirkungen der einzelnen Maßnahmen, z.B. die Vermeidung von Sachschäden, Bodenwertsteigung, Beeinträchtigung von Feuchtgebieten usw., werden hauptsächlich unter Verwendung von wirtschaftlichen und ökologischen Simulations- und Prognosemodellen bewertet. Die Sensivität von Maßnahmewirkungen bezieht sich auf Veränderungen der Ergebnisse infolge von unsicheren Eingangsannahmen, die z.B. in die Prognose eingehen. Der Alternativenvergleich besteht aus der Zusammenstellung und Abwägung der Maßnahmewirkungen, insbesondere unter Einbeziehung der monetären und nicht-monetären Auswirkungen und der Ergebnisse der Sensivitätsanalyse. Der Lösungsvorschlag umfaßt das Zusammenführen der Teilergebnisse und die Festlegung auf eine Maßnahme durch den Entscheidungsträger.

Die Realisierung der ausgewählten wasserwirtschaftlichen Maßnahmen, z.B. einen Speicher zum Hochwasserschutz und Abflußausgleich, erfolgt dann in folgenden Schritten:

– Ermittlung bzw. Abschätzung der Wasserressourcen, der jetzigen Nutzer, des jetzigen und künftigen Bedarfs, der Schäden (Hochwasser, Dürre), der finanziellen Ressourcen und ihrer Randbedingungen, der technischen Alternativen und der Umweltverträglichkeit,
– Planung (örtliche Gegebenheiten im Planungsraum, Auswahl der Sperrstellen, Abstimmung mit übergeordneten Planungen, Dimensionierung der wasserwirtschaftlichen Maßnahmen, Bauabfolge der einzelnen Maßnahmen, Zeitplan),
– Entwurf (baureifer Entwurf, Kostenvoranschlag, Ausschreibung),
– Bauausführung und Durchführung der Wasserrechtsverfahren,
– Betrieb (Regulierung des Wasserdargebots und der Nutzung, Systemüberwachung und Systemsteuerung),
– Unterhaltungsarbeiten (Kontrolle und Instandhaltung, Modernisierung alter Anlagen).

Beim Vergleich von Alternativen für den Ausbau der Wasserbewirtschaftungssysteme müssen die wirtschaftlichen Aspekte einer optimalen Nutzung erfüllt sein; außerdem muß der Gewässerschutz als Bestandteil des gesamten Naturhaushalts Berücksichtigung finden.

Deshalb sollte nicht nur die Nutzung der Wasservorkommen, sondern auch der aktuelle Wasserbedarf kontrolliert werden, um Wasserangebot und -nachfrage in das Wasserbewirtschaftungssystem zu integrieren.

Nach der Realisierung des Vorhabens sollten die Bewertungsverfahren weitere Schritte – auch nach Projektabschluß – einschließen. Im Rahmen der Nachsorge sollten Erfahrungen und Informationen, die bei der Projektanalyse gesammelt wurden, sowie die Einschätzung der Effizienz und der Auswirkungen wirtschaftlicher Instrumente unter Beachtung der tatsächlich eingetretenen Umweltbelastungen als wesentliche Eingangsdaten des Entscheidungsprozesses für die Bewirtschaftung ausgewertet werden.

1.1.2 Wasserwirtschaftliche Planung und übergeordnete Planungen

Wasserwirtschaftliche Planungen haben rahmenausfüllende, übergeordnete Planungen zu beachten, deren Leitziele übernommen werden müssen. *Raumordnung* wird normativ als staatliche Aufgabe verstanden, eine bestimmte Struktur des Raumes unter Zugrundelegung bestimmter Leitbilder und Handlungziele herbeizuführen (Dierks, 1985). Im einzelnen soll die Raumordnung die Entwicklung des Raumes unter Beachtung der naturräumlichen Gegebenheiten und der Aufforderung zur Sicherung des Schutzes und der Entwicklung der natürlichen Lebensgrundlagen sowie der sozialen, kulturellen und wirtschaftlichen Weise fördern. Die Raumordnung umfaßt die Gesetzgebung, in der die Zuständigkeiten und Ablaufregelungen festgelegt sind, und die Exekutive, welche die Zielaussagen über den rechtsverbindlichen Plan regelt. Diese rahmensetzende Aufgabe der Raumplanung wird von Raumordnungs- und Landesplanungsbehörden sowie von den Trägern der Regionalplanung wahrgenommen. Die raumplanerischen Zielaussagen sind rahmenhaft und enthalten daher ein weites Planungsermessen. Deswegen besteht kein Anspruch auf optimales Auffüllen der rahmenhaft gehaltenen Pläne durch die angesprochenen Stellen oder potentiellen Nutzer. Die Raumplanung besitzt keine eigene Vollzugsbehörde, und der Vollzug erfolgt mittelbar über die Einflußnahme auf andere Planungs- und Maßnahmenträger. Raumbezogene Fachplanung und die kommunale, boden- und grundstücksbezogene Bauleitplanung haben sich dem Ziel der Raumordnung und Landesplanung anzupassen.

Die Raumplanung ist vom Ansatz her ordnungsfunktionell und fachplanungskoordinierend ohne eigene Vollzugsmöglichkeit. Raumordnung und Landesplanung sorgen für die Bereitstellung von Flächen für die Fachplanung, Regelung der räumlichen Nutzungskonflikte, Schaffung räumlichen Problembewußtseins, Hilfestellung beim interregionalen Ausgleich sowie Steuerung der Siedlungsentwicklung und beim Ressourcenschutz.

Die Raumplanung ist die geeignete Ebene um die einzelnen Fachplanungen wie z.B. den wasserwirtschaftlichen Generalplan formell und materiell zu koordinieren oder abzuändern (Greiving, 1999). Sind Wasserbewirtschaftungssysteme Bestandteil des allgemeinen wirtschaftlichen Planungsprozesses, besteht eine enge Verbindung zwischen der Erarbeitung wasserwirtschaftlicher Generalpläne und der allgemeinen Raumplanung. Im Hinblick auf wasserwirtschaftliche Aktivitäten sind die Bestimmungen des Generalplans bindend für die allgemeine Raumplanung, die als Ziel den gesamträumlichen Ausgleich anstrebt. In Raumordnungsverfahren soll beurteilt werden, ob raumbedeutsame Maßnahmen oder Planungen mit den Zielen der Raumordnung oder Landesplanung übereinstimmen. Sie erfolgen durch die Mittelbehörde (Bezirksregierung bzw. Regierungspräsident). Die landesplanerische Beurteilung ist rechtswirksam, also auch bei Untersagungen. Bezüglich der wasserrechtlichen Aspekte wird auf die Literatur verwiesen, eine Übersicht entfällt (Bretschneider, 1993).

Die *Landesplanung* dient der Vorbereitung und Sicherung von Raumordnungsentscheidungen und beinhaltet die Zielerstellung, z.B. als Entwicklungspläne, die Zuständigkeitsregelungen, instrumentelle Mittel und Ablauf- und Verfahrensregelungen. Instrumentarien der Landesplanung sind die Beratung bei Ressortplanungen der Fachministerien oder Regionalverbände, bei Landesentwicklungs- und Regionalplänen und Raumordnungsverfahren. Der Landesentwicklungsplan enthält flächendeckend Elemente zur Raum- und Infrastrukturentwicklung wie zentrale Orte, Verflechtungsbereiche und Entwicklungsachsen, sowie Aussagen zum Hochwasserschutz mit konkreter planungsmäßiger Festlegung der Ziele, um Bindungswirkungen der Bauleitplanung zu entfalten. Der fachliche Entwicklungsplan kann für einen oder mehrere Fachbereiche gesamt- oder teilräumig aufgestellt werden, z.B. für Kraftwerksstandorte, Hausmülldeponien, Biotope, Ausweisung von Wasserschutzgebieten usw.

Die Regionalplanung wird als Raumordnung in Planungseinheiten, welche meist mehrere Landkreise umfassen, verstanden und von Körperschaften des öffentlichen Rechts aufgestellt. Der *Regionalplan* gliedert sich in Ziele zur Entwicklung der Region (Entwicklungsachsen, zentrale Orte und Verflechtungsbereiche, Bevölkerungsrichtwerte und Orte mit besonderen Entwicklungsaufgaben) und in Ziele zur regionalen Raumnutzung wie Naturschutz, Siedlung, Wohnungswesen, gewerbliche Wirtschaft, Verkehrswesen, Energieversorgung, Wasserwirtschaft, Abfallbeseitigung, Bildungswesen, Erholung, Fremdenverkehr und Soziales Wohlbefinden.

Mit dem *Landschaftsrahmenplan* soll in einer ökologischen Bewertung aller Nutzungsansprüche der Belastungsgrad des Naturhaushaltes aufgezeigt und ökologisch vertretbare Standortalternativen als Vorschläge für die räumliche Gesamtplanung dargestellt werden. In der Regionalplanung sind Flächensicherungsmittel möglich, wie Maßnahmen der allgemeinen Freihaltung von Überschwemmungsgebieten. Als Ausweisungskriterium dienen Raumfunktionen z.B. die ökologisch/landespflegerische Bedeutung, der Erholungswert, die Siedlungsgliederung oder andere Ausgleichsfunktionen. Daneben können auch speziellere Einschränkungen wie wasserwirtschaftliches Vorranggebiet und Wasserschutzgebiet oder Ausschlußkriterien wie Verbot von Kiesabbau und Mülldeponien und Verhinderung schädlicher Fremdnutzungen vorgegeben werden.

Unter *wasserwirtschaftlicher Fachplanung* wird die von der Wasserwirtschaftsverwaltung betriebene systematische Vorbereitung und/oder Durchführung von Maßnahmen, welche auf die Entwicklung von bestimmten wasserwirtschaftlichen Bereichen zielen, verstanden. Die Fachplanung betrifft die sektorale Verwirklichung einzelner Vorhaben und zielt auf den Gewässerschutz, die sparsame Wasserverwendung und die Ordnung des Wasserhaushalts als Bestandteil von Natur und Landschaft ab. Der *wasserwirtschaftliche Rahmenplan* sichert die für die Entwicklung der Lebens- und Wirtschaftsverhältnisse notwendigen wasserwirtschaftlichen Voraussetzungen und die Zusammenstellung der wasserwirtschaftlichen Belange für die Abstimmung mit den Zielen der Landesplanung und Raumordnung. Er ist die großräumige Zusammenschau der wasserwirtschaftlichen Situation vor allem der Wasserversorgung, der Abflußbewirtschaftung und des Gewässerschutzes und dient zur Sicherung der langfristigen Nutzung der Wasservorräte und zur Ordnung des Wasser- und Naturhaushaltes. Die Zusammenschau umfaßt die Rückschau auf abgelaufene Entwicklungen, die Standortbestimmung der aktuellen Situation und eine Vorausschau auf künftige Ziele und Maßnahmen. Im Rahmenplan wird eine primär wasserwirtschaftlich ausgerichtete Bilanz aufgestellt, die oft im Vergleich von wasserwirtschaftlich nutzbarem Dargebot und Wasserbedarf eines Flußgebiets resultiert. Demgegenüber tritt die Aufgabe, die Terme der Wasserhaushaltsgleichung für Flußgebiete zu bestimmen, zurück. Die Bilanz kann für problemorientierte (administrative) Räume aufgestellt werden mit Bilanzierungsmodellen für verschiedene Raum- und Zeitmaßstäbe (HLfU, 1991; WRM, 1992; StMLU, 1998). Die Planungsmethodik mit dem Grundkonzept einer Wasserbilanz für einen langen, meist 30-jährigen Prognosezeitraum und einer integrierten Entwicklungsplanung für Flußgebiete, die sich an den aktuellen wasserwirtschaftlichen Problemen orientiert, ist schwerfällig. Das Dargebot wird dabei als konstante Größe nach Menge und räumlicher Verteilung angesehen. Dieser Ansatz wird der Urbanisierung und der Klimaproblematik nicht voll gerecht. Raumplanung und Wasserbewirtschaftungsplanung sind langfristig angelegt und müssen von Vorhersagen ausgehen. Die Pläne müssen ständig aktualisiert werden, wenn sich die Ausgangsdaten in der Zwischenzeit geändert haben. Der Fortschreibung der entsprechenden Datenbanken kommt daher erhöhte Bedeutung zu. Durch Verwendung von wasserwirtschaftlichen Datenbanken für die raumbezogenen hydrologischen Daten, Wassernutzer und Wasserrechte und relationalen Datenbanken, die mit Geoinformationssystemen (GIS) verwaltet werden, stehen leistungsfähigere, dynamische Planungsinstrumentarien zur Verfügung. Um den komplexen Verflechtungen zwischen gesellschaftlichen Ansprüchen und Wasservorkommen, einem erhöhten Wasserbedarf und zunehmender Gewässerbelastung Rechnung zu tragen, werden verstärkt wissenschaftliche Methoden für die Auslegung von Wasserbewirtschaftungssystemen herangezogen. Der wasserwirtschaftlicher Rahmenplan bildet die Grundlage für die Ausgestaltung der mehr ins Detail gehenden Wasserbewirtschaftungssysteme. Die Auslegung von Wasserbewirtschaftungssystemen erfordert meist einen hierarchisch gegliederten Ansatz auf der Grundlage von Planungs- und Bewirtschaftungsmodellen mit dem Ziel einer optimalen dauerhaften Wasserversorgung und von Betriebsmodellen, die in allen Einzelheiten das Verhalten der Bewirtschaftungssysteme in der Praxis simulieren.

Da Raumplanung und Planung von Wasserbewirtschaftungssystemen auf das Wohl der Allgemeinheit ausgerichtet sind, ist zusätzlich zum subjektiven Wohl der betroffenen Bürger die Erhaltung der natürlichen Umwelt immer ein vorrangiges Ziel. Die Raumplanung soll eine koordinierende Rolle bei allen Aktivitäten spielen, die mit der Nutzung des Bodens zusammenhängen. Besondere Bedeutung solle hierbei, so früh wie möglich, der Umweltverträglichkeit aller Aspekte einer Planung, auch der wasserwirtschaftlichen Planung, eingeräumt werden. Die Auswirkungen der Wasserbewirtschaftungssysteme auf Flora, Fauna und die natürlichen Lebensräume sollten im Entwurfsstadium ermittelt und bei jeder raumplanerischen Entscheidung mit berücksichtigt werden. Die Einschätzung potentiell negativer Auswirkungen sollte zu verstärktem Naturschutz führen. In dieser Hinsicht beschränken raumplanerische Vorschriften und gesetzliche Regelungen über den Schutz von Flora, Fauna und der natürlichen Ökosysteme den menschlichen Einfluß auf Feuchtgebiete und Moore um diese empfindlichen Standorte zu schützen und zu erhalten, wenn sie für die Wasservorräte und die vorhandene genetische Vielfalt wichtig sind.

Für die von der Raumplanung für landwirtschaftliche Nutzung vorgesehenen Gebiete, die jedoch unter wasserwirtschaftlichen Aspekten als empfindlich anzusehen sind, enthalten die entsprechenden Flächennutzungspläne Hinweise für den Anbau. Mögliche Konflikte zwischen den Interessen der Landwirtschaft, d.h. Erzielung eines möglichst hohen Ertrages, und den Interessen der Wasserbewirtschaftung, z.B. dem Gewässerschutz, werden gegebenenfalls durch spezifische Vorschriften vermieden.

Es sollte sichergestellt werden, daß die für Raumplanung und Wasserwirtschaft zuständigen Verwaltung und Gremien bereits in einem frühen Stadium auf allen Planungsebenen zusammenarbeiten. Die für Raumplanung, Wasserwirtschaft und andere Fachplanungen einschließlich Flächennutzung zuständigen Behörden konzentrieren sich in erster Linie auf die Interessen ihres eigenen Tätigkeitsbereichs. Zum Wohl der Allgemeinheit ist es erforderlich, bereits in einem frühen Stadium Kompromisse zu finden, in denen die Interessen aller Beteiligten berücksichtigt werden. Die Beteiligung der Öffentlichkeit an der Planung der Wasserbewirtschaftungssysteme und ihrer Realisierung ist unerläßlich, da ein im frühen Planungsstadium einsetzender Meinungsaustausch zwischen Planern und Nutznießern das gegenseitige Verständnis verbessert.

Die heute vorrangig erstellte wasserwirtschaftliche Fachplanung, deren Grundzüge im Wasserhaushaltsgesetz festgelegt sind, kann inhaltlich als *Bewirtschaftungsplanung* oder als *Ausbauplanung* eingeordnet werden. Sie erstreckt sich auf Gewässer und Boden. Die wasserwirtschaftliche Fachplanung kann unterschiedlichen Rechtscharakter aufweisen. Hinsichtlich der Zielsetzung können die Fachplanungen in vorbereitende fachliche Planungen (Rahmen-, Bewirtschaftungsplan), Zulassungstatbestände (Planfeststellungen, Genehmigungen) und Nutzungsregelungen (Bodennutzung, Schutz- und Überschwemmungsgebiete) eingeteilt werden. In die erste Gruppe läßt sich der wasserwirtschaftliche Rahmenplan, der Bewirtschaftungsplan, die Reinhalteordnung, die Ausweisung eines Wasserschutzgebietes, die wasserrechtliche Erlaubnis/Bewilligung und die Einleitungsbedingung einordnen. Unter den Ausbau fallen Herstellung, Beseitigung oder wesentliche Umgestaltung eines Gewässers oder seiner Ufer. Ausbauplanungen im weiteren Sinn dieser Systematik sind fachliche Entwicklungspläne, Abfallbeseitigungspläne, Gründung von wasserwirtschaftlichen Verbänden und Planfeststellungen. Wegen seiner einschneidenden Wirkungen erfordert der Ausbau ein Planaufstellungsverfahren, in welchem geprüft wird, ob und unter welchen Voraussetzungen der beabsichtigte Ausbau mit dem Wohl der Allgemeinheit und den Rechten und Belangen anderer Betroffener vereinbar ist. Träger des Ausbaus und der Unterhaltung der Gewässer sind meist die Wasser- und Bodenverbände. Der Bewirtschaftungsplan dient als ein immissionsorientiertes Instrument der Gewässerbewirtschaftung, das die Festlegung von Emmissionsstandards ergänzen soll. Die Regelungen umfassen die Einstufung der betreffenden Nutzung als wasserwirtschaftlich relevant, eine Schutz- und Allgemeinwohlbestimmung sowie einen zu erwartenden Gefährdungs- oder Beeinträchtigungstatbestand (Grenzkommission, 1997). Eine in Vorbereitung befindliche EU-Wasserrahmenrichtlinie enthält eine erweiterte Aufgabenstellung die wirtschaftliche Aspekte einschließt (EU-Wasserrahmenrichtlinie, 1999).

Raumordnungspläne und wasserwirtschaftliche Rahmenpläne sind nur in begrenztem Umfang verbindlich. Instrumente der wasserwirtschaftlichen Fachplanung und der Regionalplanung für die Flächensicherung und den Ressourcenschutz sind der *Belang* als einfachste und schwächste Form der wasserwirtschaftlichen Flächensicherung oder eine restriktive Genehmigungspraxis. Eine formale Beteiligung der Fachplanungsträger bei der Bauleitung ist gegeben. Schwierigkeiten entstehen oft dadurch, daß bei der Raumplanung die Grenzen des Planungsgebiets mit politischen und administrativen Grenzen übereinstimmen, wohingegen die Grenzen für die untergeordnete wasserwirtschaftliche Planung durch natürliche Einzugsgebiete festgelegt sind.

So wird von Wasserbewirtschaftungssystemen erwartet, daß sie in Wohngebieten jederzeit ausreichende Mengen Trinkwasser liefern und Abwasser hygienisch einwandfrei wieder aus den Wohngebieten entfernen. Die Raumplanung berücksichtigt selten die natürlichen Grenzen, die der Versorgung der Wohngebiete und der Industrie mit ausreichenden Mengen Wasser gesetzt sind. Es wird erwartet, daß Wasserversorgungssysteme Wasser aus entfernten Quellen, z.B. Grundwasser, heranschaffen, sobald die Reserven in der Nähe der Nutzungsstandorte in Bezug auf die Menge oder Güte nicht mehr ausreichen. Wasserdefizite in Ballungsgebieten beeinträchtigen die Wasserwirtschaft oft erheblich, da als Konsequenz große Gebiete als Grundwasserschutzzonen mit Nutzungsbeschränkungen ausgewiesen werden müssen.

Es besteht auch eine enge Beziehung zwischen Raumplanung und Hochwasserschutz. Einerseits müssen Wohngebiete mit dem bestmöglichen Schutz vor Hochwasserüberschwemmungen ausgestattet werden. Andererseits bedeutet die Ausdehnung von Wohngebieten eine größere Hochwassergefahr in flußabwärts gelegenen Gebieten, da der erhöhte Oberflächenabfluß infolge Versiegelung verbunden mit der Aufgabe früherer Retentionsflächen sowie intensivere Regenfälle infolge mesoklimatischer Veränderungen die Scheitelabflüsse häufiger Hochwasser ansteigen lassen.

Ist die landwirtschaftliche Flächennutzung darauf ausgerichtet, aus dem verfügbaren Boden einen maximalen Ertrag zu erzielen, bringt dies Überschneidungen mit allgemeinen wasserwirtschaftlichen Belangen mit sich. Der natürliche, unregelmäßige und oft wechselnde Verlauf von Oberflächengewässern wird für die landwirtschaftliche Flächennutzung als betrieblich negativer Faktor eingestuft; Bäche und Flüsse wurden zur Verbesserung der wirtschaftlichen Gewässerfunktionen oft stark begradigt. Die natürliche Vegetation entlang der Gewässer wurde entfernt zum Nachteil der ökologischen Gewässerfunktion. Werden hochwassergefährdete landwirtschaftliche Flächen durch Bau von Deichen geschützt, führt dies zur Verminderung der Retentionsflächen. Die Einrichtung von Hochwasserüberschwemmungsgebieten auf landwirtschaftlich genutzten Flächen führt zur Bodenerosion und Auswaschung von Nährstoffen z.B. Phosphat. Darüber hinaus besteht die Gefahr, daß bei Überschwemmung Sedimente mit einem erhöhten Gehalt an Schwermetallen und anderen Schadstoffen abgelagert werden. Die landwirtschaftliche Bodennutzung kann schädigende Auswirkungen auf die Qualität des Bodens und der Oberflächengewässer haben. Übermäßiger Einsatz von Düngemitteln führt zu hohen Konzentrationen insbesondere von Nitraten im Grundwasser; Pestizide, Herbizide oder Wachstumshemmer können zu Einträgen in das Grundwasser führen. Zwecks Ertragssicherung wurden früher optimale Wasserbedingungen für die landwirtschaftliche Fläche geschaffen, oft auf Kosten natürlicher Feuchtgebiete und Moore. Trockene Böden werden zusätzlich zum natürlichen Niederschlag bewässert. In vielen Ländern nimmt der landwirtschaftliche Wasserverbrauch den ersten Platz im Wasserbedarf ein. Weltweit macht der Bedarf an Bewässerungswasser zwei Drittel der gesamten genutzten Wassermenge aus, die den Flüssen und dem Grundwasser entzogen wird. Seit der Jahrhundertwende hat sich die Bewässerungsfläche verfünffacht, und die Bevölkerung hat seitdem um das 3,5-fache zugenommen. In Nordafrika und im Nahen Osten verbrauchen zehn Nationen mehr Wasser als sich natürlicherweise erneuert (Lehn, 1996). Dies führt zur Absenkung des Grundwasserspiegels und zum Eindringen von Salzwasser in den küstennahen Regionen. Gründe für die Überbeanspruchung der Wasserressourcen sind der Anbau wasserintensiver Feldfrüchte und nicht angepaßte Bewässerungstechniken (Maniak, 1995). Hohe Kosten der Wassererschließung, Staatsverschuldung in den Ländern der Dritten Welt, Auseinandersetzung um Prioritäten der Wassernutzung und die wachsenden Umweltprobleme lassen es wenig wahrscheinlich erscheinen, daß die Zunahme an Bewässerung weiterhin so anhalten wird. Die Bewässerungswirtschaft steht daher ökonomisch und ökologisch unter Druck. Einer besseren Bewirtschaftung verbunden mit Wassereinsparungen und einer Wiederverwendung von Abwasser wird heute eine größere Priorität eingeräumt als einer Systemerweiterung .

Die Analyse und Entwicklung eines wasserwirtschaftlichen Systems mit dem Ziel seine Effektivität zu erhöhen oder den natürlichen Zustand so gut wie möglich wiederherzustellen erfordert sowohl die Auswertung bzw. Verwendung der ökonomischen, sozio-ökonomischen und kulturellen Veränderung des Systems als auch die Veränderung der natürlichen Gegebenheiten. Prognosen über den zukünftigen Ablauf hydrologischer Prozesse, die künftige räumliche und zeitliche Verteilung der Wasservorräte sowie die Güte des verfügbaren Wassers einschließen, erfordern geeignete Modellrechnungen über die hydrologischen Bedingungen zusätzlich zu Wasserbilanzberechnungen, wobei die Auswirkungen von Veränderungen der Bodenoberfläche und der klimatischen Variablen zu berücksichtigen sind. Für langfristig angelegte Projekte ist die Zuverlässigkeit der hydrologischen Eingangsdaten für die Auslegung des Wasserbewirtschaftungssystems von Bedeutung. Parameter, die beispielsweise auf Abflußmessungen beruhen, können Fehler in der Größenordnung bis zu 15 Prozent aufweisen. Bei Abflußberechnungen, die nur von Niederschlagsbeobachtungen ausgehen, können sich noch größere Fehler einstellen (IHP/OHP, 1999). Da hydrologische Vorhersagemodelle großenteils auf Wettervorhersagen zurückgreifen, ist der Prognosecharakter der Wasserwirtschaftsmodelle gegeben. Durch die langfristige Überwachung bestehender Wasserbewirtschaftungssysteme können die der Auslegung von Wasserbewirtschaftungssystemen zugrundeliegenden Annahmen verbessert werden. Im täglichen Betrieb der Wasserbewirtschaftungssysteme wirken externe Faktoren oft als Sachzwänge, die eine entsprechende Anpassung erfordern.

Der stochastische Charakter der Eingangsdaten für Wasserbewirtschaftungssysteme erfordert die Einbeziehung des Risikos. Methoden des Operations Research und Simulationsmodelle sind grundlegende Methoden zur Entscheidungsvorbereitung für Wasserbewirtschaftungssysteme. Heute gibt es ein breites Spektrum an mathematischen Simulationsmodellen, Operations Research- und Monte-Carlo-Techniken. Die Auslegung von Wasserbewirtschaftungssystemen kann durch den Einsatz computergestützter Entscheidungssysteme (Expertensysteme) verbessert werden. Diese können den stochastischen Charakter der Eingangsdaten, den Ablauf natürlicher Prozesse, sozio-ökonomische Sachzwänge, Interessenkonflikte sowie die Wechselseitigkeit und Subjektivität des Entscheidungsprozesses in Rechnung stellen. Die Nachfrage nach Informationssystemen für den Betrieb und die Steuerung von Wasserbewirtschaftungssystemen ist durch die Einführung benutzerfreundlicher interaktiver Software, die im Hinblick auf strukturelle Veränderungen in den Wasserbewirtschaftungssystemen flexibel ist, gestiegen.

Ein im Planungsprozeß oft übersehener Faktor ist die im Laufe der Zeit stattfindende Verschiebung der Ziele. Um eine Anpassung an neue Bedingungen zu ermöglichen, sollten die Pläne so ausgelegt werden, daß Änderungen zumindest in Teilbereichen möglich sind. Computerunterstützte Modelle und Planungstechniken können dazu beitragen, daß Alternativen leichter zu simulieren und ihre Auswirkungen schneller zu beurteilen sind. Computerisierte Informationssysteme werden Bestandteil von wasserwirtschaftlichen Generalplänen und ermöglichen somit die rasche Anpassung an wechselnde Anforderungen an Wasserbewirtschaftungssysteme. Solche Informationssysteme erfordern standardisierte Methoden für die Erfassung, Analyse, Verarbeitung und Präsentation von Daten. Die Beeinflussung des Wasserbedarfs, die Steuerung der Entwicklung im Wassersektor und die bessere Ausgestaltung neuer Systeme mit Recycling, Mehrfachnutzung des Wassers und Nutzung von Wasser in angemessener Qualität, Leckortung und -reparatur helfen die Wassereinsparung in der Praxis und die Effektivität von Wasserbewirtschaftungssystemen zu verbessern.

1.1.3 Umweltverträglichkeit

Eine Umweltverträglichkeitsprüfung (environmental impact assessment) umfaßt eine Gesamtbetrachtung und -beurteilung über die Auswirkung von wasserwirtschaftlichen Maßnahmen oder Vorhaben auf die Umwelt. Seit Verabschiedung der Richtlinie im Jahr 1985 haben die einzelnen EG Mitgliedstaaten Ausführungsbestimmungen zur Durchführung der Umweltverträglichkeitsprüfung (UVP) und ihrer Umsetzung erlassen (UPVG, 1990; HdUVP, 1988). Insgesamt werden neun Schutzgüter bewertet (Mensch, Tier, Pflanzen, Boden, Wasser, Luft, Klima, Landschaftsbild, Kultur- und sonstige Sachgüter). Es werden raumordnerische, denkmalspflegerische, kulturelle, soziologische, ökonomische, den Natur- und Umweltschutz betreffende und die Gesundheit und das Wohlbefinden des Menschen beeinträchtigende Aspekte abgewogen. Die UVP soll die ökologischen und ökonomischen Aspekte erfassen. Der Grad der ökologischen Störung muß mit dem Gewinn an ökonomischen und sozialen Werten verglichen werden z.B. mit Methoden der Nutzwertanalyse oder ökologischen Risikoanalyse. Zur Analyse wird das Nutzungssystem definiert (Buck, 1993; BfG, 1996). Die UVP umfaßt die Definitionen des geographischen Raumes der Zielvorstellungen (Nutzungsziele) sowie der Meßgrößen. Bei der *Landschaftsverträglichkeitsprüfung* werden nur Natur und Landschaft betrachtet.

Die Umweltverträglichkeitsprüfung ist ein die Entscheidung über die Zulässigkeit eines bestimmten Vorhabens vorbereitendes, systematisches und formalisiertes Prüfverfahren, in dem die Umweltfolgen des Vorhabens umfassend ermittelt, beschrieben und in ihrer Bedeutung für die Entscheidung zur Durchführung des Vorhabens bewertet werden. Die UVP ist auch als Instrument für den Entscheidungsprozeß in der Raumordnung eingeführt worden und wird in folgenden Schritten durchgeführt:

Prüfung der Erforderlichkeit (Screening) erfolgt entweder als prüfungspflichtiges Vorhaben nach EG-Richtlinie oder als Generalklausel im Gesetz, die es den Behörden überläßt, eine Umwelterheblichkeitsprüfung durchzuführen. Dafür kommen als Schwellenwerte das Merkmal des Vorhabens (Größe, Kraftwerkskapazität) oder die Sensivität des Standorts in Betracht. Die Schwellenwerte sind in einzelnen Ländern der EG unterschiedlich angesetzt, z.B. in Frankreich niedriger, in den Niederlanden höher, so daß dort weniger UVP-Vorhaben pro Jahr anfallen. Einheitliche Grundlagen sollen u.a. durch die EU-Wasserrahmenrichtlinie geschaffen werden (EU-Wasserrahmenrichtlinie, 1999). In Deutschland werden nicht physische, sondern wasserrechtliche Merkmale als Auswahlkriterium herangezogen, d.h. Zulassungsverfahren, bei denen die Beteiligung der Öffentlichkeit vorgeschrieben ist, unterliegen der UVP, darunter fallen auch wesentliche Änderungen an bestehenden Anlagen. Folgende UVP-pflichtigen Vorhaben haben in Deutschland Bezug zum Gewässerschutz, da sie der Planfeststellung, Genehmigung oder Zulassung bedürfen:

– Herstellung, Beseitigung oder wesentliche Umgestaltung eines Gewässers oder seiner Ufer,
– Ausbau, Neubau oder Beseitigung von Bundeswasserstraßen (WaStr.G),
– Errichtung und Betrieb einer zu genehmigenden Rohrleitung für Öl oder Gas,
– Bau und Betrieb von zuzulassenden Abwasserbehandlungsanlagen.

Festlegung des Untersuchungsrahmens (Scoping) nach Inhalt und Reichweite der UVP ist in der EG-Richtlinie festgelegt. Danach sind die unmittelbaren Auswirkungen eines Vorhabens auf den Menschen, auf Fauna, Flora, Boden, Wasser, Luft, Klima und Landschaft, die Wechselwirkung zwischen diesen Faktoren sowie die Wirkung auf Sachgüter und das kulturelle Erbe zu untersuchen. Die erforderlichen Mindestangaben werden in der EG-Richtlinie spezifiziert. In Deutschland werden die verbindlichen inhaltlich-methodischen Anforderungen bezogen auf verschiedene Projekttypen angestrebt (HdUVP, 1988). Die Prüfung von Alternativen ist ein Kernstück der UVP (z.B. technische Vorhabensalternativen, Standortalternativen, alternative Maßnahmen zur Vermeidung oder zum Ausgleich der nachteiligen Auswirkungen einschließlich Null-Alternative).

Die *Durchführung* der Umweltverträglichkeitsstudie wird in Deutschland vom Projektträger vorgenommen und von Externen überprüft. *Beurteilung der Ergebnisse* bildet einen wichtigen Schritt. Die Beteiligung anderer Behörden und der Öffentlichkeit ist vorgeschrieben. Um die Gefahr interessengeleiteter Studien vorzubeugen, kann eine Kommentierung durch eine neutrale Stelle erfolgen. Im Ausland erfolgt dies oft durch ein Amt für Umweltschutz; in Deutschland faßt die federführende Behörde die Ergebnisse in einem Bericht zusammen.

Der *Entscheidungsprozeß* und die Berücksichtigung der Ergebnisse der UVP sind in den EG-Richtlinien lose miteinander verknüpft. Daher ist in einem Bericht darzulegen, welchen Einfluß die Ergebnisse der UVP auf die Beschlußfassung haben.

Die *Nachkontrolle* (Monitoring) ist nicht vorgesehen. In Deutschland läßt das bestehende Umweltrecht eine nachträgliche Prüfung zu, ob der Projektträger die mit der Genehmigung verknüpften Auflagen eingehalten hat.

Die Prüfung der Umweltverträglichkeit von Wasserbewirtschaftungssystemen ist eine Art Prognose, bei der die zukünftigen Bedingungen schwer zu bestimmen sind. Über die erreichte Genauigkeit der Umweltverträglichkeitsprüfung können oft keine Aussagen gemacht werden. Entscheidungen über die möglichen Konsequenzen von Projekten können auf unzureichenden Daten beruhen. Eine größere Genauigkeit der Umweltverträglichkeitsprüfung verbessert daher die Wirksamkeit und Kosteneffektivität des Entscheidungsprozesses. Nach Abschluß von Projekten durchgeführte Analysen können wesentlich zu einer Verbesserung sowohl zukünftiger Umweltverträglichkeitsprüfungen im allgemeinen als auch ihrer Methoden und Techniken im besonderen beitragen (Canter, 1996).

1.1.4 Nachhaltige Entwicklung wasserwirtschaftlicher Systeme

Durch den Mensch sind immer wieder die Umweltressourcen ausgenutzt und – zumindest teilweise – wiederhergestellt worden; es wurden aber auch irreversible Prozesse in Gang gesetzt, so daß ein Spannungsverhältnis zwischen Entwicklung und Umwelt entstand. Grundprinzip der Nachhaltigkeit ist die Harmonisierung der ökologischen Umweltbelange und der ökonomischen Entwicklung. Es besteht daher die Forderung, wasserwirtschaftliche Systeme so zu entwickeln, daß sie leistungsfähig, überlebensfähig und dauerhaft (umweltgerecht) sind (Loucks, 1994). Die *Nachhaltigkeit* ist nicht verbindlich definiert. Meist wird von den Leitbildern ausgegangen: 1) Das Recht auf Natur, Umwelt und Ökosystem sind von sich aus wertvoll, so daß der Schutz der Ressourcen, Habitate und Biodiversität zu fordern ist. 2) Das Recht auf gleiche ökonomische und ökologische Bedingungen für gegenwärtige und zukünftige Generationen. Der Begriff der Nachhaltigkeit wurde in der Vergangenheit im Sinne einer festen einhaltbaren (Mindest) Größe, die für die Bewirtschaftung zur Verfügung stand, verwendet, z.B. einer garantierten Mindestabgabe aus einer Talsperre. In die Nachhaltigkeit werden heute in erweiterter Form die räumlichen und zeitlichen Fernwirkungen einbezogen: Es sollen die Bedürfnisse der gegenwärtigen Generation erfüllt werden, ohne zu riskieren, daß die Bedürfnisse künftiger Generationen eingeschränkt werden (WCEP, 1987; UNEP, 1992; Schultz, 1998). Der Grundsatz der Nachhaltigkeit ist erfüllt, wenn globale Stoffkreisläufe durch den Menschen nicht irreversibel beeinflußt werden, lokale Tragfähigkeitsgrenzen langfristig eingehalten werden und die Bedürfnisse der gegenwärtigen Generation befriedigt werden, ohne die berechtigten Wohlstandsansprüche künftiger Generationen zu beeinflussen. Die nachhaltige Bewirtschaftung der Ressource Wasser unter gleichrangiger Beachtung ökonomischer, sozialer und ökologischer Kriterien erfordert einen rationalen, verantwortungsvollen Umgang mit der Ressource, wobei der Umweltschutz einen integralen Teil des Entwicklungsprozesses ausmacht, der nicht isoliert betrachtet werden darf. Um mit der regenerierbaren Ressource Wasser keinen Raubbau zu treiben, ist sie nur in dem Umfang zu nutzen wie sie sich erneuert. Für die Wasserwirtschaft bedeutet dies die Begrenzung der genutzten Wassermenge durch die natürliche Erneuerungsrate, eine vorrangig innerregionale Bedarfsdeckung und Problemlösung sowie die Notwendigkeit von Kriterien für eine rationelle und schonende Wassernutzung und der Schutz der Ökosysteme (UNCED, 1993). Die Nutzung von nicht erneuerbaren Ressourcen, z.B. fossilem Grundwasser, ist im Prinzip zu vermeiden, da nichtnachhaltig Nutzungen zu reduzieren oder zu eliminieren sind. Erneuerbare Wasserressourcen sind bezüglich Regenerationsmenge und -zeit zu erkunden, was besonders für Grundwassernutzungen bedeutsam ist. Die Langfristprognose aller planungs- und entscheidungsrelevanten Parameter und ihrer Schwankung ist daher erforderlich. So genügt für eine Wasserversorgung nicht mehr die Prognose des spezifischen Wasserbedarfs, sondern auch die der gesellschaftlichen Entwicklung und der Auswirkung der Urbanisierung auf das natürliche Wasserdargebot (Hornbogen, 1998; UNCED, 1992; Kindler, 1978). Wenn Wasservorkommen und -nutzung als regionale Größen angesehen werden, darf die Inanspruchnahme der Wasserressource in einer Region nicht die Nachhaltigkeit in anderen (benachbarten) Regionen beeinträchtigen (Lahn, 1996). Zusätzlich muß der Bestand im Ökosystem noch so groß bleiben, daß seine sichere Funktion gewährleistet ist. Das Ausmaß der zugeführten bioverfügbaren Schmutz- und Schadstoffe muß deutlich unter der Selbstreinigungskraft der Ressource liegen, da sonst eine Akkumulation der Stoffe oder ihrer Umsetzungsprodukte stattfinden würde.

Für die nachhaltige Entwicklung sind ökonomische, ökologische und soziale Aspekte gleichrangig zu behandeln. Bei der Formulierung der nachhaltigen Entwicklung als dauerhaft umweltgerecht besteht allerdings die Gefahr, daß die Nachhaltigkeit in Bezug auf ökologische Prioritäten interpretiert wird, obwohl die Nachhaltigkeit ein anthropozentrisch geprägter Begriff ist und kein ökozentrischer. So wird in Industriestaaten mit höherem Wohlstandsniveau dem Umweltschutz eine höhere Priorität eingeräumt als in Entwicklungsländern, wo die Nachhaltigkeit der Entwicklung oft an ihrem Beitrag zur materiellen Besserstellung der Bevölkerung gemessen wird. Ein standardmäßiger Ansatz in der Ökonomie, der dies von einer Generation zur nächsten berücksichtigt, kompensiert zukünftige Nutzen, Kosten und Verluste durch Diskontierung, d.h. alle zukünftigen Werte und Verluste werden in Gegenwartswerte umgewandelt. Für die Betroffenen steht eher die Bedeutung der Zeit im Vordergrund als der räumliche Einfluß und die Verluste, die durch die Bewirtschaftung der Ressource Wasser entstehen. Der hierbei verwendete ökonometrische Begriff trade-off drückt aus, um wieviel ein Ziel minder erreicht wird, wenn ein anderes Ziel aufgrund einer wirtschaftspolitischen Maßnahme stärker realisiert wird, z.B. Effizienzverluste bei erhöhter Umweltqualität aufgrund von umweltschützenden Maßnahmen. Die Zielverluste (trade offs) an nutzbaren Ressourcen bzw. die Wertminderung, die in dem ökologischem System vor und nach Durchführung der Maßnahmen eintreten, müssen einbezogen werden. Erfahrungen in der Speicherbewirtschaftung haben gezeigt, daß die Effizienzrate, welche als Verhältnis der für die Wiederauffüllung des Wasserbedarfs und der Wasserverluste benötigten Wassermenge und den geleisteten Abgaben aus Wasserspeichern errechnet wird, nie Hundert Prozent erreicht. Durch die erhöhte Verdunstung des Speichersees und sonstige Verluste wird Wasser der Abflußkomponente unkontrollierbar entzogen. So bleibt bei Talsperren in semi-ariden Klimagebieten der Ausgleichsgrad deutlich unter 1,0, da Verluste und Verdunstung den Ausgleichsgrad bei unbeschränkter Speichergröße oft auf weniger als 0,6 mindern. Die maximale Kapazität eines mit mehreren Talsperren ausgestatteten Systems ist außerdem nicht ständig voll verfügbar, da aus Gründen der Bauwerksunterhaltung von Zeit zu Zeit längere Absenkungen in einzelnen Sperren vorgenommen werden müssen.

Bei einer nachhaltigen Entwicklung muß die Beziehung zwischen den sich verhältnismäßig schnell ändernden ökonomischen Systemen und den langsamer verlaufenden Veränderungen in den großen ökologischen Systemen, in welche die ökonomischen Systeme eingebettet sind, ständig überprüft werden. Einige ökologische Systeme können nachhaltig so entwickelt werden, daß die Lebensqualität erhalten oder verbessert wird; ihr nachhaltiges Wachstum, z.B. die quantitative Zunahme, ist dagegen ausgeschlossen. Für das Wasser lassen sich verschiedene Bedingungen finden, die eine nachhaltige Entwicklung anzeigen wie Erhaltung der Infiltrations- und Retentionskapazität für Wasser im Einzugsgebiet zur Erzeugung von Biomasse einer hinreichend typischen Vegetation, Erhaltung von Fischfauna und aquatischer Biomasse sowie Bereitstellung von ausreichendem Wasser für die Wasserversorgung und die allgemeine Hygiene. Die Nachhaltigkeit schließt die Vorstellung eines Verlustes über die Jahre ein.

Um eine nachhaltige Entwicklung zu erreichen, sind technische, ökologische, finanzielle soziale und institutionelle Bedingungen zu beachten, die durch Indikatoren wie Verursacher, Belastung, Umweltzustand, Handlungsoptionen bzw. Maßnahmen kategorisiert werden. Unter Beachtung des Wassereinsparungsprinzips sieht die optimale Wasserbewirtschaftung die ausgeglichene Bilanz von Nachfrage und Versorgung vor und schließt langfristige oder irreversible Auswirkungen auf die Umwelt aus. Die Kosten für die Entwicklung und den Betrieb der wasserwirtschaftlichen Maßnahmen sollten im Prinzip zurückgewonnen werden können. Die Gesellschaft muß bereit sein, für diese Dienste zu tragen, zumal Wasserwirtschaftssysteme oft den integralen Teil von Gesellschaftssystemen bilden. Die beteiligten Institutionen müssen in der Lage sein, die Maßnahmen zu planen, zu betreiben, zu überwachen und an veränderte Situationen anzupassen. Dazu bedarf es multidisziplinärer Anstrengungen unter Beteiligung der Öffentlichkeit. Das System muß an die örtlichen Lebens- und Umweltbedingungen angepaßt werden und so robust ausgelegt sein, daß künftige Veränderungen des Bedarfs oder des Zwecks dynamisch berücksichtigt werden können. Zur Mobilisierung der Wasserressourcen, insbesonders im semiariden und ariden Gebieten, müssen auch neue, alternative Quellen für die Wasserversorgung entwickelt werden, wie künstliche Grundwasseranreicherung, Wiederverwendung von Abwasser, Wasserrecycling und Entsalzung.

Wasserwirtschaftliche Maßnahmen können als Regelsysteme aufgefaßt werden. Ein *System* ist definiert als eine endliche Anzahl von Elementen, die sich in einem ganzheitlichen Zusammenhang befinden, miteinander verknüpft sind und über einen regulären, unabhängigen Weg miteinander in Wechselwirkung stehen. Das System ist nicht an einem bestimmten Maßstab, Zweck oder Zusammenhang gebunden. Wasserwirtschaftliche Systeme sind jedoch mit sozialen, umweltbezogenen, legalen und ökonomischen Attributen versehen (Bild 1.2). Das Modell ist das Abbild eines vorgegebenen Systems. Das System ist in seine Umgebung eingebettet. Bei der Rückkoppelung ist die zeitliche Verzögerung zu beachten. Die voll oder teilweise kontrollierten Eingaben werden als *Entscheidungsvariablen* bezeichnet. Die unkontrollierbaren Eingaben beeinflussen den Zustand des Systems. Eine Anzahl von Realisierungen der Entscheidungsvariablen wird als *Entscheidungsraum* bezeichnet. In ökonomischer Hinsicht entspricht er dem durch Restriktionen begrenzten Handlungsbereich des Entscheidungsträgers. Ziel ist die Maximierung des erwünschten oder Minimierung des unerwünschten Outputs durch Auswahl des Ablaufs der Entscheidungen. Die Umformung des Systems infolge von Entscheidungsvariablen und unkontrollierten Eingaben wird beschrieben durch *Zustandsvariablen*. *Systemparameter* kennzeichnen die Antwort des Systems. *Systemanalyse* ist allgemein die Identifikation und Beschreibung des realen Modells und der Untersuchung des Systemverhaltens unter verschiedenen Bedingungen.

Ein Satz von Entscheidungsvariablen, die sich in dem zulässigem Entscheidungsraum befinden, bildet eine zulässige Lösung. Sie besteht aus erwünschten oder unerwünschten Out-

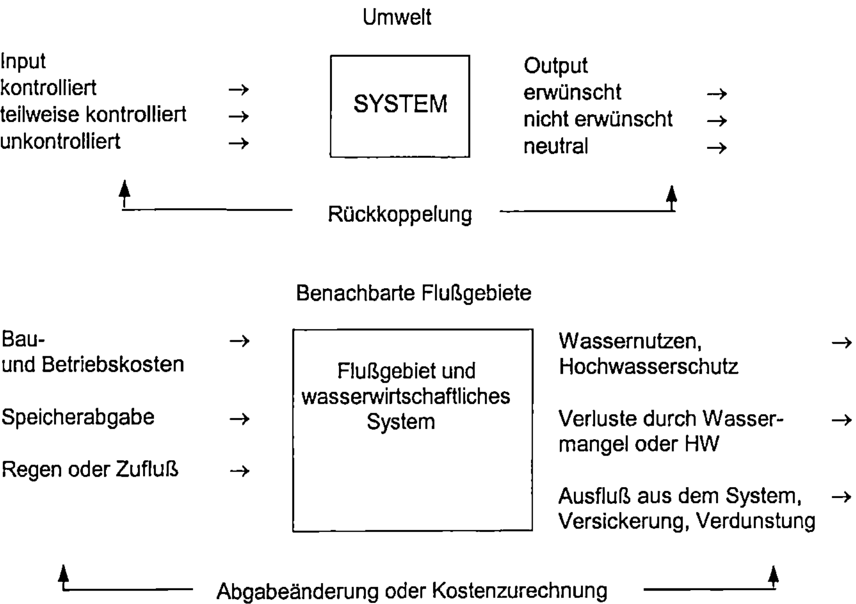

Bild 1.2. Modell eines Systems (oben) und Beispiel eines Systems für oberirdisches Wasser (unteres Schema)

putgrößen, die mit bestimmten Zielen, d. h. mit angestrebten Soll-Zuständen, verknüpft sind. Werden die Zielgrößen mit einer einheitlichen Bewertung, z.B. monetäre Bewertung, belegt und wird als Zielfunktion (Z) der Output bezeichnet, der unter Einhaltung der Randbedingungen und für die Eingangsvariable Lösungen ergibt, erhält man:

$$Z = f(x,s,p) \tag{1.1}$$

unter Beachtung der Nebenbedingungen g_m: $\quad g_m(x,s,p) \geq 0, \quad m = 1, ..., M$ $\qquad$ (1.2)

x : Entscheidungsvariable,
s : Zustandsvariable,
p : Systemparameter.

Wichtige Ziele von Wasserbewirtschaftungssystemen sind die Notwendigkeit der rationellen Nutzung des Wassers bei gleichzeitig minimalen Auswirkungen auf andere natürliche Ressourcen sowie ein sparsamer Wasserverbrauch, der die natürliche Erneuerungsfähigkeit der Ressource nicht übersteigt. Ziel der Optimierung ist die Bestimmung von Lösungen, die z.B. einen maximalen Wohlstand beinhalten unter Beachtung physikalischer und sozioökonomischer Randbedingungen. Dabei können mehrere gleichwertige Lösungen auftreten. Im Sinne ökonomischer Betrachtungen werden unter dem Begriff Ressource sämtliche Einsatzmittel zur Erzeugung von Gütern und Dienstleistungen verstanden.

Durch den Bau von Speichern, Wasserverteilungs- und -entsorgungssystemen nimmt die Kontrollmöglichkeit für die Versorgung zu, verknüpft mit einem Anwachsen der ökonomischen und ökologischen Auswirkungen. Die Kosten nehmen bei einem verbessertem Hochwasserschutz zu; wird aber der Bemessungsabfluß überschritten, treten höhere Hochwasserschäden auf als früher ohne Schutz. Bei extremen Niedrigwasseraufhöhungen treten analog Effekte bei der Wassergüte auf. Als Ausführungskriterien für einen nachhaltigen Maßnahmenvorschlag sind bereits beim Planungsprozeß drei Randbedingungen zu beachten: die Leistungsfähigkeit, die Fähigkeit zum Fortbestand des Systems und seine ununterbrochen anhaltende Tragfähigkeit oder Dauerhaftigkeit. Um die drei Ziele zu vergleichen, sollten sie alle in eine Metrik umgewandelt werden können, die allgemein als Wohlstand W bezeichnet werden kann. Als Nachhaltigkeitsindikator dienen volkswirtschaftliche Gesamtrechnungen, z.B. das Bruttosozialprodukt, die heute durch ein modifiziertes Wohlfahrtsmaß nach unten korrigiert werden (Walz, 1997). Als allgemeines Ziel sollte ein minimaler Wohlstand W_{min} nicht unterschritten werden, der als Existenzminimum angesehen werden kann. Wird die Leistungsfähigkeit für eine Periode y, die von heute in die Zukunft gerechnet wird, betrachtet, wird jede Entscheidung, die heute getroffen wird, als Ergebnis eine Zeitreihe von Nettowerten des Wohlstandes W(k,y) aufweisen. Für die maximale Leistungsfähigkeit ist gesucht (Loucks, 1994):

$$\sum_y W\,(k,y)/(1+i)^y \Rightarrow \max, \tag{1.3}$$

wobei i den Zinssatz während des Zeitabschnitts y darstellt. Bei hohem Zinssatz i wird der gegenwärtige Wohlstand auf Grund der höheren Diskontierungsrate $(1+i)^t$ besser bewertet als der zukünftige; gegenwärtige Erfordernisse werden berücksichtigt, nicht dagegen Fortbestand und Nachhaltigkeit auf Grund der Unproportioniertheit. Da bei zu geringen Werten

Tabelle 1.1. Liste einiger Indikatoren zur Fortschrittskontrolle einer nachhaltigen Entwicklung (UNCSD, 1995)

<u>Auslösende Indikatoren</u>

Soziale:	Beschäftigungsrate (%)
	Bevölkerungswachstum (%)
	Nettoeinwanderungsrate (%)
	Prozent der Bevölkerung ohne ausreichende Wasserversorgung (%)
	Prozent der Bevölkerung ohne ausreichende Abwasserentsorgung (%)
	Wachtumsrate der Stadtbevölkerung (%)
	Treibstoffverbrauch pro Kopf (l)
Ökonomische:	Reales BIP pro Kopf / Wachstumsrate (%)
	Nettoressourcen Transfer / BIP (%)
Umweltbezogene:	jährl. Energieverbrauch pro Kopf (J)
	jährl. Entzug von Grund- und Oberflächenwasser in % des verfügbaren Dargebots
Landnutzung:	jährl. Brennholzverbrauch pro Kopf (m^3)
	Viehbestand (Anzahl / km^2 Ackerland)
	Bevölkerungsanteil unterhalb der Armutsgrenze (% Trockenlandbaus)
	jährl. Verbrauch in der Landwirtschaft (t / km^2)
	jährl. Düngemittelverbrauch (t / km^2)
	Ackerland pro Kopf (ha pro Kopf)
	Bewässerung in % des Ackerlandes
	jährl. Abholzungsrate (km^2 / a)
	jährl. forstwirtschaftlicher Ertrag (m^3)

<u>Zustandsindikatoren</u>

Soziale:	Bevölkerungsanteil unter der Armutsgrenze (Anzahl, %)
	Bevölkerungsdichte (Einwohner / km^2)
	Säuglings- und Müttersterberate (pro 1000 Lebendgeburten)
	Lebenserwartung bei Geburt (Jahre)
	Anteil der städtischen Bevölkerung (%)
	Fläche und Bevölkerung in unbedeutenen Siedlungen(km^2, Anzahl)
	Verlust an Mensch und Gütern durch Naturkatastropfen (Anzahl, G.E.)
Ökonomische:	BIP pro Kopf (G.E.)
	BIP berichtigt um Umweltwert (G.E.)
	ODA, als Prozent des BIP (%)
	Schulden / BIP (%)
	Schuldendienst / Export (%)
Umweltbezogene:	Grundwasserreserven (m^3)
	Mittlere Konzentration von Koliform in Oberflächenwasser (Anzahl / 100 ml)
	Mittlere BSB und CSB und Bandbreite in Oberflächengewässern (mg / l)
	Erosionsgefährdete Flächen (km^2 / Erosions Index)
	Versteppte Gebiete / Desertifikations Index
	Häufigkeit oder Intensität von Trockenheit
	Flächenanteil der versalzten oder vernässten Böden
	Bestochung (m^3)
	Forsten (km^2)
	Holzanteil in % am Energieverbrauch

	Bedrohte Arten in % der gesamten heimischen Arten
Institutionelle:	UVP obligatorisch (ja / nein)
	Programme für nationale Umweltstatistiken (ja / nein)
	Strategien für nachhaltige Entwicklung (ja / nein)
	Nationale Beratungsgremien für nachhaltige Entwicklung (ja / nein)
	Repräsentanz von Minderheiten (Volksstämmen) in nationalen Gremien für nachhaltige Entwicklung (ja / nein)
	Repräsentanz von Hauptvolksgruppen in nationalen Gremien für nachhaltige Entwicklung (Beirat bei Entscheidungsprozessen) (ja / nein)

<u>Respons-Indikatoren</u>

Soziale:	Ausgaben in % des BIP für Gesundheit
	Ausgaben für Infrastrukturen pro Kopf (G.E.)
Ökonomische:	Anteil der Investitionen in BIP (%)
	Teilnahme an regionale Handelsabkommen (ja / nein)
	Anteil des Verbrauches an erneuerbarer Energie zu nicht erneuerbarer Energiereserven (%)
	Ausgaben für den Umweltschutz in % des BIP
	Umweltsteuern und -subventionen in % der Staatseinkünfte
	Monetärer Umfang der nachhaltigen Entwicklung nach 1992 (Rio Konferenz)
	Programme einer integrierten umweltbezogenen und ökonomischen Bilanzierung (ja / nein)
	Entschuldung
Umweltbezogene:	Abwasserbehandlung (% der angeschlossenen Einwohner, Gesamtzahl und nach Typ des Kläranlage)
	Kosten für landwirtschaftliche Beratung und Forschung (G.E.)
	Kultivierte Flächen (km^2)
	Aufforstung (km^2 / Jahr)
	Waldschutzgebiete in % der Nutzflächen
	Schutzgebiete in % der gesamten Landflächen

---

des Zinssatzes i die Projekte aber kaum ökonomisch überleben können, läßt sich als Forderung für den Fortbestand angeben:

$$W(k,y) \geq W_{min} \quad \text{für alle Perioden y.} \tag{1.4}$$

Für die Nachhaltigkeit muß gefordert werden, daß der Wohlstand zukünftiger Generationen nicht geringer ist als der durchschnittliche Wohlstand während der gegenwärtigen oder vorausgegangenen Generationen (Gilpin, 2000):

$$W(k,y+1) \geq W(k,y) \quad \text{für alle Perioden y.} \tag{1.5}$$

Außerdem darf kein Wechsel zu negativen Effekten eintreten, d.h.

$$dW(k,y)/dy \geq 0 \text{ für alle Perioden y.} \tag{1.6}$$

Es ist zu beachten, daß sich bei verschiedenen Sytemen Verluste einstellen, die sich z.B. in einem unterschiedlichen Wirkungsgrad ausdrücken. Außerdem muß berücksichtigt werden, daß beim Wechsel der Zielvorstellung, d.h. bei der Aufgabe eines Nutzens zugunsten eines anderen, mehr erwünschte Vorteile aber keine permanenten Verluste auftreten sollen.

Zur Messung der Nachhaltigkeit in der Wasserwirtschaft wird eine Auswahl von Indikatoren benutzt. Die Verwendung eines universiellen (aggregierten) Indikators oder von wenigen ist sinnlos, wenn die Wahl des Indikators vom Zweck der Studie anhängt. Bei der ersten Art von Indikatoren für die Nachhaltigkeit erfolgt ihre Definition nur als Bedingung, die mit einer nachhaltigen Entwicklung existenziell verknüpft ist. Die zweite Art betont Kriterien zur Messung der Nachhaltigkeit. Eine Systematisierung erfolgt nach *auslösenden Indikatoren*, die als Input, Streßsituation oder endogene Variable bezeichnet werden können, nach Indikatoren für den *Zustand* und nach *Respons-Indikatoren*, in welche Effekte von politischen Optionen, Kontrollen und anderen Reaktionen einschliessen. Die in Tabelle 1.1 aufgelisteten Indikatoren, gelten für die nationale Ebene und schliessen Länder der Dritten Welt ein; sie können abgeändert zur Bewertung von wasserwirtschaftlichen Projekten in entwickelten Ländern benutzt werden. Eine Skalierung auf Einzugsgebietsebene oder größer ist bei größeren Speichern anzustreben unter Einschluß von weiteren Indikatoren, welche den Zustand mit und ohne Speicher berücksichtigen (IAHS, 1998).

1.2   Rahmen wasserwirtschaftlicher Projektbewertung

1.2.1 Wirkung und Effizienz wasserwirtschaftlicher Maßnahmen

Der interdisziplinäre Charakter, den die Auslegung von Wasserbewirtschaftungssystemen erfordert, kommt bei der Planung, beim Aufbau und Betrieb solcher Systeme zum Ausdruck durch Zusammenarbeit unterschiedlicher Bereiche wie Ingenieurwissenschaften, Wirtschaft, Umweltschutz, Recht und Soziologie. Historisch gesehen diente die erste Generation von Wasserbewirtschaftungssystemen meist nur einem Zweck, z.B. der Wasserversorgung oder der Wasserkraftgewinnung; später nahmen Mehrzwecksysteme an Bedeutung zu. So wurde 1973 mit den Wasserverbänden (river authorities), die in England und Wales staatlich anerkannt wurden, ein umfassendes System auf der Grundlage des Konzepts der Wasserbewirtschaftung nach Flußeinzugsgebieten eingeführt. Dafür wurden regionale Wasserbehörden eingerichtet, die in ein koordiniertes System integriert wurden, in dem alle Verwaltungsebenen einschließlich der kommunalen Ebene vertreten sind.

Die Bewertung wasserwirtschaftlicher Maßnahmen ist nicht neu. 1844 berichtete Dupuit über den Nutzwert der öffentlichen Arbeiten in den jährlichen Berichten über Brücken und Straßen in Frankreich. Das 1902 in den USA erlassene Gesetz über Flüsse und Kanäle (*River and Harbour Act*) schrieb vor, daß die ökonomischen Vor- und Nachteile der Fluß- und Hafenprojekte durch eine Ingenieurgruppe darzulegen sind. Im *Flood Control Act* von 1936 ist darüber hinaus festgelegt, daß derartige öffentliche Vorhaben nur durchgeführt werden dürfen, wenn die Erträge größer sind als die entstehenden Kosten. Nach dem 2. Weltkrieg wurden die theoretischen Grundlagen noch weiter ausgebaut und 1950 Richtlinien für die Ermittlung von Nutzen und Kosten der öffentlichen Bauten herausgegeben. 1965 wurde die ursprünglich nur für das US Corps of Engineers geltende Vorschrift, in der die Gegenüberstellung von möglichen Alternativlösungen gefordert wurde, als Verpflichtung für alle Behörden ausgeweitet (Gilpin, 2000).

In Deutschland werden seit 1969 von den Finanzministerien des Bundes und der Länder *Nutzen-Kosten-Untersuchungen* für Maßnahmen von erheblicher finanzieller Bedeutung gefordert (BHO, 1969). So ist in den Verwaltungsvorschriften vieler Länder eine Nutzen-Kosten-Untersuchung und eine Nutzwertanalyse vorgesehen; bei letzterer kommt weniger eine monetäre Bewertung als die Berücksichtigung bestimmter Zielvorstellungen zum Tragen. 1981 wurden von der LAWA Leitlinien zur Durchführung von Nutzen-Kosten-Analysen in der Wasserwirtschaft herausgegeben, die zuletzt 1986 ergänzt wurden. Die wesentlichen ökonomischen Auswirkungen wasserwirtschaftlicher Maßnahmen werden durch monetäre Bewertung des Nutzen, der Kosteneinsparungen und der Herabsetzung des Schadenspotentials quantifiziert (Bild 1.3). Die monetäre Bewertung wasserwirtschaftlicher Maßnahmen bereitet hinsichtlich der Kostenseite keine grundsätzlichen Schwierigkeiten. Bei der volkswirtschaftlichen Nutzenermittlung treten Besonderheiten auf, die vom Zweck der Maßnahme abhängen, wie für typische wasserwirtschaftliche Aufgaben gezeigt wird (Schmidtke, 1981).

Hochwasserschutz
Maßnahmen zum Hochwasserschutz sollen Schäden von Hochwasser, d.h. Wasserstände oder Abflüsse, die deutlich über dem langjährigen Mittel liegen, mildern oder völlig verhindern. Die baulichen Anlagen dienen als abflußreduzierende Maßnahmen dem Ziel, den Scheitelabfluß zu dämpfen, wie z.B. Hochwasserrückhaltebecken, Hochwasserabschläge,

Wirkungsbereiche wasserwirtschaftlicher Maßnahmen						
Hochwasser-schutz	Wasserver-sorgung	Be- und Entwässerung	Wasserkraft-nutzung	Binnen-schiffahrt	Freizeit u. Erholung	Gewässer-reinhaltung
verhinderte Schäden	Konsum-nutzen	Einkommens-verbesserung. u. Freizeitge-winne in der Landwirtschaft	zusätzlicher Strom für konsumtive Nutzung	Transport-kostener-sparnisse	Erlebnis-nutzen	verhinderte Schäden
Bodenwert-steigerungen	verhinderte Verluste	Kulturland-schaftserhaltg.	zusätzlicher Strom für produktive Nutzung	Transport-zeiterspar-nisse	Options-nutzen	ersparte Aufberei-tungs-kosten
Kostener-sparnisse	ersparte Auf-bereitungs-kosten	Freisetzung v. Landarbeitern	verhinderte Verluste	Entwick-lungs-nutzen	fremden-verkehrs-wirtschaft-licher Nutzen	Erholungs-nutzen bei Freizeit-aktivitäten mit Wasser-kontakt, Sportfischer
induzierte Einkommens-wirkungen	sonstige Ko-stenerspar-nisse	Einkommens-effekte in vor- u. nachgelager-ten Bereichen				
		Bodenwert-steigerungen				

Bild 1.3. Wesentliche ökonomische Effekte wasserwirtschaftlicher Maßnahmen (LAWA, 1981)

durch Ableitungen, Bodenschutzmaßnahmen und Aufforstungen oder haben als wasser-
standsregelnde Maßnahmen, wie z.B. Eindeichungen und Grundräumungen, die Aufgabe,
den Wasserspiegel im zu schützenden Gebiet abzusenken. Zu den Maßnahmen, welche die
Hochwasserdauer verringern, zählen die hydraulischen Verbesserungen der urbanen Netze
für die Stadtentwässerung oder ländlichen Entwässerungsnetze bei Flurbereinigungen und
für Flüsse. Unter die nicht baulich-konstruktiven Maßnahmen zur Verminderung der Hoch-
wasserwirkung fallen der Hochwasserwarndienst (Hochwasservorhersage), die Deichvertei-
digung (Wasserwehr) ohne oder mit Sandsäcken oder der Katastropheneinsatz und die Eva-
kuierungen. Aber auch die Hochwasserversicherung und die Unterstützung durch staatlichen Schadensausgleich fallen unter den vorsorgenden Hochwasserschutz. Die Ausweisung
von Überflutungsflächen in zonierten Überschwemmungsgebieten und ihre angepaßte Nutzung fallen unter Strukturmaßnahmen zur Herabsetzung der Schadensanfälligkeit. Wichtige
Bewertungsgrößen für Hochwasserschutzmaßnahmen sind der Scheitelabfluß in m^3/s, die
Hochwasserdauer in d und die Eintrittswahrscheinlichkeit in a, der zugeordnete Scheitel-
wasserstand in m und die Abflußleistung des Gewässers (= schadloser Abfluß) in m^3/s.
Nutzwirkungen des Hochwasserschutzes lassen sich in die Bereiche verhinderte Überflutungsschäden, Bodenwertsteigerungen, Kostenersparnisse und induzierte Einkommenswir-
kungen einteilen (Worreschk, 1999).

Bei Hochwasserschutzprojekten und Maßnahmen zur Abflußregelung äußert sich der monetäre Nutzen in der Herabsetzung des Hochwasserschadens nach Größe und Häufigkeit
sowie in dem erhöhten Nutzen der Flächen im Überschwemmungsgebiet, z.B. als vermehr-
te Ertragssicherung. Einsparungen an flußbaulichen Unterhaltungsmaßnahmen können
ebenfalls anfallen. Verhinderte Schäden können nach den Schadenskategorien Ernte-, Vieh-
und Sachschäden kategorisiert werden. Mengenindikator für die Ernteschäden ist die hoch-
wassergeschützte Fläche in ha mit der status-quo-Nutzung, die mit einem Einheitsertrags-
wert multipliziert wird. Bei Acker- und Grünland können für den mittleren Ertrag in dt/ha
auch die Substitutionskosten angesetzt werden. Viehschäden werden über den Großviehbe-
satz und den Verkaufswert quantifiziert. Sachschäden an Gebäuden und Einrichtungen werden zum Verkehrswert der Einzelobjekte oder als prozentuale Schadensminderung der ge-
schützten bebauten Flächen eingeführt.

Produktivitäts- und Bodenwertänderungen treten auf, wenn anstelle der status-quo-Nutzung eine höherwertige Nutzung der hochwassergefährdeten Flächen erfolgt, z.B. Ackernutzung anstelle von Grünland oder Bauland anstelle einer landwirtschaftlichen Nutzung.
Bewertet wird die geschützte Fläche mit Nutzenänderung bzw. der Verkehrswert, wenn
durch eine Prognose geklärt wurde, daß Bedarf an höherwertig zu nutzenden landwirtschaftlichen Flächen besteht. Bodenwertsteigerungen im kommunalen, gewerblichen und
industriellen Bereich setzen also entsprechende Nachfrage voraus. Mengenindikatoren sind
die als Neubauland nutzbaren Flächen mit ihren spezifischen Nutzungsformen sowie bereits bebaute, bedingt hochwasserfreie Flächen, deren Schutz verbessert wird. Als Wertindikator kann die Preisdifferenz zwischen dem Verlustwert der hochwassergefährdeten Fläche und dem Richtwert für Baulandpreise angesetzt werden. Der Fortfall der Überschwemmungsgebiete ist in ökologischer Hinsicht als negativer Nutzen zu berücksichtigen.

Aufwandsänderungen treten durch die verringerten Unterhaltungskosten für das Gewässer
und das Brachland auf. Sie werden als durchschnittliche Unterhaltungskosten auf den Kilo-
meter Wasserlauf oder den Hektar Brachland umgelegt. Auf der Kostenseite fallen die Bau-
und Betriebskosten für die Hochwasserschutzmaßnahme (z.B. Hochwasserrückhaltebek-

ken) an. Gegebenenfalls entstehen weitere Nachteile durch Verzicht auf die Ausnutzung der Wasserkraft oder die Wassernutzung für die Wasserversorgung.

Induzierte Einkommensauswirkungen sind vorwiegend durch direkte Einkommenssteigerungen im landwirtschaftlichen Bereich zu verzeichnen. Durch die Wiederausgabe dieser Mehreinkommen wird ein Multiplikatorprozeß ausgelöst, der zu weiteren (induzierten) Einkommenssteigerungen führt. Indikator für die Menge ist das Primäreinkommen, das mit einem Multiplikator vergrößert wird. Die empirisch ermittelten Einkommensmultiplikatoren werden für ländliche Räume mit 1,13 bis 1,17 angegeben (Schmidtke et al., 1981). Für Nordrhein-Westfalen wird mit einem Durchschnittswert von 1,75 gerechnet. Für ländlich strukturierte Räume ist daher ein regionalisierter Multiplikatorwert zwischen 1,1 und 1,4 bei landwirtschaftlichen Primäreinkommen plausibel (Bokelmann, 1979).

Wasserversorgung
Durch die Wasserversorgung wird der Wasserbedarf der Bevölkerung, der öffentlichen Einrichtungen, des Gewerbes und der Industrie in ausreichender Menge und geeigneter bakteriologischer, chemischer und physikalischer Beschaffenheit abgedeckt. Nach dem Verwendungszweck kann unterschieden werden in Trinkwasser, Produktionswasser, Kühlwasser für thermische Kraftwerke und Bewässerungswasser. Die Beschaffenheit und Verfügbarkeit des Rohwassers, das als Grund- oder Quellwasser, Fluß- oder Talsperrenwasser anfällt, bestimmen in Abhängigkeit vom Verwendungszweck den Aufwand für die Wasseraufbereitung. Maßnahmen zur Wasserversorgung umfassen die Anlagen zur Wassergewinnung, -aufbereitung und -speicherung sowie für Wassertransport und -verteilung. Die Kosten für die Wasserversorgung umfassen die Kosten für diese Maßnahmen einschließlich der Kosten für den Erwerb von Wasserrechten. Weitere Kosten können durch zusätzliche Wasserbeschaffungsmaßnahmen während einer Wasserklemme, z.B. einer extremen Trockenperiode, entstehen. Bei Grundwasserentnahmen müssen die Auswirkung der Grundwasserbewirtschaftung mit unterschiedlichen ökologischen, wirtschaftlichen und räumlichen Zielpräferenzen bewertet werden (Binder, 1999). Die Wasserversorgung ist im Zusammenhang mit der Ableitung und Behandlung des Schmutz- und Regenwassers zu betrachten (Bretschneider, 1993; Fachbereich Bauingenieurwesen, 1998).

Die physische Wirksamkeit von Wasserversorgungsmaßnahmen wird anhand der Bezugsgrößen Menge und Qualität des Roh- und Versorgungswassers sowie Versorgungssicherheit bewertet. Als Qualitätsmerkmale von Roh- und Versorgungswasser dienen physikalische, chemische und bakteriologische Kriterien wie Temperatur, pH-Wert, Gesamthärte; zulässige Konzentrationen für Anmonium, Nitrit, Nitrat, Chlorid, Sulfat, Phosphat, Mangan, Eisen, Blei, Cyanide, Arsen, Coli und Coliforme usw. (DIN 2000).

Der Nutzen läßt sich mit Hilfe des Wasserpreises quantifizieren. Die Nutznießer sind die öffentlichen und privaten Wasserverbraucher. Der Nutzen aus der Wasserversorgung für Haushalte und öffentliche Einrichtungen wird anhand von Kostenersparnissen durch verhinderte Wasserverluste, Gesundheitsschäden und ersparte Aufbereitungskosten bewertet. Als Mengenindikatoren dienen der tägliche Pro-Kopf-Verbrauch, die zusätzlichen Wassermengen, die Ausfalltage und Abschreibungsdauer, wobei die Wasserqualität durch Standards oder Güteklassen vorgegeben wird. Ein Wertindikator ist die Zahlungsbereitschaft in DM/m^3. Bei Gewerbe und Industrie wird der betriebswirtschaftliche Produktions- und Entwicklungsnutzen über Alternativkosten oder eine volkswirtschaftliche Gesamtrechnung bewertet (OECD, 1999a).

Die Größe des Nutzens richtet sich nach der Nachfrage. Mit Hilfe von Bedarfsprognosen muß auf die Größe künftiger Versorgungslücken geschlossen werden. Dafür wird anhand von beobachteten Zeitreihen des täglichen pro Kopf Verbrauchs der Bevölkerung, die im (geplanten) Versorgungsgebiet leben wird, ausgegangen und anhand einer Regression zwischen spezifischem Bedarf und Bevölkerungsentwicklung eine statistische Extrapolation über den Planungszeitraum vorgenommen (Bild 1.5). Die Entwicklung der Bevölkerung und des spezifischen Wasserbedarfs zu verschiedenen Zeithorizonten sind die entscheidenden Bestimmungsgrößen, wobei der spezifische Wasserverbrauch vom technischen Ausstattungsgrad des Versorgungsnetzes (Hausanschlüsse, Wasserzähler, öffentliche Brunnen), vom Leitungs- und Betriebsverlust und vom Wasserpreis abhängen. Einflußfaktoren auf den Bedarf sind wassersparende Einrichtungen, die mit steigendem Umweltbewußtsein das Verbraucherverhalten bestimmen sowie wassersparende Produktionstechniken und Substitution von Trinkwasser durch Regenwasser oder andere Produktionsmittel, was zur rückläufigen Entwicklung des industriellen Wasserbedarfs seit Ende der siebziger Jahre geführt hat. Bei einem hohen Entwicklungsstand einer Region wird meist der zentralen Wasserversorgung der Vorzug gegeben. In Deutschland ist vorrangig, wie die Versorgung auf Grund der vorhandenen Infrastruktur langfristig, d.h. auch in extremen Trockenzeiten, zu sichern ist. Neben den technischen Aspekten wirken wirtschaftliche Faktoren auf den Wasserbedarf, wie wirtschaftliche Entwicklung der Region, Lebensstandard und Nutzungen von Einspar- bzw. Substitutionsmöglichkeiten. Die Sicherheit des Wasserbezuges und die Vorbeugung gegen Wasserverschwendung sind einzuplanen (OECD, 1999a; Hornbogen, 1998).

Die Langzeitprognose kann anhand von Entwicklungsszenarien für die Versorgungsregion durchgeführt werden. Es wird nicht nur der Wasserbedarf in die Zukunft extrapoliert sondern alle Einflußgrößen des natürlichen und anthropogenen beeinflußten Systems. Da den Szenarien keine Eintrittswahrscheinlichkeiten zugeordnet werden können, wird mit der Possibilitätstheorie den Ergebnissen der Szenarienberechnung eine Plausibilität zugewiesen im Sinne von "hoch" (= optimistisch), "mittel" (= pessimistisch) und "gering" (Hornbogen, 1998). Die Possibilität der einzelnen Auswirkungen auf den Wasserbedarf und das Dargebot, z.B. in Form der Grundwasserneubildung werden aggregiert (s. Bild 1.4). Daraus läßt sich die Endwicklungstendenz des spezifischen Wasserbedarfs einschätzen (Bild 1.5).

Konsumnutzen ist der Nutzen, der sich aus quantitativ oder qualitativ verbesserter Trinkwasserversorgung bei privaten Haushalten und öffentlichen Einrichtungen ergibt. Mengenindikator ist die zusätzlich verfügbare Wassermenge in m^3/d. Zur monetären Bewertung werden die Methode der *Zahlungsbereitschaft* und die Alternativkostenmethode herangezogen. Bei der Methode der Zahlungsbereitschaft wird als Nutzen der Betrag angesetzt, den die Verbraucher für eine bessere Versorgung zu zahlen bereit wären. Er wird mit einer Nachfragefunktion ermittelt. Als Stützstellen der Nachfragekurve dienen der konventionelle Grundbetrag für Trinken, Kochen und Hygiene, für den sich die Zahlungsbereitschaft über alternative Beschaffungsmaßnahmen, z.B. Wasseranlieferung in Tankwagen oder Wasser, abgefüllt in Flaschen, bestimmen läßt (Schmidtke, 1981). Für den tatsächlichen Pro-Kopf-Verbrauch wird häufig ein Tarif festgelegt, der dem höchsten, vom Verbraucher akzeptierten Wasserpreis in einem ähnlichen Gebiet mit vergleichbaren sozialen und klimatischen Verhältnissen entspricht. Bei der *Alternativkostenmethode* werden die Kosten alternativer Projekte mit entsprechender Kapazität verglichen, z.B. Versorgung aus Uferfiltrat oder durch eine Fernwasserleitung.

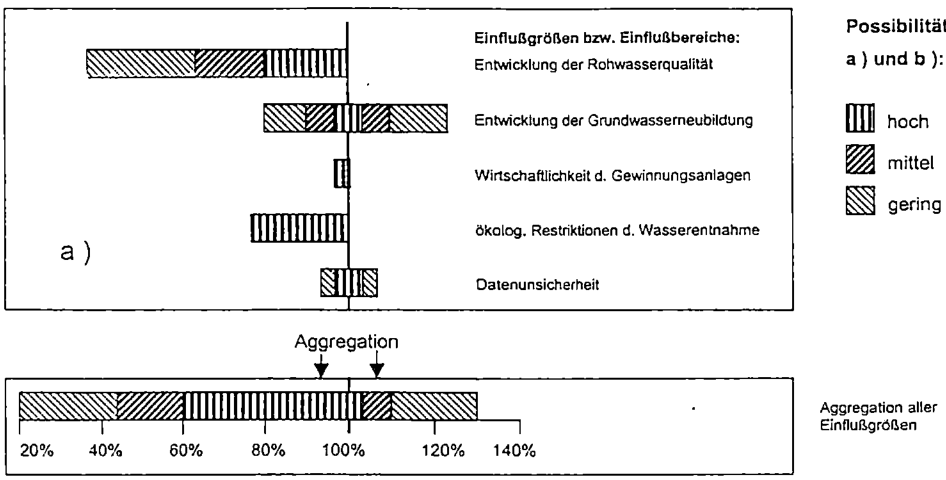

minimales tägliches Dargebot des Bilanzraums im Systemzustand Jahr 2040
(bezogen auf den Systemzustand im Trockenjahr 1976 = 100%)

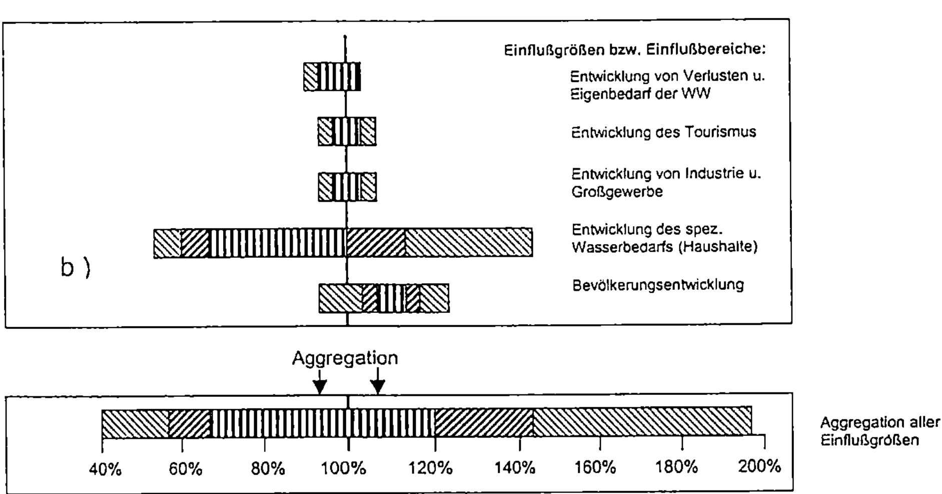

Wasserbedarf eines verbrauchsreichen Tages im Systemzustand Jahr 2040
(bezogen auf den Systemzustand im Jahr 1994 = 100%)

Bild 1.4. Aggregation von Possibilitätsverteilungen der Auswirkungen von Einflußgrößen a) des nutzbaren Wasserdargebots und b) des Wasserbedarfs. Einzelne Einflußbereiche sind aggregiert aus Handlungsszenarien, z.B. Entwicklung der Grundwasserneubildung oder des spezifischen Handlungsbedarfs (nach Hornbogen, 1998).

Verluste können durch fehlende Wassermengen zur Zeit des Spitzenbedarfs entstehen. Sie können aber auch auf der Nutzenseite durch geringere Wiederbeschaffungskosten für Einrichtungsgegenstände, die durch große Wasserhärte in Mitleidenschaft gezogen werden, auftreten. Ersparte Aufbereitungskosten, die vom Gütezustand des Rohwassers abhängen,

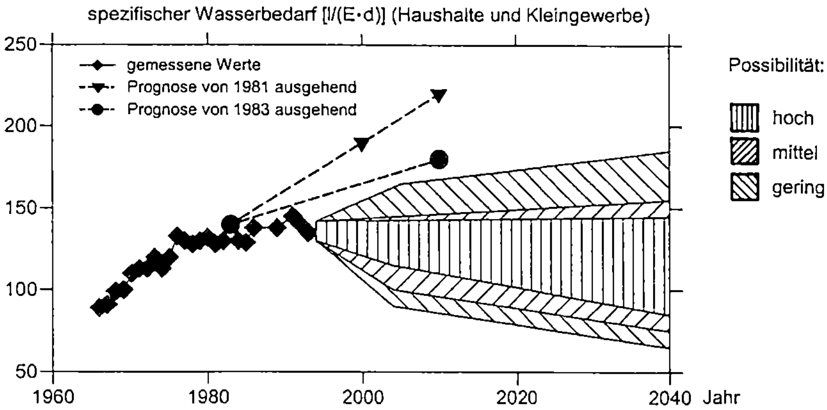

Bild 1.5. Unscharfe Prognose des spezifischen Wasserbedarfs bei einer integrierten Wasserbilanz nach der Possibilitätstheorie im Vergleich dazu Prognosen aufgrund statistischer Extrapolationen (nach Hornbogen, 1998).

zählen ebenfalls zu den Kostenersparnissen. Netzverluste einschließlich Spülwasser liegen bei gut unterhaltenen Versorgungsnetzen unter 3%, können aber bei alten Netzen auf mehr als 25% der Wasserabgabe ab Trinkwasserwerk ansteigen. Sie werden in den Wasserpreis eingerechnet.

Am Produktionsnutzen hat der Wasserbedarf im industriellen Bereich den größten Anteil. Der schwierig zu prognostizierende Wasserbedarf wird getrennt nach Industriebranchen und -gruppen analysiert und auf die Nettoproduktion in m^3/Nettoproduktion oder auf die erzeugten Produktmengen in m^3/Produkteinheit bezogen. Bei Übertragung der Bedarfsentwicklung von einer Wirtschaftsregion auf eine andere treten große Unsicherheiten auf.

Zur monetären Bewertung des Produktionsnutzens können Wasserpreise aufgrund der volkswirtschaftlichen Knappheit der Wasserreserve abgeschätzt werden, oder es erfolgt eine Bewertung der Vorteile, die durch Einsparungen an Mitteln für die Wasseraufbereitung oder durch versorgungsbedingte Produktionsausfälle entstehen.

Be- und Entwässerung
Be- und Entwässerung sind wesentliche Maßnahmen der landwirtschaftlichen Intensivierung und dienen zur Standort- und Bodenverbesserung zwecks Ertragssicherung. Als Maßstab dient der Grad der kulturtechnisch ausgerüsteten Flächen. Ein Merkmal der Entwässerungsflächen ist die Dränung, d.h. ein Komplex von hydraulischen und meliorativen Maßnahmen zur Regulierung von Wasserhaushalt, Luftgehalt und Temperatur im Boden, die auch in bewässerten Gebieten notwendig werden. Das Interesse an der Dränung wechselte mit der Lage der Landwirtschaft von Land zu Land und von Zeit zu Zeit, wobei Schwerpunkte in Europa, Nord- und Zentralamerika mit ca. 25% Dränflächenanteil liegen. Der Anteil der entwässerten Flächen umfaßt etwa ein Drittel der gesamten Anbaufläche Deutschlands. Die Bewässerung in Deutschland, die oft auf Grundwasserentnahmen zurückgreift, hat einen vergleichsweise geringen Anteil am Wasserverbrauch, dennoch ist die Landwirtschaft weltweit der größte Wassernutzer, da in semi-ariden und ariden Gebieten der größte Anteil des verfügbaren Wassers zur Bewässerung genutzt wird (OECD, 1999a).

Entwässerungen sind notwendig bei zu großer Bodennässe oder um unter permanenten Bewässerungskulturen der Versalzung der Böden zu begegnen.

Primäre physische Bezugsgrößen zur Bewertung von Bewässerungsmaßnahmen sind die Flächengröße in ha, für welche ein Wasservolumen (m^3/d oder m^3/Monat) bereitgestellt wird und die zusätzliche Versorgungssicherheit während der Vegetations- bzw. Bewässerungsperiode. Bei Entwässerungsmaßnahmen ist die Flächengröße in ha, der Flurabstand in m und die Leistungsfähigkeit der Vorfluter in m^3/s von Bedeutung.

Bei einem Bewässerungsprojekt dient als Ausgangsgrundlage für die Nutzensteigerung der landwirtschaftliche Ertrag ohne Bewässerung. Neben der Ertragssteigerung ist die Produktionssteigerung infolge qualitativer Verbesserung der Anbaufrüchte wichtig. Kostenseitig sind Maßnahmen für die Bereitstellung und Verteilung des Wassers zu verbuchen; außerdem entstehen Kosten durch Entwässerungsmaßnahmen, innerbetriebliche Folgemaßnahmen, Zwischenlagerung und Vermarktung der landwirtschaftlichen Produkte.

Die Einkommensverbesserungen werden durch erhöhte Bodenproduktivität und Kostenersparnisse durch den rationellen Einsatz von Maschinen, die zu Arbeitszeitersparnissen verbunden mit Freizeitgewinnen führen können, erreicht. Dem Freizeitgewinn durch Verringerung der Arbeitszeit ist in einigen Ländern beim Abbau von Disparitäten zu beachten. Durch den bewässerungsbedingten Anbau von höherwertigen Kulturen können weitere Einkommensverbesserungen entstehen. Ist die Abnahmegarantie gegeben, kann der Abbau bestehender Disparitäten unter den Landwirten als Ziel angesehen werden. Zur Bewertung zukünftiger Erträge erfolgt eine Klassifizierung der Böden nach Bodenqualität. Insbesondere sind die Flächen zu ermitteln, die durch die Be- oder Entwässerungsmaßnahmen nutzbar gemacht werden oder umgekehrt als Ausgleichsmaßnahme wieder einer Vernässung zugeführt werden. Die zukünftige Anbaustruktur und die mögliche Ertragssteigerung pro Hektar bei einzelnen Anbauarten sind zu berücksichtigen (Binder, 1999; Schmidtke, 1981). Bewertungsverfahren sind die Betriebseinkommensberechnung und die Opportunitätskostenmethode. Beim *Opportunitätskostenprinzip* wird anstelle der Kosten der entgangene Nutzen bei bestmöglicher Alternativverwendung der Mittel mit dem Nutzen der betrachteten Maßnahme verglichen. Im nicht-landwirtschaftlichen Bereich sind Nutzwirkungen in der Erhaltung der Kulturlandschaft, in der Bodenwertsteigerung sowie indirekte und induzierte Einkommenseffekte zu nennen. Kostenersparnisse in der Landschaftspflege gehen als flächenmäßige Indikatoren in die Bewertung ein. Zunahme an wassergebundenen Krankheiten, Rückgang gewisser Fischbestände, Zunahme von Erosionstendenzen und Versalzungen können als ungewünschte Nebeneffekte auftreten.

Wasserkraftnutzung
Die aus Wasserkraft gewonnene Elektrizität wird entweder in das öffentliche Netz eingespeist oder dient unmittelbar der Eigenversorgung. Laufkraftwerke, die den natürlichen Zufluß ohne nennenswerte Speicherung bei geringer Fallhöhe ausnutzen, werden zur Grundlastdeckung herangezogen, wenn sie nicht im Schwellbetrieb als Spitzenkraftwerke gefahren werden. Hochdruckkraftwerke dienen in Verbindung mit Talsperren zum Abdecken von täglichen Bedarfsspitzen. Die physischen Wirkungen von Maßnahmen zur Wasserkraftnutzung sind der verfügbare Abfluß in m^3/s, das verfügbare Wasservolumen in m^3 und die Nutzfallhöhe in m. Als gesicherter Abfluß wird ein Mindestabfluß angesehen, der jährlich an 95 % der Tage verfügbar ist.

Nutzwirkungen bestehen durch die Abgabe von Elektroenergie an Haushalte, Industrie und Gewerbe. Mengenindikatoren sind die Ausbauleistung (installierte Leistung in kW) und die erzeugte Energie nach Grund- oder Spitzenlast. Als Wertindikator dient der Kapazitäts- oder Energiewert in DM/(kWh·a) oder der Leistungspreis in DM/(kW·a). Zu den Bewertungsverfahren zählt die Alternativkostenmethode, z.B. Vergleich von Hydroenergie und thermischer, Solar- oder Windenergie. Der erzielbare Strompreis, der bei Spitzenlast besonders hoch ist, richtet sich nach dem Bedarf im regionalen Rahmen. Verhinderbare Verluste können bei überlasteten, störanfälligen Energieversorgungen in Entwicklungsländern auftreten und führen dort zu Ausfallkosten und Produktionsverlusten.

Wasserkraftanlagen stärken den Anteil regenerativer Energie und vermeiden die CO_2-Emission alternativer thermischer Anlagen zum Vorteil für den Klimaschutz. Bei der thermischen Erzeugung von 1 kWh entstehen durchschnittlich 0,57 kg Kohlendioxid. Wasserkraftwerke stellen einen Eingriff in das Fließgewässer dar durch den Aufstau und die Ausleitungsstrecke und führen zu Zielkonflikten mit dem Gewässerschutz (Meyerhoff, 1996).

Binnenschiffahrt
Bewertungsansätze für die Binnenschiffahrt, welche im wesentlichen den kommerziellen Schiffahrtsverkehr auf Flüssen und Kanälen umfassen, haben als Ziel den verkehrlichen Nutzen wasserwirtschaftlicher Maßnahmen. Ausflugsverkehr und Wassersport werden gesondert als Freizeitnutzen gewertet.

Zusätzlich zu den Verkehrseinrichtungen, wie Hafen- und Kaianlagen, sind wasserwirtschaftliche Maßnahmen erforderlich, wie z.B. der Ausbau von Flüssen auf schiffbare Abmessungen, oft verbunden mit Stauregelungen zur Einhaltung der Mindesttauchtiefe, der Bau von Kanälen oder Ausbau von Seen, die auch der Schiffahrt dienen, sowie Stau- und Förderanlagen zur Abgabe von Zuschußwasser an Flüsse und als Speisungswasser für Kanäle. Die physischen Auswirkungen werden durch die Bezugsgrößen wie Mindestquerschnitte und -radien für die Wasserstraße, das Überleitungs- bzw. Zuschußwasser in m^3, die (Mindest)Wasserstände einschließlich der Eintrittswahrscheinlichkeit von Extremwerten bei Hoch- und Niedrigwasser erfaßt.

Die Schaffung von Wasserstraßen hat generell niedrige Transportkosten zur Folge. Außerdem wird die wirtschaftliche Entwicklung längs einer Wasserstraße angepaßt. Untersuchungen haben gezeigt, daß durch den Bau von Wasserstraßen die wirtschaftliche Entwicklung in den Regionen, die an der Wasserstraße anliegen, bis zum Fünffachen im Vergleich zu "trockenen" Kreisen ansteigt. Der direkte verkehrsmäßige Nutzen wird über Kostenersparnisse, die über alternative Transportmöglichkeiten bestimmt werden, bewertet. Auf der Kostenseite stehen die Bau- und Betriebskosten für die Wasserstraße sowie Nebeneinrichtungen zur künstlichen Aufrechterhaltung der Vorflut und Einrichtungen zur Volkserholung. Die Nutzwirkung tritt vor allem als Ersparnis an Transportkosten und -zeit auf. Als Mengenindikatoren werden die Gütermenge, die Transportzeit, die Anzahl und Größe der Schiffe und die Treibstofferspamis eingeführt. Wertindikatoren sind die Bereithaltungskosten, Transport- und Liegekosten und die Betriebskosten (BVWP, 1979).

Indirekte Nutzwirkungen werden durch eine volkswirtschaftliche Gesamtrechnung oder eine regionale Wirtschaftlichkeitsrechnung bewertet. Hierunter fallen Beschäftigungseffekte während der Bauausführung und Entwicklungsnutzen, der durch Betriebserweiterungen oder Neuansiedlungen, die aus den verbesserten Standortbedingungen resultieren, entstehen. Nach Fertigstellung der Maßnahme stellen sich Beschäftigungseffekte während der Betriebsphase ein.

Bei den Auswirkungen der Wasserstraßen auf Natur und Landschaft muß im Hinblick auf anlagebedingte Wirkungen die Nutzung der Flußsysteme als Wasserstraße von der Anlage künstlicher Wasserstraßen unterschieden werden. Betriebsbedingte Auswirkungen können meist vernachlässigt werden.

Fluß und Auenlandschaft sind als Gesamtökosystem sowie in der Flächensumme der beteiligten Biotopsysteme stabil, weisen aber im kleinräumigen eine hohe Dynamik auf. Im natürlichen Zustand unterliegen Flußbett und Aue den ständig wechselnden Einwirkungen durch die Dynamik des frei fließenden Flusses, die in Form von Erosion, Sedimentation und stark schwankendem Wasser- und Grundwasserstand die Standortbedingungen prägen.

Für die Sicherstellung der Schiffbarkeit ist von entscheidender Bedeutung, die für einen reibungslosen Transportablauf erforderliche Mindestwasserführung bzw. -tauchtiefe immer einzuhalten, was einen Eingriff in die Dynamik des Flußsystems darstellt. Bei Schiffahrtskanälen ist die typische Problematik eines linienhaften Bauwerkes in der Landschaft mit Flächenbeanspruchung, Biotopverlusten und Trennwirkung gegeben. Diese Umweltkonflikte treten bei der Neuanlage, dem Ausbau von Wasserstraßen sowie z.T. bei der Durchführung der Unterhaltungsmaßnahmen auf. Durch eine Kombination von baulichen und der Unterhaltungsmaßnahmen (Baggerarbeiten, Geschiebeausgleich) und durch die gemeinsame Richtung ihres Zusammenwirkens kann die Dynamik der hydrologischen und morphologischen Verhältnisse dauerhaft großräumig eingeschränkt werden.

Für die Abschätzung der Folgewirkungen des Wasserstraßenbaus auf Natur und Landschaft und für die Zustandsbewertung der großen Flüsse gibt es bislang Bewertungsverfahren für Teilaspekte (Rothengatter, 1998; BfG, 1996). In der Gesamtabwägung aller Belange genießen die mit der Nutzen-Kosten-Analyse monetär bewerteten wirtschaftlichen und verkehrlichen Belange nicht eine deutliche Piorität gegenüber den ermittelten Umweltrisiken. Eine Vereinheitlichung der ökologischen Beurteilung der verschiedenen Verkehrsträger (Straße, Schiene und Wasserstraße) zum Zweck des Alternativenvergleichs wird angestrebt (Umweltbundesamt, 1998).

Wasserorientierte Freizeit und Erholung
Gewässer haben eine gewisse Sozialfunktion und eine Entwicklungsfunktion für das Fremdenverkehrsgewerbe. Bei vielen wasserwirtschaftlichen Mehrzweckprojekten, durch welche Wasserflächen neu geschaffen oder verbessert werden, stellen sich anteilig Effekte für Freizeit- und Erholungsmöglichkeiten ein, oder sie werden durch entsprechende Ergänzungs- bzw. Kompensationsmaßnahmen geschaffen. Hervorgerufen werden diese Effekte in erster Linie durch die Schaffung von großen Wasserflächen beim Bau von Speichern oder Kanälen und bei Maßnahmen zur Gewässerreinhaltung.

Zur Beurteilung der physischen Wirksamkeit sind maßgeblich die für Freizeit nutzbare Wasserfläche in ha, die Uferzone in m sowie die Gewässergüte nach standardisierten Güteklassen, seltener die Wassertiefe in m oder der Abfluß in m^3/s.

Der Nutzen wird in die Kategorien Erlebnisnutzen, Optionsnutzen und fremdenverkehrswirtschaftlicher Nutzen eingeteilt. Der subjektive *Erlebnisnutzen* kann anhand der Einheitswertmethode ermittelt werden. Bei diesem normativen Bewertungsverfahren wird ein einziger monetärer Wert pro Besucher und Tag festgelegt, der auf dem Ausgabeverhalten in Abhängigkeit von der Attraktivität des Erholungsgebietes beruht. Als anderes Verfahren ist die Effektivausgaben-Methode zu nennen, bei der nach Art der Reisekostenberechnung alle Ausgaben zum und am Ort einschließlich der Freizeitausrüstung als Durchschnittswerte ermittelt und als Nutzenuntergrenze interpretiert werden. Als drittes Bewertungsverfahren wird die Methode der Zahlungsbereitschaft verwendet. Die Zahlungsbereitschaft kann anhand einer Preis-Mengen-Relation bestimmt werden, d.h. die Zahl der Besucher wird in Abhängigkeit von einem hypothetischen Eintrittspreis betrachtet.

Unter dem *Optionsnutzen* wird der Nutzen verstanden, der potentiellen Nachfragern durch zusätzliche Wahlmöglichkeiten bei ihrer Freizeitgestaltung entsteht. Das Bewertungsverfahren wird hauptsächlich bei Maßnahmen zur Verbesserung der Gewässergüte von vorhandenen Wasserflächen angewendet und wird in Form einer Befragung durchgeführt, die z.B. auf einer visuellen Ansprache von verschiedenen Bildern der Wassergüte des untersuchten Objektes basiert. Die individiuelle *Perzeption* der Gewässergüte ist mit Befragungen jedoch nur schwer zu erfassen, da nur das Erreichen der Güteklasse II ("sauberes Gewässer") als Ziel erkannt wird, bei schlechteren Güteklassen eher eine Indifferenz der Befragten festzustellen ist.

Der Nutzen aus *Fremdenverkehr* beruht auf dem Einkommen, das direkt aus der Erholungsfunktion der wasserwirtschaftlichen Maßnahme abgeleitet werden kann. Nachfrageorientierter Mengenindikator ist die Anzahl der (prognostizierten) Besuchertage und Aufenthaltstage. Ein anderer angebotsorientierter Ansatz geht von der Kapazität der touristischen Infrastruktur aus, z.B. von der Übernachtungskapazität und der nutzbaren Uferzone bzw. Wasserfläche. Als Wertindikator dient das Primäreinkommen, welches als Produkt von durchschnittlichen Ausgaben am Ort und der Wertschöpfungsquote, die meist zwischen 40 bis 60% des Umsatzes liegt, erhalten wird.

Gewässerreinhaltung, Gewässerschutz
Maßnahme zur Verbesserung der Wasserqualität setzen bei der Verringerung des Schadstoffeintrags an, Reinhaltemaßnahmen dienen als Kompensation von Gewässernutzungen. Dazu zählen Maßnahmen zur Sammlung, Behandlung und Ableitung kommunaler und industrieller Abwässer einschließlich Regen- und Kühlwasser. Als flankierende Maßnahme kann die Niedrigwasseraufhöhung und als Notmaßnahme die künstliche Seen- bzw. Flußbelüftung angesehen werden.

Die Gewässerreinhaltung hat also keinen unmittelbaren monetären Nutzen, sondern sie ist eine Voraussetzung für Gewässernutzungen. Im Bereich der Schadensminderung oder bei der Einsparung an Aufbereitungskosten für Gewässernutzer können die monetär bewertbaren Effekte methodisch unproblematisch bestimmt werden. Verbesserungen des ökologischen Umfeldes, Ästhetik und Landschaftsbild sind Komponenten, die nicht ökonomisch bewertet werden können. Dieser intangible Nutzen kann über die gesellschaftlich zum Ausdruck gebrachte Zahlungsbereitschaft geschätzt werden und wurde z.B. für den Neckar auf der monetären Basis für Schadenseinheiten nach dem Abwasserabgabengesetz vorgenommen (Bild 1.6). Dies setzt voraus, daß die Gewässergüteveränderung infolge verschiedener Maßnahmen vorhergesagt werden kann. Zu den physischen Indikatoren gehören die Gewässerstrukturgüte und die Gewässergüteklassen, bei Fließgewässern ausgedrückt durch Saprobienindex und biochemische Indikatoren und bei Seen durch den Trophiegrad sowie Summenparameter des Sauerstoff- und Nährstoffhaushalts und der Temperatur.

Der ökonomische Nutzen läßt sich als verhinderte Schäden, wie Sachschäden z.B. Ablagerungen in Versorgungsnetzen, Ernteschäden durch zu hohe Salzgehalte, Fischereischäden infolge zu geringer Sauerstoffgehalte und Gesundheitsschäden durch Krankheitserreger ausdrücken. Ersparte Aufbereitungskosten zählen ebenfalls dazu, soweit sie mit den rechtlichen Bestimmungen über Entnahme und Einleitungen in Einklang stehen (Schultz, 1987; Tegtmeier et al., 1987). Mit verbesserter Gewässerreinhaltung stellt sich ein erhöhter Erholungsnutzen und eine verbesserte ökologische Gesamtsituation ein.

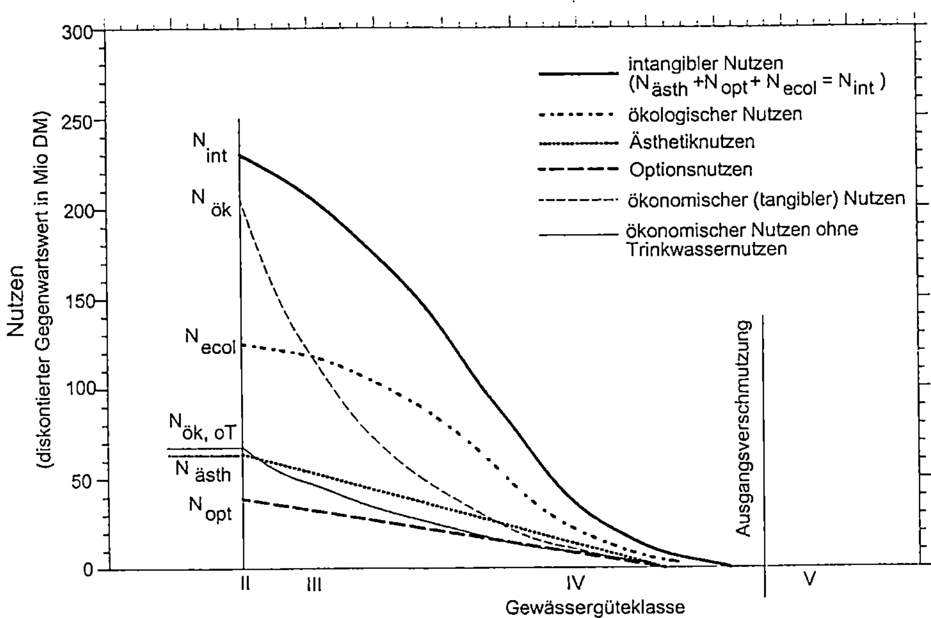

Bild 1.6. Größenordnung und strukturelle Zusammensetzung der Nutzen von Maßnahmen zur Gewässergüte (Dornier, 1977)

Der Nutzen der Niedrigwasseraufhöhung läßt sich schwer quantifizieren, wenn nicht alle Ursachen einer Gewässerbelastung zu finden sind. Der Nutzen kann indirekt auf die Bevölkerungsgruppen entfallen, die mit Hilfe von uferfiltriertem Wasser versorgt werden. Kosten für die Wasseraufbereitung unterhalb größerer Ortschaften werden gesenkt. Die visuelle Güte des Wassers wird verbessert. Die Kosten sind entsprechend breit gefächert und reichen vom Bau und Betrieb von Speichern zur Niedrigwasseraufhöhung bis hin zu den Kosten für die Abwasserschlammverwertung. Künstliche Belüftungen von Gewässern während extremer Trockenperioden sind als temporäre Behelfsmaßnahme einer Gewässerrestaurierung einzustufen.

1.2.2 Gesellschaftlicher Zielrahmen für wasserwirtschaftliche Projekte

Das gesellschaftliche Oberziel wasserwirtschaftlicher Maßnahmen, die dauerhafte Erhaltung und Verbesserung der Lebensqualität, ist durch politische und nationale Ziele geprägt und zeitlichen Trends unterworfen. Um durch ein wasserwirtschaftliches Projekt die Lebensqualität verbessern zu können, müssen vier große Zielbereiche positiv bzw. wertgleich beeinflußt werden (Bild 1.7). Nach dem Wasserhaushaltsgesetz sollen wasserwirtschaftlichen Maßnahmen dem Wohl der Allgemeinheit dienen; sie sind auf die Erhaltung bestehender guter Verhältnisse ausgerichtet oder zielen darauf ab, unbefriedigende Zustände zu verbessern. Gewässer sind Bestandteil des Naturhaushaltes und als Lebensraum für Tier und Pflanzen zu sichern, d.h. die Erhaltung bzw. Verbesserung ihrer ökologischen Funktion, ihres Wasserrückhaltevermögens oder ihrer Bedeutung für das Landschaftsbild. Die Ziele werden durch vier Wertungen im Bereich Mensch und Umwelt abgesteckt. Dieses Bewertungsschema, das auch als *Vier-Konten-System* bezeichnet wird, ist heute verbreitet. Zur Konkretisierung des Globalziels, *Verbesserung der Lebensqualität*, lassen sich vier Bereiche ableiten, die für die Bewertung der Maßnahmewirkung bedeutsam sind: *Gesamtwirtschaftliche Entwicklung, Umweltqualität, Regionale Entwicklung* und *Soziales Wohlbefinden* (Bild 1.7). Innerhalb der vier Wertungsbereiche wird nur die gesamtwirtschaftliche Effizienz in ausschließlich monetärer Form bewertet. In den anderen Bereichen liegen Maß-

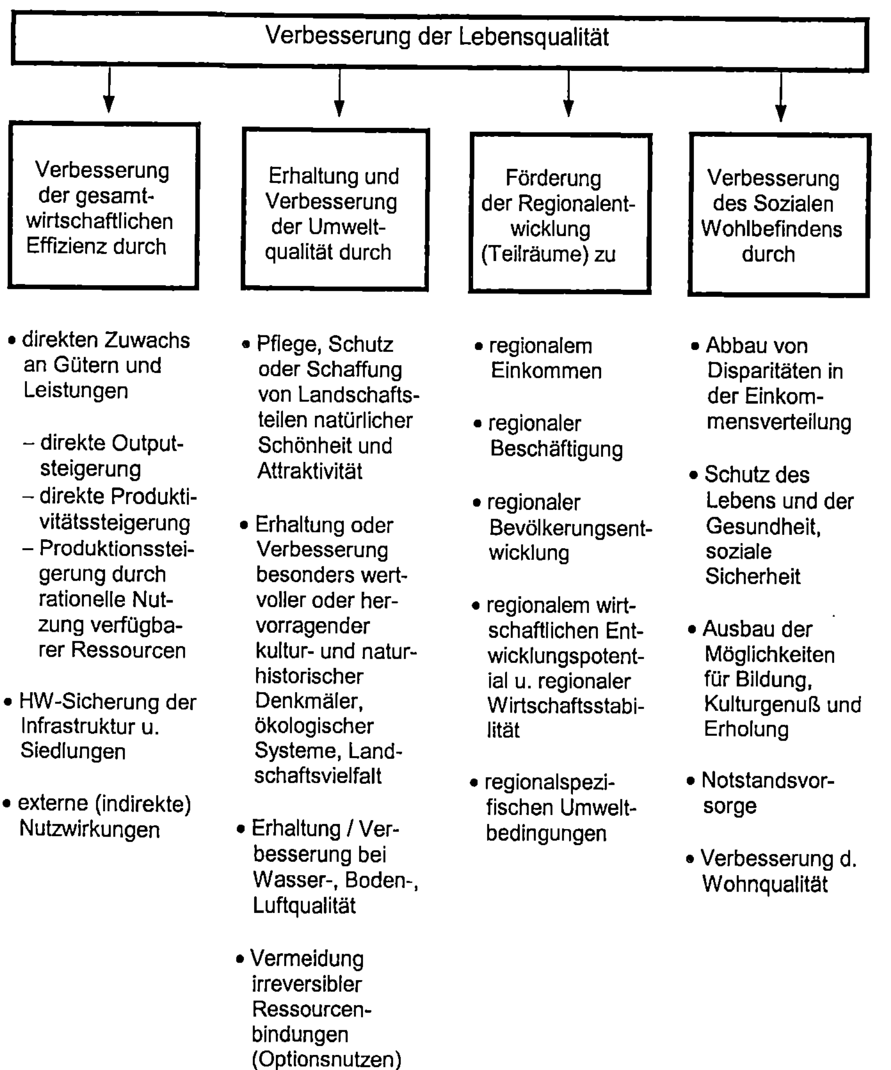

Bild 1.7. Gesellschaftlicher Zielrahmen zur Bewertung wasserwirtschaftlicher Projekte (nach LAWA, 1981)

nahmewirkungen vor, die in vielen Fällen quantifiziert werden können; zu ihrer Bewertung müssen jedoch andere Wertmaßstäbe angelegt werden z.B. Punktbewertungen auf einer Skala von 1 bis 10 (= Ordinalskala) oder verbale Aussagen wie "gut, befriedigend, schlecht" (= Nominalskala). Bei nicht-monetär bewertbaren Projektwirkungen muß für jede Einzelwirkung oft eine eigne Bewertungsskala gefunden werden (Binder, 1999).

Die Einzelbewertungen können anschließend zu einer Gesamtbewertung zusammengefaßt werden. Dies kann nicht dadurch umgangen werden, daß man sich bei der Entscheidungsvorbereitung auf eine reine Aufzählung der Maßnahmen beschränkt. Vielmehr bedarf es einer rationalen Abwägung der Einzeleffekte innerhalb eines Lösungvorschlages und zwischen verschiedenen Alternativen. Daneben sind auch noch psychologische Werte und Orientierung an bereits bestehenden Werten zu beachten, z.B. bei der Rechtssprechung.

Die Wirkungsanalyse wird zweistufig durchgeführt. Zunächst erfolgt die Erkennung und Messung von spezifisch wasserwirtschaftlichen Effekten (Tabelle 1.2). Die dadurch hervorgerufenen Veränderungen im sozio-ökonomischen und ökologischen Bereich werden identifiziert und relevante Mengengrößen umgesetzt und bewertet. Aussagen zur analytischen Bewertung wasserwirtschaftlicher Maßnahmewirkungen werden generell anhand folgender Verfahrensschritte ermittelt:

– Erkennung der physischen Wirkung und ihre Beschreibung im wasserwirtschaftlichen System, quantitative Messung der Wirkung in physikalischen Einheiten;
– Erkennung der Veränderungen im ökonomischen, ökologischen und sozialen Gefüge, Messung der Veränderungen und Umsetzung in Wertgrößen.

Die quantitative Bewertung soll unabhängig davon sein, ob sie monetär oder nicht-monetär erfolgt. Die Umsetzung in Geldgrößen ist für die Wirkungen möglich, die Zielgewinne und Zielverzichte im Hinblick auf die gesamtwirtschaftliche Effizienz mit sich bringen. Zielgewinne sind gleichbedeutend mit Nutzen, Vorteilen, Erträgen oder Leistungen, wohingegen für Zielverzichte die Ausdrücke Kosten, Nachteile, Aufwand oder Verluste synonym verwendet werden.

Das ökonomische Ziel der wasserwirtschaftlichen Entwicklung eines Flußgebietes / Region kann folgende Kriterien aufweisen:

– Optimierung der ökonomischen Effektivität, d.h., die Maximierung des Anwachsens des realen Einkommens, das aus einem nationalen oder regionalen wasserwirtschaftlichen Projekt stammt,
– die Verteilung des Einkommens zu verbessern, d.h., den Rückfluß des Einkommens, das durch das Projekt entsteht, zu steigern und zu vergleichmäßigen um die Stabilität des gesellschaftlichen Systems zu sichern,
– Sicherung oder Annäherung an Vollbeschäftigung,
– Beschleunigung des wirtschaftlichen Wachstums,
– das Sicherstellen von unersetzlichen Werten wie Erhaltung ästhetischer und kultureller Werte, Erhaltung oder Einrichtung von Naturschutzgebieten.

Entsprechend dem Rationalitätsprinzip wird als Leitziel für die *Gesamtwirtschaftliche Effizienz* der effiziente Einsatz der verfügbaren Mittel zum Zwecke der Erhöhung des Sozialproduktes gesehen. Zu erfassen sind dafür nicht nur die direkten, sondern auch indirekte Nutzen und Kosten, die nicht dem Betreiber zufließen. Als Methoden zur monetären Bewertung der gesamtwirtschaftlichen Effizienz sind die Nutzen-Kosten-Untersuchungen am weitesten verbreitet. Der Erfassung der gesamtwirtschaftlichen Folgen eines Projektes wurde in der Vergangenheit vorrangige Bedeutung zugemessen, da sich die Zielsetzung der Projekte hauptsächlich an der ökonomischen Effizienz orientierte. Heute haben andere Leitziele gegenüber dem (volks)wirtschaftlichen Erfolg an Bedeutung gewonnen.

Im Umweltbereich stellt der Verlust oder die Verschlechterung der Biodiversität in Öko-systemen und im Stoffkreislauf der Stoffwechsel zur Erhaltung eines sauberen Wassers und Bodens und stabilen Klimas eine erhebliche Wertminderung dar. Diese ökologische Effizi-enz kann in Rekultivierungskosten für Wald und Naturschutz im Sinne von Vermeidungs-kosten ausgedrückt werden ("Öko-DM"), ist aber nicht mit der ökonomischen Effizienz verrechenbar. Die Biodiversität resultiert aus den Interaktionen und Beziehungen zwischen den natürlichen Gegebenheiten und dem Einfluß des Menschens. Die Zerstörung von natür-lichen Standorten zählt zu den größten Bedrohungen der Diversität, da auch die Nahrungs-produktion und ihre Steigerung ohne Einbeziehung der Diversität nicht möglich ist. Die Biodiversität übt daher auch Katalysatorfunktionen aus, um Fragen der Landnutzung und des Naturschutzes komplex zu behandeln (UB, 1998; OECD, 1999; Georgi, 2000).

In der Wasserwirtschaft wird die *Umweltqualität* hauptsächlich über eine Kategorisierung in die Umweltmedien Wasser und Boden beurteilt. Als Ziel wird die Funktionsfähigkeit und Stabilität der vorhandenen (natürlichen) Ökosysteme angesehen. Wenn die Funktions-fähigkeit von komplexen ökologischen Wirkungsketten nur teilweise bekannt ist, kann nur auf dem Wege einer Beschreibung des Ökosystems anhand biotischer und abiotischer Para-meter eine Bewertung erfolgen, wobei die Idealvorstellung eines natürlichen, unbeeinfluß-ten Ökosystems das Maximum auf der Werteskala bildet. Als Bewertungsziel dient die Na-türlichkeit oder die Naturnähe. Das Fehlen eines Referenzsystems in der überwiegend an-thropogen gestalteten Umwelt sowie die eingeschränkte Repräsentanz der biotischen und abiotischen Parameter für das gesamte Ökosystem lassen eine weitgehend quantitative Be-wertung der Umweltqualität nur in relativ kleinen Teilbereichen zu. Die Auswirkungen auf die Umweltqualität werden auch anhand der Beschreibung des gegenwärtigen Zustandes und seiner Gefährdung (ökologisches Risiko) bewertet. Durch die UVP sollen Vorhaben hinsichtlich der von ihnen ausgelösten Umweltrisiken untersucht werden. Sie sollen Risi-ken, Belastungen, Schädigungen oder Zerstörungen des Naturhaushaltes, von menschlicher Gesundheit und der Lebensqualität aufzeigen sowie Aussagen über die Beeinträchtigungen der Leistungs-, Nutzungs- und Entwicklungsfähigkeit. Die *ökologische Risikoanalyse*, die als Bewertungsinstrument in der Landschaftsplanung entwickelt wurde und heute zum Ver-gleich von Planungsvarianten eingesetzt wird, umgeht mit einer nominalen Rangfolgeska-lierung die Gesamtskalierungen von Umweltbelastungen, wie sie mit der Nutzwertanalyse vorgenommen werden (HdUVP, 1988). Die ökologische Leistungsfähigkeit, Vorbelastung und Empfindlichkeit sind Ausgangsfaktoren des Umweltbereiches, in dem Vorhabenaus-wirkungen erwartet werden. Die Nutzungsansprüche beschreiben die Wirkungen, die auf die Umwelt ausgehen. Die reale Leistung des Naturraumpotentials, das sich aus dem biolo-gischen und klimatischen Regenerationspotential und dem Erholungspotential zusammen-setzt, und die Empfindlichkeit gegenüber Beeinträchtigungen beschreiben die Schutzwür-digkeit des Naturraumpotentials. Anhand der Nutzungsansprüche (Beeinträchtigung) und der Empfindlichkeit oder der Schutzwürdigkeit, die aus Empfindlichkeit und Eignung über einen Verzweigungsbaum ausgedrückt wird, wird das ökologische Risiko der Beeinträchti-gung erhalten (Bild 1.8). Zusammen mit der Intensität der potentiellen Beeinträchtigung, die in 4 Rangklassen aggregiert wird, erhält man die Präferenzmatrix der Risikoanalyse,

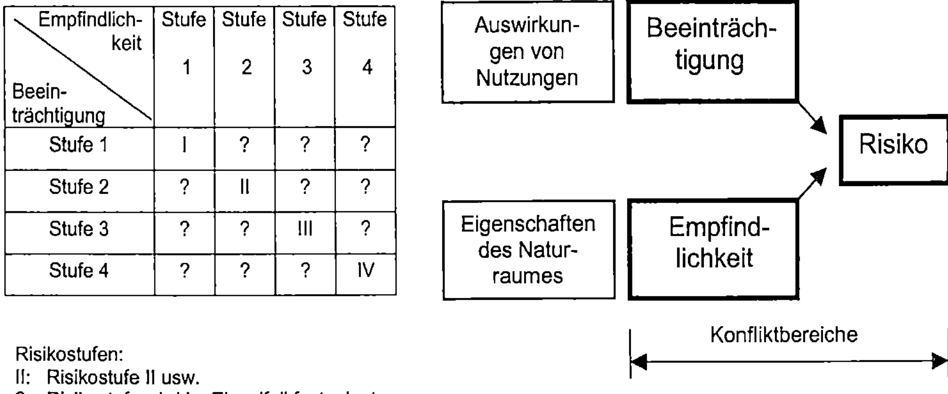

Empfindlich-keit / Beein-trächtigung	Stufe 1	Stufe 2	Stufe 3	Stufe 4
Stufe 1	I	?	?	?
Stufe 2	?	II	?	?
Stufe 3	?	?	III	?
Stufe 4	?	?	?	IV

Risikostufen:
II: Risikostufe II usw.
?:   Risikostufe wird im Einzelfall festgelegt

Bild 1.8. Präferenzmatrix mit den Risikostufen I bis IV (links) und Schema der Risikoanalyse (rechts)

aus der die 4 Stufen des Risikos abgelesen werden können. So ergibt die Stufe III einer potentiellen Beeinträchtigung bzw. hohen Schutzwürdigkeit die Risikostufe III, d.h. ein hohes ökologisches Risiko. Alle Kombinationen werden im Einzelfall festgelegt.

Unter dem Oberziel der Förderung der *Regionalen Entwicklung* werden Teilziele subsummiert, welche die regionalwirtschaftlichen Randbedingungen in der von projektbeeinflußten Region verbessern sollen. Dies ist die Förderung der gewerblichen Leistungsfähigkeit des Arbeitsmarktes und des Lebensstandards allgemein. In Bezug auf wasserwirtschaftliche Maßnahmen sind infrastrukturelle Eingriffe in das Verkehrsnetz sowie in die Wasser- und Energieversorgung zu nennen. Die mit dem Betrieb wasserwirtschaftlicher Anlagen verbundenen Dienstleistungen führen teilweise zu monetären Erträgen, welche das regionale Einkommen erhöhen. Die Bereitstellung von Rohwasser oder aufbereitetem Trinkwasser sowie die Dienstleistungen, die mit dem Freizeitbetrieb an Talsperren verbunden sind, fallen hierunter. Die Bewertung der Auswirkungen auf die regionale Entwicklung kann in vielen Bereichen nach Methoden erfolgen, die in den Wirtschaftswissenschaften für die Behandlung wirtschaftspolitischer Fragestellungen Eingang gefunden haben (Bartsch, 1998).

Zu den sozio-ökonomischen Zielen, die für die wasserwirtschaftliche Planung von Bedeutung sind, zählen: Steigerung der Wachstumsrate, Hebung des Lebensstandards und des Potentials an Siedlungsflächen, Vollbeschäftigung, Stabilität der Preise, Ausgleich der Zahlungsbilanz, gerechte Verteilung von Einkommen und Vermögen und Verringerung nationaler Unterschiede. Zu beachtende Zwangspunkte können technischer Art oder Umweltbelastungen bilden. Es können auch finanzielle Einschränkungen, wie z.B. Begrenzung der Investitionskosten oder gesetzliche Zwangspunkte, wie zwischenstaatliche Vereinbarungen und bestehende Wasserrechte, maßgeblich sein.

Das *Soziale Wohlbefinden* umfaßt Veränderungen im gesellschaftlich-kulturellen und sozialen Bereich. Wasserwirtschaftliche Maßnahmen betreffen in der Regel soziale Auswirkungen besonders im Bereich der Landschaftsästhetik und der Freizeitgestaltung, bei Grundwasserbewirtschaftungen auch die Existenzbedingungen der Landwirte. Einflüsse auf Leben, Gesundheit und Sicherheit können z.B. durch Veränderung des Hochwasserrisikos,

Tabelle 1.2. Typische Auswirkungen von Talsperren auf die Umwelt

---

(Saisonale) Veränderung der Qualität des eingestauten Wassers,

Saisonal hoher Wasserverlust durch Evaporation,

Auswirkung im Unterlauf durch vergleichmäßigte Abgabe, z.B. Veränderung der Salzwassergrenze und

Fischerei in Ästuarien bei großen Speichern, Veränderung d. Talaue,

Veränderung der örtlichen Grundwasserverhältnisse,

Veränderung des Mikroklimas (Wind, Luftfeuchte),

Unterbrechung der Durchgängigkeit für Wanderfische,

Verbesserung der Fischerei (Kaltwasser zu Warmwasserfischen) durch Fischbesatz im Speicher,

Zunahme von Brutstätten für Insekten und wassergebundener Krankheiten (Malaria, usw.),

Unerwünschtes Wachstum von Wasserpflanzen (Algen, Wasserhyazinthen),

Veränderungen der Habitate in den überschwemmten Flächen,

Veränderung des Habitates der Wasservögel (vom Flachgewässer zum tiefen See),

Einwirkung auf seltene Tier- und Pflanzenarten,

Abnahme der Abbaukapazität für Flußsedimente im Unterlauf,

Einstau von Siedlungsgebieten, Bau- und Bodendenkmälern, verbunden mit Umsiedlungen,

Anwachsen des Tourismus und der wassergebundenen Erholung,

Auswirkung auf unterhalb gelegene Überschwemmmungsgebiete (Verschlechterung der Feuchtbiotope),

Vermehrter Eintrag von Sedimenten und Nährstoffe in die Talsperre durch Entwicklung des Talsperrenein-
zugsgebiets (Landnutzung, Infrastrukturmaßnahmen).

---

das Auftreten von wassergebundenen Krankheiten oder die Umsiedlungen von Personen und Betrieben auftreten (Tabelle 1.2). Aufgrund der differierenden Wertvorstellungen im sozialen Bereich existieren praktisch keine formalisierten Verfahren zur Bewertung der Nutzen und Kosten (WRC, 1983). Die Bewertung bleibt politischen und administrativen Entscheidungsträgern überlassen.

1.2.3 Mehrdimensionale Projektbewertung und Optimierung

Wasserwirtschaftliche Projekte berühren in stärkerem Ausmaß die gesellschaftlichen Belange, die sich nicht in monetären Größen ausdrücken lassen. Die Abkehr von den geschlossenen Bewertungs- und Entscheidungsverfahren in der wasserwirtschaftlichen Projektbewertung hat ihren Ursprung in der Mehrfachzielplanung, die verschiedene Zielsetzungen verfolgt und dabei auf eine Aggregation zu einer geschlossenen Lösung verzichtet. Diesen Weg weist auch der 1973 erstmals veröffentlichte Zielrahmen der "Principles and Standards", der für die Bewertung wasserwirtschaftlicher Projekte in den USA bindend wurde (US Water Resources Council, 1973). Diese Richtlinien wurden 1983 in die "Economics and Environmental Principles and Guidelines for Water and Related Land Resources Implementation Studies" überführt, womit hauptsächlich der Vollzug realitätsnäher gestaltet wurde.

Unter dem Begriff der mehrdimensionalen Projektbewertung werden Verfahrensweisen verstanden, die in Anlehnung an das weit verbreitete Vier-Konten-System die Untersuchung und Bewertung aller tangiblen und intangiblen Auswirkungen eines Projektes nach Zielbereichen getrennt vornehmen.

Zur Durchführung einer mehrdimensionalen Projektbewertung sollten folgende Anforderungen erfüllt sein:

- Das Verfahren muß nach außen hin transparent sein. Die Auswertung des verarbeiteten Datenmaterials ist nicht auf die Berechnung eines einzigen Bilanzwertes beschränkt; es umfaßt auch die Erhebung, Aufbereitung und Darstellung aller relevanten Daten.
- Der Wirkungsrahmen des Projektes ist räumlich und zeitlich genau festzulegen. Für die verschiedenen Zielbereiche sind die Anforderungen an die Größe des Wirkungsrahmens unterschiedlich.
- Die erhobenen Daten sind nicht als Festwerte anzusehen, sondern als Größen mit Unsicherheiten. Diese Unsicherheiten entstehen durch natürliche Variabilitäten, Fehler bei der Erfassung, Modellvereinfachungen usw. Dies muß bei der Projektbewertung berücksichtigt werden, da eine Entscheidung auf unsicherer Datengrundlage relativ ist. Zur Projektbewertung gehört deshalb die Sensitivitätsanalyse, die Aussagen über die möglichen Abweichungen der Bewertungsergebnisse zuläßt.
- Doppelzählungen einer Auswirkung in verschiedenen Zielbereichen müssen vermieden werden; dies ist in solchen Fällen nicht trivial, in denen ein Effekt mehrere Zielbereiche gleichzeitig betrifft (z.B. Einfluß der Arbeitslosigkeit auf die gesamtwirtschaftliche Effizienz, die Regionalentwicklung und das soziale Wohlbefinden).
- Die Projektbewertung soll frühzeitig in die Projektplanung eingebunden werden, da die Erkenntnisse der Bewertung bestimmter Maßnahmen positiv auf den Planungsprozeß einwirken können. Im Idealfall entwickelt sich hieraus ein interaktiver Prozeß, der zur optimalen Planungsalternative führt. Die Ergebnisse der Bewertung müssen Handlungsalternativen und deren Auswirkungen aufzeigen.

Die Vielzahl von Bewertungsverfahren läßt sich in geschlossene und offene Verfahren einteilen. Die geschlossenen Bewertungsverfahren führen unter Verarbeitung der zur Verfügung stehenden Eingangsgrößen zu einer geschlossenen Lösung, die formell eindeutig und jederzeit reproduzierbar ist. Der Vorteil dieser Verfahren liegt vor allem in ihrer übersichtlichen Struktur. Nachteile bestehen in ihrer geringen Flexibilität sowie in der mangelnden Eignung zur Verarbeitung unscharfer Größen und Aussagen.

Die offenen Bewertungsverfahren verzichten auf die feststrukturierte Form der geschlossenen Verfahren und die Zusammenfassung der Zielwerte. Die Verarbeitung der Eingangsdaten besteht eher in einer Informationsverdichtung als in einem Lösungsalgorithmus, der zu einer eindeutigen Lösung führt; die Lösung wird erst unter Einbeziehung weiterer Bewertungskriterien vom Entscheidungsträger festgestellt. Je nach Kriterienkatalog und Präferenzen können sich unterschiedliche Lösungen ergeben, z.B. beim Vier-Konten-System.

In der Vergangenheit ist der Ingenieur bei der Planung wasserwirtschaftlicher Systeme empirisch vorgegangen. Aufgrund der zur Verfügung stehenden Daten für eine oder mehrere Bemessungswassermenge(n) wurde das Bauwerk nach eigenen Erfahrungen oder aufgrund von Vorbildern entworfen und führte zu befriedigenden Lösungen für solche Systeme, die nur aus wenigen Elementen bestehen, z.B. die Trinkwassertalsperre für eine Stadt.

Bei komplexen Systemen wird es schwieriger, alle Konsequenzen, die aus der Wahl verschiedener Systemelemente entstehen, zu überblicken. Bei großen Verbundsystemen mit verschiedenen Lösungsalternativen führen rein empirische Verfahren zu befriedigenden aber keineswegs optimalen Lösungen. Aus dem Bedürfnis, objektive Entscheidungsregeln für den Entwurf, Bau und Betrieb von komplexen wasserwirtschaftlichen Systemen zu entwickeln, findet in der Wasserwirtschaft die Unternehmensforschung (operations research) als Lehre von den Methoden der Systemoptimierung Anwendung. Mit dem Begriff Unternehmensforschung wird nicht ein Unternehmen oder eine Firma angesprochen, vielmehr ist Unternehmen im Sinne eines planvollen Handelns gemeint.

Im allgemeinsten Fall kann die Unternehmensforschung als die Anwendung von wissenschaftlichen Verfahren bezeichnet werden mit dem Zweck, für den Betrieb von Systemen optimale Lösungen zu finden. Zu ihren Hauptmerkmalen zählen der vorgeplante Ablauf komplexer, meist zufallsbehafteter Systeme, wobei die zu untersuchenden realen Verhältnisse in abstrakter Form, d.h. durch ein Modell des zugrundeliegenden Systems, erfaßt werden, dessen Ergebnisse als Entscheidungshilfe dienen. Die Unternehmensforschung hat keine fest umrissenen Methoden. Da jedoch fast jede Untersuchung zur mathematischen Formulierung eines Modells führt, überwiegen Methoden der angewandten Mathematik und Statistik, insbesondere der Optimierungsrechnung und bis zu einem gewissen Grad die Analyse von Wahrscheinlichkeitsprozessen.

Wasserwirtschaftliche Systeme können sich aus komplexen Systemen oder Einheiten zusammensetzen, die ihrerseits Untersysteme aufweisen. Das Ziel ist es, eine Kombination aller Variablen herauszusuchen, die unter Beachtung der Randbedingungen den Nettonutzen maximieren. Die Randbedingungen können technischer, haushaltstechnischer, sozialer oder politischer Art sein, der Nutzen real oder indirekt. Die Optimierung muß also unter Einhaltung von Randbedingungen durchgeführt werden. Die physikalischen Begrenzungen sind hydrologischer oder geographischer Natur. Die haushaltstechnischen Begrenzungen bestimmen die Ausgaben, die sich in den Rahmen der staatlichen wasserwirtschaftlichen Politik einpassen müssen. Die gesetzlichen Beschränkungen richten sich nach dem nationalen und internationalen Wasserrecht.

Jedes wasserwirtschaftliche Problem verlangt eine individuelle Gestaltung der Techniken und Methoden, da normierte Lösungswege nicht zu erwarten sind. Für die optimale wasserwirtschaftliche Planung ergeben sich folgende Fragen:

- Mit welchem System kann der Unterschied in Zeit, Ort, Menge und Qualität des natürlichen Wasserdargebots zum Bedarf auf ein Minimum reduziert werden?
- Bis zu welcher Stufe soll das System entwickelt werden und inwieweit soll der Bedarf der Region durch das System gedeckt werden?
- Wie soll das System unter Beachtung der nachhaltigen Nutzung der Wasserressourcen betrieben werden, um den größtmöglichen Nutzen zu erzielen?

Das System mit dem größtmöglichen Nutzen liefert die Optimallösung. Kann die Optimallösung praktisch nicht gefunden werden, so muß eine genügend große Anzahl von Varianten ermittelt werden, die eine Auswahl einer möglichst optimalen Lösung zuläßt.

In Ländern der Dritten Welt sind häufig großräumige wasserwirtschaftlichen Systeme mit z.T. verschiedenartigen Wassernutzungen wie Trink- und Brauchwasserversorgung, Bewässerung und Wasserkraft zu untersuchen. Dazu können noch Maßnahmen des Hochwasserschutzes oder die Gewinnung von Grundwasser kommen. Oft kann mit konventionellen Entwurfsverfahren die optimale Lösung nicht direkt bestimmt werden, da in der Regel eine große Anzahl von Vergleichsentwürfen zur Bestimmung der günstigsten Lösung zu verarbeiten sind. Mit Simulations- und Optimierungstechniken werden diese umfangreichen Untersuchungen in kurzer Zeit durchgeführt.

2 Modelle zur Wasserbewirtschaftung

2.1 Modellkonzepte

Für viele Aufgaben sind heute mathematische Modelle im Einsatz, die nicht nur die früher üblichen physikalischen Modelle abgelöst haben, sondern auch zur erheblichen Erweiterung der Anwendungsbereiche geführt haben. Es gibt eine so große Vielzahl von geeigneten Modellen, die auf den ersten Blick unüberschaubar scheint, zumal jedes Modell, das für eine bestimmte Fragestellung entwickelt wurde, auch dafür eine optimale Anpassung bietet. Einteilungen nach hydrologischen oder hydraulischen Modellen bzw. nach deterministischen oder stochastischen Modellkonzepten werden heute immer stärker verwischt durch die Verknüpfung der Prozeßsimulation mit Informationssystemen wie GIS, interaktive graphische Oberflächen, durch objektorientierte Programmierungstechniken oder Expertensysteme. Im folgenden soll ein Überblick über einige typischen Modellbereiche gegeben werden. Die Betonung liegt eher auf der Auswahl der Modellkonzeption und der Aussagekraft der Ergebnisse, weniger auf der detaillierten Beschreibung der Modellalgorithmen, zu welchen umfangreiche Beschreibungen und Programmbibliotheken vorliegen z.B. (DVWK, 1999; DVWK, 1998; BWK, 1998; Maniak, 1997; Wolbring, 1997; Singh, 1995).

Numerische Modelle (Computermodelle) werden für die wasserwirtschaftliche und bautechnische Planung, die zu erwartenden Umweltbelastungen und zur Betriebssimulation bei größeren Vorhaben eingesetzt. Das Modell umfaßt einen räumlichen Ausschnitt aus der Natur, z.B. Einzugsgebiet oder Gewässer, und einen Prozeß z.B. den Abfluß oder das Grundwasser. Das System wird durch geometrische, stoffliche und prozeßabhängige Parameter beschrieben. Ein Modell kann in Form eines Interpolationshilfsmittel verwendet werden, um das Verhalten oder den Prozeßablauf zu simulieren, z.B. den Abfluß oder es dient zur Ableitung von Informationen, welche punktuelle Naturmessungen allein nicht liefern können. Modelle werden als Extrapolationshilfsmittel zur Prognose eingesetzt, wenn zukünftige extreme Belastungsfälle mit unveränderten oder veränderten Abflußbedingung (Speicher) oder wenn die Veränderungen des Abflußregimes durch Klima oder anthropogene Eingriffe untersucht werden sollen, was die höchsten Ansprüche an die Aussagegenauigkeit des Modells stellt.

Die Modellbildung umfaßt die Beschreibung des Systemverhaltens mit Hilfe von mathematischen Gleichungen. Die Modelle für wasserwirtschaftliche Aufgabenstellung basieren auf der Wasserbilanz (Massenbilanz) und unterscheiden sich bezüglich der Energie- und Stoffbilanzansätze (hydrologische Modelle). Bei den hydrodynamischen Modellen, die sich auf den Wasserkörper beschränken, wird meist vom Inputstrom, der durch die Navier-Stokes Gleichungen beschrieben wird, ausgegangen, wohingegen bei den hydrologischen Modellen die Energiebilanz durch einen vereinfachter Ansatz ausgedrückt wird. Das Kausalprinzip, wonach der späterer Zustand eindeutig aus dem vorausgegangenen berechnet werden kann, liegt den deterministischen Modellen zugrunde, wodurch sie sich von den stochastischen Modellen unterscheiden. Werden in einem Modell die hydraulische und hydrologische, physikalisch basierten Grundlagen vereinfacht, spricht man auch von einem konzeptionellen Modell. Die konzeptionellen Modelle haben heute die empirischen Modelle (Blockmodelle) weitgehend abgelöst.

Hauptanwendungsbereiche für *hydrodynamische Modelle* sind die Wasserstandsverläufe in Gewässerabschnitten und im gesättigten Grundwasserbereich. Sollen Wasserstands- oder Fließgeschwindigkeitsverläufe in einen Flußabschnitt berechnet werden, muß die Fluß- und Talgeometrie als räumliche oder flächige Begrenzung berücksichtigt werden; dies erfordert zwei- oder dreidimensionale hydraulische Modelle. Bei eindimensionalen Modellen erfolgt eine Flußquerschnittsmittelung, z.B. der Fließgeschwindigkeit, und es wird nur ihre Veränderung längs der Flußstrecke simuliert. Dies gilt auch im Prinzip bei hydrologischen Modellen für Hochwasserabläufe, in welchen die durchschnittliche Aufenthaltszeit des Wassers in einem Flußabschnitt als Quotient von Durchfluß und gespeichertem Wasservolumen im Flußabschnitt simuliert wird. Erfolgt die Mittelung über das gesammte Volumen eines Sees oder Talsperre, wie z.B. bei Wassergütemodellen mit vollständiger Durchmischung, spricht man auch von nulldimensionalen Modellen.

Der Hauptanwendungsbereich der *hydrologischen Modelle* liegt in der Simulation von Prozeßabläufen, bei denen die Wassermengen, ihre Speicherung und ihr Austausch in Kompartimenten des Wasserkreislaufs mit Bezug zum definierten Einzugsgebiet oder Raum simuliert werden, z.B. als Niederschlag-Abfluß-Modell, als Bodenwasserhaushaltsmodell oder als Ablaufmodell für das Gewässernetz. Die meisten hydrologischen Modelle unterscheiden sich von den hydrodynamischen, nicht linearen Modellen durch die angenommene Linearität bei der Modellbildung. Die Linearität ermöglicht die getrennte Berechnung der Systemantworten auf unterschiedliche Inputgrößen und die anschließende Überlagerung der Teilergebnisse. Beim nicht linearen Modell entfällt die explizite Lösung der Gleichungen. Die numerische Lösung muß zusätzlich zur zeitlichen Diskretisierung auf die örtliche Diskretisierung zurückgreifen, um die erforderliche Anzahl von Stützstellen in Raum und Zeit zu haben, was durch Berechnungsgitter vorgegeben wird. Bei den expliziten hydraulischen Modellen werden die Unbekannten an jedem Knoten des Berechnungsgitter jeweils einzeln aus den Werten der benachbarten Knoten der vorausgegangenen Zielebene mit expliziten Gleichungen berechnet. Dabei muß als Zeitschrittbegrenzung die Courant-Bedingung beachtet werden. Danach darf der Zeitschritt nicht größer sein als die (Aufenthalts)zeit, die ein Wasserteilchen braucht, um von einem (Gitter)punkt zum nächsten zu gelangen. Bei der Simulation von Hochwasserwellen mit den hydrodynamischen Modellen, in denen der Zeitschritt Δx im Bereich von Hunderten von Metern liegt, führt die Courant-Bedingung, $\Delta t \leq \Delta x / \sqrt{g \cdot h}$, zu Zeitschritten Δt, die im Sekundenbereich liegen, wenn die Geschwindigkeit von Oberflächenwellen $\sqrt{g \cdot h}$ maßgeblich ist. Bei hydrologischen Modellen, in welchen der Massentransport vorrangig ist, liegt Δt im Bereich von Stunden (Manaik, 1997). Wird das Zeitschrittkriterium nicht eingehalten, ergibt sich numerische Intabilität. Hydrologische Prozesse laufen instationär ab. Erfolgen die Änderungen langsam, können sie vereinfachend mit (quasi) stationären Modellen simuliert werden, d.h. der zeitabhängige Ablauf wird durch eine Aufeinanderfolge von zeitunabhängigen Zuständen ausgedrückt.

Unter der Modellgüte wird die Genauigkeit der Anpassung, die Zuverlässigkeit der Ergebnisextrapolation (Prognosefähigkeit) und die Fehleranfälligkeit subsummiert. Die Betätigung einer zutreffenden Modellerstellung und einer ausreichenden Anpassungsgenauigkeit der Modellergebnisse an Meßdaten wird als *Verifikation* und *Kalibrierung* bezeichnet, der Nachweis der Prognosefähigkeit als *Validierung*. Oft wird mangels geeigneter Prognosedaten die Validierung an Meßdaten nachgewiesen, die nicht zur Kalibrierung benutzt wurden. Anschließend erfolgt die Diskussion der Fehlermöglichkeiten, die durch Daten-(meß)fehler, Fehler in den Modellgleichungen, Diskretisierungs- oder Rundungsfehler hervorgerufen werden, und die Sensivitätsanalyse der Modellparameter.

Die Nachbildung von sehr komplexen Bereichen des Wasserkreislaufs verlangt die Kopplung von Modellen. So werden zum Nachweis von Klimaveränderungen atmosphärische Modelle mit hydrologischen Flußgebietsmodellen gekoppelt. Zur Veränderung des Sedimenttransportes in einem Einzugsgebiet werden Niederschlag-Abflußmodelle mit hydraulischen Modellen gekoppelt; ähnliches gilt für Modelle zur Vorhersage der Wassergüte in Talsperren oder Flüssen oder allgemein bei der Kopplung von Gebietsmodellen mit Prozeßmodellen. Bei der Kopplung von Modellen muß man sich verstärkt mit dem Problem unterschiedlicher Modellskalen und der damit verbundenen Fehlerfortpflanzung auseinandersetzen.

2.2 Einsatzbereich einiger prozeßorientierter hydrologischer und hydraulischer Modelle

Niederschlag-Abfluß-Modelle dienen zur Simulation des Abflußregimes und beschreiben den Prozeß der Abflußentstehung und seines Ablaufs in den Schritten Abflußbildung, Abflußkonzentration, Speicherung und Verluste im Einzugsgebiet (Gebietsrückhalt) und Wellenablauf (DVWK, 1998). Die Modelle werden zur Prognose der Auswirkungen bestimmter Maßnahmen oder flächenhafter menschlicher Eingriffe z.B. Landnutzungsänderung oder zur Hochwasservorhersage herangezogen. Mit Flußgebietsmodellen wird detailliert die Simulation die Abflußentstehung von den natürlich entwässerten Landflächen und vereinfacht die Gerinnehydraulik des natürlichen Entwässerungssystems erfaßt. Bei der Anwendung auf stadthydrologische Fragen wird der Gerinnehydraulik des künstlichen Entwässerungsnetzes mehr Beachtung geschenkt, da die kleinen, meist versiegelten und schnellreagierenden Stadtflächen mit linearen Ansätzen beschrieben werden können. Blockmodelle, wie das empirische Einheitsganglinienverfahren, werden nur noch dann eingesetzt, wenn das Transformationsverhalten des Einzugsgebietes als unveränderlich angesehen werden kann (Maniak, 1997). Unter einem Flußgebietsmodell soll im folgenden die Simulation der Wasserflüsse und der damit gekoppelten Stoffflüsse (physikalische, chemische und biologische Prozesse) in einem Einzugsgebiet durch ein mathematische Modell verstanden werden. Da zwischen den beiden Modelltypen fließende Übergänge bestehen, werden im folgenden die beiden Ausdrücke synonym benutzt.

Jedes Modell, welches auf der Theorie des abzubildenden Gegenstandes beruht, besteht aus Input, Parametern und Zustandsvariablen. Die Parameter bzw. Funktionen dienen der Beschreibung einzelner Teilprozesse und sind gültig für den vorgegebenen Skalenbereich der räumlichen und zeitlichen Auflösung des Prozesses. Soll das Modell, welches für einen Standort (Punkt) entwickelt wurde, auf ein großes Gebiet mit größerer Auflösung angewendet werden, müssen die Parameter heraufskaliert werden (upscaling). Wird dagegen ein Klimamodell mit Rastergröße von 50 km x 50 km zur Erzeugung des Gebietsniederschlags auf ein kleines Flußgebiet benutzt, müssen die Parameter herabskaliert werden (downscaling). Sind die Modelle zur Simulation von Einzelereignissen, z.B. von Hochwasserereignissen konzipiert, handelt es sich um Kurzfristsimulationen. Viele Modelle eignen sich für Langfristsimulationen, z.B. für langjährige Wasserhaushaltsbilanzierungen. Das Zeitintervall für die Simulation liegt in der Größenordnung von Minuten bis zu Tagen (WMO, 1984; Maniak, 1997; (DVWK, 1999)). Viele Modelle zur Wasserbewirtschaftung sind physikalisch basierte, detaillierte konzeptionelle Modelle, zusätzlich können auch stochastische Komponenten enthalten sein. Neuere Modelle sind modular aufgebaut in dem Sinne, daß jeder hydrologische Teilprozeß durch eine eigene Modellkomponente abgebildet wird.

Mit der Novellierung des Wasserhaushaltsgesetzes im Jahre 1978 wurde die Aufstellung von Bewirtschaftungsplänen für Flußläufe gefordert, was zum vermehrten Einsatz von Flußgebietsmodellen führte. Anfänglich dienten die Modelle der Bemessung und dem Betrieb von Wasserbauwerken, wohingegen heute die Modelle zusätzlich in Bereichen der Umweltentwicklung und Klimawirkungsforschung eingesetzt werden. Heute stehen eine Vielzahl von Modellen für PC's zur Verfügung; eine Übersicht enthält (BWU, 1997). Überwiegend werden die Modelle für Planungsaufgaben herangezogen. Ein geringerer Anteil wird für operative Zwecke wie Hochwasservorhersage und -steuerung eingesetzt, da hierfür nur Modellversionen mit schnellen Antwortzeiten und hoher Benutzerfreundlichkeit in Betracht kommen.

Unterschiede zwischen den hydrologischen Modellen bestehen auch in der räumlichen Auflösung. In der Regel wird der Raum in Form von Elementarflächen, die aufgrund von Flächen kleinster gemeinsamer Geometrie oder hydrologisch ähnlichen Verhaltens bzw. dominierender hydrologischer Prozesse (Hydrotope) aufgelöst werden. Diese Teilgebiete werden fast immer vektoriell beschrieben, lediglich wenige Modelle benutzen Raster oder eine Auflösung in finiten Elementen als Flächenelemente. Der Datenumfang ist bei detaillierten Modellen relativ hoch, da Informationen über Landnutzung, Gerinne, Topographie, Boden- und Grundwasser sowie hydrometeorologische Daten verarbeitet werden müssen.

Wenn die Modelle einen hohen Abstraktionsgrad aufweisen, ist eine Kalibrierung anhand repräsentativer Naturbeobachtungen erforderlich. Die Kalibrierung verliert an Gewicht, je mehr eine rein physikalische Prozeßbetrachtung angestrebt wird, was z.B. bei Standortmodellen der Fall sein kann. Die Kalibrierung erfolgt bei den meisten Modellen durch Anpassung der berechneten Abflüsse an die gemessenen mit Hilfe einer schrittweisen Variation sensitiver Modellparameter (Trial-and-Error-Verfahren). Bei einer geringen Anzahl von Modellen werden Verfahren der mathematischen Optimierung eingesetzt. Um der Gefahr zu begegnen, daß die Parameter rein mathematisch angepaßt werden, sind Kontrollen auf hydrologische Plausibilität unerläßlich. Eine Überparameterisierung von Modellen macht eine robuste Eichung meist unmöglich und schränkt die Prognosefähigkeit des Modells ein.

Grundwassermodelle, die überwiegend als ein- oder mehrdimensionale hydraulische Modelle konzipiert sind, simulieren Strömungs- und Stofftransportprozesse zur Analyse und Prognose der Grundwasserverhältnisse bei veränderten Nutzungsbedingungen im Einzugsgebiet, zur Untersuchung von Auswirkungen von anthropogener Eingriffe auf die Grundwassermenge und -güte und zur Entwicklung von Steuerungsstrategien für die Grundwasserbewirtschaftung. Wichtigste Einsatzbereiche sind: Grundwasserüberwachung/-schutz, Grundwassersanierung, Grundwasserbewirtschaftung und Umweltverträglichkeitsuntersuchungen.

Eine Trendverlagerung im Einsatz dieser Modelle ist unverkennbar: während früher rein hydraulische Modelle eingesetzt wurden, werden heute zunehmend für Aufgaben des Grundwasserschutzes und der Grundwassersanierung Strömung- und Transportmodelle eingesetzt. Die integrierte Grundwasser- und Oberflächenwasserbewirtschaftung kommt seltener zum Einsatz. Die numerischen Modelle werden zur besseren Auswertung der Strömungsverhältnisse im Aquifer eingesetzt, um bei geänderten Rand- und Anfangsbedingungen Szenarien für die Grundwasserbewirtschaftung zu untersuchen. Bei den Stofftransportmodellen liegt der Schwerpunkt auf Einphasen- und Einkomponentenmodellen. Mehrphasen- und Mehrkomponentenmodelle befinden sich noch weitgehend im Forschungsstadium. Wenige Modelle integrieren Optimierungsalgorithmen.

Die Modelle, die in der Regel physikalisch-basierte deterministische Modelle mit numerischen, orts- und zeitdiskreten Lösungsverfahren sind, lassen sich unterteilen: in Modelle auf der Basis der Verfahren finiter Differenz bzw. finiter Volumen, in der Regel mit einer Rechteckdiskretisierung, sowie in Finite-Elemente-Modelle mit einer flexibleren Dreieckdiskretisierung. Für einfachere Aufgabenstellungen werden Modelle eingesetzt, die auf der Finite-Differenzen-Methode basieren und durch ihre räumliche Diskretisierung in Form eines starren Rechtecknetzes gewissen Einschränkungen unterliegen.

Die Eigenschaften der Strömungsmodelle sind auf der Grundlage der üblichen mathematischen Modelle weitgehend vergleichbar. Stofftransportmodelle unterscheiden sich hinsichtlich der Vielfalt der berücksichtigten Prozesse, wobei die Grundprozesse Diffusion, Dispersion und Adsorption (aber unterschiedliche Isothermen) generell Berücksichtigung finden. Die Mehrzahl ist auf zweidimensionale und zweidimensional-geschichtete Schematisierungen anwendbar.

Die meisten Modelle basieren auf dem Darcy-Ansatz und sind in erster Linie auf den Einsatz für Strömungs- und Stofftransportprozesse in porösen Grundwasserleitern ausgerichtet. Die Modelle sind bei entsprechender Problemdimension auch für klüftig-poröse Grundwasserleiter bedingt einsetzbar. Einige Modelle ermöglichen die Modellierung von Klüften oder anderweitig entstandenen Hohlräumen. Die Grundwasserbewegung kann durch die Diffusionsgleichung beschrieben werden.

Optimierungsmodelle zur Grundwasserbewirtschaftung gehen von der Bewirtschaftung der Entnahme oder Anreicherung oder von einer ökonomischen Kontigentierung des Wassers als Zielvorstellung aus, die im stationären Zustand untersucht werden. Bei Entnahmen werden in der Zielfunktion die Grundwasserstände maximiert, wobei als Restriktion die hydraulische Abhängigkeit des Grundwasserstandes von den benachbarten Grundwasserständen und die hydraulische Eigenschaft des Aquifers wie Transmissivität und Speicherung eingeführt werden. Die Lösung kann mit der linearen Optimierung erfolgen (Mays, 1992). In die Restriktion wird zusätzlich der Bedarf eingeführt.

Die Modellkalibrierung erfolgt meist empirisch auf Grund des Vergleichs von gemessenen und simulierten Werten. Automatisierte Kalibrierungsverfahren sind eher die Ausnahme und beschränken sich vorrangig auf die Kalibrierung der Durchlässigkeit.

In den *Bewirtschaftungsmodelle für oberirdische Gewässer* werden die deterministischen oder stochastischen hydrologischen Modellansätze mit Nutzungsansprüchen verknüpft. Schwerpunktmäßig werden Bewirtschaftungsmodelle für Oberflächenwasser zur Bilanzierung und Steuerung von Talsperren und Rückhaltebecken, Wasserentnahmen und Wasserüberleitungen sowie für komplexe Flußgebietssysteme eingesetzt. Überwiegend wird die Wassermenge als Entscheidungskriterium benutzt. Wassergütekriterien werden bei Talsperren mit tiefenabhängigen Trinkwasserentnahmen eingeführt (Scharaw, 1998). Infolge des stochastischen Charakters hydrologischer Prozesse werden für die langfristige Wasserbewirtschaftung stochastische Modellansätze bevorzugt, die Wahrscheinlichkeitsaussagen über die simulierten Größen liefern. Der Vorteil des Zeitreihenmodells für Risikobetrachtungen besteht darin, daß dem Simulationsergebnis automatisch eine Wahrscheinlichkeitsaussage zugeordnet wird. Deterministische Modellansätze werden häufiger für die kurzfristige Bewirtschaftung im Echtzeitbetrieb benutzt.

Die Modelle für langfristige Bewirtschaftung generieren Zeitreihen für vorgegebene Szenarien und realisieren das Ergebnis durch eine statistische Bewertung ausgewählter Kriterien wie Anteil der Bedarfsdeckung, Versorgungssicherheit oder ausgewählten Systemzuständen. Je nach Aufgabenstellung werden ansatzmäßig Durchfluß, Speicherfüllung, Wasserbedarf, Güteparameter, Stofftransport und Energiegewinnung berücksichtigt. Während bei den Zeitreihen meist der Monat als Zeitbasis verwendet wird, liegen den Einzelereignissen Tage, Stunden und auch Minuten als Schrittweite zugrunde.

Optimierungsalgorithmen als direkte Entscheidung für die Steuerung kommen in relativ wenigen Fällen zum Einsatz. Diese Tatsache weist darauf hin, daß die Optimierung der in den Zielfunktionen beschriebenen Bewirtschaftungskriterien noch nicht zu einer allgemein verbreiteten Akzeptanz geführt hat. Das Ergebnis der Optimierung wird jedoch als Vorstufe für Entscheidungen benutzt. Vielfach ist es auch die aufwendige Berechnung und die zum Teil notwendige Aktualisierung der Optimierungsergebnisse im Echtzeitbetrieb, welche Optimierungsverfahren nicht in großem Umfang praxiswirksam werden läßt.

Die verbreitete Modellierung von quantitativen Kriterien zeigt, daß diese hinreichend genau für beliebige Zielstellungen nachgebildet werden können. Für die Oberflächenbewirtschaftung nach quantitativen Kriterien besteht ein etwa gleichmäßig verteilter Einsatz in den verschiedenen Anwendungsgebieten, wie Talsperren, Wassergewinnungs- und Wasserversorgungssysteme, Abwassereinleitungen, -überleitungen und -entsorgungen sowie anderen komplexen Systemen. Verschiedene Oberflächenwasserbewirtschaftungsmodelle haben bei der wasserwirtschaftlichen Rahmenplanung Eingang gefunden. Die Einbeziehung der qualitativen Kriterien in die Modellierung ist nicht so weit entwickelt wie die mengenmäßigen Aspekte.

Eingangswerte für die Bewirtschaftungsmodelle sind die aktuellen natürlichen Abflüsse. Ihre Bestimmung ist überall dort schwierig oder mit hohem Aufwand verbunden, wo anthropogen unbeeinflußte Abflüsse nicht zur Verfügung stehen, zum Beispiel in Bergbaugebieten Trends werden berücksichtigt, die den Niederschlag oder andere Wasserhaushaltsgrößen beeinflussen, wie zum Beispiel Klimaänderungen.

Hochwasserwellenablaufmodelle in Form von hydraulischen Wellenablaufmodelle beschreiben meist eindimensional den Fließvorgang im Gerinne und basieren auf den hydrodynamischen Gleichungen von Saint Vernant. Je nach Modelltyp werden recht unterschiedliche Gerinneinformationen vorausgesetzt. In den meisten Fällen können die Vorländer berücksichtigt werden. Die Gerinneinformationen dürfen im allgemeinen in unregelmäßigen Abständen vorliegen. Der Einsatz von 2D-Modellen bleibt aufgrund ihres erhöhten Datenbedarfs eher auf die Untersuchung von Flußabschnitten kleiner oder mittlerer Länge beschränkt. Sie werden für die Simulation von Veränderungen im Gewässerbett und Vorland bevorzugt. Da Wellenablaufmodelle gleichzeitig Bestandteile von Güte- und Niederschlags-Abfluß-Modellen sein können, sind sie heute in der Wasserwirtschaft ein unverzichtbares Instrument, um Aufgaben wie Wasserstands- und Abflußänderungen durch flußbauliche Maßnahmen nachzuweisen.

Die häufigsten Einsatzbereiche der hydrologischen und hydraulischen Wellenablaufmodelle sind die Ermittlung von Scheitelabflüssen in Flußstrecken für die Planung, die Hochwasservorhersage und der Nachweis von Abflußänderungen durch Flußausbauten oder als Alarmmodelle für den Transport von Schadstoffen (Mazijk, 1999). Hydraulische Modelle sind für Langfristsimulationen nur bedingt einsetzbar wegen der langen Rechenzeiten.

Wichtig ist hierfür die Verwendung unterschiedlicher Zeitschrittweiten oder eine Implementierung der automatischen Schrittweitensteuerung. Die Modellkalibrierung erfolgt meist durch Probieren.

Die meisten *Gewässergütemodelle* werden für Planungsaufgaben oder im Bereich der Ursachenforschung bei Fließgewässern eingesetzt, z.B. zur Beurteilung der Auswirkungen von Vorhaben auf die Gewässergüte oder zur Vorhersage von Schadstoffen (Alarmmodell). Obwohl Anwendungen auf Bewirtschaftung, Überwachung und Steuerung möglich sind, ist heute die modellunterstützte on-line Steuerung und -Bewirtschaftung noch nicht gängige Praxis.

Die Gütemodelle für Fließgewässer können zwei Gruppen zugeordnet werden. Zur ersten Gruppe gehören die Modelle, die auf dem Sauerstoffhaushalt aufbauen. Sie simulieren bestimmte Eigenschaften, insbesondere Stoffkonzentrationen im Gewässer entlang seines Längsprofils. Hierfür werden fast ausschließlich deterministische Ansätze verwendet, meist mit empirischen Charakter bezüglich der Parameter. Die zweite kleinere Gruppe wird von Modellen gebildet, die verhaltensorientiert aufgebaut sind, das heißt es werden keine im Gewässer ablaufenden Teilprozesse dargestellt.

Die Modelle der ersten Gruppe sind in der Regel eindimensional, d.h. eine Unterscheidung der Eigenschaften über die Tiefe oder Breite des Gewässers erfolgt nicht. Zweidimensionale Modelle dieser Gruppe werden bei tidebeeinflußten Gewässern erforderlich, wobei allerdings nur eingeschränkt Stoffumsätze berücksichtigt werden können.

Etwa ein Drittel der Modelle rechnet stationär. In den meisten Modellen werden die Veränderungen der Stoffkonzentrationen c, instationär gerechnet, oft bei dynamischen Veränderungen ($\delta c/\delta t = f(t)$) der Stoffkonzentrationen.

Insgesamt kann eine große Zahl an chemischen, physikalischen und biologischen Kenngrößen simuliert werden. Alle Modelle berechnen neben dem Sauerstoffgehalt auch die Ammonium- und Nitratkonzentrationen. Weniger häufig werden Kohlenstoffverbindungen (z.B. CSB), Algen, Temperatur und Schwebstoffe, Schwermetalle, pH-Wert und Gesamtphosphor bzw. gelösten Phosphor, organische oder anorganische Einzelsubstanzen und diverse Organismen bis hin zu Fischen berücksichtigt.

Die große Zahl der Ansätze, die für die hydraulisch relevanten Größen zur Abflußdynamik verwendet werden, spiegelt sich auch in den Daten wieder, die für die Gerinnegeometrie, die Flußbauwerke , Rauheit usw. benötigt werden.

Der große Umfang der Daten, die zur Kalibrierung benötigt werden, belegt vielfach, warum der hohe Datenaufwand als Einschränkung für die Modellanwendung gesehen wird. Die Qualität der vorliegenden Naturdaten reicht oftmals nicht zur Anpassung der Modellparameter aus. Auch aus diesem Grund werden die Modelle der ersten Gruppe von Hand kalibriert.

Für stehende Gewässer sind Gleichgewichtsmodelle bereits seit längerem im Einsatz. Sie gehen von einem vollständig durchmischten Reaktor aus und betrachten halbjährliche oder jährliche Zeitspannen. Sie eignen sich für Planungszwecke und zur Vorhersage langfristiger Änderungen der Wassergüte. Verbreitet sind heute Modelle zur Beschreibung der Dynamik, wobei die Biomasse entweder durch Summenparameter wie Chlorophyll erfaßt wird oder durch wenige Hauptgruppen des Phytoplanktons repräsentiert wird.

Bei den Modellen für Seen oder Talsperren ist die räumliche Verteilung des Phytoplanktons und Zooplanktons schwerer zu erfassen als in Flüssen. Verschiedene Ansätze existieren nun durch Ergänzen der Bodenmessungen mit Fernerkundungsdaten flächige Muster für die Verteilung der Biomasse besser zu erhalten.

2.3   Flußgebietsmodelle

2.3.1   Klassifizierung von Einzugsgebietsmodellen

Detaillierte konzeptionelle Flußgebietsmodelle sind modulartig aufgebaut, beschreiben die wichtigsten Phasen des Abflußprozesses, haben bevorzugte Anwendungsbereiche und entsprechende Anwendungsgrenzen.

Die Abflußbildung bestimmt den abflußwirksamen Anteil des Niederschlags, der auf der Oberfläche und in der ungesättigten und gesättigten Bodenzone zum Abfluß gelangt. Die zugehörigen drei Abflußkomponenten sind hangparalleler Oberflächenabfluß, Zwischenabfluß und Grundwasserabfluß (Bild 2.1). Die Nachbildung der vertikalen Versickerung ist physikalisch weitgehend erfaßbar, hingegen kann das laterale Abfließen im Boden oberhalb des Grundwassers einschließlich des Speicherverhaltens nicht physikalisch begründet beschrieben werden. Die dafür verwendeten systemtechnischen Ansätze, deren Parameter an geeigneten Naturbeobachtungen geeicht werden müssen, sind daher in räumlicher Hinsicht oft nicht übertragbar. Als Abflußbildungsansätze werden oft das SCS-Verfahren oder Infiltrationsansätze, die von der gradientenabhängigen Durchsickerung eines homogenen Bodens ausgehen, gewählt (Maniak, 1997; BMV, 1997).

In der Abflußkonzentrationphase werden die Wasserpfade der einzelnen Abflußanteile bis zum Kontrollpunkt simuliert. Damit wird die Überlagerung der einzelnen Abflußanteile von den Landflächen zum Gerinneabfluß geregelt. Die Retention wird häufig durch einen oder mehrere lineare Speicher erfaßt, wenn nicht von einer empirisch abgeleiteten, pauschalen Übertragungsfunktion ausgegangen wird. Das Übertragungsverhalten kann auch mit einem Zeitflächen-Diagramm, in welchem die Fließzeiten der einzelnen Teilgebiete (Beitragsfläche) nach hydraulischen Ansätzen ermittelt werden, simuliert werden.

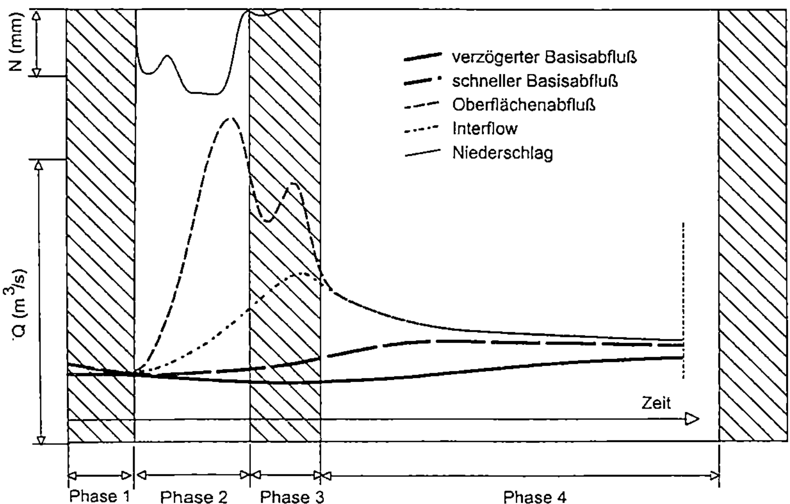

Bild 2.1. Abflußkomponenten in einem Teileinzugsgebiet mit Trocken-, Benetzungs- und Sättigungsphase der Abflußbildung (Maniak, 1999)

Der Abfluß im Gerinnenetz wird durch einen hydraulischen Ansatz für die Fließzeit und eine Beziehung zwischen gespeichertem Wasser in einem Gewässerabschnitt und zugehörigem Abfluß simuliert. Gegebenenfalls kann auch das Retentionsverhalten durch erweiterte lineare Speicher berücksichtigt werden, wie z.B. beim Muskingum Verfahren. Die Speicherung in Stauanlagen wird durch kontinuierliche Bilanzierung des Speichers simuliert.

Flußgebietsmodelle können nach Kriterien eingeteilt werden, welche die Beschreibung des Prozesses, den Maßstab oder die Lösungstechnik erfassen. Allgemein umfaßt ein Einzugsgebietsmodell fünf Komponenten, die unterschiedliche kombiniert sein können: System (Flußgebiet), Geometrie, Eingabe, maßgebliche hydrologische Zusammenhänge bzw. Gesetze der Prozesse, Anfangs- und Randbedingungen sowie Ausgabe. Bei einer Klassifizierung, welche auf den *Prozessen* beruht, kann man nach Blockmodellen und aufgelösten Modellen unterscheiden. Der Prozeß schließt alle hydrologischen Teilprozesse, die zur Ausgabe beisteuern, ein. Zum Unterschied von rein physikalischen Prozeßmodellen, die im Labormaßstab oder für einen räumlich sehr begrenzten Standort (Punktmodelle) durchgeführt werden, sind die Flußgebietsmodelle deterministisch und konzeptionell strukturiert.

Eine andere Klassifizierung richtet sich nach der verwendeten *Zeitskala*. Die Zeitskala ist eine Kombination von zwei maßgeblichen Zeitintervallen. Das erste Intervall wird für die Eingabe und die modellinternen Berechnungen benutzt. Das zweite Zeitintervall ist maßgebend für die Ausgabe und die Kalibrierung. Nach der Zeitskala lassen sich Modelle zur Simulation von Segmenten des Wasserhaushalts oder Einzelereignissen wie Hochwasser (Kurzzeitsimulationen in Stunden, Minuten) oder zur Simulation eines Kontinuums d.h. der gesamten hydrologisch jährigen Langzeitsimulation einteilen (Tages-, Monats- oder Jahressimulation).

Anhand der *Raumskala* kann willkürlich nach der Größe z.B. nach kleinen (< 100 km^2), mittleren (< 1000 km^2) und großen Einzugsgebieten klassifiziert werden, jedoch sollte sich eine Klassifizierung an der Homogenität des Gebietes orientieren und der Mittelung bei der Prozeßsimulation. Bei der Abflußbildung können zwei Phasen, die eigenen Parameter (Speicherkoeffizienten) haben, unterschieden werden: die Landphase und die Gewässerphase. In großen Einzugsgebieten überwiegt das Verhalten des Abflusses während der Gewässerphase, da ein ausgeprägtes Gewässernetz vorhanden ist. Solche Gebiete sind weniger sensitiv gegen Regen von kurzer Dauer und hoher Intensität. In kleinen Einzugsgebieten dominiert die Landphase des Abflusses.

2.3.2 Modellmaßstab und Maßstabseffekte

Hydrologische Prozesse sind an Objekte des Raumes gebunden, wie z.B. Meßpunkt, Gewässerstrecke und Einzugsgebiet. Diese Geoobjekte werden durch ihre Geometrie (absolute räumliche Lage und Ausdehnung in einem räumlichen Bezugssystem), Topologie (Lagebeziehung zu anderen Geoobjekten), Thematik (hydrologisch interessierende Eigenschaften) und ihr Verhalten (zeitliche Änderungen der Geometrie, Topologie und Thematik) beschrieben. Die realen Geoobjekte, ihre Relationen zueinander und ihre Veränderungen werden in einer vereinfachten und erfaßt Weise beschrieben. Das Ausmaß der Vereinfachung (Auflösung) ist die Skalierung, die der jeweiligen Fragestellung, dem Kenntnisstand, der Datenlage, den verfügbaren Methoden und Werkzeugen angepaßt wird. Durch die räumliche und zeitliche Skala, die im Hinblick auf das zu beschreibene Phänomen und für das zu lösende Problem empirisch vom Modellaufsteller gewählt wird, wird eine Prozeßfilterung vorgenommen. Werden Modelle für kleinere Teilgebiete oder Unterprozesse in die nächst höhere (gröbere) Stufe eingebettet (genesteten Flußgebietsmodellen) können Skalensprünge vermieden werden.

Die hydrologische Simulation kann in fünf Maßstabsebenen erfolgen: Labormaßstab, Hangmaßstab, Einzugsgebietsmaßstab, Flußgebietsmaßstab, kontinentaler und globaler Maßstab. Bei Modellen im *Labormaßstab* oder für Untersuchungen an Standorten und einzelnen Schlägen kommen die hydrodynamischen Gleichungen meist in eindimensionaler Form zur Anwendung. Modelle im *Hangmaßstab* erfassen Oberflächen- und unterirdischen Abfluß und können den Fluß des Sickerwassers durch den Boden einschließen. Im Hangbereich ist die Hangmorphometrie, d.h. die Anordnung von geomorphometrischen Formelementen (z.B. Hangkonvergenzen) in der Hangsequenz, von Relevanz. Die lokale Hangmorphometrie bestimmt Geschwindigkeit und Volumen des oberflächigen Abflusses sowie die Aufteilung in die Abflußkomponenten und erfordert Zeitschritte im 5 bis 10 Minutenbereich. Meist werden zwei, seltener dreidimensionale Modelle verwendet. Beim *Einzugsgebietsmodell* wird bei der Simulation des oberirdischen Abflusses die Topographie und beim Basisabfluß die Geologie stärker berücksichtigt. In kleinen Einzugsgebieten kommt zur eindimensionalen Hangmorphometrie noch die räumliche Anordnung von verschiedenen Hangprofilen (Hangexpositionen) hinzu; diese beeinflussen Struktur und Interaktionen von unterschiedlichen Fließwegen. Die Rechenzeitschritte liegen unter einer Stunde. Größere Flußgebiete werden in kleine homogene Teileinzugsgebiete unterteilt. Bei größeren Einzugsgebieten tritt die Hangmorphometrie sowie die 2-dimensionale Variabilität der geomorphometrischen Parameter in den Hintergrund, dafür sind die Entwässerungsstrukturen wie z.B. die Anordnung und Ausbildung des Gerinnes bzw. der Tiefenlinien die steuernden Parameter, da sie wesentlichen Einfluß auf die Verformung der Abflußwelle haben. Modelle im *Flußgebietsmaßstab* benötigen Speicherungs- und Translationsroutinen zum Erfassen des Teileinzugsgebietsabflusses. Für Einzugsgebiete unter 500 km^2 Größe liegen die Rechenschritte bei $\leq$ 1 Std., darüber bis 2000 km^2 bei $\leq$ 6 Std. Bei Modellen im *kontinentalen bzw. globalen Maßstab* liegt der Schwerpunkt bei der Simulation der atmosphärischen Prozesse und ihrer Wechselwirkung mit den Prozessen auf der Landoberfläche.

Die Grenze zwischen der Hang- und der kleinen Einzugsgebietsskala schwankt zwischen 0,5 und 2 km^2, der Übergang von kleinen zu großen Einzugsgebieten liegt zwischen 2 bis 10 km^2. Eine andere Einteilung, die nicht den hydrologischen und geomorphologischen Einheiten sondern der absoluten Flächengröße folgt, umfaßt die Bereiche: *Mikro-, Meso-*

Tabelle 2.1. Bereiche der Längen-, Flächen- und Kartenmaßstäbe bei der Modellierung verschiedener Eigenschaften in der Mikro-, Meso- und Makroskala

Mikroskala	Mesoskala	Makroskala	Anwendung
1 m　　bis　100 m	0,1 km　bis　10 km	10 km　　bis　1000 km	Flußgebiets-
1 m^2　bis　1 ha	1 ha　　bis　100 km^2	100 km^2　bis　10000 km^2	modelle
10 m	30 m　　bis　100 m	500 m　　bis　1000 m	Klimamodelle
0,1 ha　bis　1 ha	1 km^2　bis　100 km^2	1000 km^2　bis　10000 km^2	Verdunstungs-
			modelle
1 : 5 000	1 : 50 000	1 : 200 000	Bodenkarten

und *Makroskala* (Kleeberg, 1996). Wegen der Grobheit der Diskretisierung ist die Angabe absoluter Größen, ohne fachspezifischen Bezug, für diese drei Skalenintervalle problematisch (s. Tabelle 2.1).

Die Ausgangsgrundlagen für die meisten Modellparameter wie für Niederschlag, Temperatur, hydraulische Leitfähigkeit und Speicherkapazität des Bodens werden im Mikroskalenbereich gemessen und Parameterwerte daraus abgeleitet (s. Tabelle 2.1). Die Mesoskala ist für die Untersuchung verschiedener Modellansätze und Flächenuntergliederungsprinzipien die wichtigste. Genestete Flußgebietsmodelle können bis zu drei Skalenbereiche überdecken, nämlich die Mikroskala d.h. sehr gut erforschte, kleine hydrologische Versuchsgebiete bis zu wenigen km^2 Größe, die Mesoskala (Gebietsgrößen von ca. 30 bis mehreren 1000 km^2) und die Makroskala (Gebietsgrößen von ca. > 10000 km^2).

Der Skalierungsbegriff wird zur Charakterisierung der räumlichen, zeitlichen und thematischen Auflösung verwendet. Diese drei Kategorien stehen in enger, aber nicht funktionalen Abhängigkeit. Eine feine thematische Auflösung des hydrologischen Modells (Modellierung von Teilprozessen) erfordert in der Regel auch eine hohe räumliche und zeitliche Auflösung. Die räumliche Auflösung hängt eng mit dem kartographischen Maßstab oder digitalem Rechenmodell zusammen, in dem die Thematik der Geoobjekte abgebildet wird: Je höher die räumliche Auflösung ist, desto größer sollte auch der Maßstab der verwendeten Kartenunterlagen sein. Bei der Aggregierung müssen z.B. Retentions- und Fließeigenschaften konserviert werden, um eine zu starke Filterung zu vermeiden (Riedel, Maniak, 1999).

Räumlich hoch aufgelöste, prozeßnahe hydrologische Modelle sind für mesoskalige Einzugsgebietsmodellierungen nicht geeignet, da die erforderlichen Informationen zur Kalibrierung meist nicht verfügbar sind. Als Ersatz werden physikalisch basierte konzeptionelle Modelle verwendet, die mit gröberer zeitlicher und räumlicher Diskretisierung arbeiten und damit der allgemeinen Datenverfügbarkeit besser entsprechen. Die Simulation erfolgt auf der Basis von Elementarflächen, Hydrotopklassen, Teileinzugsgebieten und dem Gesamteinzugsgebiet, wodurch insgesamt vier Simulations- und drei Aggregationsebenen für die Modellierung zur Verfügung stehen. Wird bei der Flächenuntergliederung prozeßbezogen vorgegangen, werden hauptsächlich solche Flächen unterschieden und voneinander abgegrenzt, die bezüglich ihres Verdunstungs- und Abflußpotentials charakteristisch voneinander abweichen. Können Hydrotope bzw. Gruppen von Hydrotopen und Hydrotopklassen, ausgewiesen werden, innerhalb derer Flächenzerschneidungen nicht erforderlich sind, können die so entstandenen Teilregionen oder Teileinzugsgebiete zusammengefaßt als Block einheitlich, mit mittleren statistisch verteilten Parametern, modelliert werden. Mit diesem Aggregierungsschritt wird folgenden Aspekten Rechnung getragen: Innerhalb bestimmter Landschaftseinheiten stehen die hydrologischen Systeme lateral in so enger Wechselwirkung, daß flächenhafte Disaggregierungen die modellmäßige Behandlung erschwert. Block- oder semigegliederte Modellierungen repräsentieren hier die adäquate Beschreibungsform.

So werden für signifikant voneinander verschiedene Teilflächen der Erdoberfläche, z.B. Wasser- und Schneeflächen, undurchlässige Flächen (Fels, versiegelte Flächen), vegetationslose neben vegetationsbedeckten Flächen unterschiedliche Modelle bzw. Modelle mit deutlich verschiedenen Modellparametern eingesetzt. Versuche, flächenhafte Verallgemeinerungen von Modellen und ihrer Parameter über solche markanten Diskontinuitäten der Erdoberfläche hinweg vorzunehmen, führen im allgemeinen zum Verlust oder zur Einschränkung der physikalischen Bedeutung und Relevanz der Modellparameter. Flächenhaf-

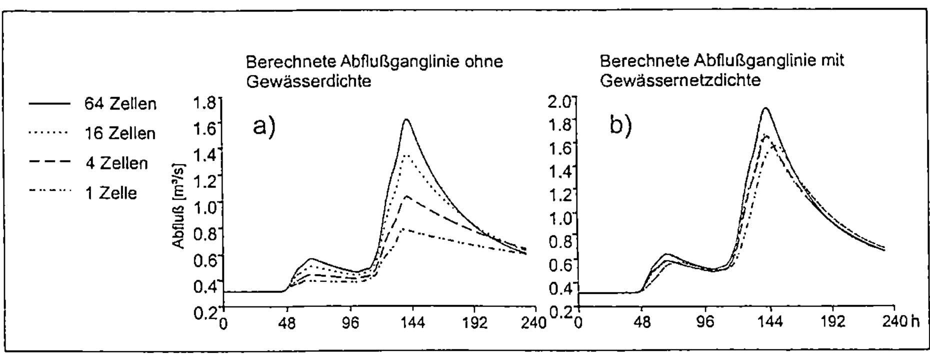

Bild 2.2. Berechnete Abflüsse aus einem Einzugsgebiet bei unterschiedlicher Aggregierung der Teileinzugsgebiete a) ohne Konservierung der Retentions- und Fließzeitmerkmale b) mit Konservierung

te Verallgemeinerungen (Regionalisierungen) von Modellen und Modellparameter sind daher auf Flächen mit gleichen oder ähnlichen hydrologischen Regime zu beschränken und Regionalisierungen über markante Landoberflächendiskontinuitäten hinweg zu vermeiden (Bild 2.2).

Jede Regionalisierungsmethode sollte in den drei Raumskalen anwendbar sein und die Möglichkeit bieten, die Landoberfläche in Teilflächen beliebiger Größe und Form (Polygone, Raster u.ä.) zu zerschneiden (Disaggregierung) sowie die Ergebnisse bzw. Zwischeninformationen sowohl in disaggregierter Form (als Flächenmuster) als auch in aggregierter Form (regionalisiert) für die Bearbeitungsräume und deren Teilräume bereitzustellen (Molnar et al., 1999).

Die Anwendung gröberer, größerflächig anwendbarer Modelle entspricht einem sinnvollen Parameterwechsel beim Übergang von der Mikroskala zu größeren Skalen. Es werden ausschließlich Modelle oder Teilmodelle zur Anwendung gebracht, deren Parameter für die jeweilige Skala aus allgemein verfügbaren und flächendeckenden Informationen über die Landoberfläche, wie z.B. digitales Höhenmodell, Landnutzung und Bodeneigenschaften, abgeleitet werden können. Bei den Vertikalflußmodellen kann es sich dabei sowohl um hydrotopspezifische als auch um allgemeine einsetzbare Modelle handeln; bei den Lateralflußmodellen um abflußkomponentenspezifische Modelle.

Bei der hydrologischen Modellierung wird oft eine Aggregierungs- bzw. Regionalisierungsmethode verwendet, die in der Zusammenfassung homogen betrachteter Einheiten (wie Datengridzellen oder geometrisch kleinste Flächeneinheiten) zu größeren Modellierungseinheiten (wie Hydrotope, Teileinzugsgebiete) besteht. Unter Regionalisierung wird auch der Übergang vom Datengrid auf Modellgrid verstanden. Das Skalieren der Parameter kann nur innerhalb selbstähnlicher Bereiche erfolgen. Der Übergang von einer Skala auf die andere erfolgt bei der Reichweite des theoretischen Variogrammes, geostatistisch. Die Skalengrenze der einzelnen Parameter (topographischer Index, CN-Werte, Hangneigung usw.) ist sehr unterschiedlich Für den topographischen Index liegt diese Grenze des Skalenwechsels bei etwa 300 m Radius.

Die kleinste Flächeneinheit ist ein Teileinzugsgebiet oder eine Rasterzelle mit einem Gerinne. Da die Simulation direkter Abflußkomponenten im Teileinzugsgebiet als räumlich mesoskaliger Prozeß durch Übertragungsfunktion vorgenommen wird, ist die kleinste Teilfläche mit homogener Abflußbildung maßgebend. Die Flächengrößen der Teileinzugsgebiete liegen zwischen ca. 1 - 100 km^2. Größere Gebiete werden durch Verknüpfungen von mesoskaligen Teileinzugsgebieten bzw. den hydrologischen Prozessen modelliert.

Infolge der hohen Prozessgeschwindigkeit, die sich bei den vertikalen Intensitätsschwankungen und bei den lateralen in kurzen Reaktionszeiten ausdrückt, werden die Simulationen mit Flußgebietsmodellen in Stundenintervallen durchgeführt. Die zeitliche Auflösung der Niederschläge sollte einen Tag nicht überschreiten. Eine Auflösung der Niederschläge in Stundenintervalle ist vorzuziehen. Der erforderliche Zeitmaßstab läßt sich aus der Raumbeschreibung herleiten, d.h. er ist von der Größe der Teilfläche abhängig.

– Bei der Simulation der direkten Abflußkomponenten bestimmt die zeitliche Auflösung der Eingangsdaten (Stunde, Tag) und die Reaktionszeit der hydrologischen Einheiten die räumlichen und zeitlichen Skalengrenzen.
– Ein Skalenübergang besteht, wenn die Nachbildung der direkten Abflußkomponenten, als Ganglinien aufgelöst, infolge Wellenablaufberechnung (flood-routing) nicht mehr in einzelne Abflußkomponenten getrennt werden können.
– Die räumliche Skalengrenze bildet ein Einzugsgebiet mit Gerinne. Eine untere Grenze existiert theoretisch nicht, ist aber praktisch durch die Gewässer 3. Ordnung gegeben.
– Eine obere Skalengrenze kann nicht einheitlich festgelegt werden. In Abhängigkeit von der Homogenität eines Gebiets hinsichtlich seines Abflußverhaltens liegt eine räumliche Skalengrenze zwischen ca. 15 - 100 km^2.

In den Skalen Einzelfeld (0,01 km^2), Mikroskala (100 km^2) und Mesoskala (10000 km^2) werden unterschiedlich weitreichende Homogenitätsannahmen gemacht, die nur für die jeweilige Skala gültig sind (s. Tabelle 2.2).

In der Mikroskala stehen Einzelfelder als Bestandteile von Landschaftselementen (z.B. Siedlungen, Waldgebiete, landwirtschaftliche Gebiete, Grünland) im Vordergrund. In der Mesoskala gehen die Landschaftselemente selbst als charakteristische Mischung ihrer Anteile ein. Fernerkundung durch LANDSAT und NOAA-AVHRR trägt dieser Skalenauffassung Rechnung. Der Mischung der Landschaftselemente bei Pixelgrößen, wie sie die Fernerkundung liefert, wird durch die Methode der multitemporalen spektralen Entmischung Rechnung getragen.

Nach oben läßt sich die Mesoskala nicht scharf abgrenzen, wobei Rechenzeit- und/oder Speicherbeschränkungen eine Rolle spielen. Bei Flußgebietsmodellen soll der Zeitschritt so

Tabelle 2.2. Skalen von Modellen und Homogenität von Landschaftsinformationen

| Skala | Homogen hinsichtlich: | | | |
	Boden	Landnutzung	Meteorologie	Höhe
Einzelfeld	ja	ja	ja	ja
Mikroskala	--	bedingt	ja	ja
Mesoskala	--	bedingt	bedingt	bedingt

klein gewählt werden, daß die Reaktionen während des gewählten Zeitschrittes noch innerhalb jedes Teilgebietes ablaufen. Bei konzeptionellen Modellen sollte der Zeitschritt unter einem Tag liegen, da eine zu starke Glättung der Niederschlagsintensität zu Parametern führt, die immer stärker ihren physikalischen Charakter und damit ihre Übertragbarkeit verlieren. Müssen Tagesschritte überschritten werden, können Zeitreihenmodelle herangezogen werden. Wahl des Zeitschrittes und Länge der Simulationsperiode bestimmen mit den Rechenalgorithmus. Bei Hochwassermodellen wird meist die Abarbeitungsreihenfolge der Rechenzeitschritte so gewählt, daß das gesamte Ereignis für jedes Teilgebiet berechnet wird, bevor eine Überlagerung der Teilabflüsse entlang der Fließwege stattfindet. Bei Langfristmodellen wird üblicherweise das gesamte Einzugsgebiet für jeden Zeitschritt berechnet, um am Ende jeden Rechenzeitschritt die Wasserbilanz der einzelen Modellelemente vornehmen zu können. Dies ist erforderlich, wenn sich Elemente gegenseitig beeinflussen, z.B. bei Rückstau oder bestimmten Anlagensteuerungen. Bei ausreichender Rechnerkapazität wird der Berechnung der Teilprozesse in jedem Zeitschritt über alle Elemente der Vorzug gegeben.

Geoinformationssysteme zur Erfassung, Verwaltung, Analyse, Modellierung und Visualisierung raumbezogener digitaler Daten sind weitgehend skalenunabhängig nutzbar. Wegen der hohen geometrischen Genauigkeit vektorbasierter GIS werden diese vorzugsweise für mikro- und mesoskalige Anwendungen eingesetzt. Rasterbasierte GIS dominieren bei makroskaligen Untersuchungen und sind generell für flächendeckende Anwendungen besser geeignet als Vektor-GIS. Spezielle Datenmodelle z.B. quadtree erlauben auch auf Rasterbasis eine Modellierung von Geoobjekten mit hinreichender geometrischer Genauigkeit im mikroskaligen Bereich.

Wegen der prinzipiellen Skalenunabhängigkeit von GIS-Werkzeugen sind Skalenübergänge und Skalengrenzen im wesentlichen eine Frage der räumlichen, zeitlichen und thematischen Auflösung einerseits der digital verfügbaren Basisdaten andererseits der gewünschten Merkmalswerte und Modellparameter.

2.3.3 Beispiel eines Betriebsmodell für die Talsperrenbewirtschaftung

Bei größeren Talsperrensystemen, wie den Ruhrtalsperren, sind mathematische Betriebsmodelle seit längerem Praxis (Morgenschweis, 1996; Maniak, 1978). Das folgende Beispiel beschreibt drei thüringische Talsperren. Die Hauptziele der Bewirtschaftung eines Talsperrensystems, nämlich die Vermeidung von Hochwasserschäden, Wasserkrafterzeugung sowie das Vorhalten von Rohwasser unter Einhaltung vorgegebener Wasserqualitätsparameter, werden durch Betriebsmodelle verschiedener Art simuliert. Hier werden mit dem Modell Bewirtschaftungsstrategien zur Kostensenkung bei der Rohwasseraufbereitung, d.h. Minimierung der Betriebskosten, zur maximalen Erzeugung von elektrischer Energie sowie zur Beherrschung von Hochwasser errechnet. Dazu werden gemessene on-line Daten sowie leistungsfähige mathematische Optimierungsmethoden benutzt. Die Vorhersage von Zuflüssen aus den Einzugsgebieten, insbesondere bei Hochwasser ist wichtiger Modellbestandteil. Das angewandte Vorhersagemodell basiert auf einem Flußgebietsmodell, das den Gebietsniederschlag, die Wasserabgabe aus der Schneedecke, die Verdunstung und Bodenfeuchtedaten zur Bestimmung des Abflusses verwendet (Scharaw, 1998).

Das Talsperrensystem besteht aus 3 Talsperren mit einem Nutzraum von 21,4 Mio m^3 (Schmalwasser), 17,8 Mio m^3 (Ohra) bzw. 0,78 Mio m3 (Tambach) und befindet sich am Nordhang des Thüringer Waldes und die Einzugsgebiete zeichnen sich durch mittlere jährliche Niederschläge von rd. 1200 mm aus. Außer den natürlichen Zuflüssen wird Wasser über Stollen aus zwei benachbarten Einzugsgebieten übergeleitet. Die Tal-

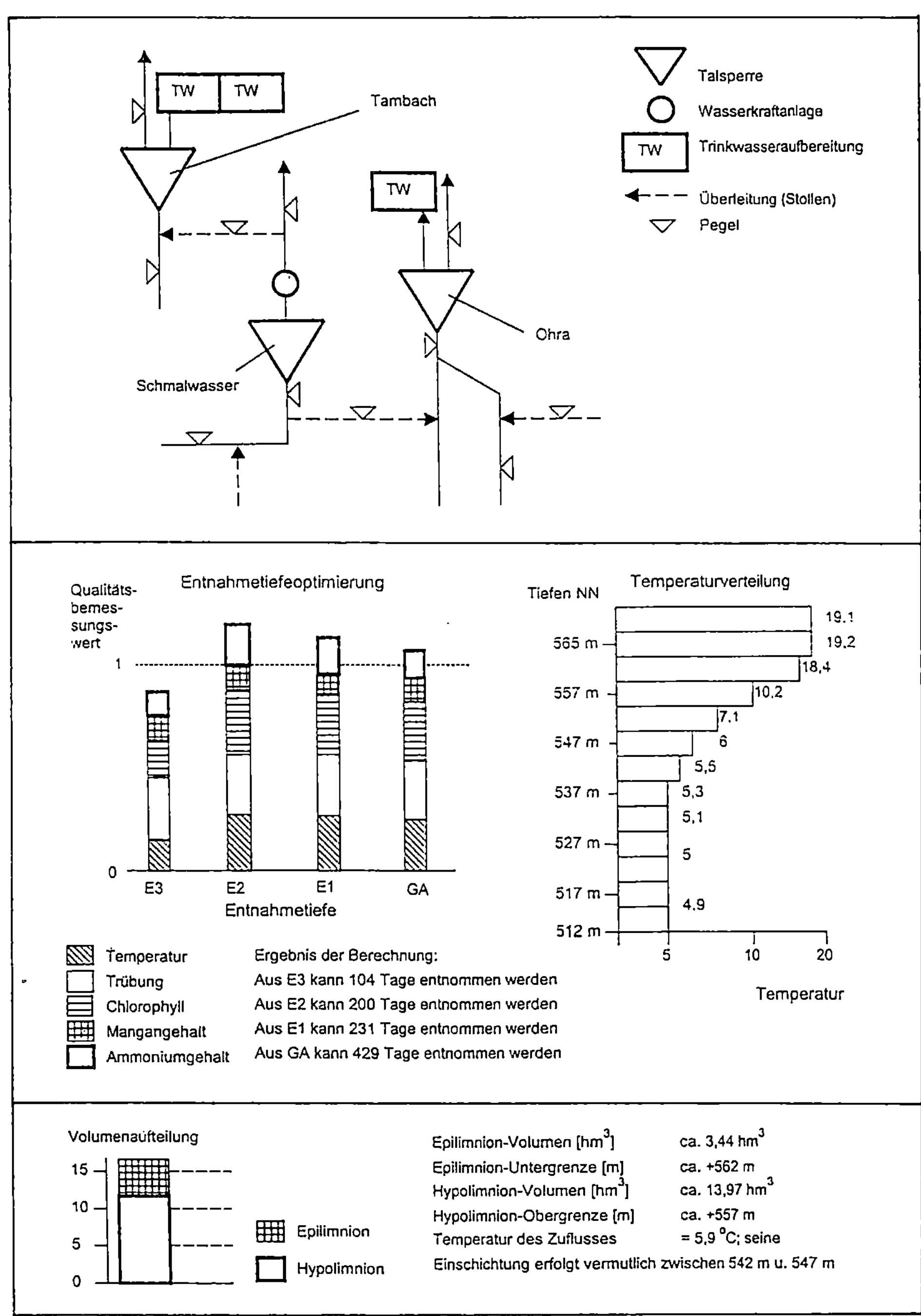

Bild 2.3. Skizze des Talsperrensystems (oberes Feld), optimierte Entnahmetiefe (mittleres Feld) und Volumen des Hypolimnions (unteres Feld)

sperren sind untereinander durch Stollen verbunden, (Bild 2.3). Die Talsperren liefern Rohwasser an drei Trinkwasseraufbereitungsanlagen. An der Talsperre Schmalwasser wird die Wasserkraft genutzt. Mit dem Modell werden für die unterschiedlichen Ziele wie Hoch- und Niedrigwassersituationen sowie Normalbewirtschaftung unter Einsatz von Optimierungsmethoden Lösungsvorschläge simuliert. Modellgestützte, optimierte Strategien für die Steuerung der Talsperren zur täglichen Wassermengenbewirtschaftung werden unter Berücksichtigung der Sicherung der Wassergüte sowie der Maximierung und der Energiegewinnung berechnet und in benutzerfreundlichen Oberflächen dargestellt. Grundlage für die Optimierung sind Vorschriften und Vorgaben für die Rohwassergüte nach der Trinkwasserverordnung, Steuervorschriften für die Verbindungsstollen, Abgaberegeln für die Talsperren sowie Trinkwasserentnahmeganglinien. Mit diesen Informationen wird die Zuflußvorhersage gekoppelt. Alle Meßwerte zur Beschreibung der Systemzustände werden zentral erfaßt und visualisiert.

Neben der Erfüllung der Verbraucherentnahmen und maximale Energiegewinnung gehört zu den Zielen die Abgabe von Mindestabflüssen. Die qualitätsorientierte Ermittlung der Stollenzuflüsse und die Abgabensteuerung in Abhängigkeit von der Entnahmetiefe gehören zu Zielen der Wassergütewirtschaft.

Mit dem N-A-Modell wird aus dem aktuellem Niederschlag, der Verdunstung und der Wasserabgabe aus der Schneedecke, das Speichervermögen des Bodens und der abflußwirksamen Niederschlag berechnet. Weiterhin berechnet das Modell den grundwasserbürtigen Abfluß. Der effektive Niederschlag dient als Eingangsgröße für den Oberflächenabfluß. Der Grundwasserabfluß wird durch den Basisabfluß berücksichtigt. Als Eingangsdaten des Gesamtmodells dienen vorhergesagte Niederschläge. Die Wasserabgabe aus der Schneedecke wird analog dazu vorhergesagt.

Mit Hilfe des vorhergesagten Zuflusses wurden Steuerungsentscheidungen für eine Vorhersagezeitspanne von mehreren Stunden berechnet. Unter Vorgabe von Bewirtschaftungstypen wird eine optimierte Steuerung errechnet. Die Mengenbewirtschaftung orientiert sich an der Einhaltung der Rohwasserabgabemenge. Die Wasserqualitätsbewirtschaftung zielt auf die Rohwasserqualität. Dies setzt in der Talsperre eine stabile Schichtung voraus. Durch Entnahme aus dem Hypolimnion entstehen geringere Aufbereitungskosten und damit eine beträchtliche Kostenersparnis. Die Schichtung ist stabil, wenn die Wasserstandsschwankungen in der Talsperre gering gehalten werden, was mit der Mengenbewirtschaftung oft schwer vereinbar ist. Aus den durch die beiden Bewirtschaftungsstrategien vorgegebenen Beschränkungen und der Zuflußvorhersage wird ein optimaler Bewirtschaftungsplan für das Talsperrensystem errechnet (Bild 2.3).

Bei Hochwasser wird eine maximale Füllung der Talsperre angestrebt, um über ein maximales Volumen für Trinkwasser zu verfügen. Es besteht eine Beschränkung der maximalen Abgabe, um im Unterlauf Hochwasserschäden zu vermeiden. Die günstigste Entnahmetiefe für das Rohwasser, welches schon weitgehend den Trinkwasserrichtlinien entspricht, liegt im Regelfall in der oberen Schicht des Hypolimnions. Erfolgt die Entnahme ständig aus dieser Lamelle, wird das Hypolimnions rasch erschöpft. Die Ziele des Modells ist die Bestimmung der Trinkwasserentnahmetiefe die der geforderten Wasserqualität bei gleichzeitigem Ausschluß der Hypolimnionerschöpfung entspricht.

Das Modell der Talsperren wird im wesentlichen durch die als Integration wirksamen Wasserspeicher mit Hilfe von Differenzengleichungen bestimmt. Die Abgaben der Talsperren werden als Steuergrößen angesehen. Außerdem bestehen wegen geforderter Mindestinhalte bzw. des beschränkten Fassungsvermögens der Speicher sowie infolge der einzuhaltenden minimalen und maximalen Abgaben in das Unterwasser, untere und obere Schranken. Die Wiederholung der Vorhersagen ermöglicht, daß auch die Optimieruung mit den jeweils aktualisierten, d.h. für die nächst Zeitperiode verbesserten Vorhersagen der Zuflüsse wiederholt wird. Zur Ermittlung der Wasserqualität aus den Talsperren werden repräsentative Güteparameter in Abhängigkeit von der Seetiefe erfaßt. Im täglichen Betrieb spielt die Steuerung zur Auswahl der Entnahmetiefen aus den einzelnen Talsperren bei der Qualitätssicherung eine entscheidende Rolle. Mit dem Modell können Berechnungen für unterschiedliche Belastungsszenarien durchgeführt werden.

2.3.4 Beispiel eines Flußgebietsmodell: Niederschlag-Abfluß-Modell NAXOS

2.3.4.1 Allgemeines

Das Niederschlag-Abfluß-Modell NAXOS kann auf einem PC unter Microsoft Windows 95 oder Windows NT betrieben werden (Bild 2.4a; Maniak, 1999). Es kann für alle Bereiche des Hochwasserschutzes eingesetzt werden zur:

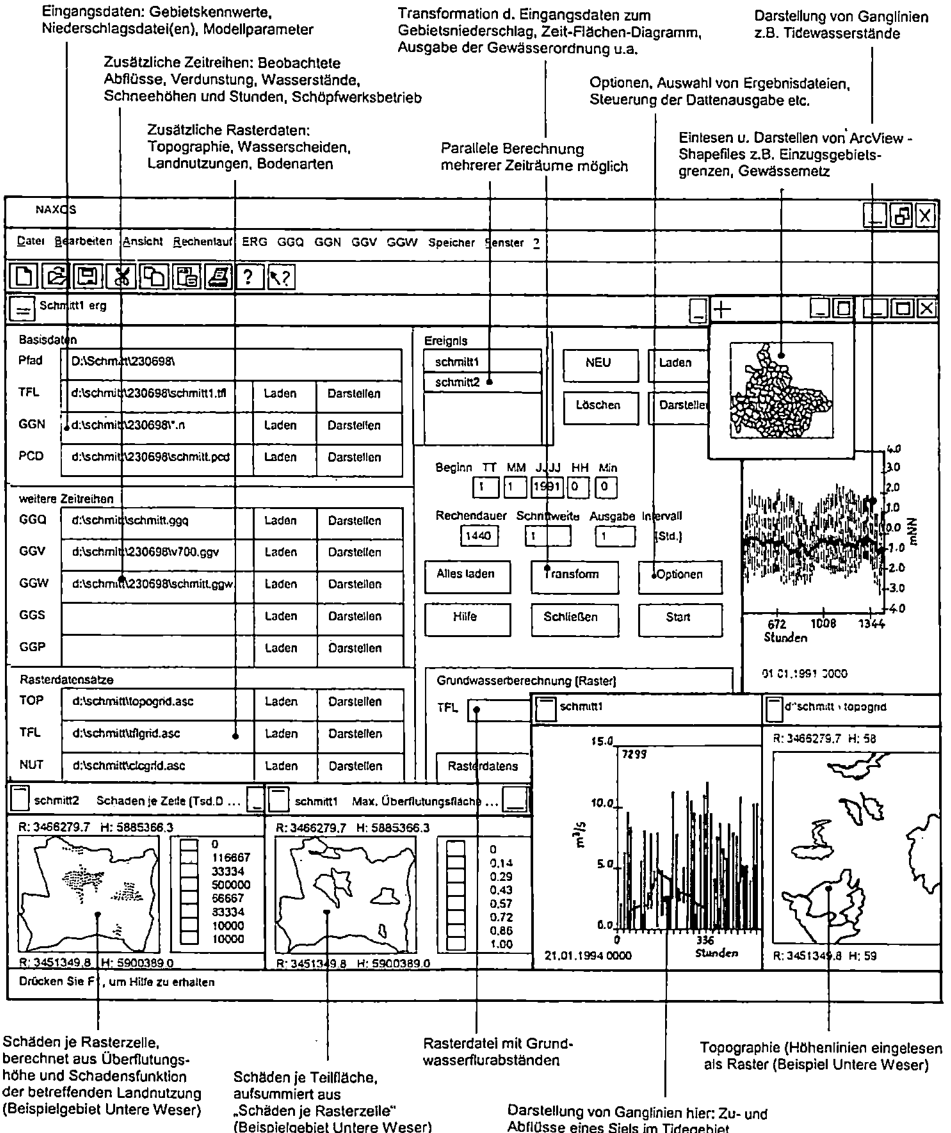

Bild 2.4a. Programmoberfläche NAXOS

- Ermittlung von Bemessungshochwasser und Nachweise für Rückhaltebecken, Deiche usw.,
- Untersuchung hydrologischer Auswirkungen von Flächennutzungsänderungen dezentraler Hochwasserschutz,
- Simulation tidebeeinflußter Binnenwasserstände und -abflüsse unter Berücksichtigung künstlicher Entwässerung durch Siele und Schöpfwerke,
- Ermittlung von Überflutungsschäden für Hochwasserszenarien anhand von Topographie und Schadensfunktionen (Bild 2.4b),
- Langzeitsimulation.

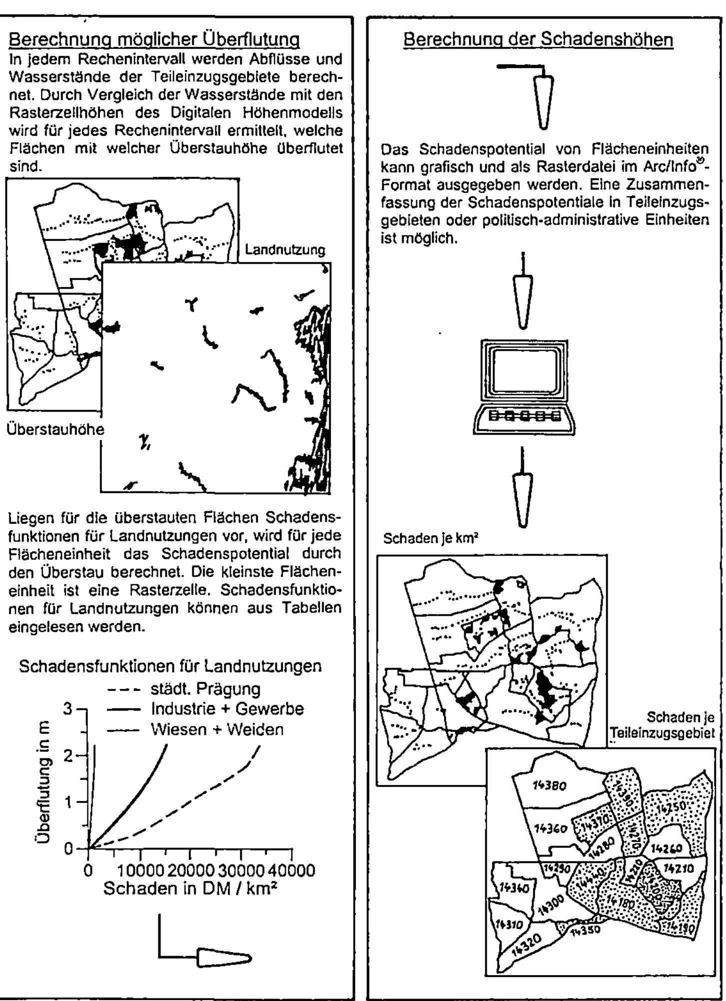

Bild 2.4b. Berechnung von Schadenshöhen mit NAXOS

Das Modell dient als hydrologischer Baustein für Schwebstoff- und Sedimenttransportmodelle und für Stofffrachtberechnungen. Aufgrund der detailliert aufgenommenen Gebietskenndaten und der verwendeten Ansätze kann es für die Simulation von Abflüssen aus Gebieten dienen, die nicht über Abflußaufzeichnungen verfügen. Dabei sind allerdings Vergleichsbetrachtungen mit ähnlichen Flußgebieten angezeigt. Eine Kopplung mit Wettervorhersagemodellen ist möglich.

NAXOS ist modular aufgebaut, so daß die Einbindung von Berechnungsalgorithmen zur Bewältigung neuer Fragestellungen mit geringem Aufwand zu realisieren ist. Auch können die Gebietskenndaten nicht nur analog aus Kartenmaterial, sondern auch unter Nutzung digitaler Datenquellen mittels GIS gewonnen werden (Stödter, 1994). Dabei besteht die Möglichkeit der Verwendung vektor- oder rasterbasierter GIS-Datensätze. Die modellmäßige Aufbereitung der Flußgebiete wird deutlich reduziert, wenn digitale Datenquellen, wie z.B. ATKIS, genutzt werden können. NAXOS besitzt eine Schnittstelle, mittels derer Gebietskennwerte in Form von ARCVIEW-Shapefiles direkt in das Modell eingelesen werden können. Das Modell enthält ein Verfahren zur Aggregation von Teileinzugsgebieten zu größeren Flächeneinheiten, das die hydrologischen Eigenschaften von Teileinzugsgebieten konserviert und Teilflächen nach Reaktionsgeschwindigkeit und Lage sinnvoll zusammenfaßt. Zur Charakterisierung des Gewässernetzes kann die Fließordnung nach Strahler ausgegeben werden (Bild 2.5, 2.6).

Die gleichzeitige Berechnung und Darstellung mehrerer Flußgebiete und Zeiträume ist möglich. Sollen innerhalb eines großen Flußgebiets jeweils nur einzelne Teilgebiete simuliert werden, besteht zur Verkürzung der Rechendauer die Möglichkeit, die Simulation auf Teilgebiete zu beschränken. Die Teilberechnung kann durch Vorgabe einer Pegel-, Gebiets- oder Teilflächennummer aktiviert werden.

Der Abflußbildungsprozeß wird durch ein modifiziertes SCS-Verfahren simuliert. Unterschiedliche Landnutzungen werden getrennt erfaßt und auch bei Aggregation nicht zu gemischten Flächen zusammengefaßt. Der Abflußkonzentrationsprozeß wird durch mehrere Einzellinearspeicher abgebildet. Durch die getrennte Fließwegbetrachtung des Abflusses auf der Landphase und im Gerinne werden die Rückgangskonstanten der Landphase innerhalb der unteren hydrologischen Mesoskala unabhängig von Skaleneinflüssen durch Topographie, Oberflächenbeschaffenheit und Gewässernetz parametrisiert, d.h. beim Up- und Downscaling ändern sich die Rückgangskonstanten der Einzellinearspeicher nicht. Das Gewässernetz umfaßt zur Entkopplung der

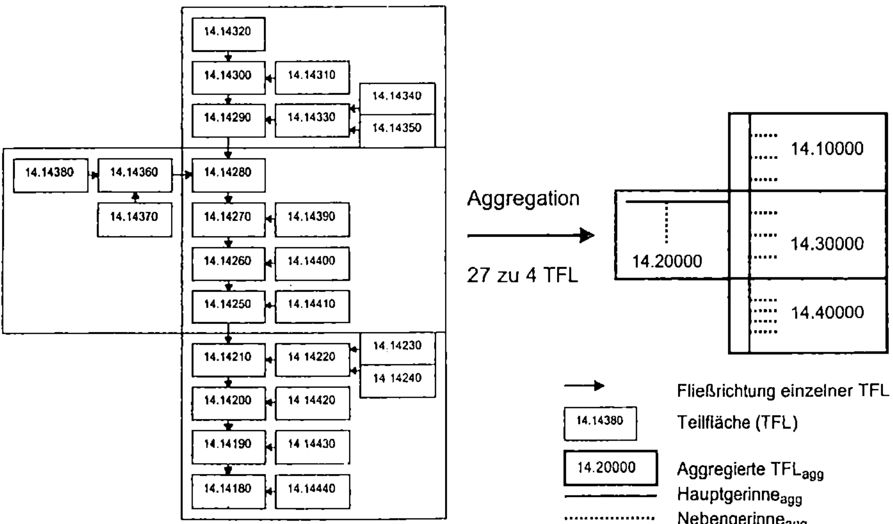

Bild 2.5. Aggregation von Teilflächen mit Abbildung von Haupt- und Nebengerinnen

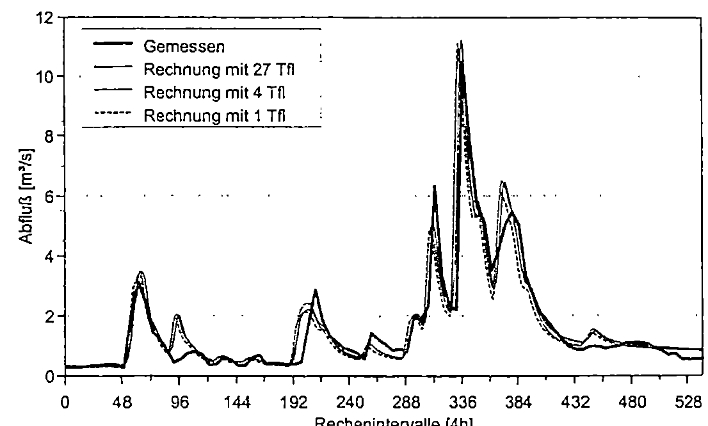

Bild 2.6. Einfluß der Raumskala – ausgedrückt durch Anzahl der Teilflächen TFL – auf direkte Abflußkomponenten am Beispiel des Pegels Duendorf / Südaue (A_{Eo} = 198 km^2) bei einer skalenunabhängigen Gewässernetzdichte

Abflußkonzentrationsparameter von Maßstabseffekten neben einem Hauptgerinne auch Nebengerinne (Bild 2.6).

Anstelle der Mittlung von topographischen Eingangsdaten werden bei der Aggregation effektive Modellparameter, z.B. SCS-Bodengruppe, Fließlängen und Gefälle der Haupt- und Nebengerinne sowie das Gebietsgefälle aus Speicherräumen, Fließzeiten und Rückgangskonstanten der nicht aggregierten Einzugsgebiete berechnet. Bei der Berechnung des effektiven Hauptgerinnegefälles erfolgt eine Wichtung von Flußabschnitten mit der Flächensumme der oberhalb liegenden Einzugsgebiete. Zielgrößen sind gebietsabhängige Modellparameter (fspki, fspko, fspku), die theoretisch abgeleitet werden, und Gerinnegrößen (Haupt- und Nebengerinne) in Abhängigkeit von der Raumskala. Die Größen der gebietsabhängigen Modellparameter werden empirisch ermittelt und regionalisiert. Die gebietsabhängigen Modellparameter werden mit Konzentrationszeiten, die aus topographischen und oberflächenbeschreibenden Gebietskennwerten berechnet werden, zur Übertragungsfunktion verknüpft.

Mit zunehmender Einzugsgebietsgröße gewinnt die Parametrisierung des Gewässernetzes für den Wellenablauf an Bedeutung. Das Gewässernetz eines Einzugsgebiets wird bei der Aggregation in ein Haupt- und mehrere Nebengerinne abstrahiert. Das Ergebnis der Kalibrierung bei mehreren Aggregationsstufen ist beispielhaft in Bild 2.6 dargestellt.

2.3.4.2 Überblick über die Datenerfordernisse

Als Eingangsdaten werden verwendet:
- Gebietskenndaten für jede Teilfläche, z. B. Größe, Teilflächenlänge und -form, Gefälle des Gebiets und des Gerinnes, Boden und Landnutzung. Die Gebietskenndaten können aus Tabellen, aus ARC/INFO-Rasterdatensätzen oder aus ARCVIEW-Shapefiles eingelesen werden;
- Niederschlagsdaten, ggf. berechnet aus Schneeschmelze, auch in unregelmäßiger zeitlicher Auflösung;
- Parametersätze zur Kalibrierung und ggf. aus der Kalibrierung oder einer regionalen Übertragung der daraus folgenden Parameter zur Berechnung von synthetischen Ereignissen;
- Außenwasserstände, Gewässernetz und hydraulische Leistung der Wasserbauwerke (z.B. Schöpfwerke) für tidebeeinflußte Gebiete mit künstlicher Entwässerung;

- [optional] Verdunstungsdaten, auch in unregelmäßiger zeitlicher Auflösung;
- [optional] Abflußdaten (Meßwerte zur Kalibrierung), ggf. in unregelmäßiger Auflösung;
- [optional] Schadensfunktionen in DM/km^2 für die Berechnung der Kosten von Überflutungsschäden;
- [optional] Topographie als rasterbasiertes, digitales Höhenmodell.

Die nach Kammlinien ermittelten Teilflächen mit unregelmäßigen Grenzen werden schematisch in NAXOS verarbeitet und verknüpft. Bild 2.1 zeigt für einige wenige Teilflächen die Verknüpfung. Anhand der Tiefenlinien wird das Gewässernetz erzeugt und anhand von digitalisierten Lageplänen verifiziert.

Mittels des Programms TOPAZ (Garbrecht, Martz, 1993) aus einem digitalen Höhenmodell unter Vorgabe charakteristischer Mindestgewässerlängen und -einzugsgebietsgrößen alle geometrischen Kennwerte (Fläche, Fließlänge, Flächen- und Fließgefälle) sowie die Verknüpfung von Teilflächen untereinander automatisch berechnet. Werden diese Daten im GIS mit Bodendaten, Landnutzung sowie Zuordnung zu Niederschlagsgebieten verschnitten, liegt ein vollständiger Datensatz mit Gebietskennwerten vor. Nach Auswahl der hydrologischen Rechenansätze ist damit ein vollständiger Datensatz für NAXOS vorhanden.

Bei der Abarbeitung einer Teilfläche werden die Prozesse Abflußbildung, Abflußkonzentration, Basisabfluß, Tal- und/oder Seeretention simuliert. NAXOS berücksichtigt drei bis vier Speicher: Der erste Speicher simuliert den schnellen Oberflächenabfluß, der zweite den oberflächennahen Abfluß oder Interflow und der dritte sowie ggf. der vierte den verzögerten Abfluß bzw. Grundwasserabfluß. Bild 2.6 zeigt das Prinzip, wie verschiedene hydrologische Prozesse in einer Bodensäule unter einer Teilfläche durchlaufen werden und die drei Abflußkomponenten entstehen.

Die hydrologischen Rechenansätze und Parametersätze werden im Regelfall für mehrere Teilflächen, die ein Einzugsgebiet bilden, homogen gewählt. Es kann jedoch für jede Teilfläche ein unterschiedlicher Abflußbildungs- und Abflußkonzentrationsansatz gewählt werden, um auf die Charakteristik der Teilfläche einzugehen z.B. Kanalnetze, Schöpfwerke.

2.3.4.3 Abflußbildung und -konzentration

Für die Abflußbildung wird ein modifizierter Ansatz des SCS-Verfahrens (Soil Conservation Service) in Anlehnung an (KLEEBERG und ØVERLAND, 1989) verwendet. Hinsichtlich weiterer Erläuterungen des Verfahrens wird auf die Fachliteratur verwiesen, z.B. Maniak, 1997. In diesem Abflußbildungsansatz wird als Anfangsverlust der Niederschlag angesetzt, der zwischen Niederschlagsbeginn und Beginn des Anstiegs des Abflusses gefallen ist.

Die maximal mögliche Infiltration S hängt von der Curve Number (CN-Wert) und der Bodenfeuchte bei Niederschlagsbeginn ab. Der CN-Wert liegt tabelliert in Abhängigkeit von der Bodenklasse und der Bodennutzung vor. Ferner sind 3 Bodenfeuchteklassen definiert, (DVWK 1984a).

In NAXOS wird der Bodenfeuchteparameter bofeu eingeführt, der als Differenz zwischen langjähriger mittlerer Bodenfeuchte und der Bodenfeuchte zu Ereignisbeginn angesehen werden kann. Bei Langfristsimulation wird die Bodenfeuchte über Füllung und Entleerung des Bodenspeichers durch Niederschlag, Abfluß und Verdunstung bilanziert.

In der Abflußkonzentrations wird mit den Übertragungsfunktionen von Einzellinearspeichern der abflußwirksame Niederschlag in den Teilflächenabfluß umgewandelt. Der Abflußkonzentrationsansatz führt aufgrund einer in der Form nahezu symmetrischen Übertragungsfunktion in der Kombination mit drei bis vier unterschiedlich schnellen Abflußkomponenten, wie er mit NAXOS möglich ist, zu einer optisch erkennbaren Trennung der Komponenten.

Die Speicheränderung $\Delta S/\Delta t = k \cdot \Delta Q/\Delta t$ kann verknüpft werden mit der Beziehung $I_w(t) \cdot A - Q(t) = \Delta S/\Delta t$ zu der Differenzengleichung 1. Ordnung:

$$I_W(t) \cdot A - Q(t) = k \cdot \Delta Q/\Delta t$$

$I_W(t)$: Niederschlagsintensität zum Zeitpunkt t in m/s,
A   : Fläche in m^2, hier die Teilflächengröße.

Die Speicherkonstante k kann als Fließzeit auf der längsten Fließstrecke innerhalb einer Teilfläche angesehen werden und ermittelt sich aus der Abflußstrecke in der Landphase und der dazugehörigen Fließgeschwindigkeit. Die Speicherkonstante k wird zunächst für den schnellen Speicher ermittelt. Sie wird bei der Kalibrierung für den Oberflächenspeicher, den Interflow- und den Grundwasserspeicher durch die Faktoren fspko, fspki und fspku angepaßt. Dies ist mit einer erhöhten Dämpfung der Abflüsse aus den sich langsamer entleerenden Speicherräumen gleichzusetzen. Zusätzlich kann langsamer Grundwasserspeicher für den Basisabfluß gewählt werden.

Für jeden Speicher, den Oberflächen-, den Interflow- und den Grundwasserspeicher, wird die so ermittelte Speicherkonstante mit einem Faktor multipliziert, um den mittleren Wert je nach Reaktionszeit des Speichers zu spezifizieren. Damit erfolgt die Berechnung der Übertragungsfunktion.

Zur Berechnung der Fließzeit im Gerinne einer jeden Teilfläche können drei verschiedene Ansätze gewählt werden. Nach der Berechnung der Fließzeit besteht die Option, Zeitflächendiagramme auszugeben (Bild 2.5).

Die Retention der ablaufenden Ganglinie im Gewässerbett kann mit verschiedenen Verfahren simuliert werden. Für kleinere Gerinne wird in der Regel der Linearspeicher verwendet. Bei größeren Gerinne können flußabschnittsweise Speicherkennlinien aufgestellt und die Abflüsse mit der Modified Puls Method (Maniak, 1997) berechnet werden.

Durch den Einzellinearspeicher kann die Retention im Gerinnebett pauschal erfaßt werden, wenn keine genaueren Angaben vorliegen. Dabei wird der Retentionsraum einer Teilfläche im Modell als Speicher abgebildet, der sich aus dem Volumen des Flußschlauchs und bei der Betrachtung von Hochwässern aus dem unter Wasser stehenden Raum der Talaue zusammensetzt. Für die Speicherkonstante wird zunächst die Fließzeit durch die Teilfläche gesetzt, diese aber ggf. durch einen Kalibrierungsfaktor verändert.

Liegen detaillierte Angaben über das Retentionsvolumen eines Speichers, dessen Verteilung über die Höhe sowie Abflußverhalten bzw. Abgaberegelungen vor, so kann das Verfahren nach Puls zur Berechnung der Retention gewählt werden. Es ist für die Berechnung des Retentionsverhaltens einer Teilfläche mit Flußschlauch und Talaue und ebenso für Hochwasserrückhaltebecken geeignet.

Für die Berechnung des Abflusses und Wasserstandes von Flächen mit Sielentwässerung wird ein modifiziertes Verfahren der Seeretention angewendet. Die Speicherinhaltslinie der Sielfläche kann aus Tabellen eingelesen oder in NAXOS aus einem digitalen Höhenmodell und der Vorgabe des Gewässernetzes ermittelt werden. Wird zur Berechnung der Speicherkennlinie das Höhenmodell mit eingelesen, können anhand der berechneten Wasserspiegelhöhen lagegenau Ort, Dauer und Flächenanteil von möglichen Überflutungen der Teilflächen ausgegeben werden. Bei der Sielentwässerung kann neben der wasserstandsabhängigen Abflußberechnung zusätzlich die Entwässerung durch Pumpen simuliert werden.

2.3.4.4 Verzweigungen und Zuflußganglinien

Für jede Teilfläche kann eine Verzweigungsanweisung und -regel angegeben werden. Der Verzweigungsabfluß kann in eine beliebige Teilfläche des Gebiets eingeleitet werden. Als Verzweigungsregeln sind bereits integriert:

– Der Abfluß für jede Ordinate wird prozentual auf den Abfluß in Hauptabflußrichtung und Nebenabflußrichtung aufgeteilt ("Aufteilungsansatz"),
– Der Abfluß fließt bis zu einem bestimmten Abgabewert vollständig in Hauptabflußrichtung ab, oberhalb dieses Wertes wird der übersteigende Abflußanteil in Nebenrichtung abgeleitet ("Drosselansatz").

Oftmals soll statt der Berechnung einer Abflußganglinie aus einem Teileinzugsgebiet eine gemessene Zufluß-
ganglinie Verwendung finden. Das kann z.B. der Fall sein, wenn ein Flußgebietsmodell nicht für ein gesamtes
(und großes) Einzugsgebiet aufgestellt werden soll, sondern nur für ein Zwischeneinzugsgebiet. Weiterhin
kann diese Möglichkeit des Einlesens und Verwendens einer gemessenen Ganglinie wie eine berechnete dazu
benutzt werden, um sehr große Gebiete in mehrere kleinere Teileinzugsgebiete zu unterteilen und schrittweise
durchzurechnen, wenn die Auslaßganglinie des oberhalb liegenden Gebiets als Eingangsganglinie des Folge-
gebiets aufgefaßt wird.

Dadurch, daß die eingelesene Ganglinie in NAXOS wie eine Teilflächenganglinie behandelt wird, ist es
möglich, für oberhalb liegende Teilflächen Berechnungen durchzuführen, die dann mit der nur für eine Teilfläche gültigen Meßganglinie zeitgerecht durch Eingabe der Teilflächenfließzeit überlagert wird. Dies kann
z.B. für Zuflüsse nötig werden, die nicht direkt niederschlagsbürtig sind, z.B. Kläranlagenabflüsse, Zuflüsse
und Überleitungen aus Fremdgebieten.

2.4 Risiko und Zuverlässigkeit von Wasserwirtschaftssystemen

2.4.1 Hochwasserschaden und Schadensminderumg

Das Hochwasser umfaßt Merkmale, die für den Überflutungsschaden ausschlaggebend
sind, wie Wasserstände und Überschreitungsdauer, Scheitelabfluß, Eintrittszeitpunkt im
Jahr und Vorwarnzeit. Als wichtigster Indikator für den Schaden gilt die Überflutungshöhe
bzw. die zugeordnete Überschwemmungsfläche. Damit reduziert sich die Schadensermitt-
lung in der Regel auf eine Variable, den Hochwasserabfluß bzw. dem ihm zugeordneten
Wasserstand (s. Tabelle 2.3). Beim Hochwasserschutz sind außerdem Trends zu verzeichnen, die eine Erhöhung des Schadenpotentials in hochwassergefährdeten Gebieten durch in-
tensive Nutzung und eine Zunahme extremer Hochwasserereignisse beinhalten. Sie werden
auf Änderung der Landnutzung und Versiegelung im Einzugsgebiet zurückgeführt, verbunden mit einer Verringerung des natürlichen Gebietsrückhalts sowie auf Veränderungen des
Gewässernetzes durch Begradigung der Flußläufe und Erhöhung der Abflußkapazität bzw.
Verringerung der Retention. Bis zu welchem Ausmaß klimatische Veränderungen Ursachen sind, ist noch nicht gesichert (Caspary, 1996; Kleeberg, 1997).

Das stochastische Verhalten des Abflußprozesses erlaubt keine langfristigen Aussagen
über Eintrittszeitpunkt und Größe des Hochwassers und die dadurch verursachten Schäden.
Die Schadenshöhe, die durch Hochwasserschutzmaßnahmen verringert wird, ist daher nicht
ohne Einbeziehung der Eintrittwahrscheinlichkeit zu prognostizieren. Zur monetären
Bewertung einer Hochwasserschutzfunktion muß dem unterschiedlichen Auftreten einzelner Hochwasser und den damit verbundenen Überflutungsschäden Rechnung getragen werden, was über eine Wichtung der Eintrittswahrscheinlich-keiten erfolgen kann. Der Nutzen
einer Hochwasserschutzmaßnahme drückt sich in der Schadensabwendung aus, d.h. die
Verhinderung von Personen- und Sachschäden, Schäden an land- und forstwirtschaftlichen
Kulturen und Viehschäden, die induzierten Produktivität- bzw. Bodenwertsteigerungen, die
Kosteneinsparungen bei der Gewässerunterhaltung, den intangiblen Nutzen sowie indirekte
und induzierte Effekte, wie Verhinderung von Todesfällen. Personenschäden können bereits bei mittlerem Hochwasser auftreten; Statistische Ansätze, wie 5 Mio DM für ein Menschenleben (UB, 1998), werden aus ethischen Gründen oft nicht gemacht. Bei den großen

Tabelle 2.3. Hochwassermerkmale (Binnenland), welche für Vermögenskomponenten schädigend sind (x: gesicherter Einfluß; o: denkbarer Einfluß)

	Überflu-tungs-höhe	Überflu-tungs-dauer	Eintritts-zeitpunkt Sommer/ Winter	Wasser-tempe-ratur	Fließge-schwin-digkeit	Schweb-/ Schad-stoffe	Vorwarn-zeit
Kapitalstock[1]	x					o	
Wohnvermögen	x				o	o	
Hausrat	x		o	o		o	x
KFZ	x		o		o		x
Vorratsvermögen	x		o	o			x
Viehvermögen	x		o	o			x
landwirtsch. Ertrag	x	x	x			o	
Forstwirtschaft	x	x	x	o		o	

[1] Kapitalstöcke der Energie- und Wasserversorgung von Handel und Dienstleistungen des verarbeitenden Gewerbes, des Baugewerbes, von Staat und privaten Organisationen ohne Erwerbscharakter, des Verkehrs, der Nachrichtenübermittlung sowie der Landwirtschaft

Hochwasserereignissen in Mittel- und Westeuropa der letzten Jahre waren über 10 Todesopfer auf 1 Mrd. DM gesamtwirtschaftlicher Schaden zu beklagen (Schmidtke, 1995).

Ergänzend zu den positiven Schutzwirkungen wurde der negative Einfluß eines Dammbruches auf die Wirtschaftlichkeit einer Talsperre untersucht (Baecher, 1980; Paté, 1986). Die Kosten des zerstörten Bauwerkes, die Schäden im Unterlauf und die Opfer, die über eine Lebensversicherungsumme erfaßt wurden, wurden als Kapitalwerte diskontiert und mit dem Nutzen, der vor dem Bruch der Sperre angesammelt wurde, verglichen. Entscheidend für ein positives Nutzen-Kosten-Verhältnis ist eine möglichst kurze Zeitspanne, die sich vom Bruch der Stauanlage an bis zum Planungshorizont erstreckt .

Da durch die Hochwasserschutzmaßnahme der Abfluß bzw. der Wasserstand bis zum Bemessungshochwasser geregelt wird, kann der Nutzenumfang, welcher der Schadensminderung entspricht, als Vorteil angesehen werden. Er ergibt sich aus dem Vergleich der Schadenssituation mit und ohne Hochwasserschutzmaßnahme die sich bei verschieden großen Hochwassern einstellt. Die Schadensminderung ΔS wird als Differenz gebildet von:

$$\Delta S = \overline{S}_{ohne} - \overline{S}_{mit}, \qquad\qquad (2.1)$$

wobei $\overline{S}_{ohne}$ bzw. $\overline{S}_{mit}$ die Schadenserwartungen ohne bzw. mit der geplanten Maßnahme bedeuten. Die Schadenserwartung, d.h. der Erwartungswert des Hochwasserschadens, entspricht dem mittleren Schaden in einem langen Zeitraum.

Die Werte der Schadenserwartung S in DM/a werden als potentielle Schäden S(P) eines Hochwassers mit der Eintrittswahrscheinlichkeit P(1/a) angegeben, wobei die Schadensgröße mit der zugeordneten Eintrittswahrscheinlichkeit gewichtet wird (DVWK, 1985):

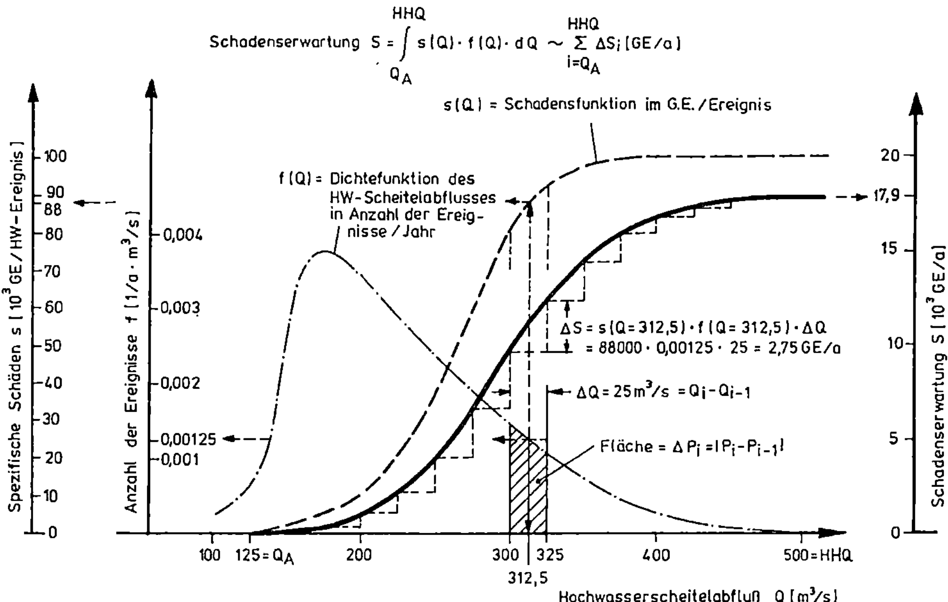

Bild 2.7. Ermittlung der Schadenserwartung anhand der Hochwasserhäufigkeit und Schadensfunktion (Schadenswahrscheinlichkeit) für den Bereich vom Ausbauabfluß QA (= schadloser Abfluß) bis zum höchsten zu berücksichtigenden Hochwasserabfluß HHQ

$$\bar{S} = \int_{P_0}^{P_k} S(P)\,dP \tag{2.2}$$

bzw. bei einer Berechnung für vorgegebene Intervalle der Eintrittwahrscheinlichkeit:

$$\bar{S} = \sum_{i=1}^{k} S[i]\Delta P_i \; [DM/a]. \tag{2.2a}$$

Die Eintrittswahrscheinlichkeit eines Hochwassers P in Anzahl der Ereignisse pro Jahr wird mit Verteilungsfunktionen, z.B. der log. Pearson Typ-III-Verteilung oder der Gumbel-Verteilung berechnet. P_0 und P_k in [1/a] sind die Grenzwerte der Eintrittswahrscheinlichkeit, innerhalb derer Schäden zu erwarten sind. P_0 entspricht der Eintrittswahrscheinlichkeit eines Hochwassers QA, dessen Scheitelabfluß zu ersten Schäden führt, z.B. durch Überflutung einzelner Keller. P_k entspricht der Eintrittswahrscheinlichkeit des größten Hochwassers HHQ, das für die Hochwasserschutzmaßnahme noch berücksichtigt werden muß, häufig das HQ_{100} oder das HQ_{1000}. Für die Summenbildung nach Gl. 2.2 muß die Schadenswahrscheinlichkeit bekannt sein. Sie kann anhand der Hochwasserwahrscheinlichkeit und der Schadensfunktion S = f(HQ) aufgestellt werden (Bild 2.7).

Als Beispiel soll die Hochwasserschadenserwartung über die Eintrittswahrscheinlichkeit berechnet werden (Schmidtke, 1976). Die Berechnung umfaßt die Ermittlung der Verteilungsfunktion der Hochwasserscheitelabflüsse Q, die Eintrittswahrscheinlichkeiten ausgewählter Ereignisse sowie die Hochwasserschadensfunktion, welche die Abhängigkeit der Hochwasserschäden von der Größe des Scheitelabflusses wiedergibt. Die Schadenserwartung berechnet sich nach der Gl. 2.2:

$$S = \int_{QA}^{HHQ} s(Q) \cdot f(Q) \cdot dQ \; [DM / a]$$

oder näherungsweise:

$$S \approx \Sigma \, \Delta \, S_i = \sum_{i=1}^{n} s \, [(Q_{i-1} + Q_i) / 2] \cdot f \, [(Q_{i-1} + Q_i) / 2] \cdot \Delta_i Q \qquad\qquad (2.2b)$$

$s(Q)$: Schadensfunktion [DM / Hochwasserereignis],

$f(Q)$: Dichtefunktion der Hochwasserscheitelabflüsse [Anzahl der Ereignisse pro a $\cdot$ m^3/s],

QA : bordvoller Abfluß der betrachteten Gerinnestrecke [m^3/s], d.h. Scheitelabfluß der Eintrittswahrscheinlichkeit P_o, bei dessen Überschreiten Schäden erwartet werden,

HHQ : maximal zu berücksichtigendes Hochwasser, welches die Eintrittswahrscheinlichkeit P_k aufweist.

Das Prinzip soll am Bild 2.9 erläutert werden, in welchem die Dichte- und Schadensfunktion eingetragen sind. Die gesuchte Schadenserwartung wird durch numerische Integration ermittelt. Dazu wird eine Intervallaufteilung der Abflüsse vorgenommen, hier in Schritten von $\Delta Q = 25$ m^3/s. Sodann berechnet man die Terme nach Gl. 2.2b für jedes Intervall zwischen $125 \leq Q_i < 500$. So wird für das Intervall zwischen $Q = 300$ und 325 m^3/s als repräsentativer Wert der Dichtefunktion die dem Abfluß Q $(300 + 325)/2 = 312,5$ m^3/s zugehörige Anzahl der Ereignisse pro Jahr mit 0,00125 abgelesen. Wird dieser Wert mit dem Zuwachs an Abfluß $\Delta Q = 25$ multipliziert, so ist dadurch die Intervallfläche bestimmt, die den Anteil der Hochwasser zwischen 300 und 325 m^3/s am Gesamtanteil aller Hochwasser angibt; ihre Eintrittswahrscheinlichkeit beträgt also $25 \cdot 0,00125 = 0,0312$.

Hochwasser, die in das betrachtete Intervall fallen, verursachen Schäden, für die auf der Schadensfunktionsskala der Wert 88000,- DM abgelesen wird. Die spezifische Schadenserwartung läßt sich somit zu $88000 \cdot 0,0312 = 2750,-$ DM/a angeben. Die Summe der spezifischen Schadenserwartungen ergibt schließlich die gesuchte Schadenserwartung, für das Beispiel von Bild 2.7 beträgt sie 17900,- DM/a.

Zur Aufstellung der Schadensfunktion werden die potentiellen oder aufgetretenen Schäden getrennt nach Wertebereichen, die im Überschwemmungsgebiet angetroffen werden, bestimmt, z.B. für Ernteerträge und -schäden in (DVWK, 1985). Schäden, die an abgelaufenen Hochwassern bekannter Wiederholungsspannen registriert wurden, können mit dem Baupreisindex umgerechnet werden. Die Übertragbarkeit der Schadensfunktion auf Einzugsgebiete mit anderen Siedlungsstrukturen ist eingeschränkt.

Wird das Schadenspotential für die Schadenswerte eines kleineren Gebietes oder für ein einzelnes Hochwasserschutzprojekt analysiert, erfolgt dies auf *mikroskaliger Datenbasis*. Die Hochwasserbetroffenheit wird anhand katastermäßiger Flächenangaben in Grundstücksgröße festgestellt. Anhand der hydrologischen und hydraulischen Daten für ein Hochwasser bestimmter Eintrittswahrscheinlichkeit werden wasserstandsabhängig an den einzelnen Gebäuden, Einrichtungen und Flurstücken, die vom Hochwasser betroffen sind, die Schäden registriert. Da mikroökonomische Hochwasserschadensuntersuchungen, die

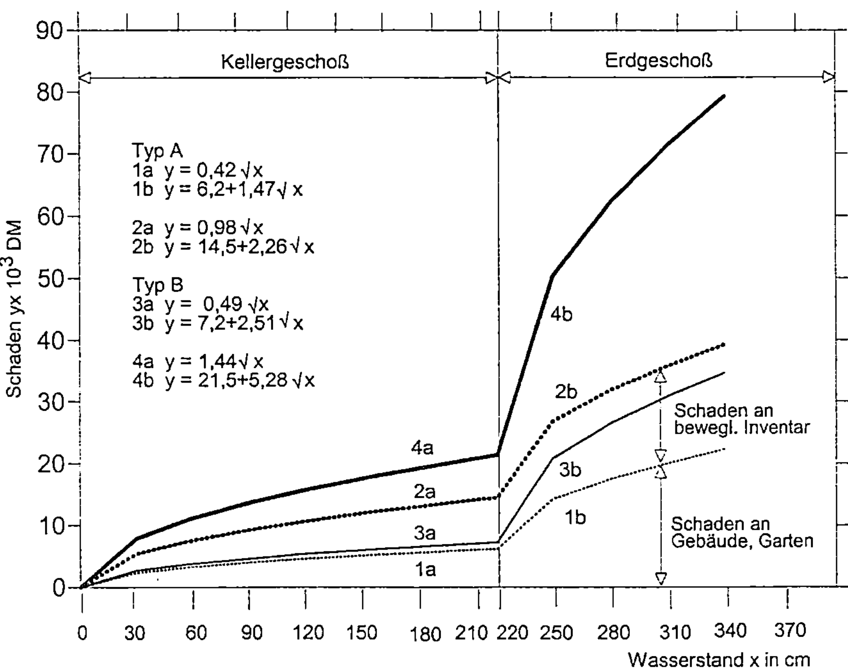

Bild 2.8. Abhängigkeit des Schadens vom Wasserstand für Einfamilienhaustypen; Typ A: Einfamilienhaus 25 Jahre; Typ B: Neueres Einfamilienhaus; die obere Kurve gibt jeweils den Gesamtschaden an, die untere den am Gebäude und Grundstück

auf die Feststellung von Einzelobjektschäden ausgerichtet sind, objektspezifische Schadensfunktionen oder projektspezifische Schadenserhebungen verwenden, können dafür Gebäudetypen klassifiziert und zu einer Schadensfunktion aufgetragen werden (Bild 2.8). Diese spezifischen Schadenswerte beziehen sich auf eine bestimmte Überflutung bzw. Überflutungsdauer (Günther, 1988). Sie werden mit der Eintrittswahrscheinlichkeit der Hochwasserereignisse multipliziert. Für die Berechnung wird anstelle von P_i das Intervall ΔP_i verwendet, das von einem zum nächsten Hochwasser reicht. Die Summe der gewichteten Schaden $\Sigma (\Delta S_i \cdot \Delta P_i)$ entspricht der Schadenserwartung (Bild 2.7).

Bei den Überschwemmungsgebieten muß zwischen offenen und geschlossenen (eingedeichten) Gebieten bzw. Systemen unterschieden werden, da sie einen unterschiedlichen Schadensverlauf aufweisen können. Ein offenes System ist ein Teilraum ohne Hochwasserschutzbauwerke (Deiche) und mit natürlicher Überflutungsdynamik, in welchem die Überflutungshöhen unmittelbar aus den berechneten Wasserspiegellagen für Abflüsse verschiedener Jährlichkeit und der Geländehöhe bestimmt sind. Hochwasserwirkungen in offenen Systemen, wie Überschwemmungsflächen, Überschwemmungsdauer und Hochwasserschaden lassen sich als Funktion des Wiederkehrintervalles und der Jahreszeit ausdrücken.

Geschlossene Systeme sind eingedeichte Teilräume ohne natürliche Überflutungsdynamik. Hochwasserwirkungen lassen sich nur als Funktion der Überflutungshöhe darstellen, wenn die Hochwasserstände im Fluß im Zusammenwirken mit dem Versagen des Hochwasserschutzsystems infolge Überlastung betrachtet werden. Das gesamte Schadensausmaß tritt plötzlich nach Überflutung oder Bruch der Hochwasserschutzanlage ein, wenn die Fläche des betrachteten Teilraumes zum größten Teil als überflutet angenommen wird (Bild 2.11 bis 2.13)(Reg. Bez. Weser-Ems, 1995).

Beispiel zur Ermittlung der Schadensminderung über die Dichtefunktion: oberhalb von landwirtschaftlichen Betrieben soll ein Hochwasserrückhaltebecken vorgesehen werden, dessen primäre Aufgabe der Schutz der Ackerflächen gegen Überflutung ist. Das Ausmaß der überschwemmten Ackerflächen, die von dem Abfluß abhängen, soll durch das Hochwasserrückhaltebecken verringert werden. Das Becken kann so eingesetzt werden, daß Hochwasser mit Wiederholungszeitspannen von 5 bis 50 Jahren aufgefangen werden können (Maßnahme 1). Mit dem gleichen Beckenvolumen können alternativ Hochwasser mit Wiederholungszeitspannen von 2 bis 20 Jahren zurückgehalten werden, wenn mit Überschreiten des HQ_2 der Einstau bereits beginnt (Maßnahme 2). Die damit verbundene höhere Einstaufrequenz im Becken hat keinen Einfluß auf die Nutzenbetrachtungen. Die Eintrittswahrscheinlichkeit der Hochwasserabflüsse mit und ohne Maßnahmen sind bekannt (Bild 2.9). Anhand der überfluteten Ackerflächen wird eine Schadensfunktion erstellt, wobei für die überschwemmten Äcker von einem Schaden von 1800,- DM/ha und Ereignis ausgegangen wurde (Bild 2.9a).

Es ist zu untersuchen, ob durch die Maßnahme 1 oder 2 die größere Schadensminderung erreicht wird, wobei das jahreszeitliche Auftreten der Hochwasser als gleich angesehen werden soll. Tritt eine größere Schadensminderung ein, wenn das überflutete Ackerland in Grünland umgewandelt wird? Es kann davon ausgegangen werden, daß der Einheitsschaden pro Überflutung für Grünland die Hälfte von dem für Ackerland beträgt, nämlich 900,- DM/ha und Überflutung.

Die Auswertung von Gl. 2.2 erfolgt für jede Alternative tabellarisch. Für die zu untersuchende Bandbreite des Abflusses wird für ausgewählte Eintrittswahrscheinlichkeiten $P_i[1/a]$ der zugehörige Hochwasserabfluß Q

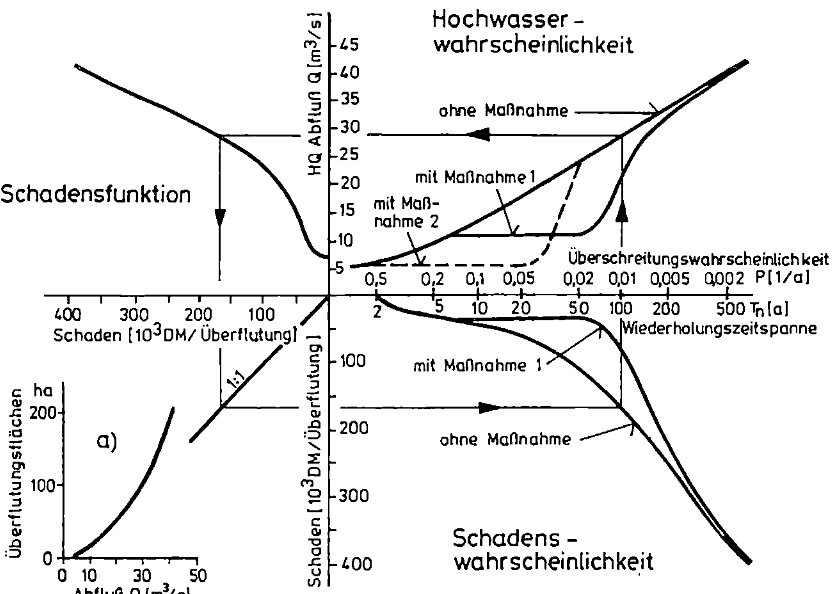

Bild 2.9. Ermittlung der Schadenswahrscheinlichkeit für zwei Maßnahmen

(m^3/s) nebst dem Schaden (DM/Ereignis) in einer Tabelle aufgelistet. Die Abflußspanne reicht vom Abfluß, bei dessen Überschreitung Auswirkungen auftreten, bis zum höchsten Hochwasser, das noch berücksichtigt werden soll (hier: HQ_{500}). Das Intervall aufeinanderfolgender Häufigkeiten $\Delta P_i = |P_i - P_{i-1}|$ wird mit dem mittleren Schaden des Intervalls $S[i] = 0,5\ (S_{i-1} + S_i)$ multipliziert zur Schadenserwartung für das Berechnungsintervall k. Die Summe der k-Intervalle ergibt die gesamte jährliche Schadenserwartung.

Die Schadensminderung ΔS beträgt bei Maßnahme 1:

$$\Delta S = \bar{S}_{ohne} - \bar{S}_{mit\ 1} = (15{,}784 - 11{,}847) \cdot 10^3 = 3937\ DM/a.$$

Die Schadensminderung ΔS beträgt bei Maßnahme 2:

$$\Delta S = \bar{S}_{ohne} - \bar{S}_{mit\ 2} = (15{,}784 - 4{,}994) \cdot 10^3 = 10790\ DM/a.$$

Die Variante 2, welche den früheren Einstau des Beckens vorsieht, ist also für den Hochwasserschutz der Akkerflächen günstiger.

Durch die Umwandlung in Grünland halbiert sich die Schadenserwartung auf 15,784:2 = 7 892 DM/a, sie ist aber immer noch höher als die der Maßnahme 2.

Umfaßt das potentielle Überschwemmungsgebiet große Talräume, wie die Überflutungsgebiete von großen Flüssen, müssen die Bewertungsverfahren von höher aggregierten Daten ausgehen (*mesoskaliger Ansatz*). Der Hochwasserschaden kann anhand abgelaufener Schadensereignisse festgestellt werden und nach Schadenskategorien eingeteilt werden in Schädigung von Vermögenswerten, die in Produktionskapital (Bauten, Ausrüstungen) Wohnvermögen (Wohnungskapital pro Kopf der Wohnbevölkerung), einschließlich Hausrat sowie

Ermittlung der Schadenserwartung ohne Maßnahme

i	k	P_i [1/a]	ΔP_i [1/a]	S_i [$\times 10^3$ DM/HW]	$S[i]$ [$\times 10^3$ DM/HW]	$S[i] \cdot \Delta P_i$ [$\times 10^3$ DM/a]
0		0,5		0		
	1		0,3		13	3,90
1		0,2		26		
	2		0,1		34	3,40
2		0,1		42		
	3		0,05		51,5	2,575
3		0,05		61		
	4		0,03		83,5	2,505
4		0,02		106		
	5		0,01		138	1,380
5		0,01		170		
	6		0,005		213	1,065
6		0,005		256		
	7		0,003		319,5	0,959
7		0,002		385		
	8				$\bar{S}_{ohne} = 15{,}784 \cdot 10^3$ DM/a	

Ermittlung der Schadenserwartung mit Maßnahme 1 und (2)

i	k	P_i [1/a]	ΔP_i [1/a]	S_i [x10^3 DM/HW]	S[i] [x10^3 DM/HW]	S[i] $\cdot \Delta P_i$ [x10^3 DM/HW]
0		0,5		0 *(0)*		
	1		0,3		13 *(0)*	3,900 *(0)*
1		0,2		26 *(0)*		
	2		0,1		30,5 *(0)*	3,050 *(0)*
2		0,1		35 *(0)*		
	3		0,05		35 *(0)*	1,750 *(0)*
3		0,05		35 *(0)*		
	4		0,03		35 *(53)*	1,050 *(1,590)*
4		0,02		35 *(106)*		
	5		0,01		62 *(138)*	0,620 *(1,380)*
5		0,01		89 *(170)*		
	6		0,005		129,5 *(213)*	0,6475 *(1,065)*
6		0,005		170 *(256)*		
	7		0,003		276,5 *(319,5)*	0,8295 *(0,959)*
7		0,002		383 *(383)*		
	8					

$$\overline{S}_{mit\ 1} = 11{,}847 \cdot 10^3 \text{ DM/a}$$

$$(\overline{S}_{mit\ 2} = 4{,}994 \cdot 10^3 \text{ DM/a})$$

in übrige Vermögenswerte klassifiziert werden können (Tabelle 2.4). Bei der Makroanalyse wird eine flächenhafte Erhebung durchgeführt, die nicht einzelne Gebäudeschäden differenziert betrachtet und es erfolgt eine Unterteilung des gesamten Schadensgebietes (= potentielles Überschwemmungsgebiet) in Teilräume, für welche anhand von Wirtschaftsstatistiken der flächenhafte Vermögensbesatz abgeschätzt wird (Bild 2.10). Im Gegensatz zum mikroskaligen Ansatz werden beim mesoskaligen Ansatz die Nutzungsarten durch Vermögenskomponenten berücksichtigt. Wertebereiche und ihre statistischen Indikatoren (Meßgrößen) in den Wirtschaftsstatistiken, sind:

a) Meßgrößen auf sozio-ökonomischer Basis, wie
– Bevölkerung (Entwicklung, Alter, Erwerbstätigkeit),
– Wohnstätten (Wohngebäude, Vermögen, Kfz-Bestand),
– Infrastruktur (Bildung, Erholung),

b) Produktionsstätten, wie
– Arbeitsplätze, Beschäftigte, Betriebsgrößen,
– Produktionsfaktor Boden (Flächennutzung, Wert der landwirtschaftlichen Flächen),
– Kapitalstock, Vermögenswerte (Anlagevermögen, Vermögensarten),

c) Wirtschaftsergebnis (Steueraufkommen, Bruttowertschöpfung),

d) Umwelt (natürliche und kulturelle Umwelt, Schutzgebiete, Entsorgungseinrichtungen).

Tabelle 2.4. Schadenspotential: Bezogene Kosten je m^2 Überschwemmungsfläche für verschiedene Flächennutzungen für das Flußgebiet der Losse in Nordhessen (Stand 1997) nach (Röttcher, 1999)

Landnutzung	Bezogene Kosten bei Überschwemmungswasserspiegel bis	
	≤ 1 m Höhe	> 1m Höhe
Mittelwert diverse Wohngebiete	29 DM/m^2	60 DM/m^2
Gebäude	120 "	300 "
Hof und Garten	10 "	10 "
Kleingartenfläche	15 "	15 "
Mittelwert diverse Mischgebiete	37 "	81 "
Industriegebiete	205 "	205 "
Handel und Gewerbe	230 "	575 "
öffentliche Einrichtung Gebäude	60 "	120 "
öffentliche Einrichtung Gebäude und Freifläche	35 "	80 "
Sportplatzfläche	10 "	10 "
Grünland innerorts	5 "	5 "
Grünland außerhalb	1 "	1 "

Zur Bewertung der überflutungsgefährdeten Gebiete wird die Bevölkerung der vom Hochwasser betroffenen Region im Hinblick auf Lebensunterhalt, Beruf, Erwerbstätige und Privathaushalte analysiert. Die Produktionsstätten werden nach landwirtschaftlichen Betrieben, verarbeitendem Gewerbe, Bergbau, Handwerk, Beherbungsgewerbe, Bauhauptgewerbe usw. aufgeschlüsselt. Die Arbeit wird nach Beschäftigten in den verschiedenen Sektoren unterteilt. Unter der Rubrik Kapital werden Anlage- und Vorratsvermögen, Einheitswerte, Viehbestand usw. aufgeführt. Zur Infrastruktur zählen Verkehrs- und Kraftanlagen, Ver- und Entsorgungseinrichtungen, soziale Einrichtungen usw. Das Wirtschaftsergebnis wird nach der Bruttowertschöpfung, den verschiedenen Steueraufkommen und Haushaltsausgaben analysiert. Die Bruttoverschöpfung umfaßt die wirtschaftliche Leistung eines Wirtschaftsraumes in einer bestimmten Zeit. Sie stellt den Wert aller produzierenden Sachgüter und Dienstleistungen dar, abzüglich des Wertes der bei der Produktion verbrauchten Güter (Vorleistungen). Ein Schlüssel für die Aufteilung der Bruttowertschöpfung auf einzelne Gemeinden bildet die Steuereinnahmekraft.

Bei staatlichen und privaten Organisationen machen die Bauten bis 90% des Kapitalstockanteils aus, Ausrüstungen nur 10%. In den Wirtschaftssektoren Energie- und Wasserversorgung, Handel /Dienstleistungen und Verkehr/Nachrichtenübermittlung beträgt der Anteil 70%, so daß 30% auf Ausrüstungen entfallen. In der Landwirtschaft entfällt auf Bauten 60% des Kapitalstocksanteils und im verarbeitenden Gewerbe/Baugewerbe weist er mit 40% den gerinsten Anteil auf. Diese Anhaltswerte sind im Einzelfall anzupassen.

Der potentielle Schaden muß anhand von Flächennutzungen abgeschätzt werden, ohne daß vorher differenzierte Schadenserhebungen durchgeführt werden können (Tabelle 2.4). Zur Flächennutzung werden oft Katasterdaten herangezogen. Anstelle einer einzigen Verteilungsfunktion werden die Schäden anhand von ausgewählten Szenarien von Hochwassern bzw. Überflutungen untersucht. Die Berechnung von Vermögensschäden kann durch Programmsysteme unterstützt werden (Bild 2.4) (Beyenne, 1992; Maniak, 1999; Pandyal, 1994). Für Hochwasserschadendaten existieren Datenbanken (Kleeberg, 1988).

Für alle betrachteten Vermögenskomponenten und Teilräume werden Schadensfunktionen oder sektorale Schädigungsmatrizen, d.h. Relationen von Überflutungshöhe und Schaden, aufgestellt, die sich bis zum höchsten zu betrachtenden Hochwasser erstrecken, z.B. dem HQ_{200} in Ballungsgebieten oder einer extremen Sturmflut im Tidegebiet. Eine wesentliche Basis bilden die Kapitalstöcke der Wirtschaftssektoren, d.h. im wesentlichen der Zeitwert sämtlicher im Bestand befindlicher Bauten und Ausrüstungen.

Die Systematik der Matrizen beruht auf folgendem Aufbau: Für jede durch zwei aufeinanderfolgende Überflutungswasserstände gebildete Raumlamelle erhält man eine mittlere Überflutungshöhe (Bild 2.10). Aus dieser Überflutungsmatrix leitet sich die jeweilige Schädigungsmatrix durch Zuordnung einer Schadensrate in Prozent der betrachteten Vermögenswerte ab (regionalspezifische Wasserstands-Schädigungsfunktion in % des Vermögenswertes der Flächennutzungseinheit FNE). Durch Multiplikation der Gefährdungspotentiale der Vermögenswerte mit dem prozentualen Schädigungsgrad ergibt sich die Schadenshöhe nach Sektoren und Überflutungsszenarien. Dabei muß die zu jeder Höhenstufe gehörende spezifische Schadenshöhe ermittelt werden. Anschließend sind diese Teilgrößen über die gesamte betrachtete Überflutungshöhe aufzuaddieren.

Für die einzelnen Vermögenswerte und Wertbestände werden die Schadenspotentiale in den Flächennutzungseinheiten für verschiedene Hochwasserszenarien ermittelt. Das Schadenspotential ist die Summe aller betroffenen Vermögenswerte. Dies entspricht 100% Schaden aller in der Überschwemmungsfläche befindlichen Vermögenswerte, unabhängig von der Überflutungshöhe. Anhand der Überflutungshöhen und Schädigungsmatrixen kann die Wertminderung als Maß für den monetären Schaden berechnet werden. In offenen Systemen wird die Schadenserwartung nach Gl. 2.2 berechnet. Für die Überflutungsdauer im Siedlungsbereich ist meist entscheidend, ob sie wenige Stunden anhält oder länger als ein Tag dauert. In der Land- und Forstwirtschaft erleiden Pflanzen Schaden erst nach einigen Tagen bzw. Wochen in Abhängigkeit von der Jahreszeit (Tabelle 2.3, Bild 2.14).

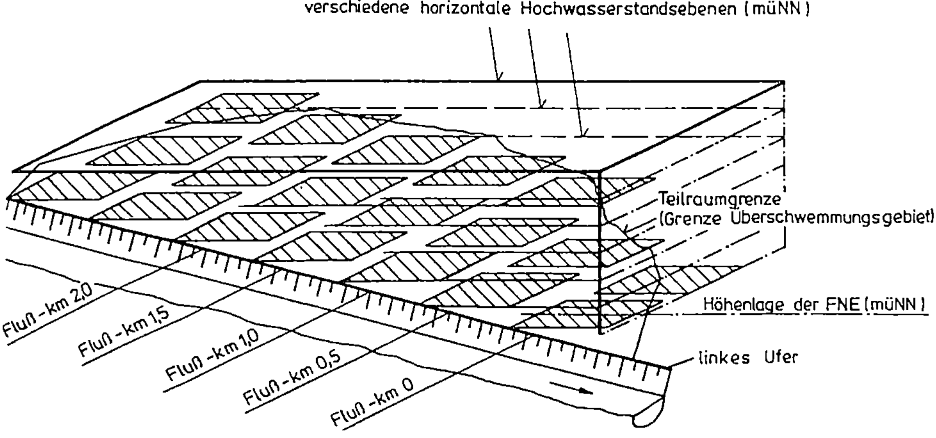

Bild 2.10. Einteilung eines größeren Schadensgebietes in variable, horizontale Hochwasserstandsebenen (FNE) und Zusammenfassung in Flächennutzungseinheiten (nach Pflügner, 1995)

Der Kapitalstock ist der monetäre Wert aller Anlagegüter, die für die Produktion verwendet werden. Er kann für jeden Wirtschaftssektor den Werten der statistischen Ämter entnommen und auf die Fläche bezogen werden. Die Schädigung des produktiven Kapitalstocks verläuft sehr unterschiedlich in den einzelnen Wirtschaftssektoren (Bild 2.11). Er ist in Gebäuden des verarbeitenden Gewerbes am geringsten, da sie in der Regel einfacher sind als Wohn- und Bürogebäude. An Gebäuden können bereits Schäden bei Null Meter Überflutungshöhe eintreten, z.B. durch Schäden an festeingebauten Installationen im Keller, Setzungs- oder Auftriebsschäden usw. Die höchsten Schadensanteile sind bei den Ausrüstungen (d.h. Gebäudeinhalt ohne Lagervorräte) wie Maschinen, Betriebs- und Geschäftsausstattung, zu erwarten. Der Schadensverlauf in offenen und geschlossenen Systemen verläuft in der Amplitude für einzelne Wirtschaftssektoren unterschiedlich und nimmt mit der Überflutungshöhe zu (Bild 2.11). Das Vorratsvermögen kann als Bruchteil des produktiven Vermögens angesetzt werden. Der Vorratsbestand beträgt im Bundesdurchschnitt 8% des Kapitalstockes ohne Wohnungen. Aufgrund des großen Gewichtes der Bauten im Sektor Energie- und Wasserversorgung, Handel und Verkehr/Nachrichtenübermittlung stimmen die zugehörigen Schadensverläufe gut überein.

Beim Verlauf der Schädigung des Wohnvermögens und Hausrats treten bei der Makroanalyse geringere Abhängigkeiten von den Geschoßhöhen auf als beim mikroanalytischen Ansatz (Bild 2.12). Sie sind im Vergleich zur mikroanalytischen Einzelerhebung nach Bild 2.8 verwischt, da bei der flächenhaften Auswertung nach Flächennutzungseinheiten eine fest vorgegebene Höhenabstufung von z.B. einem Meter vorgenommen werden muß (Bild 2.10). Unterschiede in der Hausausstattung im ländlichen und städtischen Bereich können

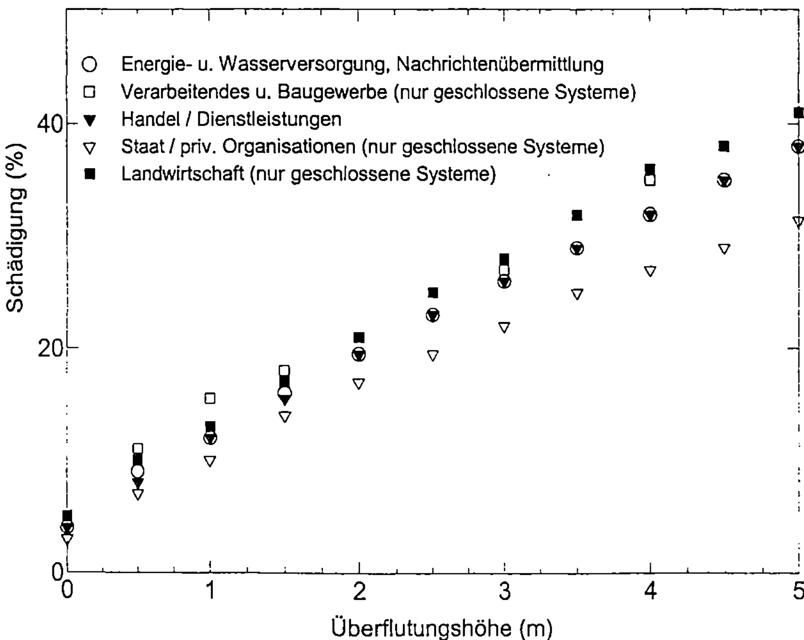

Bild 2.11. Schädigungsmatrix des Kapitalstocks für offene und geschlossene Systeme in verschiedenen Wirtschaftssektoren (nach Pflügner, 1995)

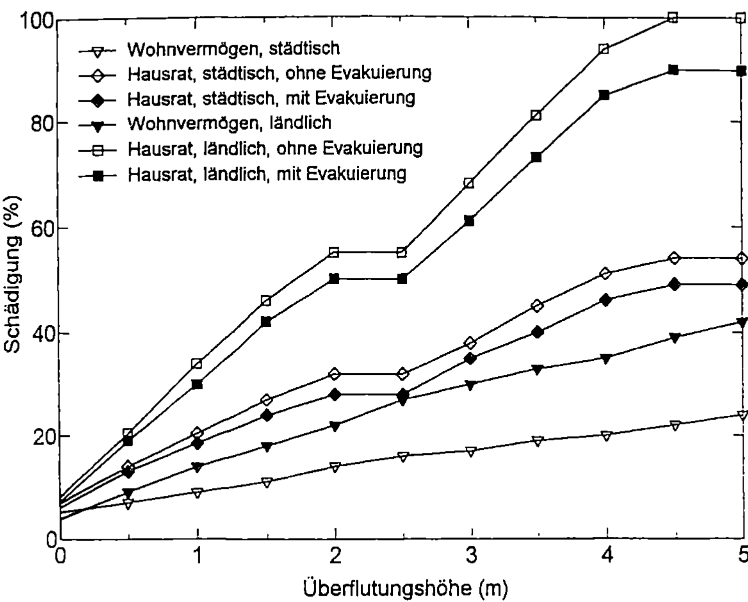

Bild 2.12. Schädigungsmatrix für Wohnvermögen und Hausrat im städtischen und ländlichen Raum mit und ohne Evakuierung

regional bedingt sein. Das Ausstattungsvermögen der Haushalte muß meist geschätzt werden, z.B. als Bruchteil des Wohnungskapitals. So wurden für die Wesermarsch ein Prozentanteil von 7,2% des Hausratsvermögens zum Wohnungskapital ermittelt (Bundesminister für Ernährung, 1990).

Die Schadensminderung durch Evakuierung hängt deutlich von der Vorwarnzeit ab; sie wurde in Bild 2.12 und 2.13 etwa mit einem Tag angesetzt. Der Schaden ist in erster Linie von der Überflutungshöhe abhängig, wobei häufig nicht nur der Wasserstand sondern auch die Wasserqualität den Ausschlag gibt. Beim Vorratsvermögen tritt bereits bei Null Metern Einstau ein Schaden ein, wenn ein Teil der Vorräte im Keller gelagert wird.

Die Schädigungsmatrix des landwirtschaftlichen Ertrages reicht ein Maximum bei einer vegetationsabhängigen Überflutungshöhe (Bild 2.14). Allerdings ist die Überflutungsdauer als weiterer Parameter implizit in dieser Darstellung enthalten. Bäume werden ernsthaft geschädigt, wenn die halbe Krone unter Wasser steht. Bei Obstbäume, für welche die kritische Überflutungshöhe mit 2,5m beginnt, reichen Überflutungsdauern von 1 bis 2 Tagen aus um im März beim Austreiben einen Totalschaden herbeizuführen. Am unempfindlichsten ist im offenen System der Wald als Weichholzaue, wo die Obergrenze bei 4m Überflutungshöhe und 2 Wochen Überflutungsdauer liegt. In der Hartholzzone verringert sich die vergleichbare Überflutungshöhe auf 2,5m bei etwa gleicher Dauer.

Die Bewertung des Einzelrisikos ist vorrangig, wenn der sozio-ökonomische Hochwasserschaden aus kommunaler oder individueller Blickrichtung analysiert wird, allerdings darf die kurzfristige oder längeranhaltende Wirkung eines extremen Hochwassers auf die Wirtschaft einer Region nicht unberücksichtigt bleiben. Rechnerisch ist eine Schadenserwartung von 10 000 DM/a infolge eines 1-jährigen Hochwassers möglich oder 10 000 DM/a Schaden entstehen infolge eines 100-jährigen Hochwassers mit 1 000 000 DM Ge-

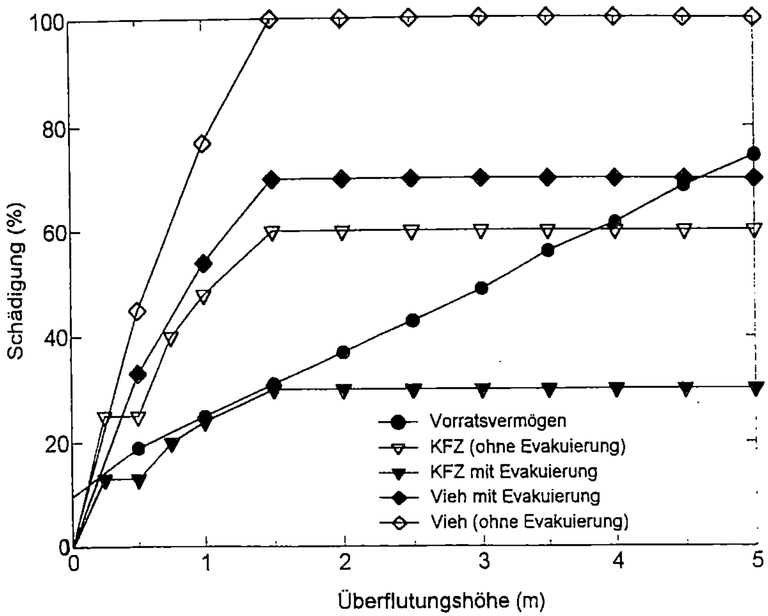

Bild 2.13. Schädigungsmatrix für eingedeichte Gebiete

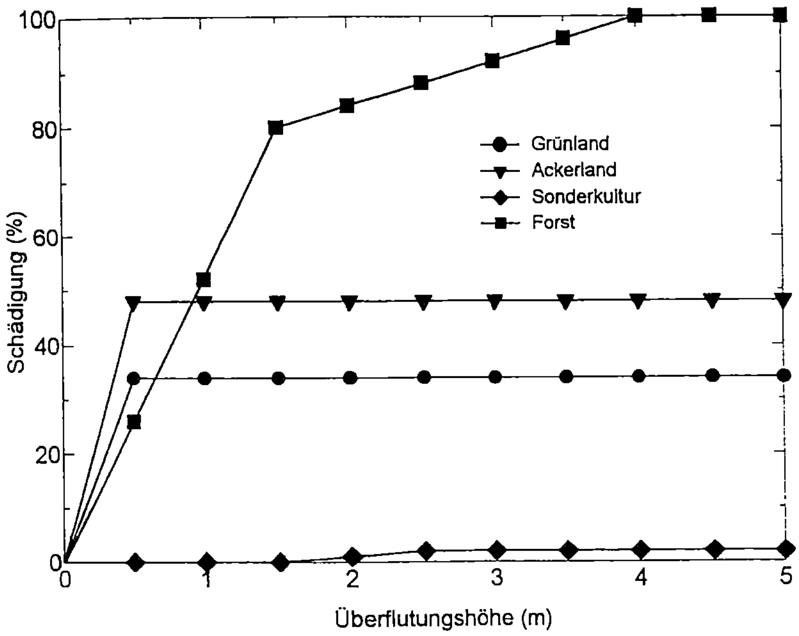

Bild 2.14. Schädigungsmatrix für land- und forstwirtschaftlichen Ertrag

samtschaden. Während es sich im ersten Fall eher um einen kurzfristigen Wertschöpfungs-
bzw. Vermögensverlust handelt, tritt im zweiten Fall vielleicht ein Maximalschaden ein, so
daß der Betroffenheitsgrad sehr hoch ist. Wertschöpfungsverluste infolge von extremen
Hochwassern können sich langfristig auf die Prosperität des betroffenen Wirtschaftsraumes
auswirken. Angenommen, die Wertschöpfung einer 100 km^2 großen hochwassergefährdeten Region beträgt 3 Mio DM/km^2 und sinkt um 5% infolge eines extremen Hochwassers
ab. Bei einem realen Zinssatz von 3% errechnet man einen kapitalisierten Prosperitätsscha-
den von 60 Mio DM, wenn ein Zeitraum von 10 Jahren erforderlich ist um das Ursprungs-
niveau der Region von 300 Mio DM wieder zu erreichen.

Die über die Ökonomie hinausgehenden Schäden im sozio-ökonomischen Bereich, an
Kulturgütern und im individuellen Bereich lassen sich über eine Abfrage der gesellschaftlichen bzw. individuellen Zahlungsbereitschaft monetär abschätzen.

2.4.2 Zuverlässigkeit, Versagenswahrscheinlichkeit und Risiko

Hochwasserschutzmaßnahmen, wie die Verstärkung von Deichen in einem Flußgebiet,
haben finanzielle und soziale Kosten zur Folge, da nicht nur zusätzliche Kosten für Bau
und Unterhaltung anfallen sondern auch negative Effekte für das Landschaftsbild auftreten
können. Außerdem umfaßt der Ausbau eines gesamten Hochwasserschutzsystems oft mehrere Jahrzehnte. Die gesellschaftliche Toleranz gegenüber natürlichen Risiken ändert sich
mit der sozialen und wirtschaftlichen Entwicklung. Da im Staat eine Reihe von Bereichen
vorhanden sind, die mit Risiken behaftet sind wie Auto-/ Luftverkehr, Industrie usw. tritt
die Frage auf, wie sicher macht man etwas, ohne daß im Vergleich zu anderen Risikoberei-
chen zu große Verzerrungen auftreten. Für den Hochwasserschutz liegen standardisierte
Bemessungskonzepte zum Schutz gegen Bemessungshochwasser vor. Parallel zu dem traditionellen Bemessungskonzept für Wasserbauwerke, welches von einem Bemessungshochwasser vorgegebener Eintrittswahrscheinlichkeit ausgeht, wird heute jedoch stärker die
Akzeptanz eines Risikos für das Versagen einer Anlage untersucht (Casale, 1998).

Um den Hochwasserschutz einer Region zu verwirklichen werden Zeiträume zwischen 15
und 50 Jahren benötigt bevor die gesamten Schutzmaßnahmen abgeschlossen sind. Ausgelöst werden die Maßnahmen durch Hochwasser von katastrophalem Ausmaß. So wurden
zum Erreichen der Hochwassersicherheit in den Niederlanden nach der Sturmflut von 1953
nahezu 50 Jahre benötigt; für die Hochwasser in der Wesermarsch wurden mehr als 30 Jahre nach der Sturmflut von 1963 benötigt und für den Hochwasserschutz des oberen Lippe-
gebietes sind die wichtigsten Hochwasserschutzmaßnahmen nach dem katastrophalen
Hochwasser 1972 vor kurzem abgeschlossen. In der traditionellen Nutzen-Kostenrechnung
wird der stufenweise Ausbau eines Hochwasserschutzkonzeptes dadurch Rechnung getragen, daß die Investitionen in zeitlichen Abständen von 20 bis 30 Jahren vorgenommen werden. Zwischen den Sicherheitsüberlegungen und der Risikoabschätzung besteht daher eine
Beziehung, welche durch ein Nutzen-Kosten-Gleichgewicht ausbalanziert sein soll. In der
Vergangenheit waren Sicherheitsabschätzungen ausschlaggebend. Heute zeichnet sich eher
eine Akzeptanz ab, das Risiko zu übernehmen, welches im Einklang steht mit den übrigen
Risiken, die jeder täglich auf sich nimmt.

Diese Risikobetrachtungen wurden auch durch eine Reihe von Schäden, die durch extreme Hochwasser oder Talsperrenbrüche auftraten, intensiviert. Obwohl von den ca. 300 Talsperren mit einer Stauhöhe $\geq$ 15m in Deutschland, Österreich und der Schweiz noch keine

– mit Ausnahme der durch Kriegseinwirkungen zerstörten Sperren – durch Bruch versagte, traten in den letzten Jahrzehnten vermehrt in den Entwicklungsländern Talsperrenbrüche auf, die zu einer generellen Überprüfung des Sicherheitskonzeptes für Talsperren geführt haben. So ergab eine Untersuchung in den USA, daß von 9000 Sperren 38% unterdimensionierte Entlastungseinrichtungen aufweisen. Bei 1,5% wurde die Möglichkeit des Versagens infolge Überströmens nicht ausgeschlossen (US. Corps of Engineers, 1981; Parett, 1984; Baecker, 1980). Bei insgesamt 300 überprüften Hochwasserrückhaltebecken in Baden Württemberg wurde festgestellt, daß eine Reihe von Anlagen den heutigen Bemessungspraktiken nicht mehr entsprechen (Lochmüller, 1988).

Nach der traditionalen Methoden besteht die Bemessung einer Talsperre in der Sicherheit gegen Überströmen. Dem Bemessungshochwasser wird eine bestimmte Jährlichkeit z.B. von 1000 Jahren zugeordnet (DIN 19700). Dieses Hochwasser muß unter vorgegebenen ungünstigen Betriebszuständen abführbar sein. Diese Vorgehensweise deckt sich mit Verfahren vieler anderer Länder. So wird im englisch-sprachigen Raum das Bemessungshochwasser nicht anhand der Eintrittswahrscheinlichkeit ausgewählt, sondern es wird als vermutlich höchste Hochwasser (PMF) oder als Bruchteil davon angenommen, was im Prinzip der Bemessung für ein HQ_T entspricht. Diese hypothetischen Lastfälle haben mit dem wirklichen Zusammenspiel von Belastungen einer Talsperre durch Zuflüsse, Wind, Füllungsstand usw. wenig gemeinsam. Die starren Bemessungsvorgaben einschließlich der Sicherheitszuschläge müssen mit dem Gefährdungspotential, das von der Talsperre ausgeht, verknüpft werden, um daraus die Versagenswahrscheinlichkeit zu quantifizieren (Kreuzer, 1998).

Wasserwirtschaftliche Systeme können mit anderen Unsicherheiten bezüglich der hydrologischen, hydraulischen, umweltbezogenen und sozio-ökonomischen Aspekte behaftet sein. Als Unsicherheit kann allgemein das Eintreten von Ereignissen, die jenseits unserer Kontrolle liegen, definiert werden (Mays, 1992). So kann eine hydrologische Unsicherheit dadurch hervorgerufen werden, daß die Prozeßparameter nur grob geschätzt werden können oder der Prozeß selbst nur unvollständig beschrieben werden kann. Die Unsicherheiten können allgemein durch Modellvorgaben, Parameterannahmen und eingeschränkte Repräsentanz des Datenkollektivs hervorgerufen werden oder sie sind durch den Betriebsablauf bedingt. Die Unsicherheiten können nicht eliminiert werden, lassen sich aber durch Einbeziehung einer Wahrscheinlichkeitsverteilung berücksichtigen. Die Unsicherheitsanalyse ist also Voraussetzung dafür um die Zuverlässigkeitsanalyse durchzuführen und das Risiko abzuschätzen. Die Zuverlässigkeitsanalyse kann auf die Entwurfskriterien oder auf die Sicherheit eines Bauwerkes oder auf seinen Betrieb angewendet werden.

Die Eintrittswahrscheinlichkeit verbunden mit den quantifizierbaren Schäden des Versagensereignisses ergibt das Versagensrisiko. Die Eintrittswahrscheinlichkeit des Versagensereignisses und die Anzahl der davon betroffenen Personen im potentiellen Überflutungsgebiet bilden das Gefährdungspotential. Versagensrisiko und Gefährdungspotential sind Risikokenngrößen. Die Versagenswahrscheinlichkeit ist nur beurteilbar, wenn ein akzeptabler projektspezifischer Risikogrenzwert angegeben werden kann. Da diese Sicherheitsanforderung von der Größe und dem Gefährdungspotential einer Anlage abhängt, müssen auch die Schadensfolgen im Falle eines Versagens einbezogen werden. So muß also die Wahrscheinlichkeit des Überströmens mit dem Ablauf des Bruches, den betroffenen Personen und Schäden gewichtet werden. Die Auswahl des geeigneten Ausbau- und Schutzgrades für die Talsperren kann anhand der Risikokennwerte erfolgen (Meon, 1989). Gegebenenfalls kann noch ein Katastrophenschutzplan aufgestellt werden.

Das Versagen von Wasserbauwerken kann im Prinzip nach zwei Gruppen klassifiziert werden: Versagen der Konstruktion und Versagen der Zweckbestimmung während des Betriebes (operationelles Versagen). Konstruktives Versagen ist verbunden mit Bauwerksschäden und Nichteinhalten der vollen Funktionsfähigkeit, wohingegen beim Versagen des Bestimmungszweckes keine Bauwerksschäden, jedoch unerwünschte Folgen bezüglich der Erfüllung der Aufgaben eintreten. Stauanlagen und Deiche als Hochwasserschutzmaßnahmen werden nach dem Konzept des Bauwerksversagens entworfen, wohingegen Ver- und Entsorgungsnetze nach dem Konzept des Versagens ihres Bestimmungszweckes bemessen werden (Duckstein, 1981; Plate, 1988).

Für eine umfassende Projektbeurteilung muß eine Sicherheitsanalyse aufgestellt werden. Sie umfaßt die Gewichtung der Versagenswahrscheinlichkeiten durch Einbeziehung der Versagensauswertungen und berücksichtigt die Unsicherheiten der Eingangsdaten oder der Modellergebnisse durch Sensivitätsanalysen.

In der Hydrologie ist es üblich, das hydrologische Risiko, welches mit dem zufälligen Eintreten eines Hochwassers verknüpft ist, in Form der Wiederholungszeitspanne zu berücksichtigen. Die Wiederholungszeitspanne T_r in Jahren ist das Inverse zu der Überschreitungswahrscheinlichkeit, das ein Ereignis X eine gegebene Größe x_{Tr} in jedem beliebigen Jahr überschreitet, nämlich P_r $(X > X_{Tr})$. Die Wahrscheinlichkeit, daß x_{Tr} in einer Zeitspanne von t Jahren überschritten wird, ist (Maniak, 1997):

$$P_t(X > x_{Tr}) = 1 - (1-(t/T_r))^t. \qquad (2.3)$$

Für große Werte von T_r wird aus der Gl. 2.3

$$P_t(X > x_{Tr}) = 1 - \exp(-t/T_r). \qquad (2.4)$$

Für $T_r > t$ gilt als Näherung:

$$P_t(X > x_{Tr}) = t/T_r. \qquad (2.4a)$$

Das *Risiko* durch das Bauwerk kann definiert werden als die Versagenswahrscheinlichkeit, mit der das gesteckte Ziel nicht erreicht wird. Das Versagen eines wasserwirtschaftlichen Systems oder eines Wasserbauwerks wird definiert als Zustand, bei welchem die äußere Belastung s − ausgedrückt als die äußere Kraft, die Kapazität oder der Bedarf − die Belastbarkeit r überschreitet. Die Zuverlässigkeit RE eines Bauwerkes wird danach als Wahrscheinlichkeit des Nichtversagens P_r [s $\leq$ r] definiert werden, d.h. die Belastbarkeit ist größer als die Belastung:

$$RE = P_r(s \leq r). \qquad (2.5)$$

Eine grundlegende Annahme der Zuverlässigkeitstheorie geht davon aus, daß Belastung s und Belastbarkeit r eines Systems zeit- und raumvariante Zufallsprozesse sind. Demzufolge ist die Wahrscheinlichkeit des Versagens (Risiko) P_V:

$$P_V = 1 - P_r(s > r) = 1\text{-RE}. \qquad (2.6)$$

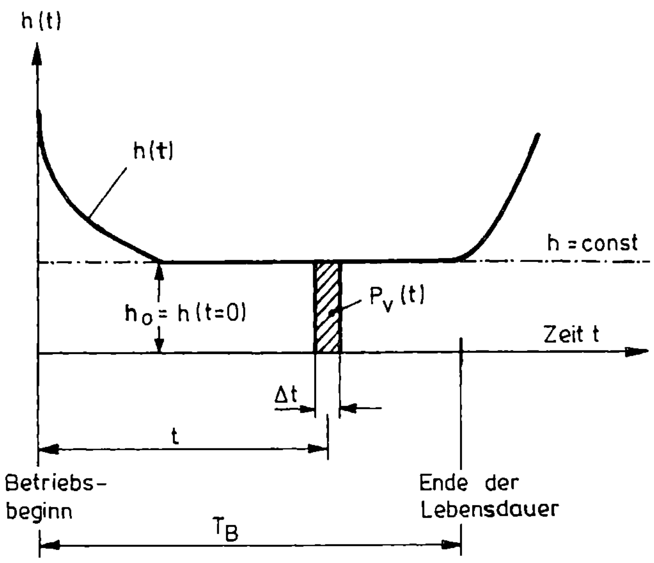

Bild 2.15. Verlauf der Hasardfunktion h (t) während der kalkulatorischen Lebensdauer T_B eines Flußdeiches

Die *Zuverlässigkeit* RE (T_B) ist die Wahrscheinlichkeit des Nichtversagens während der Lebensdauer T_B. Sie ist komplementär zur Versagenswahrscheinlichkeit P_V definiert, d.h. die Ergänzung zu Eins: RE = P(r ≥ s) = $1-P_V$.

Wenn sich Belastung und Belastbarkeit während der Lebensdauer T_B der Anlage verändern, wird ihr zeitlicher Verlauf als Risikofunktion $P_V(t)$ bezeichnet. Daraus kann die Versagenswahrscheinlichkeit $P_V(t < T_B)$ berechnet werden. Wenn die tatsächliche Lebensdauer t kleiner sein soll als die der Bemessung zugrundegelegte Zeitspanne T_B, gilt:

$$RE(t < T_B) = 1 - \exp(-\int_0^{T_B} P_V(t)dt). \tag{2.7}$$

Die Versagensrate h(t) ist mit der Versagenswahrscheinlichkeit $P_V(t)$ verknüpft durch

$$P_V(t) = \int_t^{t+\Delta t} h(t)dt. \tag{2.8}$$

Die Versagensrate h(t) wird als *Hasardfunktion* bezeichnet (Bild 2.15). Für eine konstante Versagensrate h_0 = const wird das hydrologische Risiko RE(n) = $\exp(-P_V)^n \approx [1-P_V]^n$ erhalten. Wenn die Rate des Versagens konstant ist, kann also das hydrologische Risiko RI_{Hy} angenähert werden durch

$$RI_{Hy} = 1 - RE(T_B) = 1 - (1-P_V)^{T_B}. \tag{2.9}$$

Der *Sicherheitsspielraum* S_M ist der Abstand von Belastbarkeit und erwarteter Belastung: S_M = r-s. Er ist der Sicherheitsabstand, welcher der Zuverlässigkeit RE = P(r - s $\leq$ 0) entspricht. Als Zuverlässigkeits- oder *Sicherheitsfaktor* S_F wird der Quotient r/s bezeichnet.

Die Definition der Zuverlässigkeit kann auf ein Einzelbauwerk oder auf ein gesamtes System angewendet werden. Häufig sind die Größen s und r Funktionen von stochastischen Eingabegrößen X_1, X_2, ..., X_n, z.B. s = g(X_1, X_2, ..., X_m) = g(X_s) und r = h(X_{m+1}, X_{m+2}, ..., X_n) = h(X_r), so daß gilt:

$$RE = P_r[g(X_s) \leq h(X_r)]. \tag{2.10}$$

Die Gl. 2.10 für RE kann auch in Form der Wirkungsfunktion W(X_s, X_r) (performance function) geschrieben werden:

$$RE = P_r[W(X_s, X_r) \geq 0]. \tag{2.11}$$

Die Zufallsvariable W(X_s, X_r) kann unterschiedlich vorliegen, z.B. in den Formen

$$W(X_s, X_r) = r - s = h(X_r) - g(X_s), \tag{2.12}$$

$$W(X_s, X_r) = r/s - 1 = [h(X_r)/g(X_s)] - 1, \tag{2.13}$$

$$W(X_s, X_r) = ln(r/s) = ln[h(X_r)] - ln[g(X_s)]. \tag{2.14}$$

Gl. 2.12 entspricht dem Konzept des Sicherheitsabstandes (Bild 2.16). Die Gl. 2.13 und 2.14 repräsentieren Sicherheitsfaktoren. Die Zuverlässigkeit nach Gl. 2.15 bis 2.21 kann auf praktische Fälle angewendet werden, wenn s und r keine zeitabhängigen Variablen sind. Dies wird häufig angenommen, wenn der größte mögliche Belastungsfall berechnet werden soll. Dies entspricht dann der (traditionellen) statistischen Zuverlässigkeitsbetrachtung.

Aus Gl. 2.16, 2.17 und 2.11 geht hervor, daß zur Berechnung des Risikos die Wahrscheinlichkeitsverteilungen von s, r oder W vorliegen müssen. Die statistische Zuverlässigkeit eines stationären Systems läßt sich durch direkte Integration der Wirkungsfunktion bestimmen:

$$RE = \int_0^\infty f_W(W)d_W$$

oder der gemeinsamen Wahrscheinlichkeitsdichtefunktion:

$$RE = \int_0^\infty \int_0^r f_{s,r}(s, r) \, dsdr. \tag{2.15}$$

Sind die Belastung s und die Belastbarkeit r voneinander unabhängig, wird die Zuverlässigkeit nach Gl. 2.15 zu:

$$RE = \int\limits_{0}^{\infty} f_r(r)[\int\limits_{0}^{r} f_s(s)ds]dr = \int\limits_{0}^{\infty} f_r(r)F_s(s)dr \qquad (2.16)$$

$f_s(s), f_r(r)$: Wahrscheinlichkeitsdichten von s bzw. r,
$F_s(s)$:   Verteilungsfunktion von s, ausgedrückt für s = f(r).

Diese Berechnung beruht auf der Verknüpfung von s und r über die Wahrscheinlichkeitsdichte (s. Bild 2.16). Die direkte Integration ist nur für die wenigen Dichtefunktionen möglich, die analytisch einfach lösbar sind. In allen anderen Fällen wird der numerischen Integration oder der Simulation den Vorzug gegeben.

Die Zuverlässigkeit $RE = P_r(W > 0)$ ergibt für Normalverteilung der gemeinsamen Dichtefunktion und für den Sicherheitsschwellwert $S_M = r - s$ den Ausdruck $RE = \phi(\mu/\sigma)$. Für die Lognormal-Verteilung erhält man $RE = \phi[(E(lnx)/\zeta)]$, wobei $\zeta^2 = Var(lnx)$ bedeutet.

Wenn die Verteilungsfunktion von $S_M = f(z)$ bekannt ist, kann der Sicherheitsabstand abgeschätzt werden, wenn folgende statistische Gesetzmäßigkeiten für Erwartungswert und Varianz benutzt werden:

Der Erwartungswert E(x) einer Summe von Zufallsvariablen X_i ist gleich der Summe der Erwartungswerte der einzelnen Variablen:

$$E(\sum_{i=1}^{k} a_i \cdot X_i) = \sum_{i=1}^{k} a_i E(X_i) \qquad (2.17)$$

Angewendet auf die Zuverlässigkeitsverteilung wird:

$$\mu_{SM} = \mu_r - \mu_s. \qquad (2.18)$$

Für unabhängige Zufallsvariable beträgt die Varianz der X-Werte Var(x):

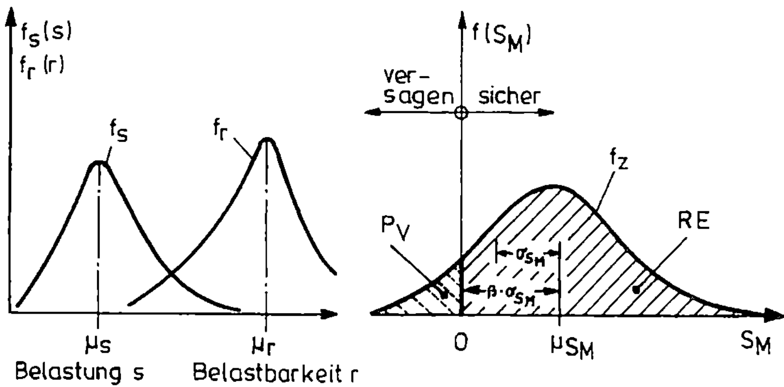

Bild 2.16. Wahrscheinlichkeitsdichten für Belastung f_s, Belastbarkeit f_r sowie Sicherheitsabstand $S_M = r$-s. Zuverlässigkeit RE (schraffierte Fläche, $S_M \geq 0$), Versagenswahrscheinlichkeit P_V (gestrichelt, schraffierte Fläche für $S_M < 0$) und Zuverlässigkeitsindex ß

$$\text{Var}[\sum_{i=1}^{k} a_i X_i] = \sum_{i=1}^{k} a_i^2 \sigma_i^2. \tag{2.19}$$

Wird die Korrelation zwischen den Variablen berücksichtigt, lautet Gl. 2.19 allgemein, wenn mit Cov (X_i, X_j) die Kovarianz bezeichnet wird:

$$\text{Var}[\sum_{i=1}^{k} a_i X_i] = \sum_{i=1}^{k} a_i^2 \sigma_i^2 + 2 \sum_{i<j}^{k} \sum^{k} a_i a_j \, \text{Cov}[X_i, X_j]. \tag{2.20}$$

Damit lautet die Varianz des Sicherheitsabstandes $z = S_M$

$$\sigma_{SM}^2 = \sigma_r^2 - \sigma_s^2 - 2 \, \text{Cov}(S, R). \tag{2.21}$$

Sind Belastbarkeit und Belastung unabhängig voneinander, wird die Kovarianz zu Null und die Standardabweichung nach Gl. 2.21 vereinfacht sich zu:

$$\sigma_{SM} = \sqrt{(\sigma_r^2 + \sigma_s^2)}. \tag{2.22}$$

Beispiel: Der mittlere wöchentliche Trinkwasserbedarf einer Stadt beträgt $\mu_s = 100000$ m^3/Woche und die Standardabweichung beträgt $\sigma_s = 35000$ m^3/Woche. Die mittlere Kapazität der Wasserversorgung sei $\mu_r = 150000$ m^3/Woche, die zugehörige Standardabweichung sei $\sigma_r = 30000$ m^3/Woche. Bedarf und Kapazität sollen als unabhängige, normalverteilte Größen angenommen werden. Wie groß ist die Zuverlässigkeit, daß die Versorgungskapazität den Bedarf überschreiten, wenn der Sicherheitsabstand r - s herangezogen wird?

Gesucht ist die Zuverlässigkeit der Versorgung; dazu wird verwendet RE = $\phi(\mu/\sigma)$.

$$RE = \phi \, (\mu_r - \mu_s) / (\sqrt{[\sigma_r^2 + \sigma_s^2]}) = (150000 - 100000) / [\sqrt{(35000^2 + 30000^2)}] = 50000 / 46098 = 1,0847$$

RE = ϕ (1,0847) $\Rightarrow$ 0,861 als Integralwert der Standardnormalverteilung, d.h. z = 1,0847 nach der Tabelle für die Normalverteilung. Das Risiko, daß der Bedarf nicht abgedeckt werden kann, beträgt bei diesem Versorgungssystem: Versagensrisiko $P_v = 1 - RE = 1 - 0,861 = 0,139$.

Werden die Methoden der *Zuverlässigkeitstheorie* auf die Sicherheitsabschätzung angewendet, bietet sich eine Einteilung der Analysen in vier Ebenen des Datenaufwandes und der Aussagekraft der Ergebnisse an (Plate, 1988). Die Ebene 1 entspricht dem traditionellen Konzept. Das traditionelle (deterministische) Bemessungskonzept von Bauwerken geht von der Vorgabe deterministischer Größen für Belastung und bauwerkspezifischen kritischen Werten aus, die als Belastbarkeit bezeichnet werden können (Bemessungsstufe 1). In den anschließenden Bemessungsstufen 2 und 3 sollen mit der stochastischen Bemessung die Sicherheitsabschätzungen auf Grundlage der Versagenswahrscheinlichkeit oder Sicherheit des Systems quantifiziert werden und bilden die nächsten beiden Ebenen 2 und 3. Zur Ebene 3 zählen die Methode der direkten Integration, die Monte Carlo Simulation und die Langzeitsimulation. In der letzten Bemessungsstufe 4 erfolgt die Sicherheitsabschätzung und Bewertung auf der Grundlage der Versagenswahrscheinlichkeit und Versagensfolgen (Ebene 4).

Wird die Zufallsvariable $S_M = z = r-s$ verwendet, wird für die Versagenswahrscheinlichkeit P_V und die Zuverlässigkeit erhalten (Bild 2.16):

$$P_V = P(z < o) \quad \text{bzw. } RE = P(z \geq o).$$

Da s, r und S_M unterschiedliche Parameter und Dichtefunktionen aufweisen können, soll vereinfacht angenommen werden, daß sie normalverteilt oder in eine Normalverteilung transformierbar sind. P_V kann mit Hilfe der beiden ersten Momente von z, das sind Mittel z = μ_{SM} und Standardsabweichung s_{SM}, abgeschätzt werden durch den *Zuverlässigkeitsindex* (Sicherheitsindex) $\beta = \mu_{SM}/s_{SM}$ zu:

$$\text{Versagen } P_V = \phi(-\beta) = 1 - \phi(\beta) \quad \text{bzw. Zuverlässigkeit } RE = 1 - \phi(-\beta) = \phi(\beta) \tag{2.23}$$

β : Zuverlässigkeitindex; $\beta = (\mu_r - \mu_s) / \sqrt{(\sigma_r^2 + \sigma_s^2)}$ bei nicht korrelierten Zufallsvariablen s und r,

$\phi(\beta)$: Flächeninhalt unter der Standardnormalverteilung für den Wert β; für $1 < \beta < 4$ gilt als Näherung: $\phi(-\beta) \approx 10^{-\beta}$.

Mittelwert $\bar{z}$ und Standardabweichung s_z können über eine Taylorreihe erster Ordnung um die Mittelwerte z_i der Parameter z_i entwickelt werden (mean value <u>F</u>irst <u>O</u>rder <u>S</u>econd <u>M</u>oment, FOSM-Methode (Yen, 1986).

Die direkte analytische oder numerische Integration der gemeinsamen Wahrscheinlichkeitsdichte f_{rs} von r und s ergibt die Versagenswahrscheinlichkeit (Bild 2.17):

$$P_V = P(s>r) = \int_{-\infty}^{\infty} \left[\int_0^s f_{rs}(r,s)dr \right] ds. \tag{2.24}$$

Sind r und s statistisch unabhängig, läßt sich f_{rs} vereinfachen zu $f_{rs} = f_r(r) \cdot f_s(s)$. Das innere Integral von Gl. 2.24 wird:

$$\int_0^s f_{rs}(r,s)dr = \int_0^s f_s(s) \cdot f_r(r)dr = f_s(s) \cdot F_r(s) \tag{2.25}$$

F_r: Verteilungsfunktion von r bei Belastung s.

Die Gl. 2.24 für P_V, die analytisch oder numerisch gelöst werden, vereinfacht sich zu:

$$P_V = \int_{-\infty}^{\infty} F_r(s) \cdot f_s(s) \cdot ds. \tag{2.26}$$

Viele wasserwirtschaftliche Maßnahmen schließen ein Risiko ein, daß z.B. ein extremes Hochwasser physikalische Schäden verursachen oder Verlust von Menschenleben fordern kann. Dabei entsteht das Problem der Einbeziehung des Risikos in die ökonomische Analyse. Auf der Ebene 4 werden die Versagensfolgen, d.h. soziale, ökonomische und Umwelt-

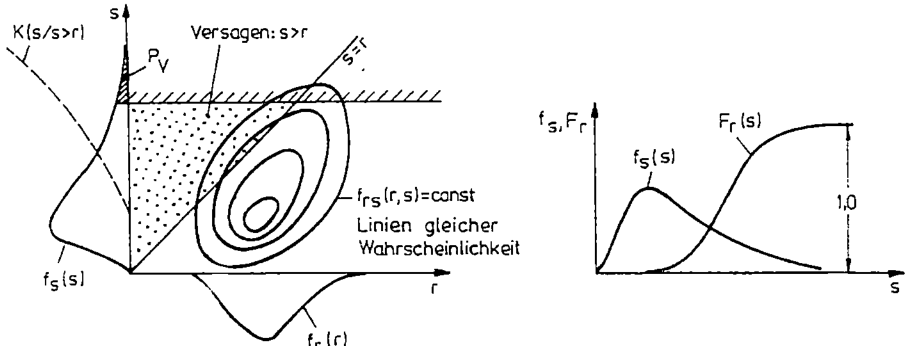

Bild 2.17. Abschätzung der Versagenswahrscheinlichkeit durch Ersetzen von f_{rs} durch f_s und F_r; Beispiel für Schadensfunktion K(s/s > r)

auswirkungen mit berücksichtigt. Da die Folgen von der Art und dem Ablauf des Versagens abhängen, muß die Versagenswahrscheinlichkeit mit einem Schadensmodell verknüpft werden. Das Schadensmodell liefert die Werte K(s,r) als Schadenskosten. Das jährliche Versagensrisiko RI_V wird bestimmt zu (Bild 2.17):

$$RI_V = \int\limits_0^\infty \int\limits_0^\infty K(s,r) \cdot f_{rs}(s,r) \cdot ds \cdot dr. \tag{2.27}$$

Als Ergebnis werden Varianten mit der geringsten Versagenswahrscheinlichkeit oder mit dem größten zu erwartenden Schaden erhalten (Meon, 1986; Yen, 1993).

Die Sicherheit einer Talsperre gegen Überlaufen ist gesucht. Über dem Nutzraum s_B, der ein maximales Volumen von $s_{Bmax} = 16$ hm³ aufweist, ist der Hochwasserschutzraum angeordnet mit einem Fassungsvermögen von $s_{HW} = 4$ hm³, das der Abflußfülle des HQ_{100} entspricht. Während des Bemessungshochwassers HQ_{1000} werden $s_{QA} = 2$ hm³ abgegeben. Die dem Freibord zugeordnete Speicherlamelle beträgt $s_{FB} = 1$ hm³. Die Häufigkeit der Abflußfüllen soll durch die Pearson Typ III-Verteilung ausgedrückt werden (Variationskoeffizient $C_v = 0,4$, Schiefe $C_s = 0,5$). Nach der Häufigkeitsgleichung $x_T = \overline{x} [1 + C_v \cdot k(T_n, C_s)]$ wird für $k_{100} = 2,686$ und $k_{1000} = 3,811$ ein Verhältnis von $s_{1000} / s_{100} = 1,22$ erhalten. Das Speichervolumen, welches theoretisch ausgeschöpft werden kann, bevor ein Überlaufen eintritt, beträgt: $s_{max} = s_{Bmax} + s_{HW} + s_{FB} + s_{QA} = 23$ hm³. Im ungünstigsten Fall stehen nur $s_{min} = s_{QA}$ zur Verfügung, wenn im Bemessungsfall der Speicher gefüllt und der Freibord in Anspruch genommen ist bei einer Abgabe QA = 0. Das größte Hochwasser jeden Jahres trifft auf einen verfügbaren Speicherraum s_v, der zwischen s_{min} und s_{max} liegt. Der Damm läuft über, wenn die zur Bemessungswelle zugehörige Abflußfülle $s_e > s_v$ ist (Bild 2.19). Sind s_e und s_v nicht korreliert, beträgt nach Gl. 2.26 beträgt die Wahrscheinlichkeit des Überlaufens:

$$P_v = \int\limits_0^\infty F_r(s_e) \cdot f_s(s_e) ds_e \qquad \text{mit } F_r(s_e) = \int\limits_0^{s_e} F_r(s_v) ds_v$$

Die Dichtefunktion $f_s(s_e)$ der jährlichen Hochwasserfüllen (Belastung) sei die Pearson III-Verteilung. Die Dichtefunktion $f_r(s_v)$ liegt zwischen s_{min} und s_{max}. Da nur ihr Integral auftritt, ist ihr tatsächlicher Verlauf von untergeordneter Bedeutung. Bei Gleichverteilung gilt (s. Bild 2.19):

$f_r(s_v) = 1 / (s_{max} - s_{min})$ und $F_r(s_e) = (s - s_{min}) / (s_{max} - s_{min})$ für $s_{min} < s < s_{max}$, sonst 0.

Damit kann für das Integral in Gl. 2.26 geschrieben werden:

$$P_v(s_e) = 0 + \int_{s_{min}}^{s_{max}} \frac{s - s_{min}}{s_{max} - s_{min}} \, f_s(s) ds + \int_{s_{max}}^{\infty} f_s(s) ds$$

Folgende dimensionslose Größen werden eingeführt, wobei s_{100} die 100-jährliche Abflußfülle ist: $\eta_1 = (s_{min} - s_0) / s_{100}$, $\eta_2 = (s_{max} - s_0) / s_{100}$, $\eta = (s - s_0) / s_{100}$ und $x_0 = s_0 / s_{100}$. Der Schwanz der Funktion von s_{min} kann durch eine Exponentialfunktion ausgedrückt werden (Ableitung s. Plate, 1982; Meon, 1989). Damit wird:

$$f_s(\eta) = \lambda e^{-\lambda \eta} \quad \text{und} \quad F_s(\eta) = 1 - e^{-\lambda \eta}.$$

Mit $\lambda = \lambda_1 \cdot s_{100}$ und $s \geq s_0$ wird $P_v = [e^{-\lambda \eta_1} - e^{-\lambda \eta_2}] / [\lambda(\eta_2 - \eta_1)]$ und $\qquad$ (2.28)

die Bestimmungsgleichungen für λ und s_0 lauten: $\lambda = 2{,}302 / (x_2 - 1)$ und $x_0 = 3 - 2x_2$.

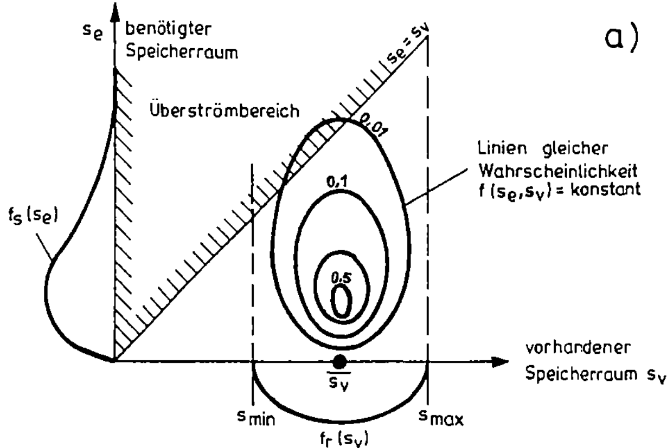

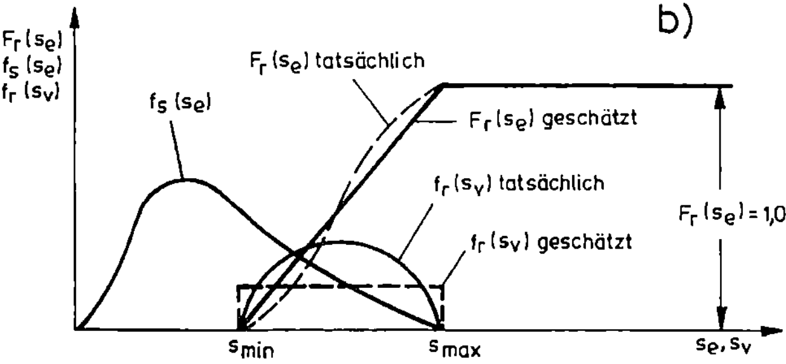

Bild 2.18. Berechnung der Versagenswahrscheinlichkeit bei angenommener, statistischer Unabhängigkeit zwischen erforderlichen und vorhandenem Speicherraum s_e bzw. s_v: a) Zweidimensionale Verteilung für das gleichzeitige Eintreffen von s_e und s_v; b) Dichtefunktion der Abflußfüllen s_e und des verfügbaren Speicherinhaltes s_v

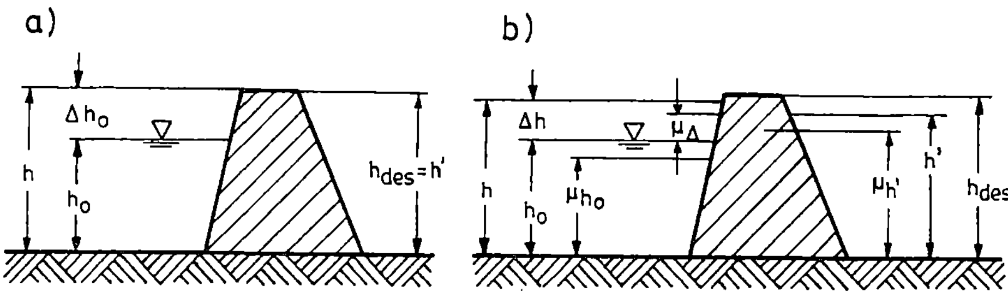

Bild 2.19. Definitionen bei a) traditioneller Bemessung und b) bei Bemessung nach der Zuverlässigkeitstheorie

$x_1 = 1$ entspricht dem dimensionslosem HQ_{100} und $x_2 = s_{1000} / s_{100} = 1{,}22$. Damit wird $\lambda = 2{,}302 / 0{,}22 = 10{,}464$, $x_0 = 3 - 2 \cdot 1{,}22 = 0{,}56$ und $\eta_1 = x_2 - x_0 = 1{,}22 - 0{,}56 = 0{,}66$ und $\eta_2 = x_2 + x_1 + x_{SM} + x_{SF} + x_{QA} - x_0 = 1{,}22 + 1 + 16/4 + 1/4 + 2/4 - 0{,}56 = 6{,}41$. Eingesetzt erhält man:

$$P_v = [\exp(-10{,}464 \cdot 0{,}66) - \exp(-10{,}464 \cdot 6{,}44)] / [10{,}464(6{,}41 - 0{,}66)] = 1{,}6645 \cdot 10^{-5} \simeq 60000 \text{ Jahre.}$$

Wenn jedoch der Bewirtschaftungsraum nicht ausgenutzt wird, d.h. ein Hochwasserrückhaltebecken vorliegt, wird $\eta_2 = 2{,}41$ und

$$P_v = [\exp(-10{,}464 \cdot 0{,}66) - \exp(-10{,}464 \cdot 2{,}41)] / 10{,}464(2{,}41 - 0{,}66) = 5{,}469 \cdot 10^{-5} \simeq 18000 \text{ Jahre.}$$

Die Versagenswahrscheinlichkeit P_v ist deutlich geringer als die des Bemessungsereignisses.

Beispiel: In Anlehnung an (Casale, 1998) soll die Bemessung eines Deiches nach der Zuverlässigkeitstheorie erfolgen (Bild 2.19). Die Deichhöhe h wird bei statischer Betrachtung auf Grund eines Bemessungswasserstandes h_0 bestimmt, wobei h_0 anhand einer Verteilungsfunktion für das festgelegte Wiederkehrintervall des Hochwasserstandes berechnet. h_0 ist eine Zufallsvariable mit dem Mittel μ_0 und der Varianz σ_{ho}^2. Zum Wasserstand h_0 wird ein Zuschlag Δh_0 für Wellenauflauf usw. addiert zur Gesamthöhe h. Die Größe Δh ist eine Zufallsgröße mit dem Mittel h_A und der Varianz σ_A. Die Summe $h = h_0 + \Delta h_0$ ist eine Zufallsvariable mit der Verteilungsfunktion f(h) und dem Mittel $x_h = h_0 + \Delta h_0$. Für nicht korrelierte Werte h_0 und Δh beträgt die Varianz:

$$\sigma_h^2 = \sigma_{h_0}^2 + \sigma_{\Delta_0}^2.$$

Die Höhe h entspricht der Belastung s. Tatsächlich wird der Deich auf die Höhe h'ausgelegt; h' habe die Verteilungsfunktion f(h') mit dem Mittel μ_h und der Varianz $\sigma_{h'}^2$. Die Versagenswahrscheinlichkeit $P_v(S_M)$ ist für $S_M = h' - h$. z hat die Parameter $\mu_{SM} = \mu_{h'} - \mu_h$ und $\sigma_{SM}^2 = \sigma_h^2 + \sigma_{h'}^2$. Der Sicherheitsindex ß beträgt:

$$\beta = (\bar{\mu}_{h'} - \bar{\mu}_h) / \sqrt{(\sigma_{h'}^2 + \sigma_h^2)}.$$

Wird für β Normalverteilung angenommen, ist $P_v = \phi(-\eta)$, mit der Standardvariable $\eta = (z - \bar{x}_z)/s_z$.

3 Ökonomische Grundlagen und Bewertungsmaßstäbe von wasserwirtschaftlichen Systemen

3.1 Untersuchungszeitraum

Der für die Wirtschaftlichkeitsberechnung maßgebliche *Untersuchungszeitraum* beginnt frühestens mit dem Planungsbeginn und endet beim Planungshorizont. Diese Zeitspanne wird auch als Kalkulationsperiode oder kalkulatorische Lebensdauer bezeichnet. Der Untersuchungszeitraum soll die Zeitspanne umfassen, innerhalb der die vom Projekt hervorgerufenen Kosten zu berücksichtigen sind. Er reicht vom Beginn der Investitionsphase bis zum Ende der Betriebsphase (Bild 3.1). Während des gesamten Untersuchungszeitraums fallen Kosten als Kostenstrom an, Nutzen in der Regel erst nach der letzten Investition oder Betriebsbeginn. Investition ist die Geldverwendung, Finanzierung die Geldbeschaffung.

Der *Planungshorizont*, der das kalkulatorische Ende der Betriebsphase (= Ende des Untersuchungszeitraums) darstellt, ist der fernste bei der Planung noch zu berücksichtigende Zeitpunkt (Bild 3.1). Bis zu ihm werden die positiven und negativen Wirkungen einer Maßnahme betrachtet. Seine Festlegung kann Art und Umfang eines Projektes wesentlich beeinflussen. Bei Wahl eines nahen Planungshorizontes lassen sich die Unsicherheiten der Zukunft mehr oder weniger ausschalten, da zukünftige Maßnahmewirkungen geringer bewertet werden als gegenwärtige Nutzen und Kosten. Muß dringend ein Wasserbedarf befriedigt oder eine akute Aufgabe für den Hochwasserschutz gelöst werden, führt dies zu einem nahen Planungshorizont. Demgegenüber vermindert ein ferner Planungshorizont die Gefahr, daß längerfristige Auswirkungen übersehen oder unterschätzt werden. Der Preisindex für Bauwerke vermittelt ein erstes Bild über die Zeitabhängigkeit der Kosten (Tabelle 3.1).

Die wirtschaftliche Lebensdauer des Projektes begrenzt nach oben den Untersuchungszeitraum. Die wirtschaftliche Lebensdauer ist dann erreicht, wenn die anfallenden Kosten den dann noch anfallenden Nutzen zu übersteigen beginnen. Im Hinblick darauf, daß die Lebensdauer einer wasserwirtschaftlichen Anlage durch fachgerechten Unterhalt und sukzessive Erneuerungen fast beliebig verlängert werden kann, sind als Untersuchungsperiode Zeitspannen von 50 bis 100 Jahren üblich. In der Praxis wird der Untersuchungszeitraum so festgelegt, daß er etwa der durchschnittlichen tatsächlichen Nutzungsdauer einschließlich der Investitionsphase entspricht (s. Tabelle 3.2).

Wenn sich ein Projekt aus verschiedenen Anlagenteilen mit unterschiedlich langer Lebensdauer zusammensetzt, sind innerhalb des Untersuchungszeitraums einzelne Anlagenteile zu ersetzen. *Reinvestitionen* sind Investitionen z.B. für die Anlagenteile, deren Nutzungsdauer vor Ablauf des Untersuchungszeitraums endet. Zur kalkulatorischen Festlegung des Zeitpunktes der sich daraus ergebenden Ersatzinvestitionen sind Richtwerte für die Nutzungsdauer festgelegt (s. Tabelle 3.3).

Tabelle 3.1. Preisindizes für Bauwerke ab 1950; Preisindex für Wohngebäude (Bauleistungen am Bauwerk) 1991 = 100 (Statistisches Jahrbuch, 1996)

Jahr	Index	Jahr	Index	Jahr	Index
1950	13,4	1966	29,0	1982	76,4
1951	15,6	1967	28,4	1983	78,0
1952	16,6	1968	29,6	1984	80,0
1953	16,0	1969	31,3	1985	80,3
1954	16,1	1970	36,5	1986	81,4
1955	17,0	1971	40,2	1987	83,0
1956	17,5	1972	43,0	1988	84,8
1957	18,1	1973	46,1	1989	87,8
1958	18,6	1974	49,4	1990	93,5
1959	19,6	1975	50,6	1991	100,0
1960	21,0	1976	52,4	1992	106,4
1961	22,6	1977	54,9	1993	111,7
1962	24,5	1978	58,3	1994	114,3
1963	25,7	1979	63,4	1995	117,1
1964	26,9	1980	70,2		
1965	28,1	1981	74,3		

Ab 1952 errechnet aus 4 Erhebungsmonaten (Februar, Mai, August, November)
Ab 1968 einschl. Umsatz- (Mehrwert-)steuer

Für die Wirtschaftlichkeit eines Projektes werden nur Auswirkungen berücksichtigt, die als Ertrag oder Aufwand gewertet werden können. Die Blickrichtung zielt in die Zukunft. Zukünftigen Erträgen und Aufwendungen kommt infolge der vielfachen Unsicherheiten der Zukunft eine geringere Bedeutung zu als den gegenwärtigen. Zwecks Vergleichs müssen Nutzen und Kosten auf einen Zeitpunkt umgerechnet werden. Auf diesen *Bezugspunkt* müssen alle Zahlungen akkumuliert bzw. diskontiert werden zur Berechnung der Barwerte.

Tabelle 3.2. Standarduntersuchungszeitraum in Jahren für wasserwirtschaftliche Maßnahmen ohne Investitionsphase (LAWA, 1981)

Anlagen der Maßnahmeart	Untersuchungszeitraum ohne Investitionsphase
Gewässerausbau	50
Landwirtschaftlicher Wasserbau, Meliorationen	40
Wasserversorgung, Abwasserableitung	50
Gewässerreinhaltung, Abwasserbehandlung	25
Talsperren, Hochwasserrückhaltebecken, Küstenschutz	80

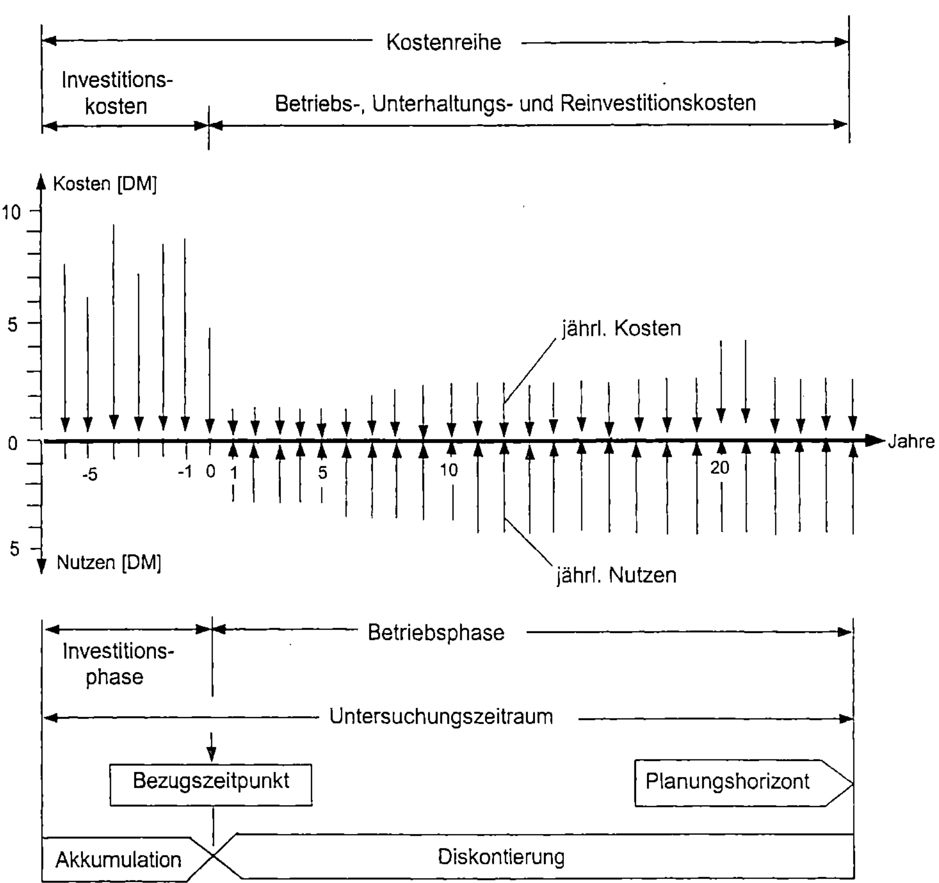

Bild 3.1. Nutzen- und Kostenstrom eines Projektes: Grundbegriffe zur zeitlichen Gewichtung der Nutzen- und Kostengrößen

3.2 Nutzen- und Kostenarten

Die wirtschaftlich bedeutenden Auswirkungen eines Projektes während des gesamten Untersuchungszeitraumes werden auf der Nutzen- und Kostenseite quantifiziert und in monetären Einheiten gemessen. Treten zusätzlich andere Werte auf, müssen sie vergleichbar gemacht werden. Je nach Planungsstadium handelt es sich hierbei um eine mehr oder minder genaue Schätzung. Die anzustrebende Genauigkeit wird bestimmt von der Bedeutung des Projektes, vom Einfluß der Kostenart auf das Gesamtergebnis und der Sensivität der Projektkosten gegenüber Veränderung des angenommenen Zinssatzes und der Preisbasis. Der Genehmigungsentwurf, der am Ende der Planungsphase steht, basiert auf Kostenvoranschlägen eines Leistungsverzeichnisses mit detaillierten Leistungspositionen. Kosten werden als Nominalkosten (Budgetkosten) zu den Preisen eines vorgegebenen Baujahres in die Rechnung eingestellt. Analog wird der Nominalnutzen angesetzt zu den Preisen des auch bei der Kostenberechnung verwendeten Baujahres.

Man unterscheidet direkte, tangible (meßbare) oder intangible Nutzen und Kosten sowie indirekte (externe), tangible oder intangible Nutzen und Kosten. Nutzen sind alle diejenigen Effekte eines Projektes, die den zukünftigen Konsum der Gesellschaft erhöhen. *Direkter Nutzen* ist der unmittelbar von einem Investitionsprojekt ausgehende positive Effekt. Direkte Nutzen und Kosten sind also diejenigen, welche in engem Zusammenhang mit dem Projekt stehen und ihnen zugeordnet werden können. Sie setzen sich zusammen aus den verbrauchten und produzierten Gütern und den Dienstleistungen des Projektes. Für sie existieren Marktpreise, welche den sozialen Wert wiederspiegeln. Güter, die nicht auf dem Markt gehandelt werden, sind öffentliche Güter. Daneben existieren noch Preise, die infolge von Subventionen den volkswirtschaftlichen Wert nur unzureichend wiedergeben, z.B. subventionierte landwirtschaftliche Produkte. Indirekte (oder externe) Kosten bzw. Nutzen entstehen bei anderen Projekten, Geschäften oder Personen; d.h. Dritte müßten die Kosten tragen bzw. würden den Nutzen bekommen. Indirekte Nutzen oder Kosten, die ohne Absicht und Abgeltung anderen zufließen, werden in der Volkswirtschaftslehre auch als *externe Effekte* oder "Spillover" bezeichnet.

Die Projektkosten setzen sich aus den Investitionen und den laufenden Kosten zusammen. Direkte Kosten sind solche, die dem Investor unmittelbar aus dem Zweck des Projektes entstehen. Die einmaligen Kosten für die Herstellung umfassen die Kosten der Vorarbeiten zur Projektentwicklung, z.B. Planung, Umsetzung, Baugrunduntersuchung, Grunderwerb, Ablösen von Rechten, Kosten für den Bau einschließlich Bauleitung, Risikoabdeckung, z.B. Hochwasser während der Bauzeit und Kosten für ökologische und landwirtschaftliche Ausgleichsmaßnahmen. Den einmaligen Kosten sind auch die Ersatzinvestitionen, die während der Betriebsphase für die Erneuerung von Anlagenteilen anfallen und deren Nutzungsdauer mit Ablauf des Untersuchungszeitraumes endet, zuzurechnen. Die *laufenden Kosten*, die zum Betrieb, zur Unterhaltung und Überwachung der Anlage anfallen, lassen sich in Personalkosten, Sachkosten und Energiekosten zerlegen.

Der monetäre Nutzen soll einen Beitrag zum Volkseinkommen darstellen. Dabei können auch Wirkungen, die im allgemeinen nicht im Sozialprodukt berücksichtigt werden, in Ansatz kommen, wie verbesserte Freizeit- und Erholungsmöglichkeiten (Komplementärgut). Der monetäre Nutzen kann anhand von Marktpreisen, der Zahlungsbereitschaft auf Grund der Nachfrage, Einkommenserhöhungen, Bodenwertsteigerungen, Kosteneinsparungen und Komplementärgut bewertet werden.

In einer Wirtschaftlichkeitsrechnung wird davon ausgegangen, sämtliche relevanten Auswirkungen eines Projektes mit monetären Einheiten zu messen. Manche Auswirkungen, die ausschlaggebend sein können, entziehen sich aber der Erfassung und Bewertung in Geldeinheiten und werden als *intangibel* bezeichnet. Es ist auch schwierig, sich dafür marktübliche Werteinstufungen vorzustellen. Intangible Wirkungen sind immaterielle Maßnahmewirkungen, die wegen fehlender Quantifizierung bzw. Bewertungsansätzen oder Daten monetär nicht bewertbar sind. Beispiele für intangible Werte sind: Verbesserung der Wasserqualität eines Flusses oder Aufrechterhaltung einer besseren Wasserqualität als für die Gesundheit oder Nutzungszwecke erforderlich; Bedrohung von Baudenkmälern; archäologische Fundstellen; einzigartige Landschaften mit seltenen Planzen und Tieren; Gefährdung von Menschen (physisch und psychisch); Bereicherung eines Landschaftsbildes durch einen Stausee; Veränderung der sozialen Strukturen; die Gerechtigkeit berührende Konsequenzen (wie z.B. die Verteilung des Einkommens); Stabilisierung der wirtschaftlichen Verhältnisse; Immissionen wie Lärm, Staub, Dunst während der Bauzeit.

Tangible Nutzen und Kosten sind im allgemeinen mit Marktpreisen zu bewerten, während intangible Nutzen und Kosten keinen Marktpreis haben; ihre Bewertung kann auch nicht auf direktem Wege erfolgen. So sind bei einem Speichersystem direkte tangible Nutzen und Kosten eines Speichersystems u.a. die Kosten für den Bau der Talsperre und den Bau eines Kraftwerkes, den Kauf von Land für den Stausee und die Umsiedlung von Dörfern. Der Nutzen entsteht aus dem Verkauf von Trinkwasser und elektrischer Energie. Direkte intangible Nutzen und Kosten sind die Kosten der Landschaftseinbußen durch die Bauwerke bzw. der Nutzen aus der Landschaftsverbesserung durch den See und der Nutzen des Sees für die Erholung. Nutzen intangibler Art sind auch verhinderte Todesfälle und Krankheiten durch Hochwasser. Indirekte tangible Nutzen und Kosten sind der höhere Nutzen eines flußabwärts liegenden Kraftwerkes (mit anderem Besitzer) durch den Regulierungseffekt des Speichers (bessere Anpassung an den Bedarf) und die höheren Kosten einer flußabwärts liegenden Kläranlage infolge niedriger Abgaben des Speichers zu kritischen Zeiten. Indirekte tangible Nutzen bzw. Kosten können eine gute Hilfe zur Bewertung von direkten Gütern und Dienstleistungen sein, wenn ein Marktpreis nicht existiert oder schwer feststellbar ist. Hier können z.B. die Einsparungen bei der Energieerzeugung in einem veralteten Kohlekraftwerk als Nutzen für die Energieerzeugung eines neuen Wasserkraftwerkes betrachtet werden. Indirekte intangible Kosten entstehen, wenn der Erholungswert der Landschaft flußabwärts eines Speichers durch dessen Bau verringert wird, etwa durch große Schwankungen der Abgaben oder wenn die Anzahl der Besucher einer anderen Talsperre durch den neuen Speicher abnimmt. Nutzen dieser Art entstehen auch, wenn die Anzahl der Schadensfälle durch Bruch eines flußabwärts liegenden Deiches reduziert wird oder wenn eine ästhetische Verbesserung flußabwärts durch nicht beabsichtigte Niedrigwassererhöhung erreicht wird. Im volkswirtschaftlichem Sinn sind Kosten weitergefaßt als in der betriebswirtschaftlich orientierten Kostenrechnung. Für eine umfassende Kostenbeurteilung wasserwirtschaftlicher Maßnahmen müssen auch die (indirekten) Folgekosten (Sekundäreffekte) berücksichtigt werden.

Die Ertragsberechnung wasserwirtschaftlicher Projekte stützt sich auf hydrologische Daten. Unter anderem ist das verfügbare Wasserdargebot eine Größe, die eine Zufallskomponente aufweist: langjährige Mittelwerte von Niederschlag und Abfluß können in einzelnen Jahren erheblich über- /unterschritten werden. Der tatsächliche Verlauf der hydrologischen Größen während des Untersuchungszeitraums beinhaltet Unsicherheiten, die in der Ertragsberechnung mit einer *Risikoanalyse* sichtbar gemacht werden können.

Im Bereich der *Nutzwasserwirtschaft* ist die Erfassung der Erträge oft auf direkte Effekte abgestellt. Die Erträge aus dem Verkauf des Produktes (Trinkwasser, Brauchwasser für industrielle Zwecke, elektrische Energie, landwirtschaftliche Produkte aus Bewässerungsgebieten) sind direkt meßbar, oder sie lassen sich aufgrund der vorgesehenen Gebühren für die Benutzung eines Schifffahrtskanals, einer Schleuse oder als Anlege- bzw. Hafengebühren, Erträgen aus gewässergebundener Erholung usw. ermitteln. Die Preis- bzw. die Gebührenansätze werden durch eine Marktforschung bestimmt. Aus ihr geht hervor, welche Gegebenheiten für das Projekt bedeutsam sind und welche Daten als unsicher betrachtet werden müssen. Der Umfang dieser Marktuntersuchung richtet sich nach der Dauer der Untersuchungsperiode, der Größe des Projektes und der Vielfalt seiner Erträge. Sie wird für ein kleines Projekt und eine kurze Untersuchungsperiode, dessen Produktion die Marktpreise nicht zu verändern vermag, zu einer relativ einfachen Aufgabe. Die üblichen Marktpreise müssen lediglich erfragt werden. Große Projekte können hingegen den Markt und die Preise wesentlich verändern; darüber hinaus wirken sich vielfältige Faktoren auf das Projekt aus wie Gesetzgebung, Arbeitsmarkt, Transportverhältnisse. Wenn damit gerechnet werden muß, daß sich das Wirtschaftsgefüge während der Untersuchungsperiode infolge politischer, sozialer oder technischer Umwälzungen wesentlich verändert, ist die Marktforschung schwierig. Die Zahlungsbereitschaft ist wichtig für die Bewertung von Nutzen von staatlichen Maßnahmen, da hier ein Modell der individuell offenbarten Präferenzen des Marktsystems auf den öffentlichen Sektor übertragen wird. Bei großen Projekten werden hierfür auch die Kosten eines externen Alternativprojektes angesetzt.

Die Erträge aus Projekten des Hochwasserschutzes lassen sich nicht direkt bestimmen. Der Nutzen beschränkt sich auf folgende Einflußfaktoren: Schadensminderung bei Hochwasserereignissen, Verbilligung des Unterhaltungsaufwandes an den Vorflutern, Bereitstellung bedingt hochwasserfreier Flächen, Erträge aus Erholungsfunktion und Erhaltung landwirtschaftlich genutzter Flächen usw. Projekte der Abwasserreinigung, der Flußregelung und des Erosionsschutzes stehen oft außerhalb einer Wirtschaftlichkeitsrechnung und werden von der öffentlichen Hand übernommen. Um solche Projekte rechtfertigen zu können, wird statt eines Ertrages der abgewendete Schaden für Mensch und Umwelt betrachtet.

Bezüglich des Aufwandes wird eine Positionierung in *Anlage- (Herstellungs-) und Betriebskosten* vorgenommen, d.h. nach Investitionen und laufenden Kosten für Betrieb und Unterhaltung. Im Hinblick auf die Zurechenbarkeit auf die einzelnen Kostenträger ist eine Einteilung nach Einzel- und Gemeinkosten möglich. Eine Einordnung nach fixen und variablen Kosten ist abhängig von dem Verhalten bei geänderter Kapazitätsauslastung. So gehören die Kosten zur Vorhaltung einer Pumpstation zu den fixen Kosten, wohingegen die Pumpkosten mit der Leistungsmenge variieren. Die Investitionskosten umfassen die Kostengruppe für Grunderwerb, Vorarbeiten, Rechtstitel, Bau- und Erschließung und die Reinvestition für Anlageanteile, die während der geplanten Betriebsphase zu ersetzen sind. Die laufenden Aufwendungen setzen sich aus Kosten zum Betrieb, zur Wartung, Unterhaltung und Überwachung einschließlich Steuern und Abgaben zusammen. Sie werden nach Personal-, Sach- und Energiekosten aufgeschlüsselt. Kosten, die in ein Projekt investiert werden, welches nicht zur Ausführung kommt, sind *verlorene Kosten.*

Bei Kostenschätzungen wird oft auf zurückliegende Baumaßnahmen zurückgegriffen. Zur Aktualisierung älterer Kostenangaben kann der Preisindex für Bauwerke, der vom statistischen Bundesamt oder Fachverbänden herausgegeben wird, herangezogen werden (Tabelle 3.1). Zur Aktualisierung von Betriebskosten können wichtige Indizes dem Statistischen Jahrbuch entnommen werden. Neben der Geldentwertung müssen auch Faktoren wie Projektauslegung, Auslastung des Baumarktes, Beschäftigungsprogramme, Mechanisierung der Bauverfahren usw. bei der Übertragung der Kosten berücksichtigt werden.

Gegeben sind die Baupreisindices 1986 mit 81,4 und 1995 mit 117,1 (s. Tabelle 3.1). Gesucht sind die geschätzten Baukosten 1997 eines Bauvorhabens im Jahr 1997; ein vergleichbares Vorhaben wurde 1986 mit 1 Mio DM fertiggestellt.

Die Preissteigerung betrug innerhalb des Zeitraumes von 10 Jahren 116,2/78,2 - 1 = 0,489 und beträgt durchschnittlich

$$(1+a) = \frac{\text{Index am Ende}}{\text{Index am Anfang}} \quad \text{bzw.} \quad \left[\left(\frac{\text{Index am Ende}}{\text{Index am Anfang}}\right)^{1/n} - 1\right] \cdot 100 = \bar{a}$$

$$[(117,1 / 81,4)^{1/10} - 1] \cdot 100 = 3,70\% = \bar{a} \text{ im Mittel } 1977/86.$$

Die Extrapolation dieses Mittelwertes ergibt für das Jahr 1997 den Index:

Index am Ende = Index am Anfang $\cdot$ $(1+\bar{a})^n$;   Index 1997 = Index 1995 $(1+\bar{a})^{10}$ = 117,1 $(1,037^{10})$ = 168,4.
Die Kosten im Jahr 1997 betragen 1,00 $\cdot$ 10^6 (168,4 / 117,1) = 1,44 $\cdot$ 10^6 DM.

Die Bestimmung der Nutzen- und Kostenströme umfaßt die Investitionen des Projektes (Kapitalkosten), die Betriebs-, Unterhaltungs- und Ersatzkosten (auch OMR - Kosten genannt nach Operation, Maintenance and Replacement) und den Nutzen während des gesamten Untersuchungszeitraumes (Bild 3.1).

Die Bewertung der Nutzen und Kosten zu Marktpreisen kann folgendermaßen geschehen:

- Durch Berechnung der Zahlungsbereitschaft für die Güter und Dienstleistungen. Dies entspricht in vielen Fällen dem Marktpreis, der sich einstellt, wenn eine freie wettbewerbsorientierte Marktwirtschaft für die entsprechenden Güter besteht.

- Durch Schätzung der Änderung des Nettoeinkommens der Nutznießer; z.B. Änderung des Nettoeinkommens der Landwirtschaft durch Bewässerung aus einem neuen Speicher.

- Mit Hilfe von Alternativkosten. Wie bereits bei indirekten tangiblen Nutzen und Kosten erklärt, wird z.B. der Nutzen für Niedrigwassererhöhung (Zweck eines Speichers) gleich der Kostenminderung beim Bau von Kläranlagen zum Erhalten einer Güteklasse im Fluß gesetzt.

Bei allen Bewertungen sollen inflationsbereinigte Preise benutzt werden; d.h. für Preise von verbrauchten bzw. produzierten Gütern darf eine Erhöhung nur dann berücksichtigt werden, wenn diese durch eine echte Änderung des Bedarfs- und Angebotszustandes herbeigeführt wurde. Sonst bleiben die Preise konstant.

Obwohl in vielen Fällen nicht alle Nutzen und Kosten monetär bewertet werden können, müssen alle intangiblen Wirkungen dennoch aufgeführt und beschrieben werden, entweder verbal oder quantifiziert, wobei jedoch eine monetäre Bewertungsanpassung fehlt.

3.3 Nutzungsdauer und Abschätzung der laufenden Kosten

Bei Projektuntersuchungen hat man zwischen der kalkulatorischen und technischen Lebensdauer von Bauwerken zu unterscheiden. Die durchschnittliche tatsächliche Nutzungsdauer und die Betriebsphase (Abschreibungsdauer) sollen annähernd übereinstimmen. Häufig wird die Abschreibungsdauer jedoch kürzer angesetzt, um sich z.B. technischen Neuerungen und Preisentwicklungen besser anpassen zu können. Die tatsächliche Nutzungsdauer wird im internationalen Vergleich nicht einheitlich beurteilt. Als maximale technische Lebensdauer werden 100 Jahre angesehen, z.B. nach den Richtlinien der United Nations. Nach anderen Richtlinien wird als maximale Nutzungsdauer 50 Jahre angegeben (Tabelle 3.1).

Die angenommene Laufzeit der Projekte beeinflußt insbesondere den Barwert der laufenden Nutzen- und Kostenströme und den Kapitalwert einer späteren Ausbaustufe. Wie für uniforme Ratenzahlungen gezeigt werden kann, ist bei hohen Zinssätzen der Einfluß der

Tabelle 3.3. Durchschnittliche Nutzungsdauer wasserbaulicher Anlagen (Auszug aus LAWA, 1981)

Nr. Art der Anlagen	Durchschnittliche Nutzungsdauer in Jahren
1 Abwassertechnische Anlagen	
Abwasserableitung	
Kanäle aus Stahlbeton, Schleuderbeton, Asbestzement	50 - 60
Steinzeug	80 - 100
PVC - hart, PE-h	40 - 50
Kanalisationsschächte	50
Dükerleitungen	50
Regenüberlaufbauwerke, Regenklärbecken	50 - 70
Pump- und Hebewerke	
Baulicher Teil	25 - 40
Maschineller Teil	15
Abwasserbehandlung (Kläranlagen)	
Bauwerke von Großanlagen in aufgelöster Bauweise (Rechenbauwerk, Sandfang, Vorklär-, Belebungs-, Nachklärbecken, Maschinenhaus, Pumpenschächte)	25 - 30
Oxydationsgräben in Betonkonstruktion	25
Tropfkörper	15
Faultürme in Betonkonstruktion	30
Stahlkonstruktion	15
Gasspeicherung	15 - 20
Heizungsinstallation für Faulraumheizung, Behälter für Fällungschemikalien und Dosier-Misch-Einrichtungen bei der Schlammkonditionierung, Gasmessung	15
Motoren: Kreisel, Walzen, Rotoren zur Oberflächenbelüftung; Schlammpressen (ohne Kammerfilterpressen), -zentrifugen	12
Kammerfilterpressen	max. 25
Förderbänder, Wärmetauscher für Faulraumheizung	10
Pumpen, Gasreinigung	8
Ketten-, Zahnstangenantriebe, Räumer	5
Kleinkläranlagen	10 - 15
2 Flußbauliche Anlagen	
Deiche (Hochwasserdämme)	80 - 100
Einlauf- und Entnahmebauwerke	
Bauwerke aus Beton, Mauerwerk	80
Betriebseinrichtungen	40
Rechen	20
Einlaufschütze aus Stahl	35
Verschlußorgan	25
Schützantrieb im Freien	15
geschützt	30
Regelungsbauwerke (Parallelwerke, Buhnen, Grund- und Sohlschwellen)	50
Schöpfwerke	
Baulicher Teil	80
Maschineller Teil	25 - 40
Ufersicherungen	
Uferdecke normal, in regulierten und staugeregelten Flüssen	50
in Kanälen aus Steinpackungen, Pflaster, Platten mit und ohne Fugenverguß	40
ohne Fugenverguß	40
Steinschüttungen auf Splittunterlage	30 - 40

Art der Anlagen	Durchschnittliche Nutzungsdauer in Jahren
Uferwände aus Stahlbeton, Beton	90
Stahl	(60) - 90
Lebendverbau	30 - 40
3 Gebäude	
Bauhöfe, Lager, Depots	
Baulicher Teil	50 - 80
Maschinelle Ausrüstungen	30
4 Kleinkraftanlagen	
Bauliche Anlageteile	60
Maschinelle Anlageteile	40
Elektrische Anlageteile	30
5 Künstliche Gerinne	
Stollenauskleidung	50
Gerinne aus Beton- und Stahlbeton in mildem Klima	50 - 75
rauhem Klima	20 - 30
Stahl	25 - 35
Druckrohrleitungen	50
6 Küstenschutzanlagen	
Hauptdeiche	100
Deichsicherungswerke	
Schweres Deckwerk zur Deichflußsicherung auf Schüttsteinen, vergossen	30 - 50
Betonverbundsteinen	40 - 50
Leichtes Deckwerk zur Bermen- und Böschungssicherung aus Betonverbundsteinen	40
Asphaltbeton ohne/mit Betonhöckersteinen	30 - 40
Deichschutzwerke	
Lahnungen und Vorlanddeckwerke aus Schüttsteinen, unvergossen	25
vergossen oder Betonverbundsteinen	30 - 40
Buschlahnungen	5 - 10
Sommerdeiche je nach Überflutungshäufigkeit	30 - 70
Deichsicherungswege und Deichrampen	
mit einer Fahrbahnbefestigung aus Beton oder Betonverbundsteinen	30
Deichscharten in Hauptdeichen aus Stahlbeton und Mauerwerk	80
Stahlspundwänden	60
Deichschartenverschlüsse (Tore/Dammbalken) aus	
Holz	30
Stahl / Aluminium	50
Deichsiele aus Stahlbeton	80
Deichsielverschlüsse (Tore, Schütze, Klappen) aus Stahl	40
Sperrwerke	
Baulicher Teil	80
Verschlüsse	40
Uferwände aus Stahl	40
7 Landwirtschaftlicher Wasserbau	
Beregnungsanlagen	
Tiefbrunnen mit Pumpenhaus (wie Wasserversorgung)	20 - 40
Bewässerungsbrunnen	max. 15

Art der Anlagen	Durchschnittliche Nutzungsdauer in Jahren
Mobiles Beregnungsmaterial	10 - 20
Elektromechanische Einrichtungen	15
Stationäre (unterirdische) Rohrnetze aus	
Asbestzement, Beton, Kunststoff	(20) - 40
Duktilem Guß	(40) - 60
Entwässerungs-, Dränanlagen	
Offene unbefestigte Gräben	10 - 20
Rohrdränung als Flächenentwässerung	30 - 40
Maulwurfdräne, Erddräne	8 - 12
Vorfluterausbau	
Drahtsenkwalzen	15 - 20
Böschungssicherung durch Drahtschotterbau	10 - 15
Sohlen- und Böschungssicherung durch Schotterlage	15 - 25
Gerinneausbau mit Sohlschalen aus Beton	35 - 40
Sohlrampen aus Pflaster	20 - 40
Absturzbauwerke und Kaskaden (ohne Holz)	40 - 50
Rohrdurchlässe aus	
Betonfertigteilen	80 - (100)
Stahlfertigteilen verzinkt	40
8 Meß- und Regelungstechnik, Fernmeldeanlagen	30
Niederschlagsmeßgeräte	20 - (35)
Pegelanlagen	25
9 Schiffahrtsanlagen	
Absperrbauwerke an Schiffahrtskanälen	80 - 90
Entlastungsanlagen an Schiffahrtsstraßen	80 - 90
Fluß- und Kanalbett von Binnenwasserstraßen	80 - 100
Leinpfade	50
Schiffahrts- und Verkehrszeichen	15
Schleusen einschließlich Vorhäfen aus	
Mauerwerk und Beton	90
Stahlspundwänden	(60) - 90
Düker und Durchlässe	80 - 90
10 Stauanlagen	
Talsperren (Staumauern und -dämme), Absperrbauwerke von RHB	
Staukörper einschl. Betriebseinrichtungen aus Beton	80 - 100
Stahlwasserbaukonstruktionen einschl. Antriebe	30 - 40
Kranbahnen und -antriebe, Geländer, Stahlplattformen, Eisabwehr,	
Stollenbelüftung, Entwässerungseinrichtungen und dergl.	30 - 40
Wehre	
Tiefbaulicher Teil aus Beton, Mauerwerk, Stein	90
Bewegliche Teile (aus Stahl) einschl. Antriebe	40 - 70
11 Verkehrsanlagen	
aus Stein, unbewehrtem Beton	90
aus Stahl-, Spannbeton, Verbundkonstruktion	
Unterbauten (Fundamente, Widerlager einschl. Flügel	
Pfeiler, Stützen)	90
Überbauten	60

Art der Anlagen	Durchschnittliche Nutzungsdauer in Jahren
Formstahlgeländer	20 - 30
Stahl: Stahlstützen, -überbauten	60
Trasse und Unterbau von Straßen- und Gleisanschlüssen	80 - 100
Fahrbahnbefestigungen auf Straßen	
Schotterdecke ungeschützt	5
mit Oberflächenbehandlung	8
Asphaltbeton	15
Pflaster, Betonverbundsteine	20 - 30
Erholungseinrichtungen	25
12 Wasserfahrzeuge und schwimmendes Gerät	30
13 Wasserkraftanlagen (ohne Kleinkraftanlagen)	
Krafthaus	
Tiefbau	80 - 100
Hochbau	50
Der Witterung ausgesetzte Stahlkonstruktionen	30 - 40
Maschinelle Ausrüstung	
Turbinen einschl. Hausturbinen	(35) - 50
Sonstige mechanische Krafthausausrüstung	
einschl. Rohrleitungen	30 - 50
Elektrische Ausrüstung	
Generatoren ohne Wicklungen	(35) - 50
Generator-Wicklungen	30
Transformatoren	(25) 30-40
Hochspannungsausrüstung (Trennschalter, Öl-Leistungsschalter)	40
Blitzschutzsicherung	10
Sonstige elektrische Ausrüstung einschl. Leitungsnetz	(20) 30-40
Freiluft-Anlagen	
Baulichkeiten	40 - 50
Ausrüstung	25 - 30
Freileitungen, Kabel, Maste	
Hochspannungsfreileitungen und -kabel	40 - 50
Niederspannungsfreileitungen und -kabel	30 - 40
Maste aus Stahl mit Betonfundament oder Stahlbeton	35 - 45
Wasserschlösser in Fels	80 - 100
aus Stahl	50
14 Wasserversorgungsanlagen	
Bohrbrunnen	20- 40
Schachtbrunnen	50 - 70
Pumpen (Kreisel- und Unterwasserpumpen niedrigere,	
Kolbenpumpen höhere Werte)	15 - 20
Maschinenanlagen	15 - 20
Wasseraufbereitungsanlagen je nach System	20 - 30
Wasserbehälter, Hochbehälter	50
Hochbehälterausrüstung	25 - 30
Verteilungsleitungen	40 - 60
Wasserzähler	15 - 20

kalkulatorischen Lebensdauer verhältnismäßig gering. Wird bei geringeren Zinssätzen eine kürzere Diskontierungsperiode angesetzt als die tatsächliche Nutzungsdauer, dann verschiebt sich die rechnerische Wirtschaftlichkeit zur ungünstigen Seite.

Da kalkulatorische und technische Lebensdauer oft unterschiedlich angesetzt werden, entsteht nach Ablauf der kalkulatorischen Lebensdauer ein Restwert, falls die technische Lebensdauer länger ist. Bei der Beurteilung des Restwertes ist aber die Abhängigkeit des Kapitalwertes von der zugrundegelegten Abschreibungsdauer zu berücksichtigen. Meist wird der Restwert unter der Annahme einer linearen Abschreibung über die Nutzungsdauer berechnet. Beseitigungskosten werden als negativer Restwert eingeführt. Daneben kann auch noch der Altwert, z.B. Schrottwert einer Rohrleitung, in die Rechnung eingeführt werden.

Die Kosten, die für die Unterhaltung bzw. den Betrieb der wasserbaulichen Anlagen einzusetzen sind, müssen im Einzelfall ermittelt werden. Meist sind sie für bestehende Anlagen weniger gut dokumentiert als die Investitionskosten, so daß eine Schätzung erfolgen muß. Insbesondere werden die Betriebskosten stark durch die örtlichen Gegebenheiten wie Personalkosten, Abgaben und Steuern beeinflußt. Im Verhältnis zum Gesamtwert der wasserwirtschaftlichen landeseigenen Objekte im Bereich Weser-Ems beläuft sich der Kostenanteil für Betrieb und Unterhaltung auf 0,5 % (Regierungsbezirk Weser-Ems, 1995). Auch zeigen die Unterhaltungskosten Besonderheiten, so daß die übliche Abschätzung als Prozent der Gesamtinvestition nur als Anhaltswert dienen kann (s. Tabelle 3.4). Der lineare Zusammenhang zwischen Betriebs- und Unterhaltungskosten und Kapitalkosten für einen Speicher oder die Kapazität eines Kraftwerkes ist nicht mehr gegeben, wenn die Ausbaugröße sehr klein gewählt wird (Meyerhoff, 1998).

Tabelle 3.4. Jährliche Betriebs- und Unterhaltungskosten in Prozent der investierten Kapitalkosten

Objekt	%
Damm und Speicherbecken	0,1
Ein- und Auslaßbauwerke	1,0
Wasserkraftanlagen	1,0
kleine Wasserkraftanlagen (< 1000 kW)	3,0 - 6,0
Kohlekraftwerke	2,5
Freileitungen	1,0
Nicht ausgekleidete Kanäle, Grabenbefestigungen	2,0
Ausgekleidete Kanäle	1,0
Stählerne Druckleitungen	1,5
Stahlbetonleitungen	1,0
Verteilerbauwerk für Bewässerung	3,0
Stahl- und Stahlbetonbrücken	3,0
Holzbrücken	4,0 - 8,0
Verschlüsse, Windwerke	1,5
Rohrdurchlässe	0,5
Stahlspundwände	1,0
Pflaster	3,0

3.4 Ökonomische Grundlagen für die Ermittlung von Bewertungsmaßstäben und Nutzen-Kosten-Analysen

3.4.1 Finanzmathematische Umrechnungsfaktoren für Nutzen- und Kostenzeitreihen

Die wirtschaftlichen Auswirkungen eines Projektes werden nicht nur durch ihren Betrag in Geldeinheiten charakterisiert, sondern auch durch den Zeitpunkt ihres Anfalls, da die monetären Auswirkungen grundsätzlich zeitabhängig sind. Beträge, die zu verschiedenen Zeiten anfallen, dürfen somit nicht ohne weiteres miteinander verglichen werden. Nutzen und Kosten, die zu unterschiedlichen Zeiten während der Untersuchungsperiode eines Projektes anfallen, müssen für eine monetäre Bewertung vergleichbar gemacht werden bezüglich der Art und des Zeitpunktes ihres Anfallens. Der Wert einer Zahlung zum Zeitpunkt ihrer Entstehung ist die *Nominalzahlung*. Nutzen und Kosten müssen auf einen Zeitpunkt bzw. -spanne bezogen werden, z.B. den Beginn des Projektes oder auf die gesamte Betriebsphase. Ersterer ist der Bezugspunkt, auf den zur Berechnung von Barwerten Zahlungen akkumuliert oder diskontiert wird. Die zeitliche Gewichtung von Kosten und Nutzen kann unterschiedlich erfolgen. Die Zahlungen können als diskrete Werte oder als (uniforme) kontinuierliche Zahlungsreihen (Raten) vorliegen. Kosten bzw. Nutzen werden entweder auf einen gemeinsamen Bezugszeitpunkt bezogen und in abgezinste Werte (Barwerte, Gegenwartswerte) umgerechnet, oder es erfolgt eine Transformation in uniforme Reihen, deren Länge der Kalkulationsperiode entspricht (Bild 3.1).

Wenn Zahlungen (Nutzen und Kosten) verglichen werden sollen, sind sie auf denselben Zeitpunkt zu beziehen, z.B. auf den Beginn eines beliebigen Jahres. Die Nominalwerte sind auf ihre abgezinsten Werte (= Barwerte, Gegenwartswerte) zu transformieren. Der *Barwert* ist der Wert von Zahlungen in einem Bezugspunkt, der durch Akkumulation oder Diskontierung berechnet wird.

Eine Investition von P Geldeinheiten (G.E.) (*einmalige Zahlung* P) bringt i Geldeinheiten Zinsen innerhalb einer bestimmten Zeitperiode, z.B. nach 1 Jahr. Der Gewinn beträgt *nach* dem 1. Zeitabschnitt (nachschüssige Zinsen):

$$i \cdot P. \tag{3.1}$$

Die einzelne Investition ist angewachsen auf den zukünftigen Betrag F:

$$(1 + i) \cdot P = F_1, \tag{3.2}$$

i = kalkulatorischer Zinssatz; i = p/100 mit p als Zinsfuß in %.

Nach dem 2. Zeitabschnitt beträgt der Zuwachs, wenn die gesamte Summe nach dem 1. Zeitabschnitt wieder investiert wird:

$$i \cdot (1 + i) \cdot P, \tag{3.3}$$

so daß das Anfangsvermögen am Ende des 2. Jahres folgenden Kapitalwert hat:

$$F_2 = P(1+i) + i \cdot P(1+i) = P(1+i)(1+i) = P(1+i)^2. \tag{3.4}$$

Für die dritte Wiederholung wird am Ende des dritten Zeitabschnittes erhalten:

$$F_3 = P(1+i)^2 + i \cdot P(1+i)^2 = P(1+i)^2(1+i) = P(1+i)^3. \tag{3.5}$$

Die Summe F_n der Investition P nach n Zeitabschnitten hat den Endwert (Tabelle 3.51):

$$F_n = (1+i)^n \cdot P \tag{3.6}$$

$F_n/P = (1+i)^n$ = Akkumulationsfaktor (i,n) einer einmaligen Zahlung von 1 G.E.
(Tabelle 3.51).

Das Umrechnen von Zahlungen auf einen vom Zahlungsanfall aus gesehenen späteren Bezugspunkt wird als Aufzinsen (*Akkumulieren*) bezeichnet. Diskontieren (Abzinsen) ist im Gegenteil das Umrechnen von Zahlungen auf einen vom Zahlungsanfall aus gesehenen früheren Zeitpunkt. Umgekehrt hat also eine einmalige Zahlung F_n, die künftig in n Jahren geleistet werden soll, einen äquivalenten Gegenwartswert P von (Tabelle 3.53).

$$P = (1+i)^{-n} \cdot F_n \quad = \text{Diskontierungsfaktor (i,n)} \cdot F_n \tag{3.7}$$

$(1+i)^{-n}$: Diskontierungsfaktor einer einmaligen Zahlung von 1 G.E.

Der Wert n ist positiv, wenn man sich mit dem Kalender bewegt, sonst negativ. Beim Akkumulieren (Aufzinsen) und Diskontieren (Abzinsen) handelt es sich also um inverse Operationen.

Der Barwert wird durch Diskontierung berechnet, der Endwert durch Aufzinsen. Der *Kapitalwert* ist die Differenz zwischen Nutzenbarwert und Kostenbarwert eines Projektes. Er dient auch als Investitionskriterium (= Effizienzkriterium).

Wird nicht eine Anfangsinvestition getätigt, sondern eine Folge von n gleichmäßigen Ratenzahlungen R vorgenommen, so führt die 1. Rate zu Zinsen in einem Zeitraum von n-1 Perioden und hat einen Kapitalwert von $(1+i)^{n-1} \cdot$ R. Die 2. Rate bringt Zinsen über n-2 Perioden mit einem Endwert von $(1+i)^{n-2}$ R nach n Perioden. Der auf den Zeitpunkt Null bezogene Barwert P von n Zahlungen R_1, R_2, ..., R_n lautet:

$$P = \frac{R_1}{(1+i)^1} + \frac{R_2}{(1+i)^2} + ... + \frac{R_n}{(1+i)^n} = \sum_{i=1}^{n} \frac{R_k}{(1+i)^k}. \tag{3.8}$$

Werden beide Seiten von Gl. 3.8 mit 1/(1+i) multipliziert und wird Gl. 3.8 von der erweiterten Gleichung subtrahiert, vereinfacht sich für eine uniforme Zahlungsreihe mit $R_1 = R_2$ = ... = R der Ausdruck in Gl. 3.8 zu (Tabelle 3.54):

$$P = \frac{(1+i)^n - 1}{i(1+i)^n} \cdot R \quad = \text{Rentenbarwertfaktor (i, n)} \cdot R \quad \text{mit } i \neq 0. \tag{3.9}$$

Tabelle 3.51. Akkumulationsfaktor für eine einmalige Zahlung von 1 Geldeinheit (G.E.) zum Zeitpunkt Null ((F/P), i%, n): $(1+i)^n$

| Jahre | | | | | | Zinssatz i in Prozent | | | | | | |
n	1	2	3	4	5	6	7	8	9	10	12	15
1	1.0100	1.0200	1.0300	1.0400	1.0500	1.0600	1.0700	1.0800	1.0900	1.1000	1.1200	1.1500
2	1.0201	1.0404	1.0609	1.0816	1.1025	1.1236	1.1449	1.1664	1.1881	1.2100	1.2544	1.3225
3	1.0303	1.0612	1.0927	1.1249	1.1576	1.1910	1.2250	1.2597	1.2950	1.3310	1.4049	1.5209
4	1.0406	1.0824	1.1255	1.1699	1.2155	1.2625	1.3108	1.3605	1.4116	1.4641	1.5735	1.7490
5	1.0510	1.1041	1.1593	1.2167	1.2763	1.3382	1.4026	1.4693	1.5386	1.6105	1.7623	2.0114
6	1.0615	1.1262	1.1941	1.2653	1.3401	1.4185	1.5007	1.5869	1.6771	1.7716	1.9738	2.3131
7	1.0721	1.1487	1.2299	1.3159	1.4071	1.5036	1.6058	1.7138	1.8280	1.9487	2.2107	2.6600
8	1.0829	1.1717	1.2668	1.3686	1.4775	1.5938	1.7182	1.8509	1.9926	2.1436	2.4760	3.0590
9	1.0937	1.1951	1.3048	1.4233	1.5513	1.6895	1.8385	1.9990	2.1719	2.3579	2.7731	3.5179
10	1.1046	1.2190	1.3439	1.4802	1.6289	1.7908	1.9672	2.1589	2.3674	2.5937	3.1058	4.0456
11	1.1157	1.2434	1.3842	1.5395	1.7103	1.8983	2.1049	2.3316	2.5804	2.8531	3.4785	4.6524
12	1.1268	1.2682	1.4258	1.6010	1.7959	2.0122	2.2522	2.5182	2.8127	3.1384	3.8960	5.3503
13	1.1381	1.2936	1.4685	1.6651	1.8856	2.1329	2.4098	2.7196	3.0658	3.4523	4.3635	6.1528
14	1.1495	1.3195	1.5126	1.7317	1.9799	2.2609	2.5785	2.9372	3.3417	3.7975	4.8871	7.0757
15	1.1610	1.3459	1.5580	1.8009	2.0789	2.3966	2.7590	3.1722	3.6425	4.1772	5.4736	8.1371
16	1.1726	1.3728	1.6047	1.8730	2.1829	2.5404	2.9522	3.4259	3.9703	4.5950	6.1304	9.3576
17	1.1843	1.4002	1.6528	1.9479	2.2920	2.6928	3.1588	3.7000	4.3276	5.0545	6.8660	10.7613
18	1.1961	1.4282	1.7024	2.0258	2.4066	2.8543	3.3799	3.9960	4.7171	5.5599	7.6900	12.3755
19	1.2081	1.4568	1.7535	2.1068	2.5270	3.0256	3.6165	4.3157	5.1417	6.1159	8.6128	14.2318
20	1.2202	1.4859	1.8061	2.1911	2.6533	3.2071	3.8697	4.6610	5.6044	6.7275	9.6463	16.3665
25	1.2824	1.6406	2.0938	2.6658	3.3864	4.2919	5.4274	6.8485	8.6231	10.8347	17.0001	32.9190
30	1.3478	1.8114	2.4273	3.2434	4.3219	5.7435	7.6123	10.0627	13.2677	17.4494	29.9599	66.2118
35	1.4166	1.9999	2.8139	3.9461	5.5160	7.6861	10.6766	14.7853	20.4140	28.1024	52.7996	133.1755
40	1.4889	2.2080	3.2620	4.8010	7.0400	10.2857	14.9745	21.7245	31.4094	45.2593	93.0510	267.8635
45	1.5648	2.4379	3.7816	5.8412	8.9850	13.7646	21.0025	31.9204	48.3273	72.8905	163.9876	538.7693
50	1.6446	2.6916	4.3839	7.1067	11.4674	18.4202	29.4570	46.9016	74.3575	117.3909	289.0022	1083.657
60	1.8167	3.2810	5.8916	10.5196	18.6792	32.9877	57.9464	101.2571	176.0313	304.4816	897.5969	4383.999
70	2.0068	3.9996	7.9178	15.5716	30.4264	59.0759	113.9894	218.6064	416.7301	789.7470	2787.800	17735.72
80	2.2167	4.8754	10.6409	23.0498	49.5614	105.7960	224.2344	471.9548	986.5517	2048.400	8658.483	71750.88
90	2.4486	5.9431	14.3005	34.1193	80.7304	189.4645	441.1030	1018.915	2335.527	5313.023	26891.93	290272.3
100	2.7048	7.2446	19.2186	50.5049	131.5013	339.3021	867.7163	2199.761	5529.041	13780.61	83522.27	1174313

Bei einer gleichbleibenden *Ratenzahlung* (Rente) R betragen am Ende des Jahres die Zinsen und die 1. Rate:

$$F_1 = (1 + i)^{-1} \cdot R.$$

Damit wird nach n Perioden ein Summenwert F_n erhalten:

$$F_n = R + (1 + i)^{-1} \cdot R + (1 + i)^{-2} \cdot R + \dots + (1 + i)^{n-1} \cdot R \quad \text{oder} \tag{3.10}$$

$$F_n = (1+i)^{n-1} R + \dots + (1+i) R + R.$$

Tabelle 3.52. Kapitalwiedergewinnungsfaktor bei uniformem, jährlichen Kapitaldienst für 1 G.E. $((R/P), i\%, n)$: $i(1+i)^n / [(1+i)^n-1]$

Jahre	Zinssatz i in Prozent											
n	1	2	3	4	5	6	7	8	9	10	12	15
1	1.01000	1.02000	1.03000	1.04000	1.05000	1.06000	1.07000	1.08000	1.09000	1.10000	1.12000	1.15000
2	0.50751	0.51505	0.52261	0.53020	0.53780	0.54544	0.55309	0.56077	0.56847	0.57619	0.59170	0.61512
3	0.34002	0.34675	0.35353	0.36035	0.36721	0.37411	0.38105	0.38803	0.39505	0.40211	0.41635	0.43798
4	0.25628	0.26262	0.26903	0.27549	0.28201	0.28859	0.29523	0.30192	0.30867	0.31547	0.32923	0.35027
5	0.20604	0.21216	0.21835	0.22463	0.23097	0.23740	0.24389	0.25046	0.25709	0.26380	0.27741	0.29832
6	0.17255	0.17853	0.18460	0.19076	0.19702	0.20336	0.20980	0.21632	0.22292	0.22961	0.24323	0.26424
7	0.14863	0.15451	0.16051	0.16661	0.17282	0.17914	0.18555	0.19207	0.19869	0.20541	0.21912	0.24036
8	0.13069	0.13651	0.14246	0.14853	0.15472	0.16104	0.16747	0.17401	0.18067	0.18744	0.20130	0.22285
9	0.11674	0.12252	0.12843	0.13449	0.14069	0.14702	0.15349	0.16008	0.16680	0.17364	0.18768	0.20957
10	0.10558	0.11133	0.11723	0.12329	0.12950	0.13587	0.14238	0.14903	0.15582	0.16275	0.17698	0.19925
11	0.09645	0.10218	0.10808	0.11415	0.12039	0.12679	0.13336	0.14008	0.14695	0.15396	0.16842	0.19107
12	0.08885	0.09456	0.10046	0.10655	0.11283	0.11928	0.12590	0.13270	0.13965	0.14676	0.16144	0.18448
13	0.08241	0.08812	0.09403	0.10014	0.10646	0.11296	0.11965	0.12652	0.13357	0.14078	0.15568	0.17911
14	0.07690	0.08260	0.08853	0.09467	0.10102	0.10758	0.11434	0.12130	0.12843	0.13575	0.15087	0.17469
15	0.07212	0.07783	0.08377	0.08994	0.09634	0.10296	0.10979	0.11683	0.12406	0.13147	0.14682	0.17102
16	0.06794	0.07365	0.07961	0.08582	0.09227	0.09895	0.10586	0.11298	0.12030	0.12782	0.14339	0.16795
17	0.06426	0.06997	0.07595	0.08220	0.08870	0.09544	0.10243	0.10963	0.11705	0.12466	0.14046	0.16537
18	0.06098	0.06670	0.07271	0.07899	0.08555	0.09236	0.09941	0.10670	0.11421	0.12193	0.13794	0.16319
19	0.05805	0.06378	0.06981	0.07614	0.08275	0.08962	0.09675	0.10413	0.11173	0.11955	0.13576	0.16134
20	0.05542	0.06116	0.06722	0.07358	0.08024	0.08718	0.09439	0.10185	0.10955	0.11746	0.13388	0.15976
25	0.04541	0.05122	0.05743	0.06401	0.07095	0.07823	0.08581	0.09368	0.10181	0.11017	0.12750	0.15470
30	0.03875	0.04465	0.05102	0.05783	0.06505	0.07265	0.08059	0.08883	0.09734	0.10608	0.12414	0.15230
35	0.03400	0.04000	0.04654	0.05358	0.06107	0.06897	0.07723	0.08580	0.09464	0.10369	0.12232	0.15113
40	0.03046	0.03656	0.04326	0.05052	0.05828	0.06646	0.07501	0.08386	0.09296	0.10226	0.12130	0.15056
45	0.02771	0.03391	0.04079	0.04826	0.05626	0.06470	0.07350	0.08259	0.09190	0.10139	0.12074	0.15028
50	0.02551	0.03182	0.03887	0.04655	0.05478	0.06344	0.07246	0.08174	0.09123	0.10086	0.12042	0.15014
60	0.02224	0.02877	0.03613	0.04420	0.05283	0.06188	0.07123	0.08080	0.09051	0.10033	0.12013	0.15003
70	0.01993	0.02667	0.03434	0.04275	0.05170	0.06103	0.07062	0.08037	0.09022	0.10013	0.12004	0.15001
80	0.01822	0.02516	0.03311	0.04181	0.05103	0.06057	0.07031	0.08017	0.09009	0.10005	0.12001	0.15000
90	0.01690	0.02405	0.03226	0.04121	0.05063	0.06032	0.07016	0.08008	0.09004	0.10002	0.12000	0.15000
100	0.01587	0.02320	0.03165	0.04081	0.05038	0.06018	0.07008	0.08004	0.09002	0.10001	0.12000	0.15000
∞	0.01000	0.02000	0.03000	0.04000	0.05000	0.06000	0.07000	0.08000	0.09000	0.10000	0.12000	0.15000

Wird P nach Gl. 3.7 verwendet und in Gl. 3.9 eingesetzt, wird erhalten:

$$F_n = \frac{(1+i)^n - 1}{i} \cdot R \quad \text{mit} \tag{3.11}$$

Rentenendwertfaktor $(F_n/R_{i, n}) = [(1+i)^n - 1]/i$.

Der Rentenendwertfaktor ist identisch mit dem Akkumulationsfaktor für eine gleichförmige jährliche Rate. Eine Investition in der Zukunft kann als reziproker Wert des Rentenendwertfaktors ausgedrückt werden zu:

Tabelle 3.53. Diskontierungsfaktor für eine einmalige Zahlung von 1 G.E. zum Zeitpunkt n $((P/F), i\%, n)$: $(1+i)^{-n}$

Jahre n	Zinssatz i in Prozent											
	1	2	3	4	5	6	7	8	9	10	12	15
1	0.99010	0.98039	0.97087	0.96154	0.95238	0.94340	0.93458	0.92593	0.91743	0.90909	0.89286	0.86957
2	0.98030	0.96117	0.94260	0.92456	0.90703	0.89000	0.87344	0.85734	0.84168	0.82645	0.79719	0.75614
3	0.97059	0.94232	0.91514	0.88900	0.86384	0.83962	0.81630	0.79383	0.77218	0.75131	0.71178	0.65752
4	0.96098	0.92385	0.88849	0.85480	0.82270	0.79209	0.76290	0.73503	0.70843	0.68301	0.63552	0.57175
5	0.95147	0.90573	0.86261	0.82193	0.78353	0.74726	0.71299	0.68058	0.64993	0.62092	0.56743	0.49718
6	0.94205	0.88797	0.83748	0.79031	0.74622	0.70496	0.66634	0.63017	0.59627	0.56447	0.50663	0.43233
7	0.93272	0.87056	0.81309	0.75992	0.71068	0.66506	0.62275	0.58349	0.54703	0.51316	0.45235	0.37594
8	0.92348	0.85349	0.78941	0.73069	0.67684	0.62741	0.58201	0.54027	0.50187	0.46651	0.40388	0.32690
9	0.91434	0.83676	0.76642	0.70259	0.64461	0.59190	0.54393	0.50025	0.46043	0.42410	0.36061	0.28426
10	0.90529	0.82035	0.74409	0.67556	0.61391	0.55839	0.50835	0.46319	0.42241	0.38554	0.32197	0.24718
11	0.89632	0.80426	0.72242	0.64958	0.58468	0.52679	0.47509	0.42888	0.38753	0.35049	0.28748	0.21494
12	0.88745	0.78849	0.70138	0.62460	0.55684	0.49697	0.44401	0.39711	0.35553	0.31863	0.25668	0.18691
13	0.87866	0.77303	0.68095	0.60057	0.53032	0.46884	0.41496	0.36770	0.32618	0.28966	0.22917	0.16253
14	0.86996	0.75788	0.66112	0.57748	0.50507	0.44230	0.38782	0.34046	0.29925	0.26333	0.20462	0.14133
15	0.86135	0.74301	0.64186	0.55526	0.48102	0.41727	0.36245	0.31524	0.27454	0.23939	0.18270	0.12289
16	0.85282	0.72845	0.62317	0.53391	0.45811	0.39365	0.33873	0.29189	0.25187	0.21763	0.16312	0.10686
17	0.84438	0.71416	0.60502	0.51337	0.43630	0.37136	0.31657	0.27027	0.23107	0.19784	0.14564	0.09293
18	0.83602	0.70016	0.58739	0.49363	0.41552	0.35034	0.29586	0.25025	0.21199	0.17986	0.13004	0.08081
19	0.82774	0.68643	0.57029	0.47464	0.39573	0.33051	0.27651	0.23171	0.19449	0.16351	0.11611	0.07027
20	0.81954	0.67297	0.55368	0.45639	0.37689	0.31180	0.25842	0.21455	0.17843	0.14864	0.10367	0.06110
25	0.77977	0.60953	0.47761	0.37512	0.29530	0.23300	0.18425	0.14602	0.11597	0.09230	0.05882	0.03038
30	0.74192	0.55207	0.41199	0.30832	0.23138	0.17411	0.13137	0.09938	0.07537	0.05731	0.03338	0.01510
35	0.70591	0.50003	0.35538	0.25342	0.18129	0.13011	0.09366	0.06763	0.04899	0.03558	0.01894	0.00751
40	0.67165	0.45289	0.30656	0.20829	0.14205	0.09722	0.06678	0.04603	0.03184	0.02209	0.01075	0.00373
45	0.63905	0.41020	0.26444	0.17120	0.11130	0.07265	0.04761	0.03133	0.02069	0.01372	0.00610	0.00186
50	0.60804	0.37153	0.22811	0.14071	0.08720	0.05429	0.03395	0.02132	0.01345	0.00852	0.00346	0.00092
60	0.55045	0.30478	0.16973	0.09506	0.05354	0.03031	0.01726	0.00988	0.00568	0.00328	0.00111	0.00023
70	0.49831	0.25003	0.12630	0.06422	0.03287	0.01693	0.00877	0.00457	0.00240	0.00127	0.00036	0.00006
80	0.45112	0.20511	0.09398	0.04338	0.02018	0.00945	0.00446	0.00212	0.00101	0.00049	0.00012	0.00001
90	0.40839	0.16826	0.06993	0.02931	0.01239	0.00528	0.00227	0.00098	0.00043	0.00019	0.00004	0.00000
100	0.36971	0.13803	0.05203	0.01980	0.00760	0.00295	0.00115	0.00045	0.00018	0.00007	0.00001	0.00000

$$R = F_n \cdot i \, / \, [(1+i)^n - 1] \quad \text{mit} \tag{3.12}$$

Rückstellungsfaktor $(R \, / \, F_n, i,n) = i \, / \, [(1+i)^n - 1]$.

Wird der Rückstellungsfaktor mit $(1+i)^n$ verzinst, erhält man den Kapitalwiedergewinnungsfaktor $i(1+i)^n \, / \, [(1+i)^n-1]$ (Tabelle 3.52) bzw.

$$R = \frac{i\,(1+i)^n}{(1+i)^n - 1} \cdot P \quad = \text{Kapitalwiedergewinnungsfaktor } (i,n) \cdot P. \tag{3.13}$$

Der gegenwärtige Wert P wird durch den Kapitalwiedergewinnungsfaktor ausgedrückt als äquivalente gleichförmige Ratenzahlung über n Perioden; er gibt die jährliche Rate für eine

Tabelle 3.54. Diskontierungsfaktor für eine uniforme, jährliche Zahlungsreihe von 1 G.E. $((F/R), i\%, n)$: $(1+i)^n - 1 / [i(1+i)^n]$

Jahre	Zinssatz i in Prozent											
n	1	2	3	4	5	6	7	8	9	10	12	15
1	0.99010	0.98039	0.97087	0.96154	0.95238	0.94340	0.93458	0.92593	0.91743	0.90909	0.89286	0.86957
2	1.97040	1.94156	1.91347	1.88609	1.85941	1.83339	1.80802	1.78326	1.75911	1.73554	1.69005	1.62571
3	2.94099	2.88388	2.82861	2.77509	2.72325	2.67301	2.62432	2.57710	2.53129	2.48685	2.40183	2.28323
4	3.90197	3.80773	3.71710	3.62990	3.54595	3.46511	3.38721	3.31213	3.23972	3.16987	3.03735	2.85498
5	4.85343	4.71346	4.57971	4.45182	4.32948	4.21236	4.10020	3.99271	3.88965	3.79079	3.60478	3.35216
6	5.79548	5.60143	5.41719	5.24214	5.07569	4.91732	4.76654	4.62288	4.48592	4.35526	4.11141	3.78448
7	6.72819	6.47199	6.23028	6.00205	5.78637	5.58238	5.38929	5.20637	5.03295	4.86842	4.56376	4.16042
8	7.65168	7.32548	7.01969	6.73274	6.46321	6.20979	5.97130	5.74664	5.53482	5.33493	4.96764	4.48732
9	8.56602	8.16224	7.78611	7.43533	7.10782	6.80169	6.51523	6.24689	5.99525	5.75902	5.32825	4.77158
10	9.47130	8.98259	8.53020	8.11090	7.72173	7.36009	7.02358	6.71008	6.41766	6.14457	5.65022	5.01877
11	10.36763	9.78685	9.25262	8.76048	8.30641	7.88687	7.49867	7.13896	6.80519	6.49506	5.93770	5.23371
12	11.25508	10.57534	9.95400	9.38507	8.86325	8.38384	7.94269	7.53608	7.16073	6.81369	6.19437	5.42062
13	12.13374	11.34837	10.63496	9.98565	9.39357	8.85268	8.35765	7.90378	7.48690	7.10336	6.42355	5.58315
14	13.00370	12.10625	11.29607	10.56312	9.89864	9.29498	8.74547	8.24424	7.78615	7.36669	6.62817	5.72448
15	13.86505	12.84926	11.93794	11.11839	10.37966	9.71225	9.10791	8.55948	8.06069	7.60608	6.81086	5.84737
16	14.71787	13.57771	12.56110	11.65230	10.83777	10.10590	9.44665	8.85137	8.31256	7.82371	6.97399	5.95423
17	15.56225	14.29187	13.16612	12.16567	11.27407	10.47726	9.76322	9.12164	8.54363	8.02155	7.11963	6.04716
18	16.39827	14.99203	13.75351	12.65930	11.68959	10.82760	10.05909	9.37189	8.75563	8.20141	7.24967	6.12797
19	17.22601	15.67846	14.32380	13.13394	12.08532	11.15812	10.33560	9.60360	8.95011	8.36492	7.36578	6.19823
20	18.04555	16.35143	14.87747	13.59033	12.46221	11.46992	10.59401	9.81815	9.12855	8.51356	7.46944	6.25933
25	22.02316	19.52346	17.41315	15.62208	14.09394	12.78336	11.65358	10.67478	9.82258	9.07704	7.84314	6.46415
30	25.80771	22.39646	19.60044	17.29203	15.37245	13.76483	12.40904	11.25778	10.27365	9.42691	8.05518	6.56598
35	29.40858	24.99862	21.48722	18.66461	16.37419	14.49825	12.94767	11.65457	10.56682	9.64416	8.17550	6.61661
40	32.83469	27.35548	23.11477	19.79277	17.15909	15.04630	13.33171	11.92461	10.75736	9.77905	8.24378	6.64178
45	36.09451	29.49016	24.51871	20.72004	17.77407	15.45583	13.60552	12.10840	10.88120	9.86281	8.28252	6.65429
50	39.19612	31.42361	25.72976	21.48218	18.25593	15.76186	13.80075	12.23348	10.96168	9.91481	8.30450	6.66051
60	44.95504	34.76089	27.67556	22.62349	18.92929	16.16143	14.03918	12.37655	11.04799	9.96716	8.32405	6.66515
70	50.16851	37.49862	29.12342	23.39451	19.34268	16.38454	14.16039	12.44282	11.08445	9.98734	8.33034	6.66629
80	54.88821	39.74451	30.20076	23.91539	19.59646	16.50913	14.22201	12.47351	11.09985	9.99512	8.33237	6.66657
90	59.16088	41.58693	31.00241	24.26728	19.75226	16.57870	14.25333	12.48773	11.10635	9.99812	8.33302	6.66664
100	63.02888	43.09835	31.59891	24.50500	19.84791	16.61755	14.26925	12.49432	11.10910	9.99927	8.33323	6.66666
∞	100.00000	50.00000	33.33333	25.00000	20.00000	16.66667	14.28571	12.50000	11.11111	10.00000	8.33333	6.66667

zum Zeitpunkt t = 1 vorgenommene Investition (oder Kreditaufnahme) von 1 G.E. während einer Laufzeit von n Jahren an und entspricht für n → ∞ dem Zinssatz.

Eine Folge von n gleichmäßigen Ratenzahlungen R kann durch ihren gegenwärtigen Wert P ausgedrückt werden. Es gilt: $P = (1+i)^{-n}\ F_n$ und $F_n = ((1+i)^n - 1)/i)R$. Beide Gleichungen ineinander eingesetzt ergeben den Gegenwartswert von R Raten als Rentenbarwert zu:

$$P = [(1+i)^n - 1] / [i\,(1+i)^n] \cdot R \quad \text{mit} \tag{3.14}$$

Rentenbarwertfaktor $(P/R, i, n) = [(1+i)^n - 1] / [i(1+i)^n]$ (s. auch Gl. 3.9).

Der Rentenbarwertfaktor nähert sich bei einem großen Wert von i bereits nach kurzer Zeit seinem Endwert und entspricht für n → ∞ dem Kehrwert von i (Bild 3.5, Tabelle 3.54).

Tabelle 3.6. Zinsfaktoren: i: Zinssatz; F_n: Summe der Anfangsinvestition nach n Jahren oder zukünftige, einmalige Zahlung; P: Gegenwartswert; R: gleichbleibende (uniforme) Raten

Gegeben	Gesucht	Gegebene Größe ist zu multiplizieren mit – Name des Faktors	Formel	Schema der Zahlungsströme
Faktoren bei einmaliger, jährlicher Zahlung				
P	F_n	Akkumulationsfaktor, (Aufzinsungsfaktor) bei einmaliger Zahlung	$(1+i)^n$	
F_n	P	Diskontierungsfaktor, (Abzinsungsfaktor) bei einmaliger Zahlung	$(1+i)^{-n}$	
Faktoren bei uniformer, jährlicher Zahlung				
R	P	Diskontierungsfaktor einer uniformen Rate (Rentenbarwertfaktor)	$\dfrac{(1+i)^n-1}{i(1+i)^n}$	
P	R	Kapitalwiedergewinnungsfaktor	$\dfrac{i(1+i)^n}{(1+i)^n-1}$	
F_n	R	Rückstellungsfaktor	$\dfrac{i}{(1+i)^n-1}$	
R	F_n	Akkumulationsfaktor einer jährlich gleichförmigen Rate	$\dfrac{(1+i)^n-1}{i}$	
Faktoren bei linearem Anstieg der Zahlung				
G	P	Diskontierungsfaktor	$\dfrac{(1+i)^n - in - 1}{i^2(1+i)^n}$	
R	G	Diskontierungsfaktor	$(1/i) - [n / [(1+i)^n -1)]]$	

Der Kehrwert des Quotienten entspricht dem Kapitalwiedergewinnungsfaktor oder Annuitätsfaktor, und er gibt den jährlichen Kapitaldienst für eine zum Zeitpunkt Null vorgenommene Investition von 1 Geldeinheit während der Laufzeit von n Jahren an.

Allgemein läßt sich Barwert einer Ersatzinvestition unter Berücksichtigung einer konstanten Preissteigerungsrate r angeben zu $[(1+r) / (1+i)]^n$. Eine linear (arithmetisch) zunehmende Steigerung kann in eine äquivalente gleichförmige Rate umgewandelt werden, wie an folgendem Beispiel gezeigt werden kann.

Eine Reihe steigt in 5 Jahren von 0 auf 4000 G.E. linear an. Dann beträgt der Gegenwartswert bei $i = 0\,\%$ am Ende des 1. Jahres 0, am Ende des 2. Jahres 1000, am Ende des 3. Jahres 2000, am Ende des 4. Jahres 3000 und nach Ablauf des 5. Jahres 4000 G.E. Die Summe beträgt $1000 + 2000 + 3000 + 4000 = 8000$, was bei 5 Jahren einem Durchschnittswert von 2000 G.E. entspricht. Bei einem Zinssatz von $i = 10\,\%$ beträgt die Summe der Gegenwartswerte $0{,}827 \cdot 1000 + 0{,}751 \cdot 2000 + 0{,}683 \cdot 3000 + 0{,}621 \cdot 4000 = 6862$. Der Diskontierungsfaktor für eine uniforme Zahlungsreihe (Rentenbarwertfaktor) beträgt 3,791, was einer äquivalenten gleichförmigen Zahlung von $6861{:}3{,}791 = 1810$ G.E. entspricht. Um die ansteigende Reihe in eine aquivalente uniforme umzuwandeln, muß der jährliche Zuwachs (hier: 1000 G.E./a) mit dem Faktor 1,81 multipliziert werden. Wird die Gl. 3.16 verwendet berechnet man den Gegenwartswert zu:

$$P = \frac{1000}{0{,}1} \left[\frac{(1+0{,}1)^5 - 1}{0{,}1(1+0{,}1)^5} - \frac{5}{(1+0{,}1)^5} \right] = 6862 \text{ G.E.}$$

Anstelle dieses Vorgehens läßt sich der Gegenwartswert P bei einem arithmetischen Gradienten G auch wie folgt berechnen:

$$P = G \left[\frac{1}{(1+i)^2} + \frac{2}{(1+i)^3} + \dots + \frac{n-1}{(1+i)^n} \right]. \tag{3.15}$$

wobei 1G der Geldwert am Ende des 1. Jahres bedeutet. Er wird am Ende des 2. Jahres 2G und am Ende des n. Jahres $(n-1) \cdot G$. Werden beide Seiten der Gl. 3.15 mit $(1+i)^1$ multipliziert und wird die erweiterte Gleichung von Gl. 3.15 subtrahiert, erhält man:

$$P = \frac{G}{i} \left[\frac{(1+i)^n - 1}{i(1+i)^n} - \frac{n}{(1+i)^n} \right] \quad \text{bzw. für P/G wird}$$

$$P/G = \frac{(1+i)^{n+1} - (1+ni+i)}{i^2(1+i)^n} \quad \text{oder}$$

$$P = \frac{(1+i)^n - in - 1}{i^2(1+i)^n} \cdot G. \tag{3.16}$$

In der obigen Gleichung wird nur der einheitlich zunehmende Gradient umgewandelt; der Grundbetrag im Jahr Null ist nicht eingeschlossen.

Ist die Rate einer gleichbleibenden Zahlungsreihe R_G gesucht, die der Reihe mit dem arithmetischen Gradienten 1G im 1. Jahr, 2G im 2. Jahr und $(n-1)G$ im n-ten Jahr entspricht, wird (Blank, 1998):

$$R_G = \left[\frac{1}{i} - \frac{n}{(1+i)^n - 1} \right] G. \tag{3.17}$$

Beispiel: Ein Bewässerungsprojekt hat am Ende des ersten Jahres einen Nettonutzen von 30000 G.E. Der Nutzen steigt bis zum 5. Jahr linear auf 150000 G.E. an und bleibt dann 20 Jahre konstant. Nach dem 25. Jahr nimmt er in weiteren 5 Jahren linear ab und wird nach Ablauf des 30. Jahres zu Null. Wie hoch ist der Gegenwartswert, wenn i = 5 % beträgt?

Die Steigerungsrate r beträgt in den ersten 5 Jahren $150000/(5\cdot30000) = 1{,}0$ oder 100 %. In den letzten 5 Jahren erfolgt eine Abnahme um 100 %. Der Diskontierungsfaktor beträgt:

$$[(1 + 0{,}05)^{5+1} - (1 + 5 \cdot 0{,}05 + 0{,}05)] / [0{,}05^2(1 + 0{,}05)^5] = 12{,}566.$$

Damit wird der Gegenwartswert zu $30000 \cdot 12 \cdot 566 = 376\,980$ G.E.

Der Gegenwartswert des 6. bis 20. Jahres beträgt:

$$150000 \cdot \frac{(1+0{,}05)^{15}-1}{0{,}05(1+0{,}05)^{15}} \cdot \frac{1}{(1+0{,}05)^5} = 150000 \cdot 10{,}37966 \cdot 0{,}78353 = 12199916.$$

Der Gegenwartswert des 26. bis 30. Jahres wird erhalten, indem von einer uniformen Reihe eine linear ansteigende subtrahiert wird. Die Differenz ist der Gegenwartswert einer linear fallenden Reihe.

$$150000 \cdot \frac{(1+0{,}05)^5-1}{0{,}05(1+0{,}05)^5} \cdot \frac{1}{(1+0{,}05)^{26}} - 30000 \cdot \frac{(1+0{,}05)^{5+1} - (1+5\cdot0{,}05+0{,}05)}{0{,}05^2(1+0{,}05)^5} \cdot \frac{1}{(1+0{,}05)^{26}}$$

$$= 150000 \cdot 4{,}32948 \cdot 0{,}28124 - 106025 = 76618.$$

Der gesamte Gegenwartswert beträgt: $376980 + 12199916 + 76618 = 12653514$ G.E.

Wenn die jährliche Rate progressiv um eine jährliche Steigerungsrate von r zunimmt (geometrischer Gradient), lautet der Diskontierungsfaktor für eine progressive jährlich steigende Rate:

$$(1+r)\,[(1+i)^n - (1+r)^n] / [(1+i)^n \cdot (i-r)] . \tag{3.18}$$

Damit wird der Gegenwartswert P_E berechnet zu:

$$P_E = P \left[\frac{(1+r)^n}{(1+i)^n} - 1\right] / r-i \quad \text{für } r \neq i \tag{3.19}$$

und $P_E = P \dfrac{n}{1+r}$ für $r = 1$

r: (geometrische) Steigerungsrate,
i: Zinssatz,
P: Geldwert im 1. Jahr.

Beispiel: Der Diskontierungsfaktor einer progressiv jährlich steigenden Kostenreihe beträgt für $r = 2\%$ (4%), $i=5\%$ und eine 25-jährige Periode $(n = 25)$:

$$(1+0{,}02)[(1+0{,}05)^{25} - (1+0{,}02)^{25}] / [(1+0{,}05)^{20}(0{,}05-0{,}02)] = 17{,}5278 \quad \text{bzw. für } r = 4\% \ 22{,}1282.$$

Für $r = 0$ wird ein Diskontierungsfaktor von 14,094 erhalten (Tabelle 3.54).

Jede Geldeinheit hat einen Wert von $(1+i\cdot\Delta t)^n$ nach n Zeitperioden der Länge t. Für $\Delta t \rightarrow 0$ und $n \rightarrow \infty$ wird ein endlicher Grenzwert erhalten:

$$\lim_{n \rightarrow \infty} (1+i\Delta t)^n \rightarrow e^{in}.$$

Häufig tritt der Fall ein, daß die Investition nach Ablauf der Abschreibungsdauer neu betätigt werden muß. Als *Abschreibung* wird die Wertminderung von Wirtschaftsgütern über die Nutzungsperiode bezeichnet, z.B. gleichbleibende Annuitäten. Der Gegenwartswert muß mit solchem Betrag über der Anfangsinvestition liegen, daß dieser Differenzbetrag nach Ablauf der Abschreibungsdauer sich zu den Anfangsinvestitionskosten aufgezinst hat. Die *Amortisation* ist die Summe aus Tilgung und Verzinsung. Der Rückstellungsfaktor gibt die Höhe uniformer jährlicher Raten an, die erforderlich sind, um bei einer Verzinsung von i am Ende der n-jährigen Zahlungsreihe die gewünschte Investition wieder zur Verfügung zu haben (Gl. 3.13):

$$R = \frac{i}{(1+i)^n-1} \, F_n$$

R : jährliche Rate,
F_n : Anlagenneuwert (Bereitstellung der Anfangsinvestition nach n Jahren).

Beispiel: Nach wieviel Jahren hat eine jährliche Zahlung von 2000 DM einen Betrag von 150000 DM erreicht bei 4 % Zinsen ?

Aus $F_n = R \, ((1+i)^n-1)/i$ erhält man durch Auflösung nach n:

$$n = \log \left(\frac{F_n \cdot i}{R} + 1 \right) / \log (1+i) \quad \text{und} \tag{3.20}$$

$$n = \log \left(\frac{150000 \cdot 0{,}04}{2000} + 1 \right) / \log 1{,}04 = 35{,}34 \ a.$$

Beispiel: Eine Kreditsumme von 150000 DM wird mit 4 % verzinst und soll jährlich mit 8000 DM zurückgezahlt werden. In wieviel Jahren ist die Summe getilgt?

Die erste Tilgungsrate beträgt $8000 - (150000 \cdot 0{,}04) = 8000 - 6000 = 2000 \ \text{DM} = T_1.$

Die Tilgungsformel $F = T_1 \cdot [((1+i)^n-1) / i]$ wird nach n aufgelöst: (3.21)

$$n = \log \left[\frac{F \cdot i}{T_1} + 1 \right] / \log (1+i)$$ (3.22)

$$n = \log \left(\frac{150000 \cdot 0,04}{2000} + 1 \right) / \log(1,04) = 35,34 \text{ a.}$$

Beispiel: Ein Wasser- und Bodenverband errichtet ein Pumpwerk und weiß, daß der Maschinenteil im Wert von 40000,- DM im Jahr 2015 erneuert werden muß. In welchem Jahr muß eine einmalige Zahlung von 10000,- DM geleistet werden, damit der Betrag von 40000,- DM im Jahr 2015 bei 8% Verzinsung zur Verfügung steht?

Lösung: $(1 + 0,08)^n = 40/10 = 4 \rightarrow n = 18$ Jahre vorher bzw. Ende 1997.

Bei manchen Baumaßnahmen muß eine vorhandene Anlage, die eine Anfangsinvestition P_e erforderte und die von einem Dritten unterhalten wird, vorzeitig erneuert werden. Der Unterhaltspflichtige hätte, wenn die Anlage t Jahre alt ist, die Bauerneuerungsrücklage $(P_0 - P_e)(1+i)^t$ bilden müssen. Er muß den Betrag $P_0 - P_e$ einbehalten, um in n Jahren das erforderliche Kapital P_0 zur Verfügung zu haben. Den Unterschiedsbetrag kann er als *Vorteilsausgleich* V bezahlen

$$V = (P_0 - P_e) \cdot (1+i)^{t}-1.$$ (3.23)

In obige Gleichung eingesetzt wird

$$V = \frac{(1+i)^t - 1}{(1+i)^n - 1} P_e.$$ (3.24)

Beispiel: Ein Einleitungsbauwerk mit Herstellungskosten von $P_e = 120\,000$ DM und einer Abschreibungsdauer von 100 Jahren muß im Zuge eines Gewässerausbaus nach 40 Jahren vorzeitig erneuert werden. Der Eigentümer kann bei 4% Verzinsung einen Vorteilsausgleich zahlen von

$$V = \frac{4,801 - 1}{50,50 - 1} \, 120\,000 = 9200 \text{ DM.}$$

Soll ein Bauwerkseigentümer von der laufenden Unterhaltung und regelmäßigen Erneuerung des Bauwerkes befreit werden, ist eine *Ablösung* zu zahlen. Die Ablösungssumme AB ergibt sich zu

$$AB = \frac{(1+i)^t}{(1+i)^n - 1} \cdot P_e + \frac{R}{i}$$ (3.25)

P_e : Herstellungskosten,
R   : jährliche Kosten für die laufende Unterhaltung,
t   : Alter der Anlage,
n   : Abschreibungsdauer.

Beispiel: Ein Interessent hat beim Bau eines Steges (Nutzungsdauer n = 80 Jahre) eine Verbreiterung gewünscht. Die auf ihn anfallenden Kosten sind P_e = 150 000 DM und R = 2000 DM/Jahr. Nach t = 20 Jahren soll seine Verpflichtung abgelöst werden. Die Ablösungssumme A beträgt bei 4% Zinsen nach Gl. 3.25:

$$AB = \frac{2{,}1991}{23{,}05-1} \cdot 150\,000 + \frac{1}{0{,}04} \cdot 2000 = 15\,000 + 50\,000 = 65\,000{,}\text{- DM.}$$

3.4.2 Transformation von Zahlungsreihen

3.4.2.1 Annuitätsmethode

In finanzmathematischer Hinsicht läßt sich ein Projekt durch seinen Nutzen- und Kostenstrom während des Untersuchungszeitraumes kennzeichnen. Für die Investitionsrechnung ist es zweckmäßig, die kontinuierlich anfallenden Zahlungsströme in Form von Zahlungsreihen (diskrete Verteilung) anzunehmen, wobei die Summe der Zahlungen während eines Jahres am Ende des Jahres verrechnet werden soll. Der aus der Differenz zwischen kontinuierlicher und periodischer Zahlung während eines Jahres resultierende Fehler beträgt z.B. bei einem Zinsfuß von 5% rd. 0,1% und ist bei langfristigen Betrachtungen vernachlässigbar.

Zur zeitlichen Wichtung des Nutzen- und Kostenstromes stehen zwei Möglichkeiten zur Verfügung: die Annuitätsmethode und die Diskontierungsmethode. Bei der Annuitätsmethode werden alle Nutzen und Kosten in äquivalente jährliche Raten umgerechnet und verglichen. Alle einmaligen Zahlungen werden unter Berücksichtigung von Zinssatz und Abschreibungsdauer in laufende jährliche Einnahmen bzw. Ausgaben umgerechnet. Die Annuität ist die Differenz der durchschnittlichen jährlichen Nutzen und Kosten und entspricht dem jährlich gleichbleibendem Überschuß. Als Abschreibung wird ein Verfahren bezeichnet, bei welchem die Wertminderung von Wirtschaftsgütern über die Nutzungsdauer erfaßt wird. Es wird oft angenommen, daß Betriebskosten M und Nutzen B in jedem Jahr gleich sind (äquivalente uniforme Reihe).

Der Bezugszeitpunkt wird zweckmäßig auf den Betriebsbeginn (Jahresanfang) gelegt. Die vor Betriebsbeginn angefallenen Teilinvestitionen I_j (j = 1, 2, ..., T) werden bis zum Zeitpunkt des Betriebsbeginns aufgezinst zur Gesamtinvestition I mit:

$$I = I_1 (1+i)^T + I_2 (1+i)^{T-1} + \dots I_T (1+i)^2 + I_T (1+i) + I_T \tag{3.26}$$

T : Zahl der Jahre vor Betriebsbeginn, seit denen Teilinvestitionen geleistet werden (Anfang = Planungsbeginn).

Durch Multiplikation der aufgezinsten Investitionen I mit dem Kapitalwiedergewinnungsfaktor läßt sich die jährliche Annuität A berechnen:

$$A = \frac{i\,(1+i)^n}{(1+i)^n - 1} \cdot I. \tag{3.27}$$

Den jährlichen Nettogewinn G erhält man als Differenz des jährlichen Nutzens und der jährlich anfallenden Kosten K zuzüglich der in Raten umgerechneten Investition A:

$$G = B - (A + K). \tag{3.28}$$

Das Verhältnis Nutzen/Kosten berechnet sich zu: $B/(A+K)$ und wird als Rentabilitätsgrenzwert bezeichnet. Das Nutzen-Kosten-Verhältnis wird durch den zugrundegelegten Zinssatz und den Untersuchungszeitraum beeinflußt.

Haben die einzelnen Bauwerke oder Bauwerksteile eine unterschiedlich lange Lebensdauer, muß der Kapitaldienst der einzelnen Teilinvestitionen aufsummiert werden:

$$I = A_1 + A_2 + ... A_k.$$

In einfachen Fällen und wenn ein gleichmäßiger Nutzen- und Kostenstrom vorausgesetzt werden kann, ist die Annuitätsmethode geeigneter als die Diskontierungsmethode zum Nutzen-Kosten-Vergleich von Projektalternativen.

Beispiel: Eine Rohrleitung von $\varnothing$ 30 cm zur Wasserversorgung erfordert 90000 DM Investitionskosten und 20000 DM/a Kosten für den jährlichen Betrieb einschließlich der Pumpkosten. Als Alternative kann für 70000 DM eine Rohrleitung von $\varnothing$ 24 cm installiert werden. Die jährlichen Betriebskosten erhöhen sich auf 26000 DM/a. Die Abschreibungsdauer beträgt 25 Jahre, wobei 5 % der Investitionskosten beim Ersatz der Leitung wieder erlöst werden (Schrottwert). Beide Alternativen sollen miteinander nach der Annuitätsmethode verglichen werden unter der Annahme, daß der Nutzen (Kapitalrückfluß) 15 % der Anfangsinvestition beträgt.

Für $i = 0,15$ und $n = 25$ Jahre wird:

$$\frac{i(1+i)^n}{(1+i)^n-1} = 0,155 \qquad \frac{i}{(1+i)^n-1} = 0,004699.$$

Die jährlichen Kosten der Leitung von $\varnothing$ 30 cm belaufen sich auf:

$$A_{30} = 90000 \frac{i(1+i)^n}{(1+i)^n-1} - (0,05 \cdot 90000) \cdot \frac{i}{(1+i)^n-1} + 20000 =$$

$$A_{30} = 90000 \cdot 0,155 - 0,05 \cdot 90000 \cdot 0,0046 + 20000 = 33929 \text{ DM}.$$

Die jährlichen Kosten für die Leitung von $\varnothing$ 24 cm betragen:

$$A_{24} = 70000 \cdot 0,155 - 0,05 \cdot 70000 \cdot 0,0046 + 26000 = 36834 \text{ DM}.$$

Nach der Annuitätsmethode ist die Leitung mit dem größeren Rohrdurchmesser die bessere Investition. Außerdem ist nutzenseitig zu berücksichtigen, daß die Transportkapazität der Leitung vom $\varnothing$ 30 cm rd. 60 % größer ist als die der Rohrleitung von $\varnothing$ 24 cm.

3.4.2.2 Diskontierungsmethode

Anstelle von jährlichen Raten, die für den gesamten Untersuchungszeitraum zu ermitteln sind, können auch die Kapitalwerte zur Entscheidungshilfe herangezogen werden. Der Kapitalwert ist die Differenz von Nutzen- und Kostenbarwert, der aus der Differenz aller monetär erfaßbaren Nutzen und Kosten eines Projektes errechnet wird; er entspricht also dem kapitalisierten Nettonutzen. Bei der Diskontierungsmethode (Barwertmethode oder Kapitalwertmethode) werden alle Nutzen und Kosten in ihre Barwerte (Gegenwartswerte) umgerechnet. Alle künftigen Zahlungen werden auf einen gemeinsamen Zeitpunkt bezogen und in abgezinste Werte umgerechnet oder bei vorausgegangenen Zahlungen aufgezinst (Bild 3.1, 3.2).

Wenn eine im Zeitpunkt Null angelegte einmalige Zahlung E_0 bei konstantem Zinssatz i zum Zeitpunkt n mit Zinseszinsen auf den Betrag $E_n = E_0 (1 + i)^n$ anwächst, dann ist der Barwert E_0 einer im Zeitpunkt n fälligen Zahlung E_n im Zeitpunkt Null: $E_0 = E_n/(1 + i)^n$. Die Diskontierung oder Abzinsung ist also die einfache Umkehrung der Akkumulation (Aufzinsung).

Durch die Diskontierung werden alle Erträge und Kosten, die während der gesamten Laufzeit eines Projektes entstehen, so umgerechnet, wie wenn sie am Ende des ersten Jahres d.h. zum Bezugszeitpunkt bereits anfallen würden. Spätere Kosten und Erträge sind weniger wert als frühere. Dadurch wird dem Umstand Rechnung getragen, daß bei einer Projektbewertung zu vergleichende Objekte unterschiedliche Lebensdauern und unterschiedliche Größen für Investitionen und Betriebskosten in zeitlicher und quantitativer Hinsicht aufweisen können.

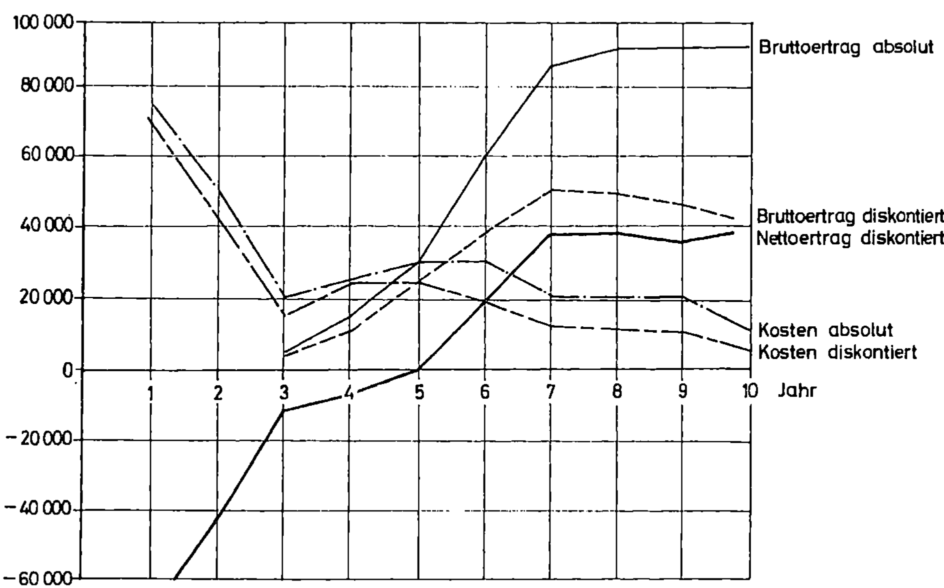

Bild 3.2. Der Einfluß des Diskontierens auf Kapitalströme

Durch Multiplikation der Nettoerträge jedes Jahres mit dem Diskontierungsfaktor, der Zeitpunkt und Zinssatz berücksichtigt, wird der Zeitwert (Barwert) erhalten. Die Nettoerträge ergeben sich durch Subtraktion der Kosten von den Bruttoerträgen. Auf der Kostenseite werden die Investitionen mit berücksichtigt. Der Nettobetrag muß für jedes einzelne Jahr während der gesamten Laufzeit des Projektes gesondert berechnet werden. Vereinfachungen sind bei uniformen jährlichen Beträgen möglich.

Der Kapitalwert ergibt sich aus der Addition der Zeitwerte. Unter dem Kapitalwert P in bezug auf den Zeitpunkt t beim Zinssatz i versteht man also die Summe von n auf den Zeitpunkt t diskontierten Zahlungen, die nach dem Zeitpunkt t erfolgten. Der Kapitalwert P errechnet sich für das Jahr 0 zu:

$$P_0 = I_0 + \frac{I_1}{(1+i)^1} + \dots + \frac{I_n}{(1+i)^t} + \frac{B_1-K_1}{(1+i)^1} + \frac{B_2-K_2}{(1+i)^2} + \dots + \frac{B_n-K_n}{(1+i)^t} + \frac{R}{(1+i)^n} \qquad (3.29)$$

I : Investition (R = Restwert),
B : Bruttoertrag,
K : jährliche Kosten.

Der Kapitalwert als Differenz von Nutzen- und Kostenbarwert (= Barwert des Nettonutzens) und die Annuität als durchschnittliche jährliche Nutzen- bzw. Kostenrate sind über den Kapitalwiedergewinnungsfaktor miteinander verknüpft. Beide Größen werden daher auch als Differenzkriterien bezeichnet.

Die Diskontierungsmethode kann zur Beantwortung verschiedener Fragestellungen herangezogen werden, wie anhand einiger Beispiele gezeigt wird.

Beispiel: Gegeben sind für eine 10-jährige Laufzeit Nutzen und Kosten in DM. Gesucht ist der Kapitalwert zum Bezugszeitpunkt t = 0 für i = 8 % (s. Bild 3.1). Die Berechnung wird tabellarisch durchgeführt.

Jahr n	Investition	Betriebs-kosten	Ertrag	Netto-ertrag	Diskontierungs-faktor $(1+i)^{-n}$	Zeitwert
1	75 000			- 75 000	0,926	- 69 450
2	50 000			- 50 000	0,857	- 42 850
3		20 000	5 000	- 15 000	0.794	- 11 910
4		25 000	15 000	- 10 000	0,735	- 7 350
5		30 000	30 000		0,681	
6		30 000	60 000	+ 30 000	0,630	+ 18 900
7		20 000	85 000	+ 65 000	0,573	+ 37 895
8		20 000	90 000	+ 70 000	0,540	+ 37 800
9		20 000	90 000	+ 70 000	0,500	+ 35 000
10		20 000	90 000	+ 70 000	0.463	+ 32 410
			Buchwert	+ 155 000	Kapitalwert	+ 30 445

Der Kapitalwert ist der geeignete Vergleichsmaßstab unter der Voraussetzung, daß mehrere Investitionsalternativen zur Auswahl stehen, von denen die Alternative mit dem absolut höchsten Kapitalwert ausgewählt werden soll. Durch den Kapitalwert wird die Maximierung des Investitionsbudgets erreicht, wenn die Nettoerträge mit dem maximal erreichbaren Zinssatz diskontiert werden. Die Feststellung des geeigneten Zinssatzes ist jedoch schwierig, da der offizielle Marktzins nur bedingt anwendbar ist.

Der Restwert ergibt sich bei einer angenommenen linearen Abnahme zu: Restwert = [(1- (Kalkulationsperiode / wirtschaftliche Lebensdauer)] · Investitionswert. Der Restwert kann den Kapitalwert mindern, wie folgendes Beispiel zeigt:

Beispiel: Die Investitionen im Bezugszeitpunkt betragen 10 Mio DM, die jährlichen Kosten belaufen sich auf 80000,- DM. Der Untersuchungszeitraum sei 30 Jahre, die wirtschaftliche Lebensdauer der Anlage hingegen 50 Jahre. Der Kapitalwert ist für einen Zinsfuß von p = 6 % p.a. aufzuzeigen unter der Voraussetzung, daß der jährliche Nutzen 500000,- DM/a ausmacht.

Kostenbarwert:

Investition	10000 TDM
laufende Kosten für 30 Jahre: $80000 \cdot (1{,}06^{30} - 1)/0{,}06 \cdot 1{,}06^{30} = 80000 \cdot 13{,}7648$	1101 TDM
	11101 TDM
Restwert $10000000 \cdot (1-30/50)1{,}06^{-30}$	696 TDM
	11797 TDM

Nutzenbarwert:

$$500 \cdot (1{,}06^{50} - 1)/0{,}06 \cdot 1{,}06^{50} = 500 \cdot 15{,}7619 = 7881 \text{ TDM}$$

Kapitalwert = Nutzenbarwert - Kostenbarwert = 7881 - 11797 = - 3916 TDM

Bei zu kurz gewählten Kalkulationsperioden können wasserbauliche Anlagen unzutreffende wirtschaftliche Beurteilungen aufweisen infolge der Langlebigkeit der Anlagen.

Bei der Anwendung der Diskontierungsmethode entfällt die Kostenrechnung für den Kapitaldienst, dafür muß aber das Problem der unterschiedlich langen Lebensdauer behandelt werden. Bei der Annuitätsmethode tritt der Kapitaldienst explizit in Erscheinung, nicht jedoch die Lebensdauer, wenn man gleiche durchschnittliche Jahreskosten der Ersatzinvestition annimmt.

Akkumulations- und Diskontierungsfaktor sind in starkem Maße abhängig von dem angenommenen kalkulatorischem Zinssatz und der kalkulatorischen Lebensdauer. Bei einem hohen Zinssatz erreicht der Nettonutzen, der während einer 100-jährigen Periode gleichförmig anfallen soll, bereits nach kurzer Zeit einen Wert, der nahe dem Endwert liegt, z.B. bei i = 6 % beträgt nach 25 Jahren der Nutzen 75 % des Endwertes. Steigt hingegen der Nettonutzenstrom linear an, stellen sich 75 % des Endwertes erst nach 50 Jahren ein (Bild 3.3).

Neben den finanz-mathematischen Umrechnungsfaktoren werden die wirtschaftlichen Parameter noch von der Lebensdauer der Projekte und ihrer Anlagenteile bestimmt. Dabei ist zu unterscheiden zwischen technischer und wirtschaftlicher Lebensdauer. Die wirtschaftli-

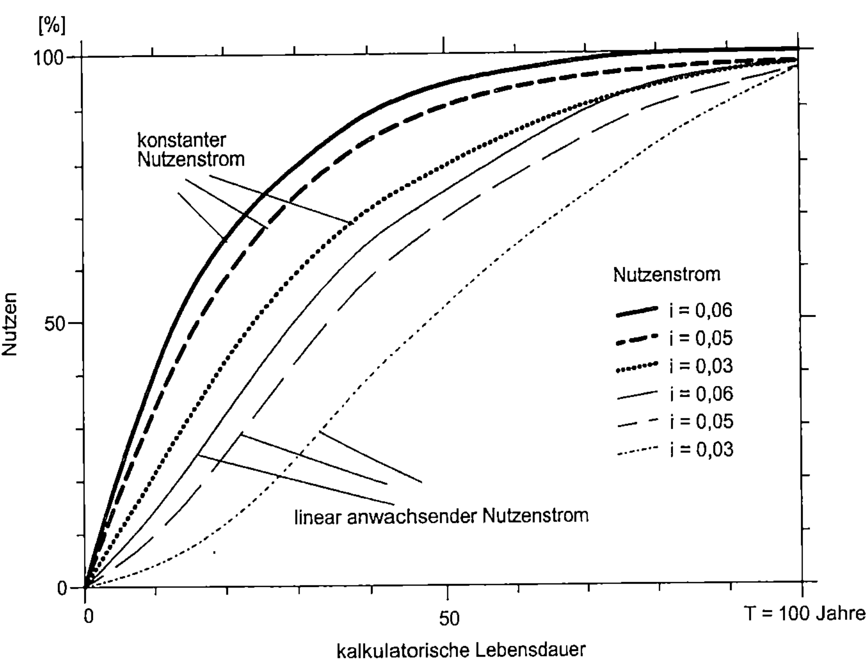

Bild 3.3. Prozentuale Zunahme des Barwertes einer 100-jährigen Reihe während der kalkulatorischen Lebensdauer, ausgedrückt als konstanter bzw. linear ansteigender, diskontierter Nutzen bis zum Jahr T bei verschiedenen Zinssätzen

che Lebensdauer ist abhängig von der technischen Neuentwicklung, der Verschiebung, der Nachfrage und vom Konkurrenzdruck. Sie ist in der Regel kleiner als die technische Lebensdauer. Die kalkulatorische Lebensdauer sollte daher der wirtschaftlichen Lebensdauer gleichgesetzt werden und als durchschnittliche Lebensdauer oder tatsächliche Nutzungsdauer bezeichnet werden, d.h. Diskontierungsperiode = Kalkulationsperiode. Die längste Diskontierungsperiode beträgt 100 Jahre als allgemeine betriebswirtschaftliche Regel und wird in den Standards der United Nations angeführt. Oft werden 50 Jahre als Maximalwert angesehen, z.B. (LAWA, 1981; World Bank, 1993). Bei zu langen Untersuchungsperioden besteht die Gefahr, daß die Technologie veraltet.

Die monetären Bewertungsverfahren für wasserwirtschaftliche Infrastrukturmaßnahmen werden nach Nachfrage-, Markt- und Input-orientierten Ansätzen unterschieden. Unter die Input-orientierten Ansätze fallen die Kostenersparnisrechnung, Ausgabenansätze und Alternativkostenverfahren, deren Parameter großen Schwankungen während der Lebensdauer eines Projektes unterworfen sind.

Im Hinblick auf der Unsicherheit der Prognose wird bei wasserbaulichen Anlagen, insbesondere den Infrastrukturmaßnahmen, oft eine kürzere Lebensdauer angenommen. Das Risiko einer Investition kann auch berücksichtigt werden, indem die Untersuchungsperiode schrittweise verkürzt und der Nettonutzen nach Ablauf jeder verkürzten Periode berechnet wird.

3.5 Zinssatz, interner Zinssatz und weitere Bewertungsgrößen

Die Projektkosten setzen sich aus den am Anfang anfallenden Investitionen und dem Kapitalwert der laufenden Kosten zusammen. Letztere sind stark abhängig von dem zugrundegelegten Zinssatz. Bei niedrigeren Zinssätzen ist die Projektalternative, die hohe Investitionen und niedrige jährliche Kosten beinhaltet, vorteilhafter als die Alternative, die den gleichen Nutzen erbringt aber hohe jährliche Kosten bei kleinen Investitionen erfordert. Je niedriger der Zinssatz ist, desto eher sind also hohe Investitionen (= billige Kredite) zugunsten niedriger laufender Kosten zu rechtfertigen, wenn die Projektalternativen A und B den gleichen Nutzen bringen sollen (Bild 3.4). Bezüglich realer Preissteigerungen während des Untersuchungszeitraums sind bei großen Preissteigerungsraten hohe Investitionen und niedrige laufende Kosten kostengünstiger als niedrige Investitionen und hohe laufende Kosten.

In der Wahl des Zinssatzes drückt sich die Einschätzung zukünftiger Zahlungen im Vergleich zu den jetzigen aus. Zur Auswahl des Zinssatzes gibt es im Prinzip zwei Methoden. Beim ersten Verfahren wird der Zinssatz so gewählt, wie er auf dem Kapitalmarkt bei einem privaten Investor üblich ist. Bei der zweiten Methode wird der Zinssatz als Planungsparameter aufgefaßt, der von der Gesellschaft als notwendig für die Zukunft angesehen wird (Howe, 1971).

Der kalkulatorische Zinssatz wird bei privatwirtschaftlichen Investitionen an die Lage des Kapitalmarktes, das Investitionsrisiko und die zukünftige Inflationsrate angepaßt. Er ist also keine feste Größe, so daß sich bei der Beurteilung von langfristigen Investitionen generell die Frage stellt, ob die Höhe des Zinssatzes überhaupt an die Verhältnisse des Kapi-

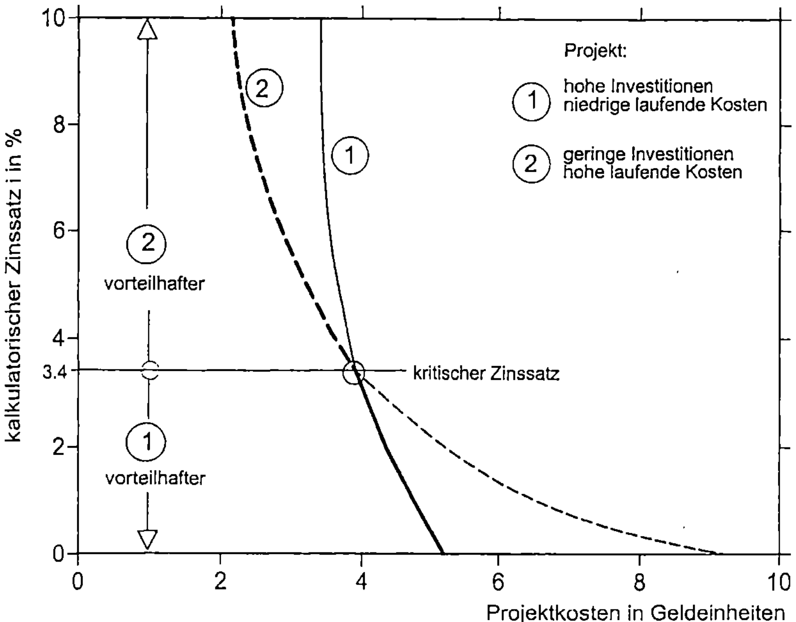

Bild 3.4. Abhängigkeit der Projektkosten vom kalkulatorischen Zinssatz

talmarktes angepaßt werden kann. Zusätzlich zum zeitvarianten Zinssatz kann eine Inflationsrate berücksichtigt werden. Dies gilt insbesondere für den *freien Marktzins*. Als *Nominalzinssatz* wird der Zinssatz unter Einschluß der Inflationsrate verstanden. Als *Realzinssatz* wird der um die Inflationsrate bereinigte Nominalzinssatz bezeichnet. Ein Teil des Zinsertrages muß also aufgewandt werden, um den Nettoverlust des Kapitals (Inflationsrate) auszugleichen. Zur Berücksichtigung der Inflation kann von den Nominalnutzen und -kosten mit den Preisen des Basisjahres ausgegangen werden. Dann ist der Zinssatz als Realwert anzusetzen, d.h. als Differenz zwischen dem nominalen Zinssatz (freier Marktzins), z.B. 9%, und der Inflationsrate, z.B. 5% p.a. Bei der Berechnung wird in vielen Fällen vereinfachend als kalkulatorischer Zinssatz die Differenz zwischen Marktzins und Inflationsrate angesetzt. Häufig wird auf die Wahl eines festen Zinssatzes verzichtet und mit alternativen Zinssätzen gerechnet, z.B. von 2 bis 6%. Durch diese Variation soll der Einfluß des Zinssatzes auf die Planungsentscheidung aufgezeigt werden.

Bei öffentlichen Investitionen wird der Zinssatz nach volkswirtschaftlichen Gesichtspunkten ermittelt. Für eine volkswirtschaftliche Beurteilung von Projekten kann der Zinssatz für langfristige Staatsanleihen als Maß dienen. Anhaltswerte hierfür liefert der staatlich festgelegte Diskontsatz, der zwischen 4 und 7% schwankt. Bei der Berechnung von Ablösungsbeträgen wird er häufig mit i = 4% angesetzt. Bei Annahmen von 8 bis 10% sollte eine volkswirtschaftliche Überprüfung des Ansatzes für die Kapitalkosten erfolgen.

Bei öffentlichen Investitionen wurden volkswirtschaftliche Zinssätze wie folgt festgesetzt: für die Überleitung von Altmühl- und Donauwasser in das Regnitz-Maingebiet zu 5% (1970). In den USA wurde der Zinssatz für staatliche Wasserbauprojekte 1972 von 5,625% auf 7% angehoben. Bei Projekten in Ländern der Dritten Welt werden oft höhere Zinssätze angehalten; sie liegen zwischen 11 und 14%.

Für die Planung wasserwirtschaftlicher Mehrzweckanlagen, die aus öffentlichen Mitteln finanziert werden, kommt durch die Vorgabe eines festen Zinssatzes eine Unsicherheit in die Beurteilung des Ergebnisses. Soll dies vermieden werden, muß ein Konzept gewählt werden, das die Abhängigkeit des Ergebnisses vom angenommenen Zinssatz wiedergibt. Dies kann z.B. mit Hilfe des internen Zinsfußes und einer Sensitivitätsanalyse geschehen. Bei der Empfindlichkeitsprüfung sollte mit einer Bandbreite des Zinssatzes gerechnet werden, z.B. von 2 bis 6% p.a. Eine andere Art der Preisveränderung kann eintreten, wenn wesentliche Eingangsgrößen für den Nutzen oder die Kosten einem starken Wechsel, z.B. durch allgemeinen Marktpreis, unterworfen sein können, was mit Hilfe der Sensitivitätsanalyse geklärt werden kann.

Unter dem *internen Zinssatz* wird der Zinssatz verstanden, bei dem der auf einen beliebigen Zeitpunkt bezogene Gegenwartswert sämtlicher Nutzen und Kosten gleich Null ist, d.h. Zahlungsreihen von Nutzen und Kosten sind äquivalent. Der interne Zinsfuß wird nach der Kapitalwertmethode berechnet. Dazu wird der Zinssatz solange variiert bis der Kapitalwert den Wert Null ergibt. Da der interne Zinssatz als die maximal mögliche Verzinsung des Kapitals angesehen werden kann, vermittelt er eine relative Vorstellung über die Rentabilität eines Projektes, auch wenn keine Alternativen vorliegen. Die Methode ist ein international übliches Standardverfahren der Projektbewertung. Zur Realisierung eines Vorhabens sollte der errechnete interne Zinssatz die Höhe des Marktzinses oder Sollzinses eines Kredites übersteigen. Eine Bewertung nach dem internen Zinssatz allein ohne Berücksichtigung des angemessenen extremen Diskontsatzes kann zu Fehlentscheidungen führen.

Beim internen Zinssatz wird der Kapitalwert P zu Null:

$$P = \sum_{n=1}^{N} \left(\frac{B_n - I_n - K_n - R_n}{(1+i)^n} \right) = 0 \tag{3.30}$$

B_n : Nutzen im Jahre n,
I_n : Investition im Jahre n,
K_n : Betriebskosten im Jahre n,
R_n : Rücklagen im Jahre n, d.h. Ersatzkosten,
N : Planungshorizont (Jahre).

Der interne Zinssatz kann auch als Auswahlkriterium dienen, wenn es sich um vollkommen voneinander unabhängige Projekte handelt. Bei untereinander abhängigen Projekten ist die Kapitalwertmethode vorzuziehen.

Als *Investitionskriterien*, d.h. als Maßstab für die Wirtschaftlichkeit, dienen der Kapitalwert und das Nutzen-Kosten-Verhältnis B/K. B/K wird berechnet zu:

$$B / K = \left(\sum_{n=1}^{N} \frac{B_n}{(1+i)^n} \right) / \left(\sum_{n=1}^{N} \frac{(I_n + K_n + R_n)}{(1+i)^n} \right). \tag{3.31}$$

Der Quotient Nettonutzen/-kosten wird als *Rentabilität* R bezeichnet. Sie ist eine Meßgröße für die Wirtschaftlichkeit und entspricht dem Quotient aus Kapitalwert und Produktkostenbarwert. Die Rentabilität ist eine Vergleichsgröße von Gewinn zu eingesetztem Kapital. Der Quotient Null entspricht der Rentabilitätsschwelle; der rentable Bereich wird durch Quotienten > 0 gekennzeichnet. Das Verhältnis muß $\geq$ 1 sein, wenn ein Projekt wirtschaftlich sein soll.

Beispiel: Für ein Wasserversorgungsprojekt wurden 2 Varianten ausgearbeitet. Die Variante A ist so ausgelegt, daß der Wasserverbrauch für die nächsten 40 Jahre gedeckt ist. Bei der Variante B ist die Versorgung für die nächsten 20 Jahre gesichert, danach ist ein weiterer Ausbau vorgesehen. Als Untersuchungszeitraum für beide Varianten sollen 40 Jahre angesetzt werden. Da beide Varianten gleichwertig sind, ist auch der jährliche Nutzen mit B = 2,5 Mio DM/a gleich. Als kalkulatorischer Zinsatz sind i = 5%, als Abschreibungsdauer n = 40 Jahre vorgegeben. Die Investitionskosten betragen bei dem Projekt A I_A = 40 Mio DM, beim Projekt B I_{B1} = 25 Mio DM für die 1. Stufe und I_{B2} = 30 Mio DM für die 2. Stufe. Die laufenden Kosten liegen bei dem Projekt A gleichbleibend bei M_A = 160 000 DM/a beim Projekt B bei M_{B1} = 100 000 DM/a für die ersten 20 Jahre und M_{B2} = 220 000 DM/a für die zweiten zwanzig Jahre.
Beide Projekte sind anhand des Gegenwartswertes und des internen Zinsfußes zu vergleichen.

$$\text{Gegenwartswert: } P_A = B_A \cdot \frac{(1+i)^n - 1}{i(1+i)^n} - M_A \frac{(1+i)^n - 1}{i(1+i)^n} - I_A$$

$$P_A = 2,5 \cdot 10^6 \cdot 17,159 - 40 \cdot 10^6 - 160000 \cdot 17,159 = 152000 \text{ DM}$$

$$P_B = B_B \frac{(1+i)^n - 1}{i(1+i)^n} - I_{B1} - I_{B2} (1+i)^{n-20} - M_{B1} \frac{(1+i)^{n-20} - 1}{i(1+i)^{n-20}} - \frac{M_{B2}}{(1+i)^{n-20}} \left(\frac{(1+i)^{n-20}}{i(1+i)^{n-20}} \right)$$

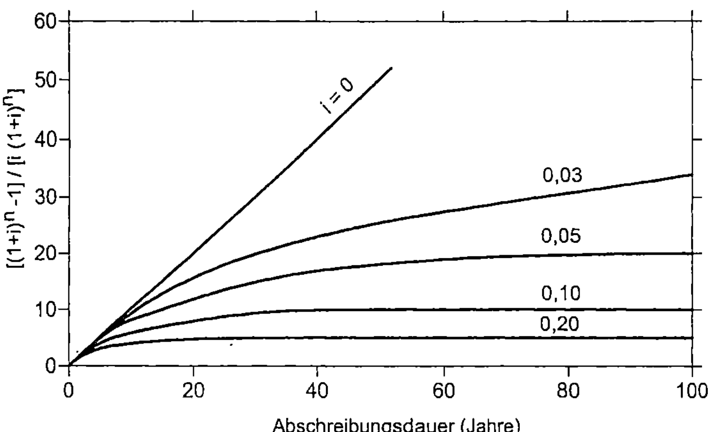

Bild 3.5. Einfluß der Abschreibungsdauer (Jahre) auf den Rentenbarwertfaktor

$$P_B = 2{,}5 \cdot 10^6 \cdot 17{,}159 - 25 \cdot 10^6 - 30 \cdot 10^6 \cdot 0{,}377 - 100000 \cdot 12{,}462 - 220000 \cdot 12{,}462 \cdot 0{,}377 = 4308000 \text{ DM.}$$

Interner Zinssatz: $P = 0 = (B - I - M)(1 + i)^{-n}$

$$P_A = \frac{40 \cdot 10^6 \cdot [(i(1+i)^{40})/(1+i)^{40}-1]}{2{,}5 \cdot 10^6 - 0{,}16 \cdot 10^6} = 17{,}09 \, [(i(1+i)^{40})/(1+i)^{40}-1].$$

Der Wert des Kapitalwiedergewinnungsfaktors $1/17{,}09 = 0{,}0585$ entspricht einem Zinssatz von $5\% < i < 5{,}5\%$. Für P_B wird entsprechend erhalten: $P_B = 6\% < i < 7\%$.

Nach der Kapitalwertmethode ist das Projekt B vorzuziehen. Zusätzlich besitzt das Projekt B am Ende der Abschreibungsdauer noch einen Restwert, der bei linearer Abschreibung beträgt: $[1- (20 \, / \, 40)] \cdot 30 = 15$ Mio DM. Der Restwert, auf den Investitionsbeginn diskontiert, ergibt einen zusätzlichen Kapitalwert von $15 \cdot 10 \cdot 0{,}142 = 2{,}13$ Mio DM.

Der kalkulatorische Zinssatz liegt über dem internen Zinssatz, da der Barwert einen positiven Betrag und nicht den Wert Null aufweist. Um die Rangfolge der Projekte nach dem internen Zinsfuß zu bestimmen, wird der interne Zinsfuß der Differenz der Kapitalwerte A und B ermittelt.

Nutzen-Kosten-Differenz:

Investitionen	+ 15 Mio	(1. Stufe)
	- 30 Mio	(2. Stufe)
laufende Kosten	+ 0,06 Mio	(1. Stufe)
	- 0,06 Mio	(2. Stufe)

$$P_{A-B} = (15-30)\,(1+i)^{-20} + 0{,}06 \, \frac{(1+i)^{20}-1}{i(1+i)^{20}} - 0{,}06 \, \frac{(1+i)^{20}-1}{(1+i)^{20}} \, (1+i)^{-20}.$$

Durch Proberechnung ergibt sich für $i = 0{,}0339$ ein Kapitalwert P_{A-B} zu Null. Die höheren Kosten des Projektes A sind nicht gerechtfertigt.

Beispiel: Bei einem Deichbau muß in 10 Jahren eine Erhöhung für 900000 DM durchgeführt werden, um eine künftige Hochwasserverschärfung aufzufangen. Wird die Erhöhung sofort vorgenommen, entstehen Mehrkosten in Höhe von 550 000 DM. Die Mehrunterhaltungskosten belaufen sich auf 6 000,- DM/Jahr. Wie groß ist der Kapitalwert für i = 0,04% und n = ∞ ?

Der Kapitalwert der sofortigen Aufhöhung beträgt: $P_1 = 550000 + 25,0 \cdot 6000 = 700000$ DM.

Der Kapitalwert der späteren Aufhöhung beträgt:

$$P_2 = \frac{900000}{(1+i)^{10}} + \frac{1}{i(1+i)^{10}}\, 6000$$

$$P_2 = 900000 / 1,480 + 6000 / (0,04 \cdot 1,480) = 711\,000 \text{ DM.}$$

Die Zusatzerhöhung sofort vorzusehen ist wirtschaftlicher, wenn nur der Kapitalwert als Kriterium dient.

Beispiel: Zur Vergrößerung einer Wasserversorgung sind zwei Alternativvorschläge aufgestellt.
Die 1. Variante beinhaltet den Bau einer Talsperre und eines Wasserwerkes und ist ausreichend für die Bedarfsdeckung der nächsten 12 Jahre. Die Investitionen betragen 10 Mio DM, die laufenden jährlichen Kosten 180 000 DM. Nach 12 Jahren muß ein zweiter Damm gebaut und das Wasserwerk erweitert werden. Die Investitionen erhöhen sich auf 300 000 DM/a.

Die 2. Variante sieht den Bau einer einzigen größeren Talsperre vor, die Investitionen für die Sperre und das Wasserwerk betragen 16 Mio DM, die laufenden jährlichen Kosten in den ersten 12 Betriebsjahren betragen 160 000 DM/a. Nach 12 Jahren muß das Wasserwerk mit Kosten von 200 000 DM erweitert werden. Die laufenden jährlichen Kosten erhöhen sich auf 250 000 DM/a.

Der Kapitalwert beider Alternativen ist für einen Ertrag von 8% zu ermitteln. Für den zweiten Abschnitt kann jeweils mit unendlich langer Lebensdauer gerechnet werden.

Variante 1

$$\text{Kapitalwert } P_1 = 10\,000\,000 + 12\,000\,000\,(1+i)^{-n} + 180\,000 \cdot \frac{(1+i)^n+1}{i(1+i)^n} + 300\,000\,\frac{(1+i)^{n-1}}{i(1+i)^n}\,(1+i)^{-n}$$

Mit n = 12   i = 0,08 wird:

$$(1+i)^{-n} = 0,397 \quad \text{und} \quad \frac{(1+i)^n-1}{i(1+i)^n} = 7,54$$

$$\text{für } i = 0,08 \text{ und } n_1 \approx \infty \text{ wird} \quad \frac{(1+i)^{n_1}-1}{i(1+i)^{n_1}} = 12,5$$

$$P_1 = 10000000 + 12000000 \cdot 0,397 + 180000 \cdot 7,54 + 300000 \cdot 12,5 \cdot 0,397 = 17,61 \text{ Mio DM}$$

$$P_2 = 16000000 + 200000 \cdot 0,397 + 160000 \cdot 7,54 + 250000 \cdot 12,5 \cdot 0,397 = 18,53 \text{ Mio DM.}$$

Der erste Plan beinhaltet den geringeren Kapitalwert und ist auf dieser Basis vorzuziehen.

Beispiel: Für eine Vorflutverbesserung sind 2 Lösungen möglich. Die erste Alternative sieht eine Vertiefung des Vorfluters für 3,0 Mio DM und 10000 DM/a an Unterhaltungskosten bei unbeschränkter Lebensdauer vor. Die 2. Alternative beinhaltet ein Pumpwerk für 1,5 Mio DM mit 90 Jahren Abschreibungsdauer und einer Maschineneinrichtung von 0,7 Mio DM mit 30 Jahren Abschreibungsdauer; die laufenden Kosten betragen 60000 DM/Jahr.

Der Kapitalwert ergibt sich bei 4% Verzinsung zu:

$$P_1 = 3000000 + 25{,}0 \cdot 10000 = 3\,250\,000 \text{ DM} \quad \text{mit} \quad \frac{(1+i)^n-1}{i(1+i)^n} = 25 \quad \text{für } i = 0{,}04 \text{ und } n = \infty.$$

Die Herstellungskosten können nur dann unmittelbar verwendet werden, wenn die Anlage eine unbegrenzte Lebensdauer hat oder nach Ablauf der Abschreibungsdauer nicht mehr erneuert werden muß. Muß die Anlage hingegen ersetzt werden, so ist am Anfang ein größeres Kapital P_O bereitzustellen. Es muß die Herstellungskosten P_e soweit übersteigen, daß nach Ablauf der Abschreibungsdauer der Restbetrag $P_O - P_e$ wieder zum Betrag P_O angewachsen ist, also:

$$P_O = \frac{(1+i)^n}{(1+i)^n-1} \, P_e.$$

Damit wird der Kapitalwert der 2. Alternative

$$P_2 = \frac{34{,}12}{33{,}12} \cdot 1500000 + \frac{3{,}243}{2{,}243} \cdot 700000 + 25{,}0 \cdot 60000 = 4060000 \text{ DM}.$$

Wirtschaftlicher ist also die Vertiefung.

Können hingegen beide Alternativen infolge von Bergsenkungen nur 25 Jahre betrieben werden und müssen sie danach erneuert werden, wird:

$$P_1 = 3000000 + \frac{(1+i)^n-1}{i(1+i)^n} \cdot 10000 = 3000000 + 15{,}622 \cdot 10000 = 3156000 \text{ DM}$$

$$P_2 = 1500000 + 700000 + 15{,}622 \cdot 60000 = 3138000 \text{ DM}.$$

Die Lösung mit dem Pumpwerk ist bei einer kleineren Lebensdauer geringfügig billiger.

Beispiel: Eine Stadt will ihre Wasserversorgung vergrößern. Bei gleichem Nutzen soll die wirtschaftlichste Lösung anhand eines Kostenvergleichs erfolgen.

Die 1. Variante beinhaltet den Bau einer Talsperre und eines Wasserwerkes und reicht für die Deckung des Wasserbedarfs der nächsten 12 Jahre. Die jährlichen Betriebskosten betragen 30000 Geldeinheiten (G.E.), die Baukosten 480000 G.E. Nach 12 Jahren muß ein zweiter Damm und das Wasserwerk für insgesamt 550000 G.E. gebaut bzw. erweitert werden. Die jährlichen Betriebskosten erhöhen sich um 25000 auf 55000 G.E.

Die 2. Variante sieht den Bau eines einzelnen größeren Speichers und eines Wasserwerkes für 620000 G.E. vor. Die jährlichen Betriebskosten in den ersten 12 Jahren betragen 26000. Nach 12 Jahren muß das Wasserwerk für 50000 G.E. erweitert werden, die Betriebskosten werden auf 32000 G.E. ansteigen.

Der Gegenwartswert ist bei einem Zinsfuß von 8% zu ermitteln. Nach 12 Jahren soll die Anlage für die weitere Zukunft ausreichend sein (n → ∞).

1. *Variante*

$$P_1 = 480000 + 550000 \cdot (1{,}08)^{-12} + 30000 \; \frac{(1{,}08)^{12}-1}{0{,}08 \cdot 1{,}08^{12}} + 55000 \; \frac{(1{,}08)^{12}-1}{0{,}08(1{,}08)^{12}} \cdot (1{,}08)^{-12}$$

$$= 480000 + 550000 \cdot 0{,}379 + 30000 \cdot 7{,}54 + 55000 \cdot 12{,}5 \cdot 0{,}379 = 1175212 \text{ G.E.}$$

2. *Variante*

$$P_2 = 620000 + 26000 \cdot 7{,}54 + (32000 \cdot 12{,}5 + 50000) \cdot 0{,}379 = 986590 \text{ G.E.}$$

Die 2. Variante ist weniger kapitalintensiv.

Als weiteres Wirtschaftlichkeitskriterium wird die Amortisationsdauer herangezogen. Sie entspricht der Zeitspanne von der Investition bis zum Amortisationszeitpunkt. Der *Amortisationszeitpunkt* entspricht dem Zeitpunkt, in dem die erwirtschafteten Nutzen die bis dahin angefallenen Kosten erreichen. Zu diesem Zeitpunkt hat also der Nettonutzen die Investitionen zurückgewonnen. Die statistische Amortisationsdauer, welche von Nominalwerten ausgeht, entspricht dem Schnittpunkt der Summenlinien der Nutzennominalwerte mit den Kostennominalwerten, oder bei der uniformen Zahlungsreihe ist sie der Quoti-ent von einmaligen Kosten/Nettonutzen.

Beispiel: Ein Wasserversorgungsunternehmen erhält zur Finanzierung eines Wasserwerkes 1,0 Mio DM zu 5% über 50 Jahre. Wie groß müssen die jährlichen Zahlungen sein, damit nach Ablauf des Abschreibungszeitraumes keine Schulden bestehen? Wie groß ist die Summe der Restschuld, wenn angenommen wird, daß die Amortisation 15000,- DM /Jahr ist?

Jährliche Zahlung: $100000 \cdot 0{,}05 / [(1+0{,}05)^{50} -1] = 4777$ DM/a.

Restschuld: $F_n = 1000000 - 1500 \, [(1{,}05)^{50} -1) / 0{,}05] = 1000000 - 314022 = 685978$ DM.

In Entwicklungsländern tritt häufig das Problem auf, daß das Kapital möglichst früh wieder für andere Zwecke zur Verfügung stehen soll. Es wird also keine optimale Lösung wie bei der Kapitalwertmethode verlangt, sondern eine kurzfristige, d.h. eine schnelle Amortisation. Die erforderliche Amortisationsdauer T_a ist:

$$T_a = I / [B\text{-}K\text{-}(i \cdot I) \cdot 0{,}5] \tag{3.32}$$

I : Investition,
B : Nutzen (jährliche Bruttoerträge),
K : Jährliche Kosten.

Die Amortisationszeit allein läßt keine Aussage über die Rentabilität zu.

3.6 Kostenzurechnung bei Mehrzweckprojekten

Die optimale Nutzung der natürlichen Ressource Wasser bei gleichzeitigem größtmöglichen Interessenausgleich und minimalem Einsatz von Volksvermögen führt bei der Realisierung von wasserwirtschaftlichen Systemen zur Entwicklung von Mehrzweckanlagen und deren Verbundbetrieb. Wenn die finanzielle Verantwortlichkeit für ein Projekt auf mehrere Träger verteilt wird, entstehen eine Reihe von Auswirkungen auf Nutzen und Kosten, die von den einzelnen Trägern der Maßnahme negativ oder positiv gewertet werden. Dazu gehören monetäre Werte und Werte, die nicht mit Geld gemessen oder nicht gewertet werden können. Als Allokation der Ressourcen wird die Aufteilung der Produktionsfaktoren auf die verschiedenen Verwendungen (Nutzen) bezeichnet. Damit wird die Frage nach der Kostenzurechnung aufgeworfen, d.h. nach welchen Anteilen und welchem Zurechnungsschlüssel die Kosten einer Gemeinschaftsanlage auf die beteiligten Partner aufgeteilt werden sollen.

Allgemein wird als die Kostenzurechnung die Aufteilung der Projektkosten auf die Nutzenbereiche und Kostenträger bezeichnet. Sie ist kein eigentlicher Bestandteil einer ökonomischen Analyse. Ihre Notwendigkeit ist aber gegeben bei:

- mehreren Kostenzuträgern bzw. Institutionen,
- Finanzierung aus verschiedenen Fonds mit unterschiedlichen Konditionen, wie (nicht) rückzahlbar, (un)verzinslich, Zuschüsse,
- bi- oder multilateraler Nutzen, d.h. Mehrzweckanlagen, Grenzflüssen oder grenzüberschreitenden Flüssen.

Bei der Mehrzwecknutzung müssen Anteile der Projektkosten, die den einzelnen Nutzer direkt angelastet werden können, bestimmt werden (cost allocation). Die Kriterien der Kostenzurechnung müssen auf der Grundlage objektiver, allseits akzeptabler Bewertungsmaßstäbe aufgestellt werden. Die Kostenzurechnung auf einzelne Nutzer, die individuell nach subjektiven Kriterien gelöst wird, führt häufig nicht zu gesamtwirtschaftlich optimalen Projektierungen, da jede Partei bestrebt ist, möglichst wenig von den Kosten zu übernehmen. Typisches Beispiel für die Kostenzurechnung ist die Aufstellung eines Verteilungsschlüssels für die Gemeinkosten, die gemeinsam zur Erfüllung mehrerer Projektzwecke anfallen.

Die Methode der Kostenzurechnung soll im einzelnen folgende Anforderung erfüllen:

- Jeder einzelne Zweck (Betroffene, Nutzer) hat die für ihn speziell aufzuwendenden Einzelkosten zu tragen. Sie bilden die untere Grenze der zuzurechnenden Kosten. Ist ein Nutzer (Zweck) nicht in der Lage, diese Kosten zu tragen, ist er aus dem Mehrzweckkonzept auszuschließen.
- Kein Nutzer (Zweck) wird über seine Tragfähigkeit hinaus belastet. Im Höchstfall gleicht er dem verbleibenden Nutzanteil, welcher der Differenz von Nutzen und Einzelkosten entspricht. Der Nutzen bildet die obere Grenze.
- Die Summe aller zurechenbaren Kosten sollte den gesamten Projektkosten entsprechen.
- Die Zurechnungsmethode sollte möglichst einfach und durchschaubar sein und von bereits verfügbaren Daten und Berechnungsergebnissen ausgehen.
- Die Belastung aus der Kostenzurechnung sollte möglichst zeitinvariant sein.

Wird ein Projekt von mehreren Trägern positiv oder negativ bewertet, umfaßt die Untersuchung die Nutzen (Gesamtertrag) und die Kosten (Gesamtkosten) als Geldwerte und mit Geld meßbare bzw. nicht meßbare Werte. Ausgangspunkt sind die Gesamtkosten; neutrale Auswirkungen werden außer Acht gelassen. In vielen Fällen ist es sinnvoll die Kosten, die eindeutig nur einem einzelnen Zwecke dienen, als direkte Kosten abzutrennen. Die direkten Kosten beziehen sich auf Anlagen oder Aktivitäten, die eindeutig nur einem Zwecke dienen, und sie werden ihm angelastet. Der verbleibende Teil, d.h. Gesamtkosten minus direkte Kosten, sind die indirekten Kosten, die aufzuteilen sind. Die aufzuteilenden Kosten müssen nach Investitionen und laufenden Kosten unterschieden werden, insbesondere, wenn Zuschüsse vom Staat gewährt werden. Bevor die nicht abtrennbaren gemeinsamen Kosten aufgeschlüsselt werden, müssen die abtrennbaren Kosten identifiziert und den Nutzern zugeordnet werden. Dabei muß unterschieden werden, ob sich ein oder mehrere Nutzer darin teilen.

Die abtrennbaren Kosten entsprechen also der Verteuerung des Mehrzweckprojektes durch den einzelnen Zweck. Die abtrennbaren Kosten können bestimmt werden, indem das Mehrzweckprojekt mit einem Alternativprojekt verglichen wird, das allen Zwecken außer dem betrachteten dient. Den nicht abtrennbaren Teil bilden die Gemeinkosten, die nach einem Zurechnungsschlüssel aufgeteilt werden.

Die gemeinsamen Kosten können nach folgenden Ansätzen aufgeteilt werden:

– zu gleichen Teilen auf die Betroffenen,
– proportional zu der Menge, die ein Betroffener in Anspruch nimmt, gemessen in Einheiten wie Wasservolumen, Abgabemengen,
– völlig auf den Nutzer, dem die höchste Priorität eingeräumt wird, innerhalb der Grenzen des Nutzens, den er erhält,
– proportional zum Nutzen, der die zugerechneten abtrennbaren Kosten übersteigt,
– proportional zu den Kosten, welche die Inanspruchnahme einer alternativen Maßnahme übersteigen würde,
– proportional zu dem kleineren Wert der übersteigenden Nutzen bzw. der übersteigenden Kosten.

Als Grundsatz bekannter Kostenzurechnungs-Schlüssel kann man vom Zweckprinzip ausgehen und daraus das Veranlassungsprinzip und das Nutzungsprinzip ableiten (Bild 3.6).

Beim *Veranlassungsprinzip* ist allein ausschlaggebend, inwieweit die (nicht) gleichrangigen Betroffenen zum Zeitpunkt der Investitionsentscheidung Anlaß zur Festlegung der Ausbaugröße der Anlage und ihres Betriebssystems gegeben haben. Außerdem ist zu unterscheiden nach zeitlichen und sachlichen Rangfolgen. Beim Veranlassungsprinzip werden der Nutzen bzw. die Kosten auf die Beteiligten umgelegt, die bei der Investition Größe und Art der Anlage festlegen.

Beim *Nutzungsprinzip* ist Grundlage die tatsächliche Nutzung der Anlagen durch einzelne Beteiligte innerhalb eines bestimmten Zeitraums, für den jeweils die Gemeinkosten umgelegt werden müssen. Unterprinzipien sind das Benutzungsprinzip (Umfang der Inanspruchnahme) und das Nettonutzungsprinzip, das sich nur am wirtschaftlichen Erfolg orientiert. Die Kosten werden nach diesem Schlüssel aufgeteilt. Es werden dabei Projektkosten, deren Zweck eindeutig bestimmt werden kann, dem Nutznießer angelastet. Die restlichen nicht aufgeschlüsselten Gemeinkosten werden nach einem quantifizierbaren Maßstab der Nutzung verteilt. Die Anwendung dieses Prinzips kann in der Wasserwirtschaft auf Schwierig-

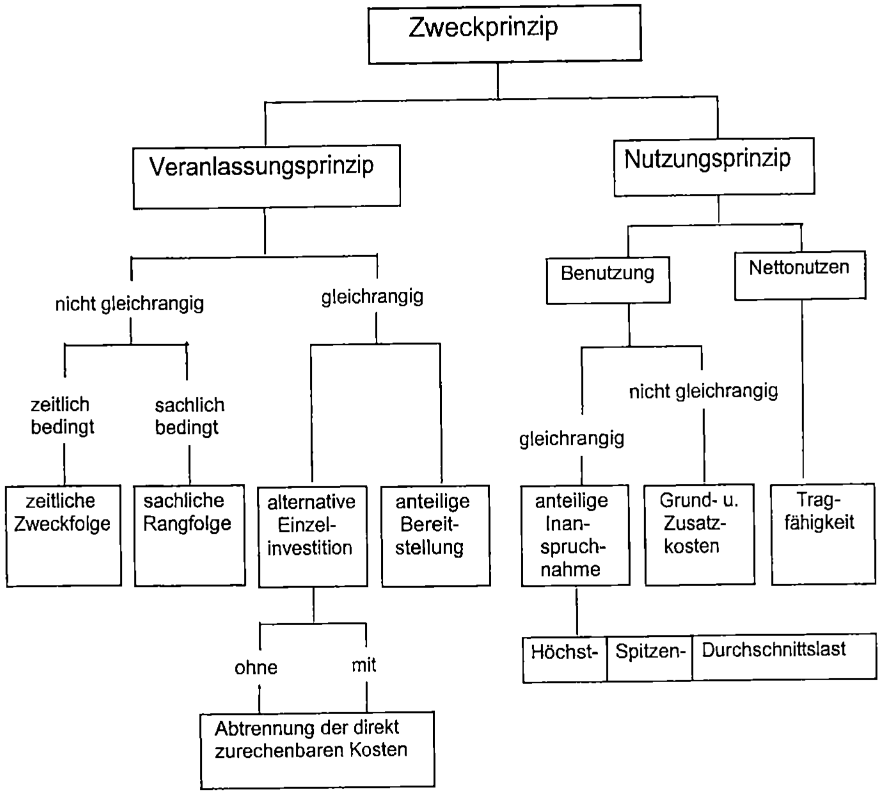

Bild 3.6. Prinzipien der Kostenzurechnung bei wasserwirtschaftlichen Mehrzweckprojekten (Schmidtke, 1972)

keiten stoßen, wenn die Nutzung des Wassers und die Inanspruchnahme der Anlagen nicht willkürlich erfolgen können.

Die Methode mit willkürlicher Kostenzurechnung wird praktiziert, wenn die Anlage von einem wesentlichen Kostenträger (z.B. öffentliche Hand) errichtet und betrieben wird. Dies wird als *Methode ohne projektspezifische* Basis bezeichnet; sie tritt meist beim Veranlassungsprinzip auf. Bei mehreren Kostenträgern werden die Kosten von komplexen Anlagen zu gleichen Teilen zugerechnet, z.B. beim Ausbau von Flüssen zu Wasserstraßen mit Laufwasserkraftwerken.

Bei den nichtwirtschaftlich orientierten Betrachtungen können die Gemeinkosten auch den einzelnen Zwecken angelastet werden, z.B.

– ausschließlich nach einer Priorität,
– zu gleichen Teilen,
– proportional zur Bedeutung der Träger, bei Regionen z.B. proportional zur Einwohnerzahl,
– proportional zur maßgebenden Projektgröße, z.B. zu nutzungsbezogenen Wassermengen.

Als Beispiel einer willkürlichen Kostenzurechnung werden bei der *Hauptkostenträger-Methode* dem die Maßnahme veranlassenden Hauptzweck die Kosten der komplexen Anlage

oder die Gemeinkosten zugerechnet. Diese Methode wird gelegentlich beim Wasserkraft-
ausbau angewendet. Dabei werden Maßnahmen für den Hochwasserschutz, die Erhaltung
landwirtschaftlicher genutzter Flächen usw. auf Kosten der Wasserkraft durchgeführt.

Beispiel: Der Ausbau einer Staustufe in einem schiffbaren Fluß erfordert als Maximalprojekt 100% Anlagekosten. Ein für die Stromerzeugung errichtetes Minimalprojekt gleicher Leistung hätte 72,6% Kostenaufwand
zur Folge gehabt. Die verbleibenden 27,4% wurden wie folgt umverteilt: 14% Schiffahrtseinrichtungen, 3,4%
Uferverbau, 5% Landwirtschaft und 5% Straßen und Brücken.

Bei der *Priority use-Methode* wird etwa das gleiche Prinzip wie bei der Hauptkostenträger-
Methode angewandt. Diese Methode wurde früher vom U.S. Bureau of Reclamation benutzt und basiert auf einer Skala ungleichrangiger Benutzung.
   Bei der Kostenzurechnung *proportional* zu den Einzelkosten wird hauptsächlich von den
Baukosten ausgegangen. Dabei werden Wasserwirtschaftszweige mit hohen Einzelkosten,
die keine marktfähigen Güter produzieren (wie Trink- und Brauchwasser oder Strom), in
höherem Maße herangezogen als Nutznießer mit geringen Einzelkosten.

Beispiel: Anlagekosten einiger Donaustaustufen betragen: Einzelkosten: Krafthaus 43,8%, Schleuse 22,0%
und komplexe Kosten: Wehr 15,5%, Instandhaltung 18,7%. Von den 100 % Projektkosten übernahm die
Wasserkraft einen Anteil von 66,6%, wohingegen auf die übrigen Funktionen nur 33,4% entfielen.

Die *Methoden mit physikalischen Kenngrößen als Basis* und *Methoden mit technisch-wirtschaftlicher Basis* sind verbreitet bei Speicherprojekten und bei Anlagen, die nach dem
Nutzungsprinzip aufgeschlüsselt werden sollen. Beim Zurechnungsschlüssel werden bewertet: bereitgestellte oder genutzte Kapazität der Transportleitung (Rohr, Stollen, Kanal),
Kapazität des Stauraumes und Wasserentnahmemengen (*use of facilities-method*). Die Methode wird meist im Frühstadium einer Planung benutzt. Die Erholungsfunktion eines Stau-
sees, abhängig von der Größe der Wasseroberfläche, Uferlänge und Wasserspiegelschwan-
kung kann danach nicht bewertet werden.
   Die Methoden mit technisch-wirtschaftlicher Basis sind weit verbreitet, am meisten die
Methode des alternativen Einzweckprojektes. Dabei werden die Kosten von alternativen
Einzelprojekten mit den Kosten als Mehrzweckprojekt verglichen. Bei dem Prinzip der alternativen Einzelinvestition erfolgt also die Kostenzurechnung im Verhältnis der Aufwendungen, die jedem Benutzer entstehen würden, wenn er über ein alternatives Einzelprojekt
den gleichen Nutzen erlangen will. Dabei kann die Standortfrage zum entscheidenden Faktor werden.
   Bei der *Nutzen-Proportionalmethode* werden die einzelnen Zwecke im Verhältnis ihres
Nutzens (Tragfähigkeit) zur Kostenabdeckung herangezogen. Da grundsätzlich der Ge-
samtkostenanteil nicht größer sein sollte als der Aufwand für das alternative Einzweckprojekt oder als der Ertrag, stellt die Tragfähigkeit die obere Grenze dar, wenn die Investition
noch rentabel sein soll. Bei dieser Methode können drei unterschiedliche Verfahrensweisen
auftreten. Bei der 1. Variante werden die gesamten Projektkosten proportional zum Nutzen,
der für jeden Zweck erwartet wird, zugerechnet (Verhältnismethode). Bei der 2. Variante
werden lediglich die Kosten der komplexen Anlagen proportional zum Nutzen der Beteiligten aufgeteilt. Bei der 3. Variante wird eine weitere Restriktion berücksichtigt: als zulässiger Bereich wird der verbleibende Nutzanteil eingeführt.

Die *Alternative Justifiable Expenditure-Methode* ist eine Kombination des alternativen Einzweckprojektes mit dem Tragfähigkeitsprinzip. Das vertretbare Kostenmaximum entspricht dem Minimalwert, der entweder dem Nutzen des Einzelzweckes oder den Kosten des alternativen Einzweckprojektes gleichgesetzt wird. Das vertretbare Kostenmaximum wird um die Investitions-Einzelkosten und die jährlichen Einzelkosten vermindert und ergibt den verbeibenden Nutzenanteil, der – in Prozent ausgedrückt – den Zurechnungsschlüssel liefert. Ähnlich wird auch bei der *Seperable Cost / Remaining Benefit-Methode* vorgegangen, bei welcher die abtrennbaren Kosten noch um einen Kostenanteil der komplexen Anlagen vergrößert werden (Schmidtke, 1972).

Kostenanteile	A	B	C	Summe
abtrennbare Kosten	10	25	15	50
Ertrag	42	67	58	167
Kosten Einzweckprojekt	32	50	92	174
Zurechnungsschlüssel 1: zu gleichen Teilen				
Gemeinkosten	25	25	25	75
Gesamtkostenanteil	10 + 25 = 35	50	40	125
Zurechnungsschlüssel 2: proportional zur Einwohnerzahl				
Einwohner	3	5	4	12
Gemeinkostenanteil	18,8	31,2	25	75
Gesamtkostenanteil	10 + 18,8 = 28,8	56,2	40	125
Zurechnungsschlüssel 3: proportional zum Speicherinhalt				
Beanspruchtes Volumen	4	8	20	32
Gemeinkostenanteil	9,4	18,8	46,8	75
Gesamtkostenanteil	10 + 9,4 = 19,4	43,8	61,8	125
Zurechnungsschlüssel 4: Zurechnung zum HW-Schutz				
Gemeinkostenanteil	0	0	75	75
Gesamtkostenanteil	10 + 0 = 10	25	90	125
Zurechnungsschlüssel 5: proportional zur Differenz Kosten des alternativen Einzweckprojektes und der abtrennbaren Kosten				
Differenz	32 - 10 = 22	25	77	124
Gemeinkostenanteil	13,3	15,1	46,6	75
Gesamtkostenanteil	10 + 13,3 = 23,3	40,1	61,6	125
Zurechnungsschlüssel 6: proportional zur Differenz von Ertrag und abtrennbaren Kosten				
Differenz	42 - 10 = 32	42	43	117
Gemeinkostenanteil	20,5	26,9	27,6	75
Gesamtkostenanteil	34,2	44,9	45,9	125

Beispiel: In einem Mehrzweckprojekt soll durch eine Talsperre die Bewässerung in den Regionen A und B und der Hochwasserschutz in der Region C erreicht werden. Die Gesamtkosten betragen 125 Mio DM nach (Vischer, 1974). Gesucht sind die Kostenanteile nach verschiedenen Zurechnungsmethoden.

Die abtrennbaren und nicht abtrennbaren Kosten betragen auf Grund folgender Alternativprojekte:

ohne Bewässerung in A, mit Bewässerung in B, mit HW-Schutz in C	115 Mio DM
mit Bewässerung in A, ohne Bewässerung in B, mit HW-Schutz in C	100 Mio DM
mit Bewässerung in A, und B, ohne HW-Schutz in C	110 Mio DM

abtrennbare Kosten des Zweckes A	10 Mio DM
" " " " B	25 Mio DM
" " " " C	15 Mio DM

nicht abtrennbare Kosten: 125 - 50 =	75 Mio DM

Die nicht abtrennbaren Kosten (Gemeinkosten) sollen nach folgenden Zurechnungsschlüsseln aufgeteilt werden: 1. zu gleichen Teilen, 2. proportional zu den Einwohnern in der Region (Einwohnerverhältnis der Region A:B:C: = 3:5:4), 3. proportional zum benötigten Speichervolumen (Verhältnis A:B:C = 4:8:20) und 4. als vollständige Zurechnung zum Hochwasserschutz.

Es werden alternative Einzweckprojekte untersucht, für welche folgende Kosten und Erträge veranschlagt werden: nur Bewässerung in der Region A: Kosten 32, Nutzen 42; nur Bewässerung in der Region B: Kosten 50, Nutzen 67; nur Hochwasserschutz in der Region C: Kosten 92, Nutzen 58.

Als Zurechnungsschlüssel 5 ist die Proportion zur Differenz zwischen dem Aufwand für das alternative Einzweckprojekt und den abtrennbaren Kosten heranzuziehen. Zurechnungsschlüssel 6 soll proportional zur Differenz zwischen dem Ertrag und den abtrennbaren Kosten angenommen werden.

Bei der Nutzenproportionalitätsmethode werden die Gesamtkosten von 75 Mio proportional zum Ertrag von 167 Mio verteilt. Damit erhält man für Nutzen/Kosten von A, B, und C = 42/31,4 = 67/50,2 = 58 / 43,4 = 1,34 das gleiche Verhältnis von Ertrag und Aufwand, was etwa der Kombination der Zurechnungsschlüssel 5 und 6 entspricht.

4 Grundlegende Bewertungsverfahren und Nutzen-Kosten-Analyse

4.1 Kostenvergleichsrechnungen

Auf dem Gebiet der wasserwirtschaftlichen Projektbewertung werden eine Reihe von Verfahren eingesetzt, die in den Wirtschaftswissenschaften, insbesondere in der Investitionstheorie, angewendet werden (s. Tabelle 4.1). Der Begriff Nutzen-Kosten-Untersuchungen ist ein Sammelbegriff des Haushaltsrechts für verschiedene Verfahren der Wirtschaftlichkeitsberechnung. Neben Kostenvergleichen (Kostenminimierung), Nutzen-Kosten-Analysen und Kostenwirksamkeitsanalysen zählen dazu auch kombinierte oder offene Bewertungsverfahren, welche sich an der Grundkonzeption des Vier-Konten-Systems orientieren (DVWK, 1984, 1991).

Die Anwendung einer Reihe von Bewertungsverfahren für wasserwirtschaftliche Projekte hängt von deren Aufgabenstellung ab. Werden die Bewertungsverfahren, bei welchen die einzelnen Wertanteile zu einer einzigen Meßziffer zusammengefaßt werden können, betrachtet, unterscheiden sich die Verfahren nach der Art der Erfassung und Bewertung der einzelnen Maßnahmewirkungen und nach der Art des Alternativenvergleiches, d.h. nach den Entscheidungskriterien. Eine Reihung kann nach zunehmender Aussagekraft erfolgen (Tabelle 4.1).

Kostenvergleiche kommen in der wasserwirtschaftlichen Praxis häufig vor. Das Grundprinzip lautet: Bei einem vorgegebenen konkreten Zielstandard, z.B. einzuhaltendem Sauerstoffgehalt eines Flusses, werden die Kosten alternativer Lösungsansätze miteinander verglichen und die kostenminimale Lösung als beste Lösung ausgewählt. Da also die kostenminimale Lösung von Alternativen zur Erbringung einer bestimmten vorgegebenen Leistung nur relativ beurteilt wird, dient die Kostenvergleichsrechnung als Hilfsmittel zur Vorbereitung von Investitionsentscheidungen. Das Bewertungsverfahren ist einseitig an der Kostenseite orientiert und setzt Gleichheit des monetären und nicht-monetären Nutzen der Alternativen voraus. So muß für eine bestimmte Abwassermenge der vorgegebene Reinigungsgrad erreicht werden, oder bei der Trinkwasserversorgung kann die normative Zielvorgabe darin bestehen, daß eine bestimmte Wassermenge und -güte bereitgestellt werden muß. Monetär nicht bewertbare, negative Projektwirkungen, z.B. Sozialkosten, dürfen keine Bedeutung haben oder müssen bei allen Alternativen in gleicher Größenordnung auftreten, wie z.B. der Grad der Landschaftsbeeinträchtigung. Dem Vorteil der verhältnismäßig einfach durchzuführenden programmierbaren Kostenvergleichsrechnung stehen also drei einschränkende Bedingungen gegenüber: Normative Zielvorgabe, Nutzengleichheit der Varianten und Vernachlässigbarkeit der negativen, nicht direkt bewertbaren Größen.

Die Kostenvergleichsrechnung umfaßt die Schritte: die Ermittlung der Kostenreihen und ihre finanzmathematische Aufbereitung in Kostenbarwerte oder jährliche Kosten, die Ge-

Tabelle 4.1. Grundformen einiger Bewertungsverfahren in der Wasserwirtschaft

Aktivität	Kostenvergleich	Erweiterter Kostenvergleich	Nutzen-Kosten-Analysen	Kostenwirksamkeitsanalysen	Nutzwertanalysen
Art der Erfasung, Quantifizierung und Bewertung der Maßnahmewirkung	monetäre Kosten	monetäre Kostenreihen u. ökonomischer Differenznutzen zwischen Alternativen	monetäre Nutzen- u. Kostenreihen	monetäre Kostenreihen u. problemspezifische Zielwerte im physischen Bereich zwischen den Alternativen	dimensionslose Zielerreichungsgrade, problemspezifische Kriteriengewichte
Entscheidungsgrundlage für den Alternativvergleich	minimale Kosten	minimale Nettokosten	maximaler Nettonutzen	minimale kostenwirksame Nachteile: Effizienzprinzip	maximaler Nutzwert
Randbedingung	intangible Werte und Nutzenunterschiede vernachlässigbar	intangible u. nicht-ökonomische Wirkungen nicht entscheidungsrelevant		Wirksamkeit d. Vor- u. Nachteile meßbar	Wirkungen als dimensionslose Meßwerte ausdrück- u. vergleichbar

genüberstellung der Kosten und die Sensivitätsanalyse der Kalkulationsparameter, wie Zinssatz und Inflationsrate und wirtschaftliche Lebensdauer der Anlage. Falls ein Restwert entsteht ist der zugrunde gelegte Untersuchungszeitraum durch Variation seiner Länge einer Empfindlichkeitsprüfung zu unterziehen, was z.B. beim Vergleich von Maßnahmen, die einen Stufenausbau oder einen Vollausbau vorsehen, der Fall sein kann (LAWA, 1998).

Der Kostenvergleich läßt keine Aussagen zu über die absolute Wirtschaftlichkeit, bei welcher der monetäre Nutzen die monetären Kosten überwiegt. Über die Vorteilhaftigkeit von Alternativen unter Berücksichtigung aller Projektwirkungen kann anhand eines Kostenvergleiches keine optimale Lösung gefunden werden. Da bei größeren Projekten die Nebenwirkungen, wie Erholungswert einer Wasserfläche oder die landschaftlichen Beeinträchtigungen nicht vernachlässigbare Faktoren darstellen, ist der einfache Kostenvergleich auf kleinere Maßnahmen beschränkt. Bei größeren Projekten wird er angewandt, um ungeeignete Varianten im Vorfeld auszuschließen.

Beispiel: Kostenvergleich für ein hydrologisches Meßnetz: Für ein 1000 km^2 großes Flußgebiet soll ein hydrologisches Beobachtungsnetz eingerichtet werden. Die Niederschlagsmessung soll mit Hilfe von Regenschreibern mit einer Netzdichte von 1 Station/50 km^2 erfolgen. Für die Abflußmessung sind Schreibpegel mit einer Netzdichte von 1 Station/200 km^2 vorgesehen. Für die Wirtschaftlichkeitsberechnung ist von einem einheitlichen Zinsfuß von i = 4% auszugehen.

Für die Niederschlagsmessung stehen 2 Gerätetypen zur Auswahl:

1.1 *Niederschlagsschreiber nach Hellmann* mit einem Anschaffungspreis von 2500,-DM/Stück und einer Abschreibungsdauer von 20 Jahren. Die jährlichen Reparaturkosten für ein Gerät betragen 200,-DM pro Stück. Die laufenden Kosten für die Beobachtung einer Station belaufen sich auf 50,-DM/ Monat. Die Kosten für die gesamte Auswertung beträgt 1000,-DM / Jahr. Außerdem muß eine jährliche Diebstahlversicherung von 2,50 DM pro 1000,-DM Anschaffungskosten berücksichtigt werden.

1.2 *Automatisch digital registrierende Niederschlagsschreiber* mit einem Anschaffungspreis von 7000,-DM pro Gerät und einer Abschreibungsdauer von 20 Jahren. Die Reparaturkosten betragen 700,-DM pro Jahr und Gerät; die Kosten für den Beobachter 150 ,-DM/Jahr und Gerät. Die Kosten für die Auswertung können hierbei auf 200,-DM pro Jahr gesenkt werden. Die Diebstahlsversicherung beträgt 2,50 DM pro 1000,-DM Gerätekosten.

Für die Abflußmessungen stehen ebenfalls 2 Gerätetypen zur Auswahl:

2.1 *Schreibpegel mit Papierschrieb* mit einer Abschreibungsdauer von 50 Jahren. Die Investitionskosten betragen 10000,-DM pro Meßstelle und die Kosten für die Beobachtung und Unterhaltung 3000,-DM/Jahr. Die Kosten für die Auswertung der benötigten Stationen belaufen sich auf 2500,-DM pro Jahr.

2.2 *Schreibpegel mit Digitalaufzeichnung* mit einer Abschreibungsdauer von 50 Jahren. Die Investitionskosten betragen 11000,-DM pro Meßstelle; die Kosten für Beobachtung und Unterhaltung der Meßstelle 3000,-DM / Jahr. Die Kosten für die Auswertung können auf 500,-DM pro Jahr gesenkt werden.

Auch bei den Abflußmeßstellen muß eine Diebstahlversicherung in Höhe von 2,50 DM pro 1000,-DM der Investitionskosten berücksichtigt werden.

Gesucht sind: Das kostengünstigste Meßnetz für Niederschlag und Abfluß. Die Wirtschaftlichkeitsuntersuchung soll nach der Kapitalwertmethode erfolgen. Der Bezugszeitraum ist mit unendlich anzunehmen.

Lösung zu 1 - Niederschlagsmessung

	Hellmann - Schreiber	Digitale Regenmesser
Investition	$I = 20 \cdot 500 = 10000,\text{- DM}$	$I = 20 \cdot 7000 = 140000,\text{- DM}$
jährl. Kosten	$K = 20\,(200 + 600) + 100 = 16100,\text{- DM/a}$	$K = 20\,(700 + 500) + 200 = 24200,\text{- DM/a}$
jährl. Versicherung	$V = 2,5 \cdot 50 = 125,\text{- DM/a}$	$V = 2,5 \cdot 140 = 350,\text{- DM/a}$

Die Umwandlung der Investition der Variante 1.1 in Höhe von 50000,-DM in eine jährliche Zahlung für i = 0,04 ergibt:

$$R_{1.1} = 50000 \; \frac{i\,(1+i)^n}{(1+i)^n - 1} = 50000 \; \frac{0,04(1,04)^{20}}{(1,04)^{20} - 1} = 3679,\text{- DM/Jahr.}$$

Die Summe der *jährlichen Kosten* beträgt:

$$3679,\text{-} + 17000,\text{-} + 125,\text{-} = 20804,\text{-DM/a.}$$

Für den Zeitraum unendlich errechnet man den Barwert zu:

$$B_{1.1} = 20804 \cdot \frac{(1+i)^{\infty} - 1}{i \cdot (1+i)^{\infty}} = 20804 \left(\frac{(1+i)^{\infty}}{i\,(1+i)^{\infty}} - \frac{1}{i\,(1+i)^{\infty}} \right)$$

$$= 20804 \cdot (25 - 0) = 520100,\text{- DM.}$$

Die Umwandlung der Variante 1.2 in jährliche Kosten ergibt:

$R_{1.2} = 140000\,(0,04(1,04)^{20}) / ((1,04)^{20}-1) = 10301,\text{- DM}$ jährlich für die Investition: Die Summe der jährlichen Kosten beträgt: $17200,\text{-} + 350,\text{-} + 10301,\text{-} = 27851,\text{- DM/a}$.

Für den Zeitraum unendlich errechnet man den Gegenwartswert zu:

$$B_{1.2} = 27851 \cdot \frac{(1+i)^{\infty} - 1}{i \cdot (1+i)^{\infty}} = 696286\,,\text{- DM.}$$

Für die Regenmessung ist der Vorschlag 1.1 (Regenmesser nach Hellmann) die kostengünstigere Lösung.

Lösung zu 2. Abflußmessung

	Pegelschreiber	Digitaler Pegel
Investition	$I = 4\ \text{Pegel} \cdot 10000,\text{-} = 40000,\text{- DM}$	$I = 4\ \text{Pegel} \cdot 11000 = 44000,\text{- DM}$
jährl. Kosten	$K = 4 \cdot 3000 + 2500 = 14500,\text{- DM/a}$	$K = 4 \cdot 3000 + 500 = 12500,\text{- DM/a}$
jährl. Versicherungen	$V = 2,5 \cdot 40 = 100,\text{- DM/a}$	$V = 2.5 \cdot 44 = 110,\text{- DM/a}$

Umwandlung der Investition in jährliche Kosten:

$$R_{2.1} = 40000\,\frac{i\,(1+i)^{n}}{(1+i)^{n} - 1} = 40000\,\frac{0,04(1,04)^{50}}{(1,04)^{50}-1} = 1862,\text{- DM im Jahr.}$$

Die Summe der jährlichen Kosten beträgt:

$$14600 + 1862 = 16462,\text{- DM/a.}$$

Für den Zeitwert unendlich ist der Gegenwartswert:

$$B_{2,1} = 16462 \cdot \frac{(1+i)^{\infty} - 1}{i \cdot (1+i)^{\infty}} = 16462 \cdot 25 = 411550,\text{- DM/a.}$$

Umwandlung der Investition in jährliche Kosten:

$$R_{2.2} = 44000 \; \frac{i\,(1+i)^n}{(1+i)^n - 1} = 44000 \; \frac{0{,}04(1{,}04)^{50}}{(1{,}04)^{50}-1} = 2048{,}\text{- DM/a.}$$

Die Summe der jährlichen Kosten beträgt:

12610,- + 2048,- = 14658,- DM/a.

Für den unbegrenzten Zeitraum ist der Gegenwartwert:

$$B_{2.2} = 14658 \cdot \frac{(1+i)^\infty - 1}{i \cdot (1+i)^\infty} = 14658 \cdot 25 = 366450{,}\text{- DM/a.}$$

Für die Abflußmessung ist Vorschlag 2.2 die kostengünstigere Lösung.

Der interne Zinssatz wird durch Proberechnungen mit Zinssätzen zwischen 5 und 20% ermittelt (s. Bild 4.1). Bei einem Zinssatz von rd. 15,5% ist die Einrichtung und der Betrieb des Meßnetzes mit Regenschreibern nach Hellmann genauso teuer wie die der automatisch digital registrierenden Regenschreiber. Bei weiter steigendem Zinssatz sind die Hellmann-Regenschreiber kostengünstiger.

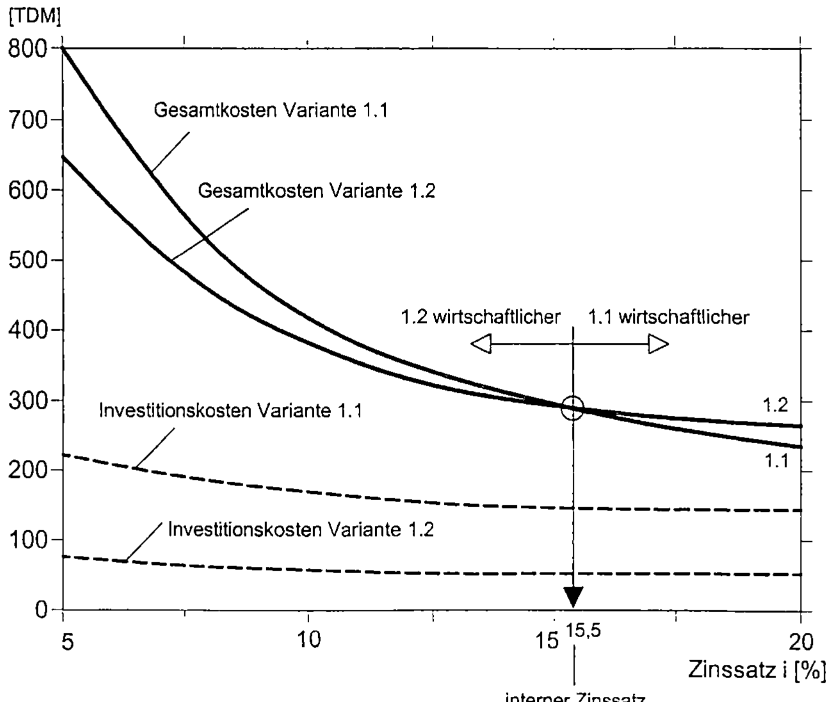

Bild 4.1. Interner Zinssatz der Kosten eines Beobachtungsnetzes

Beim *erweiterten Kostenvergleich* werden zusätzlich die Differenzleistungen der Alternativen monetär bewertet. Die Kosten minus dem monetären Differenznutzen zwischen Alternativen entspricht dem Nettonutzen. Die monetarisierten Nutzenunterschiede können als Zu- oder Abschläge auf die Kosten angesetzt werden.

Der *Kostenwirksamkeits-Ansatz* (Kosten-Nutzwert-Analyse) ist eine Kombination von Kostenvergleich und Nutzwertanalyse. Diese Evaluierungsmethode, bei der Eingabegrößen eines Projektes, wie die Investition, in monetären Einheiten und die Wirkungen in nicht monetären, physikalischen Einheiten, wie m^3 Wasser, kWh usw. ausgedrückt werden, ermittelt monetäre und sonstige Projektwirkungen getrennt. Das Ziel der Kostenwirksamkeitsanalyse wird erreicht, indem die Zielerreichungen von Alternativen mit den zugehörigen Kosten verglichen werden. Es werden also Aussagen im Sinne eines Wirkungsgrades erhalten, wie z.B. bei einem Bewässerungsprojekt das Verhältnis von Kosten und erreichter Anzahl der Mehrstunden an Freizeit oder Kosten pro verhindertem Malariafall. Die in unterschiedlichen Dimensionen ausgedrückten Zielerreichungen werden nicht miteinander vermischt und nicht in einem einzigen Zielerfüllungsgrad zusammengefaßt. Die Kostenwirksamkeitsanalyse liefert im Hinblick auf die Bewertungsziele eine relevante Aussage bei sich gegenseitig ausschließenden und nicht ausschließenden Alternativen. Dabei findet das Effizienz- bzw. Sparsamkeitsprinzip Anwendung.

Beispiel für spezifische Erzeugungskosten: Vergleich zwischen einem Grundlast-(Niederdruck-)-Flußwerk und einem Kernkraftwerk, wenn folgende Größen gegeben sind:

a) Flußkraftwerk: 400000 kW, durchschnittliche jährliche Nutzungsdauer 5500 Stunden; Investition I: 540 Mio DM; jährliche Betriebskosten M: 4% der Investition; Zinssatz $i = 6\%$.

b) Kernkraftwerke: Spezifische Investition: 1000 DM/kW; jährl. Betriebskosten: 15% + 0,5 Pf pro kWh; Benutzungsdauer: 7000 Stunden / Jahr.

1.) Erzeugungskosten der Energieeinheit beim Flußkraftwerk:
Durchschnittliche Jahreskosten $(a^x \cdot I) + M$ (Kapitalwiedergewinnungsfaktor $a^x{}_{50} = 0{,}06344$):
$540(0{,}06344 + 0{,}04) \cdot 10^6 = 55{,}84$ Mio DM / Jahr.
Durchschnittliche jährliche Energieerzeugung: 400000 kW $\cdot 5500$ h $= 2200 \cdot 10^6$ kWh / Jahr.
Erzeugungskosten der Energieeinheit: $c = 55{,}84 \cdot 10^6 / (2200 \cdot 10^6) = 2{,}54$ Pf / kWh.

2.) Erzeugungskosten der Energieeinheit beim Kernkraftwerk:
Jahreskosten pro Kilowatt: $1000 \cdot 0{,}15 = 150$ DM/kW Jahr $= 15000$ Pf/(kW Jahr).
Erzeugungskosten der Energieeinheit c: $15000 / 7000 = 2{,}14$ Pf/kWh $+ 0{,}50$ Pf/kWh $= 2{,}64$ Pf/kWh.

Neben diesen Aspekten sind volkswirtschaftliche, politische und andere Gründe für die Auswahl des Kraftwerkstyps maßgebend.

Seit den siebziger Jahren wird im deutschen Sprachraum die *Nutzwertanalyse* als geeignetes Instrumentarium für nicht-monetäre Bewertungen angesehen. Die Nutzwertanalyse ist ein nicht-monetäres analytisches Bewertungsverfahren, bei dem die zu untersuchenden Alternativen bezüglich mehrerer Bewertungsmaßstäbe zu beurteilen sind. Die Nutzwertanalyse bietet als geschlossenes Verfahren die Möglichkeit, für beliebige Zielsetzungen eine Zielerfüllungsskala zu bewerten, anhand derer die Nutzen verschiedener Alternativen untereinander abgewogen werden. Die entscheidungsrelevanten Ziele können nach den Vorstellungen des Entscheidungsträgers gewichtet werden. Nach der Auffächerung der Gesamtzielsetzung bis hin zu einzelnen Zielkriterien werden für jede Alternative die bei den Kriterien anfallenden mengenmäßigen Zielerträge gemessen und diese je nach Zielerfüllung in Punkten (Zielwerten) bewertet. Durch Multiplikation der Zielwerte mit den Zielkriterien (Gewichten) erfolgt dann ein zweiter Bewertungsvorgang. Der Nutzwert einer Alternative als Beurteilungsgröße für den Alternativenvergleich, wird durch Addition der gewichteten Zielwerte gebildet. Der Zielerreichungsgrad, der den Grad für die Realisierung des Sollzustandes angibt, wird in unterschiedlichen Skalen gemessen. Am häufigsten werden die Kardinalskalen in Form der Verhältnisskala, z.B. cm-Skala, oder Intervallskala, z.B. Temperaturskala, benutzt. Aber auch die Ordinalskala, welche die Rangordnung von Elementen ohne Kenntnis des Unterschiedsmaßes benutzt, ist gebräuchlich.

4.2　Nutzen-Kosten-Analyse

4.2.1　Grundsätze

Ein allgemeines ökonomisches Problem ist es, den Nutzen aus natürlichen Ressourcen zum menschlichen Wohl zu maximieren. Das gesamtwirtschaftliche Ziel der Effizienz (Nutzen) beinhaltet eine Zunahme des Realeinkommens einer Gesellschaft. Das maximale Ziel ist erreicht, wenn durch eine Maßnahme mit geringstem Mitteleinsatz ein maximaler Output erreicht wird (Rationalprinzip). Die Effizienzerhöhung wird über die Nutzen-Kosten-Differenz gemessen. Bewertungsverfahren ist die Nutzen-Kosten-Analyse, die in der konventionellen (traditionellen) Form einer reinen Wirtschaftlichkeitsrechnung entspricht und monetär nicht meßbare Projektwirkungen unberücksichtigt läßt. Für eine zusätzliche volkswirtschaftliche Beurteilung kommen folgende wasserwirtschaftliche Maßnahmen in Betracht: Hochwasserschutz, Wasserversorgung, Be- und Entwässerung, Niedrigwasseraufhöhung, Schiffbarmachung, Gewässerreinhaltung, Energiegewinnung, Fischerei, Naturschutz und Landschaftspflege, Freizeit und Erholung.

Verschiedene Arten des Nutzens und der Kosten werden durch die Bandbreite, in der die natürliche Hilfsquelle genutzt werden kann, hervorgerufen; nur die wirtschaftlich bedeutsamen Auswirkungen eines Projektes werden in monetären Einheiten erfaßt. Sowohl der Ertrag als auch der Aufwand, die Differenz und der Gewinn werden mit denselben Einheiten gemessen. Das Ziel der ökonomischen Beurteilung eines Projektes besteht in der Beantwortung von zwei Fragen: 1. Ist das Projekt an sich wirtschaftlich (absolute Wirtschaftlichkeit)? 2. Ist es wirtschaftlicher als andere Projekte (relative Wirtschaftlichkeit)? Mit der Nutzen-Kosten-Analyse soll die Wirtschaftlichkeit alternativer Projekte über einen systematischen Vergleich aller Kosten und aller Erträge gemessen werden, da insbesondere bei öffentlichen Maßnahmen das günstigste Verhältnis zwischen dem verfolgten Zweck und den eingesetzten Mitteln anzustreben ist.

Die Nutzen- und Kostenauswirkungen eines Projektes oder alternativer Projekte sollen identifiziert und mit und ohne die vorgesehene Investition gemessen werden; sonstige Effekte werden qualitativ oder verbal aufgeführt. Die zeitliche Vergleichbarkeit von Nutzen- und Kostenströmen wird durch Diskontieren herbeigeführt. Der verwendete Zinssatz sollte sich an den Kosten für Kredite orientieren. Die Evaluation sollte einen Vergleich der vorgeschlagenen Investition mit anderen alternativen Projekten einschließen. Die Bewertung des Projektes erfolgt anhand des Nutzen-Kosten-Verhältnisses oder der Nutzen-Kosten-Differenz. Unsicherheit und Risiko können bei öffentlichen Projekten berücksichtigt werden; dabei sollten Methoden und Strategien zum Auffangen dieser Unsicherheiten dargelegt werden. Alternative Projekte sollten einer Sensivitätsanalyse unterzogen werden, um Auswirkungen von Unsicherheiten in den Bemessungsdaten und projizierte zukünftige Bedingungen aufzuzeigen. Die verschiedenen Nutzen und Kosten müssen zwischen den Alternativen mit und ohne Projekt berechnet werden, denn nur deren Unterschied kann als Ergebnis der Maßnahme betrachtet werden. Beim Vergleich der Nutzen und Kosten vor und nach Verwirklichung des Projektes muß berücksichtigt werden, daß der Nutzen sich auch ohne das Projekt verändern kann.

Der Nutzen eines Projektes entfällt auf direkte Nutzer, z.B. Abnehmer von Trinkwasser und Bewässerungswasser, Hydroenergie, Schifffahrt, Wassersport usw. Ein anderer Nutzen betrifft indirekt die Einnahmen des Staatshaushaltes über das Steueraufkommen (Bild 4.2). Bei der Aufschlüsselung der Nutzen wird häufig nach Arten eingeteilt, für welche ein freier oder gestützter Marktpreis angegeben werden kann. Außerdem erfolgt eine Einstufung nach Nutzeffekten, für welche kein Marktpreis angegeben werden kann, z.B. der Erholungswert einer Wasserfläche oder der kulturelle und landschaftserhaltende Wert. So bringt bei einer Speicherwasserkraftanlage die Erzeugung von Spitzenstrom den höchsten finanziellen Gewinn verbunden mit gleichzeitig starken Stauzielschwankungen. Dieses starke Absenken des Speichers ist im Hinblick auf die Volkserholung negativ zu beurteilen, allerdings monetär schwerer zu bewerten als der Erlös durch Stromverkauf.

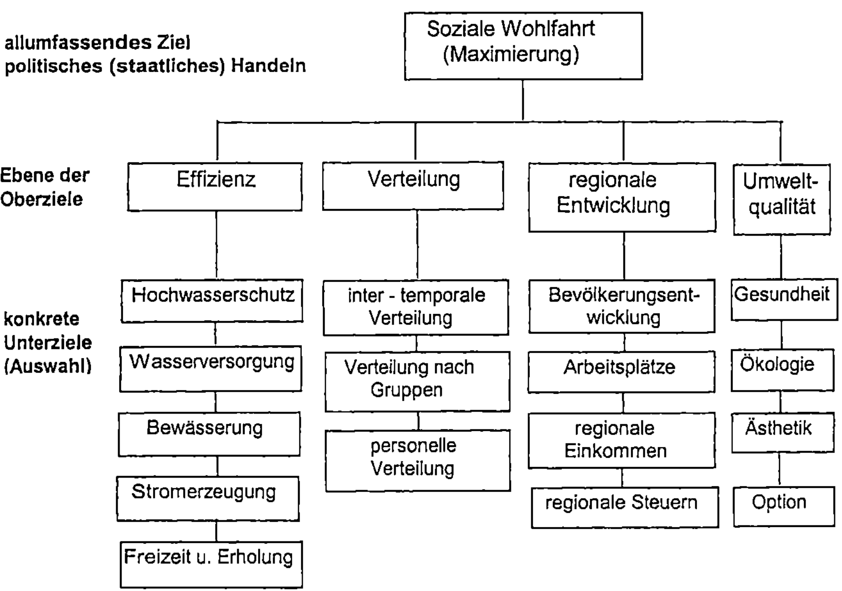

Bild 4.2. Wichtige Zielebenen bei wasserwirtschaftlichen Maßnahmen und Beispiele konkreter Zielspektren bei der Nutzen-Kosten-Analyse

Bei der Kostenanalyse von staatlich geförderten Projekten muß beachtet werden, daß dem Staatshaushalt in der Regel finanzielle Beschränkungen auferlegt sind. Die Verteilung von Kosten und Nutzen auf einzelne Bevölkerungsgruppen sollte so erfolgen, daß der Nutzen für die Allgemeinheit ein Optimum wird.

In einer Nutzen-Kosten-Analyse sind nicht nur monetäre Gesichtspunkte wichtig, sondern auch die monetär nicht zu quantifizierenden Nutzen und Kosten. Werden Maßnahmen allein aufgrund ihrer monetären Wirkungen beurteilt, spricht man von einer *konventionellen* (traditionellen) Nutzen-Kosten-Analyse. Sie ist eine reine Wirtschaftlichkeitsrechnung analog zum Kostenvergleich, bei welcher monetär nicht meßbare Projektwirkungen unberücksichtigt bleiben. Die Nutzen-Kosten-Analyse wird durchgeführt, wenn die Projektkosten gewisse Beträge überschreiten, z.B. im Flußbau mehr als 4 bis 7 Mio DM, bei Abflußregelungen mit Rückhaltebecken > 5 bis 10 Mio DM und bei Wasserver- bzw. Entsorgungsprojekten > 10 bis 25 Mio DM.

Durch die Nutzen-Kosten-Analyse soll geklärt werden, ob ein Einzelprojekt ökonomisch effizient ist bzw. welche Projektalternative ökonomisch am effizientesten ist. Oft soll herausgefunden werden, welcher optimale Ausbaugrad eines wasserwirtschaftlichen Systems unter ökonomischer Effizienzzielsetzung zu wählen ist. Bei Mehrzweckanlagen interessiert der Zurechnungsschlüssel für die Kosten, die den einzelnen Nutzern angelastet werden können. Bei konkurrierender Verwendungsmöglichkeit ist in der Regel die ökonomisch effizienteste Aufteilung der Ressourcen gesucht.

Die Auswahl der besten Lösung aus einer Reihe von Alternativen bzw. ihre Rangfolge oder die Entscheidung, ob ein Projekt überhaupt realisiert werden soll, kann mit Hilfe von Nutzen-Kosten-Analysen vorgenommen werden. Die Nutzen-Kosten-Analyse bildet häufig die Basis für die Formulierung von Zielfunktionen für mathematische Modelle.

4.2.2 Maßstäbe für die Wirtschaftlichkeit und ökonomische Effizienz

Gemäß des übergeordneten Ziels der sozialen Wohlfahrt sind diejenigen Projekte zu realisieren, die den größten Nettobetrag zur sozialen Wohlfahrt beisteuern. Da der Zielerreichungsgrad der sozialen Wohlfahrt kaum monetär gemessen werden kann, ist dieser Ansatz von geringerem ökonomischem Wert. Wird das Ziel der sozialen Wohlfahrt in der Erfüllung der beiden Teilziele, nämlich volkswirtschaftliche Effizienz der Ressourcenallokation und Verteilungsgerechtigkeit nach personellen und soziologischen Kriterien gesehen, kommen noch zwei weitere Oberziele hinzu, nämlich die regionale Entwicklung und Beschäftigung sowie die Erhaltung bzw. Verbesserung der natürlichen Umwelt (Bild 4.2). Zielkriterien bei Nutzen-Kosten Untersuchungen sind häufig: Einkommenssteigerungen, Ersparnisse, Ertragssicherungen, Produktivitätssteigerungen und Schadensminderungen.

Zur Beurteilung wasserwirtschaftlicher Projekte nach dem Effizienzkriterium muß das Realeinkommen bzw. die mengenmäßig erfaßten und monetär bewerteten Güter und Dienstleistungen mit demjenigen Teil des Realeinkommens verglichen werden, auf den infolge der Maßnahme an anderer Stelle der Gesamtwirtschaft verzichtet wird (Opportunitätskostenprinzip). Die Differenz ist der Nettozuwachs an Realeinkommen. Dabei sollten nicht nur Alternativen im Subsystem Wasserwirtschaft verglichen werden, sondern Alternativen aus anderen staatlichen Bereichen mit einbezogen werden. Die dominierende Rolle der Effizienzzielsetzung resultiert daraus, daß das Realeinkommen ein sehr wichtiger Faktor für die Wohlfahrt ist und die Effizienzzielerreichung leicht meßbar ist oder einen Vergleich zwischen Alternativen ermöglicht. Das Ziel der Effizienz beinhaltet eine Steigerung des Realeinkommens, macht aber keine Aussage darüber, wem das zusätzliche Einkommen zufließt.

Meist spielen neben ökonomischen auch andere Faktoren eine Rolle, so daß folgende vier Bewertungskriterien empfohlen werden (*Vier-Konten-Methode*):

- ökonomische Effizienz des Projektes (z.B. mit Hilfe der Nutzen-Kosten-Analyse),
- Umweltqualität,
- Regionalentwicklung; Wirkung auf die Einkommensverteilung wobei eine Verbesserung bei den unteren Einkommensschichten höher bewertet wird,
- Soziales Wohlbefinden.

Für die Bestimmung der Nutzen der einzelnen Konten werden verschiedene Ansätze verwendet: Im monetären Bereich kann auf vorhandene Ansätze und Methoden zurückgegriffen werden. Im sozialen Bereich gelten auf die Person zugeschnittenen Ansätze z.B. das Maß für die persönliche Wertschätzung der Freizeitnutzung. Die Bewertung im ökologischen Bereich wird oft mit Hilfe von Indikatoren vorgenommen.

Wesentlicher Grundsatz der Projektbewertung ist es, Doppelzählungen zu vermeiden. Durch die getrennte Bilanzierung der Nutzen und Kosten in den vier Konten können Auswirkungen in zwei oder mehr Konten gleichzeitig erscheinen. Dies ist z.B. nicht zu vermeiden bei monetären Effekten, die gleichzeitig die Volkswirtschaft und die regionale Wirtschaft betreffen. Dann ist dafür zu sorgen, daß in den Konten tatsächlich nur die Nutzenanteile erfaßt sind, die einen Beitrag zu dem entsprechenden Leitziel leisten. Sind identische Nutzenanteile in mehreren Konten vorhanden, ist dies bei der abschließenden Abwägung zu beachten, die auf der Grundlage der Ergebnisse einer Projektbewertung stattfindet. Die einfache Addition der Nutzen über die vier Konten ist nicht zulässig. In den letzten Jahrzehnten wurden die Verfahren der Mehrfachzielplanung entwickelt, die es erlauben, auch andere Bewertungsfaktoren in einem Entscheidungsprozeß gemeinsam mit den monetären Größen zu berücksichtigen.

Bei der Nutzen-Kosten-Analyse muß zunächst entschieden werden, auf welcher Ebene sie durchgeführt werden soll. Die möglichen Ebenen sind die eines Privatbesitzers (Unternehmerebene), die Nutznießerebene, die einer Region (Stadt, Land, Einzugsgebiet) und die Ebene einer Nation (volkswirtschaftliche Ebene).

Ein privater Unternehmer betrachtet die gesamten direkten Einnahmen in Geldeinheiten als Nutzen eines Projektes und die gesamten direkten Ausgaben als Kosten, die er zu den augenblicklichen Marktpreisen bewertet. Ziel seines Handelns ist, den Unterschied zwischen Einnahmen und Ausgaben, also seinen Gewinn, zu maximieren.

Im Gegensatz zu dieser betriebswirtschaftlichen Investitionsrechnung, in die nur Einnahmen und Ausgaben für das Unternehmen eingehen, kann man auf der Ebene einer Region Nutzen, die in einer benachbarten Region anfallen, nicht oder vermindert bewerten. Die in der Region auftretenden Nutzen werden unabhängig vom Nutznießer berücksichtigt. Steuern, die in der Region verbleiben, sollten nicht als Kosten bewertet werden. Dies gilt auch eingeschränkt für öffentlichrechtliche Organisationen als Betreiber.

Auf der nationalen Ebene interessiert der Beitrag des Projektes zum Brutto-Sozialprodukt (Volkseinkommen). Unter Umständen können die Schattenpreise bzw. Opportunitätskosten oder die Zahlungsbereitschaft (willingness to pay) anstatt der Marktpreise gewisser Güter benutzt werden. Der Schattenpreis entspricht dem Nutzen, der der Volkswirtschaft

(Nationalprodukt) verloren geht bzw. zugute kommt, wenn eine Einheit des Produktes verbraucht bzw. produziert wird. Dieses kann am folgenden Beispiel gezeigt werden: ein Arbeitsloser wird für den Bau eines Projektes eingestellt. Die Kosten seiner Arbeit in Marktpreisen entsprechen seinem Lohn; der Volkswirtschaft geht durch seine Einstellung nichts verloren, weil er vorher arbeitslos war und nichts produziert hat (kein Beitrag zum Nationalprodukt), so daß sein Schattenpreis gleich Null gesetzt werden kann.

Die Bewertung von Importgütern, z.B. wenn ausländische Währungen im Lande subventioniert bzw. vom Staat kontrolliert werden, sollte insbesondere in Entwicklungsländern gesondert durchgeführt werden, z.B. durch höheren Preis für Devisen.

Die Schwachstellen der Nutzen-Kosten-Analyse liegen in der oft unvollkommenen Erfassung aller relevanten Projektwirkungen und in der Wahl von ökonomischen Größen wie Diskontierungsrate und Untersuchungszeitraum. Da Kosten und Nutzen zu verschiedenen Zeiten auftreten, hängt der Nutzen-Kosten-Vergleich von der Länge des gewählten Untersuchungszeitraumes ab. Das Ziel und Wertsystem kann nur aus der Zahlungsbereitschaft der Betroffenen abgeleitet werden; Präferenzen zukünftiger Generationen oder die von Experten und Entscheidungsträger bleiben weitgehend unberücksichtigt.

Nutzen-Kosten-Analysen werden in folgenden Schritten durchgeführt, wobei die Punkte 1 bis 4 als Vorstufen gelten (LAWA, 1981):

1.)   Problemstellung, Klärung der Aufgabe, d.h. Veranlassung, Probleme, Ziele und Lösungsmöglichkeiten für das Projekt und die Beteiligten; der Aufstellung einer hierachischen, konsistenten Ordnung für einen Katalog von Zielen, der Haupt-, Ober-, Unterziele und Zielkriterien umfaßt; Zielkriterien sind Einkommens- und Produktivitätssteigerungen, Ertragssicherungen und Schadensminderungen),

2.)   Konkretisierung des Zielsystems. (Erfassung aller entscheidungsrelevanten Ziele, die volkswirtschaftliche Produktions-/Konsumsteigerungen aufgrund der wasserwirtschaftlichen Maßnahmen betreffen; Bestimmung der Zielkriterien, die einer Quantifizierung zugänglich sind),

3.)   Abgrenzung des Entscheidungsraumes (Restriktionen und ihre Veränderlichkeit durch hydrologische, geographische, ökologische, geologische, bauliche, soziale, rechtliche und politische Umweltgegebenheiten, Darlegung der Gewinnung, Analysen und Ergebnisse der hydrologischen, hydraulischen, ökologischen und sozio-ökonomischen Daten),

4.)   Ermittlung, Auswahl und Darstellung der in der weiteren Analyse zu untersuchenden Maßnahmen (Aufstellung eines Kataloges von Alternativen und Vorauswahl mit Angabe über Betrieb und Steuerung des geplanten alternativen Systems),

5.)   Festlegung der Meßskala; Erfassen, Beschreiben und Quantifizieren der Nutzen und Kosten (Einbeziehung aller Vor- und Nachteile während des gesamten Untersuchungszeitraumes, gegebenenfalls durch Vergleich zwischen der Prognose bei Verwirklichung und derjenigen bei Nicht-Verwirklichung der Maßnahme zu quantifizieren (Vergleich von "Mit"-Fall und "Ohne"-Fall),

6.)   Bewertung der Maßnahmewirkungen: Transformation der Nutzen- und Kosteneffekte in monetäre Wertgrößen der Nutzen und Kosten,

7.)   Nutzen-Kosten-Vergleich: Gegenüberstellung der bewerteten Nutzen und Kosten (Grad der Wirtschaftlichkeit der untersuchten Maßnahmen wird anhand von Wirtschaftlichkeitskriterien (Investitionskriterien) beurteilt je nach Problemstellung: Kapitalwertmethode, Methode des Nutzen-Kosten-Verhältnisses),

8.)   Empfindlichkeitsprüfungen (Unsicherheitsspielraum infolge Ungewißheit zukünftiger Entwicklungen von Nutzen und Kosten; Sensitivitätsanalyse für unsichere Eingangsdaten wie Zinssatz, Länge des Untersuchungszeitraums oder Höhe von Nutzen und Kosten,

9.)   Beschreibung der monetär nicht bewertbaren Nutzen und Kosten in Form einer verbalen Darstellung aller intangiblen Wirkungen,

10.) Gesamtbeurteilung der Maßnahme und Auswahlvorschlag für den Entscheidungsträger.

Die Kosten während der Bauphase (Investitionen) sind hoch, danach fallen nur noch Betriebs- und Unterhaltungskosten an. Der Nutzen beginnt nach der Inbetriebnahme und erreicht im Laufe eines Projektes sein Maximum. Die Gegenwartswerte P der Nutzen B und Kosten K werden für die einzelnen n Jahre berechnet und summiert:

$$PB = B_0 + \frac{B_1}{(1+i)} + \frac{B_2}{(1+i)^2} + ... + \frac{B_n}{(1+i)^n} \qquad (4.1)$$

$$PK = K_0 + \frac{K_1}{(1+i)} + \frac{K_2}{(1+i)^2} + ... + \frac{K_n}{(1+i)^n} . \qquad (4.2)$$

Aus den beiden Gleichungen geht hervor, daß später eintretende große Nutzen stärker diskontiert werden als Kosten, die in den ersten Jahren anfallen (Bild 3.1). Wenn dagegen der künftige Nutzen schneller anwächst als der diskontierte Wert, läßt sich Gl. 4.1 um ein Gewicht g erweitern. Für g > 1 erhalten die späteren Jahre ein größeres Gewicht (vergl. Bild 3.3).

$$PVB = B_0 + \frac{B_0(1+g)}{(1+i)} + \frac{B_0(1+g)^2}{(1+i)^2} + ... + \frac{B_0(1+g)^n}{(1+i)^n} . \qquad (4.3)$$

Der Nettonutzen wird als Differenz von Nutzen und Kosten erhalten: PNB = PB-PK. Das *Nutzen-Kosten-Verhältnis* ist der Quotient PB / PK = B/K; Das Nutzen-Kosten-Verhältnis soll größer als 1 sein.

Rentabilität ist die Differenz: Rentabilität = Nutzenbarwert - Kostenbarwert. Zwischen dem Nutzen-Kosten-Verhältnis B/K und der Rentabilität R besteht die Beziehung R = B/K - 1. Das Kriterium B/K > 1 kann benutzt werden, um Alternativen auszuschließen, die nicht wirtschaftlich sind, d.h. B/K < 1. Falls mehrere Alternativen das Verhältnis B/K > 1 aufweisen und die Werte von B/K dicht beieinander liegen, kann die optimale Lösung durch gleichzeitige Betrachtung des Zuwachses ΔB/ΔK und des Nettogewinnes gefunden werden. Die erste Ableitung der Nutzen- bzw. Kostenfunktion nach dem Output wird als *Grenznutzen-* bzw. *Grenzkostenfunktion* K bezeichnet.

Als Beispiel soll die Wirtschaftlichkeit der Energienutzung anhand des Nutzen-Kosten-Verhältnisses einer Laufwasserkraftanlage, deren Ausbauleistung: $N = \eta \cdot Q_A \cdot H_A = 8{,}5 \cdot 500 \cdot 2{,}15 = 9155$ [kW] beträgt, bestimmt werden. Für die untersuchte Elbestaustufe Magdeburg wurde ein Wehr mit Schleusenanlage und Fußgängerbrücke nicht in Ansatz gebracht. Die zurechenbaren Kosten betragen (Bjarsch, 1995):

Baukosten	30,0 Mio DM	jährliche Betriebskosten:
maschinelle Ausrüstung	25,8 Mio DM	$0{,}01 \cdot I = 926000$ DM/a
elektrotechnische Ausrüstung	7,9 Mio DM	
stahlwasserbauliche Ausrüstung	4,6 Mio DM	jährliche Kosten bei 40 a Nutzungsdauer:
Ingenieurhonorare	5,5 Mio DM	$92{,}6 \cdot 10^6/175909 + 0{,}926 \cdot 10^6 = 6{,}32 \cdot 10^6$ DM
Versicherung, Vermessung	0,7 Mio DM	
Baugemeinkosten	0,7 Mio DM	
Unsicherheit 20%	15,4 Mio DM	
Gesamtinvestition I =	92,6 Mio DM	

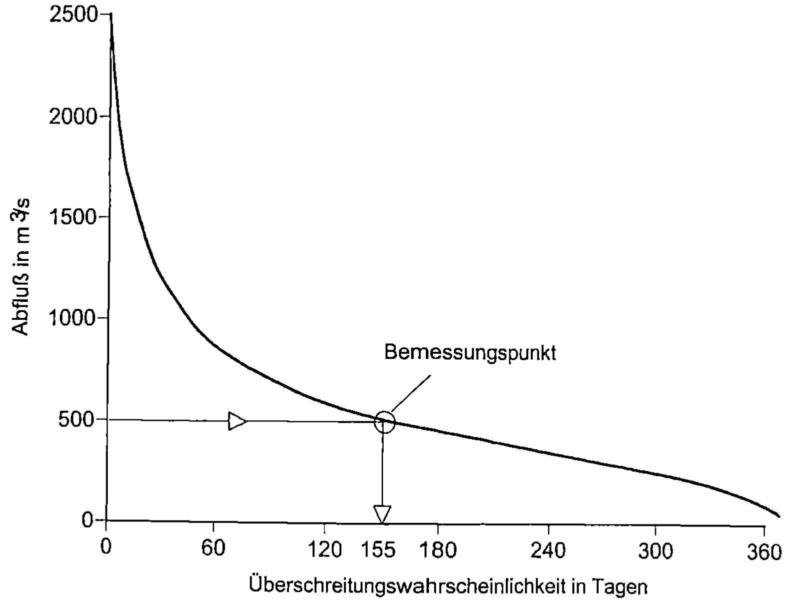

Bild 4.3. Mittlere Abflußdauerlinie der Elbe bei Magdeburg für die Abflußjahre 1931/1991 (Ausbauabfluß $Q_A = 500$ m³/s; $P_u = 155/365 = 0{,}42$, MQ = 534 m³/s)

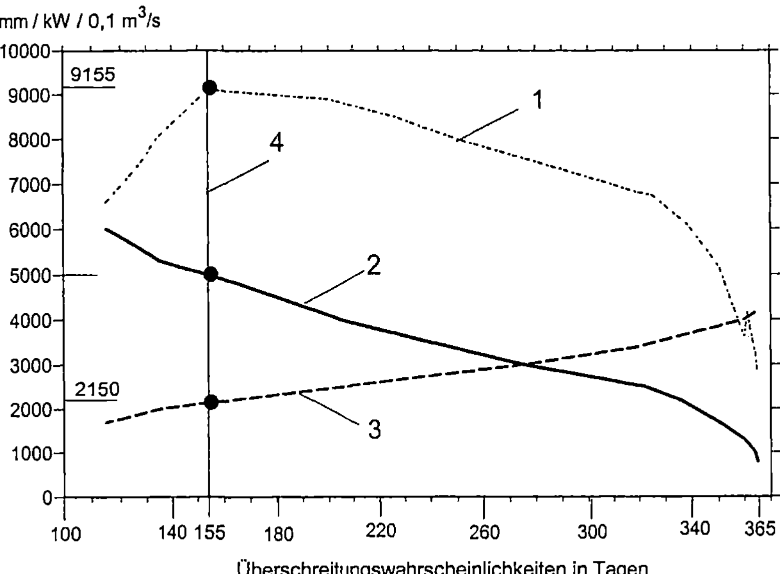

Bild 4.4. Leistungsplan eines Flußkraftwerkes für die mittlere Abflußdauerlinie 1931/91: 1. Leistungsdauerlinie (kW), 2. Abflußdauerlinie (x 0,1 m³/s), 3. Fallhöhendauerlinie (mm), 4. Ausbaugröße (Bemessungspunkt)

Die Nutzungsdauer der Bausubstanz wird mit 60a, die der Maschinen mit 40a veranschlagt. Nach dem 33. Jahr muß die elektrische Einrichtung als Reinvestition mit 3/5 der ursprünglichen Investition oder 4,7 Mio DM getätigt werden. Der Restwert beträgt: 2/3 Elektroanlage = 3,13 Mio DM und 1/3 Bausubstanz = 15,13 Mio DM. Nach Ende des 3. Jahres erfolgt der Betriebsbeginn mit vollem Nutzen. Der Ertrag beträgt 7,5 Mio DM bei einem Strompreis von 0,16 DM/kWh und einem Arbeitsvermögen von 46 885 123 kWh/a. Der Kalkulationszinsfuß ist i = 5%. Die spezifische Investition ist: Gesamtinvestition / Ausbauleistung = 92,6 · 10^6 / 9155 = 10114 DM / kW. Die spezifischen Erzeugungskosten über 40 Jahre Nutzungsdauer betragen: Jahreskosten / Produktionsmenge: [92,6 Mio DM / 17,15909 + 0,926 Mio DM/a] / [46 885 123 kWh] = 13,5 Pf/kWh. Das Nutzen-Kosten-Verhältnis beträgt B/K = 1,2 oder 1,3 bei Strompreissteigerung von 0,8% / a; Die Amortisationszeit berechnet man zu 16 a. Durch die Wasserkraftanlage werden rd. 27000 t Kohlendioxid-Emmissionen vermieden, wenn von 0,57 kg CO_2 pro kWh ausgegangen wird. Die Stillstandszeit von > 100d dient dem Erhalt der natürlichen Wasserspiegelschwankungen und der Geschiebeabfuhr.

Die Zuwächse des Nutzens bzw. der Kosten werden anhand mehrerer vergleichbarer Alternativen, die eine abgestufte Steigerung des Nutzens und der Kosten aufweisen, untersucht. Solche Steigerungen bei den einzelnen Varianten werden erreicht, wenn z.B. die Ausbaugröße eines Speichers oder die Bewässerungsfläche schrittweise vergrößert werden können. Unter- und Obergrenze der Varianten sind in der Regel durch örtliche Randbedingungen vorgegeben, wie minimale bzw. maximale Stauspiegellage im Hinblick auf die Speicherrandzone, minimale wirtschaftliche Bewässerungsfläche usw.

Von einer Ausbaustufe bis zur nächst größeren lassen sich Differenznutzen ΔPB und Differenzkosten ΔPK berechnen, z.B. der Differenznutzen zu:

$$\Delta PB = \Delta b_1/(1+i) + \Delta b_2/(1+i)^2 + \dots + \Delta b_n/(1+i)^n. \tag{4.4}$$

Das Verhältnis

$$\frac{\Delta B}{\Delta K} = \frac{PB(A_j) - PB(A_k)}{PK(A_j) - PK(A_k)} \tag{4.5}$$

ist die Differenz der Gegenwartswerte der Alternativen A_j und A_k.

Um die optimale Alternative A_i zu ermitteln, werden alle Alternativen, deren Nutzen-Kosten-Verhältnis > 1 ist, nach der Höhe der Kosten in steigender Reihenfolge geordnet. Für die so geordneten Alternativen werden die Quotienten $\Delta B/\Delta K$ bestimmt. Überschreitet der Quotient $\Delta B/\Delta K$ den Wert von eins, ist die Alternative auszuwählen, deren Wert $\Delta B/\Delta K$ dem Wert 1 am nächsten liegt. Wird nämlich ein Wert $\Delta B/\Delta K$ < 1 erhalten, ist.der Zuwachs des Nutzens nicht mehr größer als der Zuwachs der Kosten. Zusätzlich kann der Nettonutzen als weiteres Kriterium herangezogen werden.

Beispiel: Für ein Wasserkraftwerk (Speicherkraftwerk) bestehen mehrere Alternativen bezüglich der Ausbauleistung in MW. Jährliche Nutzen und Kosten in Mio DM/a sind für die Alternativen in der Tabelle aufgeführt. Das Verhältnis $\Delta B/\Delta K$ unterschreitet den Wert eins, wenn die Ausbaugröße von 139 MW überschritten wird. Da die Ausbaugröße 139 MW gleichzeitig auch den größten Nettonutzen aufweist, ist sie die optimale Alternative.

Anhand der Quotienten B/K allein ist eine Auswahl nicht möglich. Da das Verhältnis B/K vom gewählten Zinssatz abhängt, müssen zusätzlich Berechnungen für verschiedene Zinssätze durchgeführt und der interne Zinssatz bestimmt werden.

Ausbaugröße MW	Kosten K Mio DM/a	Nutzen B Mio DM/a	Nettonutzen B - K	B / K	Zuwachs		
					Kosten ΔK	Nutzen ΔB	$\Delta B/\Delta K$
96	44,5	43,9	-0,6	0,99			
104	45,3	46,2	0,9	1,02	0,8	2,3	2,88
111	45,7	48,3	2,6	1,06	0,4	2,1	5,25
119	46,3	50,0	3,7	1,08	0,6	1,7	2,83
127	46,8	50,9	4,1	1,09	0,5	0,9	1,80
135	47,4	51,7	4,3	1,09	0,6	0,8	1,33
139	47,7	52,1	*4,4*	*1,09*	0,3	0,4	*1,33*
143	48,2	52,4	4,2	1,09	0,5	0,3	0,60
150	48,9	52,9	4,0	1,08	0,7	0,5	0,71
167	49,9	53,7	3,8	1,08	1,0	0,8	0,80

Eine Nutzen-Kosten-Analyse kann nicht anhand einer einzigen ökonometrischen Maßzahl wie dem Nutzen-Kosten-Verhältnis zu einem schlüssigen Ergebnis führen. In der Regel müssen weitere Größen wie der interne Zinsfuß herangezogen werden, um die Empfindlichkeit des Nutzen-Kosten-Verhältnisses gegen die Veränderungen der Ausgangswerte aufzuzeigen.

Ein Investitionsprogramm muß im Rahmen einer Entwicklungsplanung ständig auch auf die Unsicherheiten, die bei der Ermittlung von Nutzen und Kosten auftreten, überprüft werden. Dabei kann der Einfluß eines Produktionsfaktors, der ein Kostenelement des Projektes darstellt, aufgezeigt werden. Das Nutzen-Kosten-Verhältnis wird dann: B/K = Bruttoertrag / (Investition + Arbeitskosten · x + Materialkosten · y), wobei x und y gegebenenfalls die Steigerungsrate der jeweiligen Kostenkomponente in Prozent darstellen.

Beispiel: Zwei Bewässerungsprojekte, deren Nutzen und Kosten in 10^3 G.E. auf der Grundlage von i = 0,10 angegeben sind, sollen bezüglich der Steigerung der Rohstoff- und Lohnkosten analysiert werden.

	Projekt A	Projekt B
Investition	105 000	65 000
Bruttogewinn	140 150	124 115
Arbeitskosten	4 412	18 146
Rohstoffkosten	15 111	27 441
Nutzen-Kosten	B/K = 1,17	B/K = 1,12
Steigerung der Arbeitskosten allein um 25% (x = 1,25)	B/K = 1,12	B/K = 1,08
Steigerung der Rohstoffe allein um 20% (y = 1,20)	B/K = 1,10	B/K = 1,07
Ansteigen der Arbeitskosten (x = 1,25) und Materialkosten (y = 1,20)	B/K = 1,09	B/K = 1,03

Wird ein Grenzwert von B/K = 1,10 für die Durchführbarkeit eines Projektes angesetzt, scheidet Projekt B aus, da es gegen Lohn- und Materialkostensteigerungen zu sensitiv ist. Projekt A weist ein etwas günstigeres Nutzen-Kosten-Verhältnis auf, sinkt aber bei Steigerungen beider Einflußgrößen ebenfalls unter das Verhältnis B/K = 1,10.

4.2.3 Förderung der regionalen Entwicklung und soziales Wohlbefinden

Das Ziel der regionalen Entwicklung ist vielschichtig; meist wird von der regionalen Einkommensverteilung ausgegangen. In Entwicklungsländern und zurückgebliebenen Regionen der entwickelten Länder impliziert das Ziel oft eine erhöhte Beschäftigung. Wird hingegen als Zielgröße die regionale Einkommensentwicklung angesehen, betrifft dies die regionale Ausprägung der Effizienz. Beim Ziel der regionalen Entwicklung handelt es sich um ein Verteilungsproblem, d.h. daß Realeinkommen in räumlicher Hinsicht gerechter verteilt werden sollen. Der Nutzen kann monetär, aber auch in Zahl der zusätzlichen Arbeitsplätze oder Zunahme der Bevölkerung ausgedrückt werden. Das gesellschaftliche Ziel der Verteilungsgerechtigkeit kann durch explizite Zielformulierung, Behandlung als Restriktion, Gewichtung der Projekteffekte nach Verteilungskriterien oder durch verbale Beschreibung der Verteilungswirkungen berücksichtigt werden. Das *Pareto-Kriterium*, nach welchem eine Situation immer dann einer anderen vorziehenswürdig ist, wenn einige Personen besser gestellt werden, ohne daß ein einziger Einbußen erleidet, ist meist nicht anwendbar. In der Realität werden immer einige Personen durch ein Projekt benachteiligt.

Wichtige Kriterien der regionalen Entwicklung sind Angaben über Bevölkerung, Beschäftigung, Bruttoinlandsprodukt, Regionaleinkommen und Investitionstätigkeit. Bei Maßnahmen zur Verbesserung der Wassergüte ist das Verteilungsziel nicht gegeben, da Güterverbesserungen meist in hochentwickelten Räumen relevant werden, wo keine so starke unterschiedliche Einkommensverteilung herrscht wie in wenig entwickelten Gebieten, die eine vergleichsweise geringere Umweltbelastung aufweisen.

Häufig wird der Nutzen der *Freizeit- und Erholungsfunktion* unter der wirtschaftlichen Effizienzzielsetzung subsumiert obwohl er eine Komponente des Kontos Soziales Wohlbefinden ist. Speicherprojekte wirken sich stark auf den Freizeitnutzen aus. Art, Größe und Ausstattung der Erholungseinrichtungen können von lokal- und regionalspezifischen Größen abhängen, wie Klima, potentielle Nachfrage nach wassernaher Erholung, Alternativen für wasserorientierte Erholung, Uferbeschaffenheit und Größe der Wasserfläche. Die Auswirkungen wasserwirtschaftlicher Projekte auf die Freizeitgestaltung und Erholungsmöglichkeit der Bevölkerung, z.B. als Wochenenderholung, wurden früher oft vernachlässigt, da andere Leitziele gegenüber dem Freizeitnutzen relevanter waren. Für die Erfassung des Ausflugsaufkommens an wasserbezogenen Erholungsstandorten nach Art, Häufigkeit und Dauer der Aktivitäten in quantitativer Form sowie für die Bewertung des Freizeitnutzens an Ausflugsaktivitäten in volkswirtschaftlicher, ökologischer, regionaler und sozialer Hinsicht liegen Einzeluntersuchungen vor (Tiedt, 1992).

Untersuchungen über die Freizeitnutzung und die Erholungskapazität, z.B. Besuchertage bezogen auf die Wasserfläche oder die nutzbare Uferlänge des Speichers, beschränken sich auf bestehende Talsperren, da für aufwendige Erhebungen des Besucheraufkommens seitens des Talsperrenbetreibers wenig Bedarf besteht. Prognosen über das Besucheraufkommen entstehen aus einer vorsichtigen Übertragung der Erhebungen von bestehenden Standorten auf geplante Speicher oder durch Schätzungen anhand von Erfahrungswerten. Neben den geographischen Kenndaten des Erholungsstandortes wird das Einwohnerpotential herangezogen werden. So kann bei Talsperren die Länge der Randwege als Kapazitätsbegrenzung angesehen werden, wobei ein Besucheraufkommen von 5000 bis 15000 Personen pro km Uferweg als Anhalt dienen kann. Eine objektive Berechnungsmethodik für die "a-priori" Berechnung von Ausflugsströmen (Anzahl der Besucher) fehlt für die wasserbezogene Freizeitnutzung. Wird bei Neubauprojekten die Prognose über das erwartete Ausflugsaufkommen anhand vergleichbarer, bestehender Talsperrenstandorte durchgeführt, muß auf einzelne, nur bedingt vergleichbare Standorte zurückgegriffen werden (Tabelle 4.2). Abweichende Kennzeichnungsmerkmale können nur subjektiv eingeschätzt werden. Die Schätzung des Ausflugsaufkommens aus diesen Gewässerkennwerten kann daher nur grobe Orientierungswerte liefern. Von (Tiedt, 1992) wird ein Berechnungsverfahren für die Intensität des Ausflugstromes und der Freizeitwerte von Talsperren vorgeschlagen, welches das Ausflugspotential, das Aktivitätsvorkommen und Wetterbedingungen berücksichtigt.

Der Nutzen aus Freizeit und Erholung an wasserbezogenen Zielen für die regionale Entwicklung kann über das Ausgabeverhalten der Freizeittreibenden erfaßt werden. Vereinfacht werden die ausflugsbezogenen Gesamtausgaben dem Nutzen eines Ausflugs gleichgesetzt, d.h. der Nettonutzen ist null und niemand hätte durch den Ausflug Nachteile. Besser ist die Verwendung von Marktpreisen, die über Eintritts- oder Benutzungsgebühren festgestellt werden können. Zur Bewertung wird gelegentlich der Alternativkostenansatz herangezogen. Der Alternativkostenansatz setzt voraus, daß die Nachfrage nach der Erholungsfunktion das Angebot des geplanten Systems übersteigt. Damit wird sichergestellt, daß die Alternative ohne Realisierung des Projektes auch durchgeführt werden würde. Der Alternativkostenansatz ist daher also wenig aussagefähig, wenn die Nachfrage der Erholungsleistung kleiner ist als das Angebotspotential des Systems oder wenn die Alternativkosten höher sind als das Produkt aus Nachfragemenge und dem marginalen Preis.

Tabelle 4.2. Wichtige Auswirkungen nach der 4-Konten-Methode, die bei Talsperrenprojekten auftreten können (x: erheblicher Einfluß; o: bedingter oder geringer Einfluß)

Zielbereich	Gesamtwirtschaftliche Effizienz (Konto 1)	Umweltqualität (Konto 2)	Regionale Entwicklung (Konto 3)	Soziales Wohlbefinden (Konto 4)
Bau einschl. Grunderwerb	x		o	
Wasserversorgung	x		o	o
Hochwasserschutz	x	x	o	x
Energiegewinnung	x	o	o	
Niedrigwasseraufhöhung		x		o
Überstau d. Talfläche		x		o
Freizeitnutzung u. Erholung	x		o	x
Fischerei	x			
Landschaftsbild		x		x
Denkmalschutz		o		o

Für die Beurteilung nicht-monetärer Auswirkungen steht praktisch noch kein allgemein anerkanntes Instrumentarium zur Verfügung. Dies schließt ökologische Folgen und soziale Auswirkungen ein. Die Entwicklung strukturierter Bewertungsalgorithmen wird stark gehemmt durch die unzureichende Kenntnis über die Wertmaßstäbe hinsichtlicher sozialer und ökologischer Auswirkungen.

Unter der Rubrik *Soziales Wohlbefinden* werden u.a. intangible Werte eingeordnet, die das ästhetische Empfinden der Menschen ansprechen. Dabei handelt es sich um die Akzeptanz der baulichen Maßnahmen. Die Nutzenposition Ästhetik resultiert aus der Verschönerung des Landschaftsbildes, z.B. durch Verbesserung der Gewässergüte eines Flusses und seiner Umgebung. Zahl, Dauer und Häufigkeit des Flußkontaktes von Besuchern kann ohne erheblichen Aufwand nicht quantifiziert werden. Eine monetäre Bewertung läßt sich durch eine Befragungsaktion über die individuelle Zahlungsbereitschaft empirisch ableiten (Nekkarstudie, 1972). Auch die Steigung des persönlichen Wohlbefindens hinsichtlich Gesundheit und Erlebnisinhalten bei wassergebundener Erholung ist hier zu nennen.

4.2.4 Verbesserung der Umweltqualität

4.2.4.1 Einige Begriffe

Durch wasserwirtschaftliche Vorhaben und Wasserbauten können Umweltressourcen beansprucht werden. Sofern diese Beanspruchung im Vergleich zum Umweltpotential gering ist, kann sie vernachlässigt werden. Infolge des ausgeprägten Umweltbewußtseins, das sich in Zielen der Umwelterhaltung und -verbesserung wiederspiegelt, wird bei größeren Eingriffen die Umweltbeeinflussung analysiert und bewertet (Bild 4.5).

Die Zulässigkeit des Eingriffs wird mit abgestuften Rechtsfolgen: Vermeidung, Ausgleich, Abwägung und Ersatz, verknüpft. Vermeidbare Beeinträchtigungen von Natur und

Landschaft sind zu unterlassen bzw. zu vermindern. Unvermeidbare Belastungen sind durch Maßnahmen des Naturschutzes und der Landschaftspflege auszugleichen. Sind Beeinträchtigungen unvermeidbar und nicht voll ausgleichbar, kann der Eingriff untersagt werden, wenn die Naturschutzbelange bei Abwägung aller Anforderungen an Natur und Landschaft im Range vorgehen. Bei vorrangigen und nicht ausgleichbaren Eingriffen müssen Ersatzmaßnahmen durchgeführt werden oder es ist eine Ausgleichsabgabe zu entrichten. Um Kompensationsmaßnahmen, die in Form von Maßnahmen zum Ausgleich oder zum Ersatz im Sinne des Naturschutzgesetzes zu entwerfen und zu bewerten sind, gibt es Handlungsanleitungen für Eingriffsregelungen (Naturschutzgesetz). Für Vorhaben oder Maßnahmen der Fachplanung erfolgt stets die Anwendung der naturschutzrechtlichen Eingriffsregelung. Durch sie wird der Umfang und Art des Eingriffs in die Leistungsfähigkeit des Naturhaushaltes oder des Landschaftsbildes erfaßt.

Zur Eingriffsregelung werden eine Reihe von Funktionen und ihren zugeordneten Schutzgütern des Betrachtungsraumes herangezogen, wie Lebensraumfunktion für Flora und Fauna, biotische Ertragsfunktion, Grundwasserschutzfunktion und Retentionsfunktion im Einzugsgebiet, bioklimatische Ausgleichsfunktion und Landschaftserlebnisfunktion. Zur Beschreibung und Bewertung dienen dazu auf nationaler Ebene Indikatoren für die Belastung und den Zustand der Umwelt und Indikatoren für gesellschaftliche Reaktionen auf Umweltprobleme wie z.B. Treibhauseffekt, Eutrophierung, Landschaftsschutz, Wasserressourcen und Gewässerqualität. Die Umweltindikatoren sollen ökologisch fundiert und repräsentativ sein und auf kurzfristig aktualisierbaren, quantifizierten (meßbaren) Daten aufbauen; sie sollen eine Adäquanz für die Zielgruppen aufweisen (Walz, 1997). So dienen im Bereich der Eutrophierung der Verbrauch an Düngemitteln (N, P) und sein Eintrag in Gewässer als Belastungsindikator. Die Nährstoffkonzentration im Gewässer und Boden beschreiben den

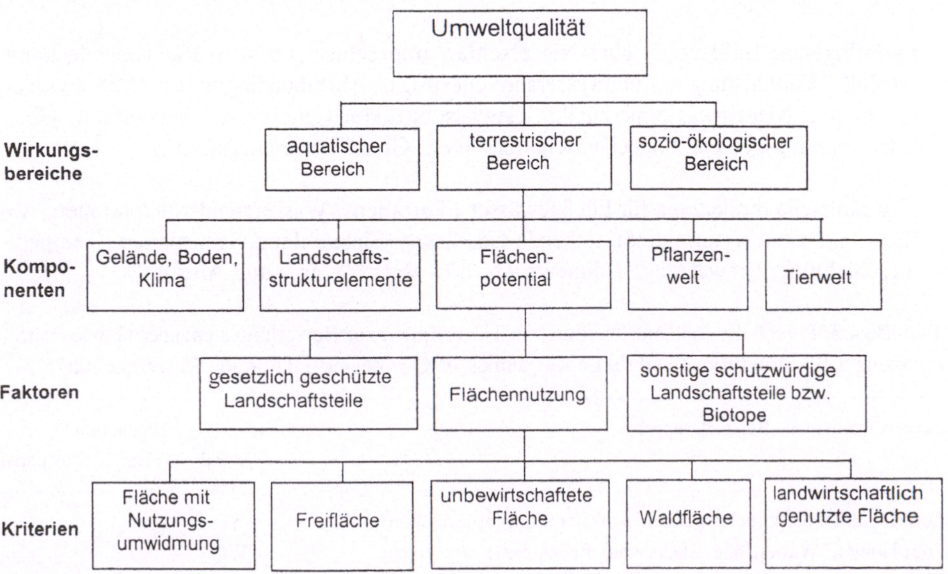

Bild 4.5. System der Umweltwirkungen wasserwirtschaftlicher Maßnahmen in Anlehnung an (Günther, 1981)

Zustand; der Anschlußgrad und der Wirkungsgrad der Kläranlagen sowie Maßnahmen zur Reduktion des Düngeeinsatzes (Nitrat und Phosphat) sind Reaktionen.

Zur quantitativen Abschätzung des Einflusses von einzelnen wasserwirtschaftlichen Projekten auf die Umwelt werden Indizes oder Indikatoren aus dem ökologischen und sozioökonomischen Bereich verwendet (Tabelle 4.3). *Indikatoren* sind Beobachtungen oder Messungen, mit welchen eine Komponente oder eine Aktion des Umweltsystems gemessen, integrierend beschrieben und als Trend ausgedrückt werden kann. Sie sind physikalischer, biologischer, chemischer oder sozialer Natur oder sind Reaktionen zwischen diesen vier Komponenten (EU-Wasserrahmenrichtlinie, 1998). Sie können nicht direkt im Entscheidungsprozeß verwendet werden. Ein *Index* bezieht sich auf einen beobachteten Wert (Indikator), der im Verhältnis zu einem Standard oder Grenzwert ausgedrückt wird. Er gibt den Grad der Erwünschtheit bezüglich Mensch und Umwelt wieder. Der Index ist eine Verhältniszahl, die aus der Aggregation von mehr als zwei Indikatoren abgeleitet wird. Als Umweltindikator wird eine Größe bezeichnet, welche sich auf eine Variable zur Kennzeichnung der Belastung einer Umwelteigenschaft bezieht und auf örtlicher oder flußgebietsbezogener Ebene oder eine geographische Region anwendbar ist. Indikatoren (Basisindikatoren), welche Komponenten von wasserwirtschaftlichen Systemen bezüglich des Umwelteinflusses anzeigen, erfassen folgende abiotische und biotische Bereiche (Card et al., 1984; UNEP, 1987; Chapman, 1992):

- physisch-geographische Indikatoren über Klima (Temperaturveränderung, Niederschlags-/Verdunstungsverhältnis, Luftfeuchte), terrestrisches Teilsystem: Geomorphologie (Hangneigung, Gewässernetz, Erosion, Vergletscherung), Land und Boden: Geologie (Substrat, Seismik), Boden (pedologische Klassifizierung, Erodierbarkeit, Durchlässigkeit, pH), Pflanzengesellschaft (Bedeckung, Evapotranspiration), Siedlungs- und Wirtschaftsgeographie (Verkehrswege, landwirtschaftliche Nutzung, Siedlungen),

- hydrologische Indikatoren über Niederschlag und seinen Verbleib (Schneebedeckung, Abfluß, Verdunstung, Grundwasseranreicherung), Abflußbedingungen (Mittelwasser, Hoch- und Niedrigwassermerkmale), Gewässerstruktur (Quer- und Längsschnitt, Überschwemmungsgebiete, Fließeigenschaften, Seen, Grundwasseraustausch),

- physikalische Indikatoren für Fließgewässer (Turbulenz, Wasserstandsfluktuationen, Abfluß- und Temperaturregime), stehende Gewässer (Einstrahlung, Transparenz, Temperaturschichtung, Umwälzung, Sedimente, Grundwasser (Temperatur, Alter),

Tabelle 4.3. Potentielle Indikatorfunktion von Tiergruppen zur Bewertung stehender Gewässer (ST = Anzeiger für Strukturvielfalt ihres Lebensraumes, WQ = Zeigerfunktion für Wasserqualität)

Zeigerorganismen / Beispielgruppen	Lebensraum		
	Litoral	Pelagial	Profundal
Luft-O_2 atmende Wirbellose (Schwimmkäfer, Lungenschnecken)	ST		
Zooplankton [Wasserflöhe (Cladoceren), Rädertiere (Rotatorien)]	WQ		
wenigborstige Ringelwürmer (Oligochäten), Zuckmücken (Chironomiden)	WQ, ST		WQ, ST
Fische, Amphibienlarven	WQ, ST	WQ	WQ, ST

– chemische Indikatoren für Interaktionen oder Summenparameter (TDS, TOC, pH, Redox, Salzgehalt, BSB), spezielle Komponenten (Kationen von Ca, Mg, Anionen der Sulphate, Nitrate usw.), organische Komponenten (Fette, Pesticide, Detergentien, Radioaktivität usw.),

– biologische Indikatoren für das Einzugsgebiet (natürliche Pflanzengesellschaften, Nährstoffkreislauf), für Fließgewässer (Nährstoffimport, Trophiepotential, Flußbettflora und -fauna, Indikatoren der organischen und anorganischen Verschmutzung, Selbstreinigung, Sauerstoffprofile, Sedimente), für Stillgewässer (Primärproduktion, Diversität des Litorals und Epilimnions, Hypolimnions und Bodensediment), für Grundwasser (bakterielle Verunreinigung),

– sozio-ökonomische Indikatoren für Umweltbelastung (Siedlungsdichte, Lebensstandard), Wachstum, regionale Entwicklung (Energieverbrauch, Urbanisierung),

– Indikatoren für Volksgesundheit (Gesundheitszustand, Vorsorge, Hygiene, Ernährung),

– Indikatoren für kulturelle Komponenten (sozialer Hintergrund, kulturelle Bedeutung, Erziehungssystem).

Um die ökologischen Verluste eines Projektes gegen seine sozio-ökonomischen Gewinne aufzurechnen, können die einzelnen ökologischen und sozio-ökonomischen Komponenten zusammengefaßt werden. Damit wird der aktuelle Status des Gewässers im Bezug zur Umwelt unter einer gemeinsamen ökologischen und sozio-ökonomischen Blickrichtung ausgewertet (UNEP, 1987; Hartmann, 1992). Die Basisindikatoren werden damit zu Indikatoren 2. Ordnung zusammengefaßt, die Ökonomie, soziale Auswirkungen und Volksgesundheit einerseits und die Wasserqualität der Gewässer, die Hydrobiologie, terrestrischen Rahmen und Klima andererseits umfassen. Nach deren Zusammenfassung erhält man Indikatoren 3. Ordnung, nämlich sozio-ökonomische und ökologische. Zur Bildung der Indexe wird aus dem besten (Z_{i+}) und noch akzeptierbaren (Z_{i-}) Wert und dem aktuellen Wert Z_i eines Basisindikators durch Normierung der Index S_i berechnet: $S_i = (Z_i - Z_{i-}) / (Z_{i+} - Z_{i-})$. Dadurch liegen alle normierten Werte im Bereich zwischen 0 und 1. Anschließend werden zur Bildung der Indikatoren 2. Ordnung die Abstände L zu einem Idealpunkt gemessen und der integrierte Index 2. Ordnung berechnet (s. Bild 4.6 a):

$$L_j = \left[\sum_{i=1}^{n_j} \alpha_{ij} S_{ij}^{\,p_j} \right]^{1/p_j} \tag{4.6}$$

S_i : Basisindikator mit der Bandbreite $Z_{i+} - Z_{i1}$ und dem aktuellen Wert Z_i,

L_{ij} : zusammengesetzte Abstände der zum Indikator 2. Ordnung j zusammengefaßte i Basisindikatoren $0 \leq L_j \leq 1$,

p_j : Exponent der Gruppe j, meist $p \geq 1$,

α_{ij} : relatives Gewicht der normierten Basisindikatoren innerhalb der Gruppe j; $\sum_{i=1}^{n_j} \alpha_i = 1$.

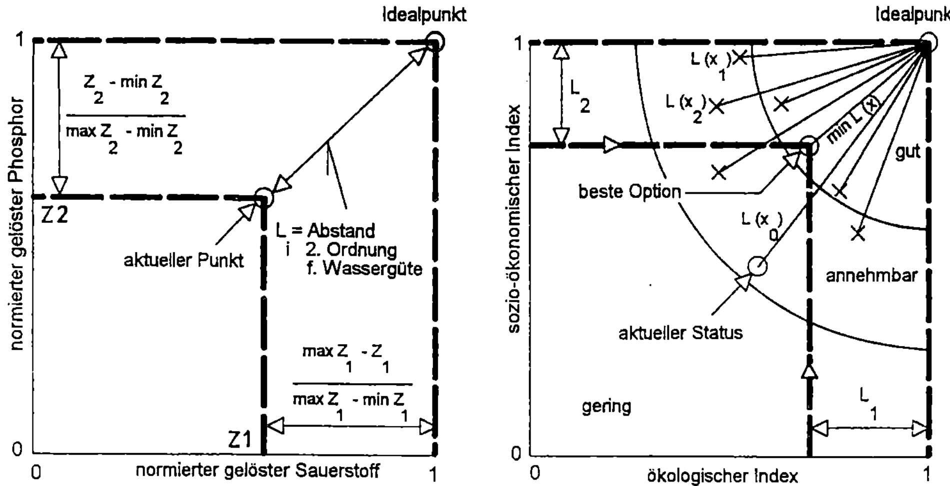

Bild 4.6. a.) Indikator 2. Ordnung für die Wasserqualität, b.) gemeinsame ökologisch – sozio-ökonomische Indikator 3. Ordnung zur Auswertung des aktuellen Status

Analog werden im nächsten Aggregationsschritt aus den Abständen 2. Ordnung die Abstände für die Gruppen der nächst höheren (3.) Ordnung ermittelt:

$$L_K = \left[\sum_{j=1}^{m_k} \alpha_{jk} \cdot L_{jk}{}^{p_u} \right]^{1/p_k}, \tag{4.7}$$

wobei m_k die Anzahl der Elemente in der dritten Gruppe bedeutet und bei Gleichwertigkeit, z.B. des Indexes für Wasserqualität und Hydrobiologie, $\alpha_{11} = \alpha_{21} = 0,5$ gesetzt wird. Im nächsten Aggregationsschritt erfolgt die Zusammenfassung der Indikatoren 3. Ordnung in Ökologie und Sozio-Ökonomie und die Berechnung des integrierten Systemindex. Der Abstand $L = [\alpha_1 L_1{}^2 + \alpha_2 L_2{}^2]^{0,5}$ nach (Bild 4.6b) berücksichtigt über die Gewichte α die relative Bedeutung zwischen Erhaltung (Konservierung) und Entwicklung. Der Faktor p = 2 in Gl. 4.7 berücksichtigt die ökologischen Verluste. Die aggregierten Indikatoren werden mit Hüllkurven verglichen, die für den ökologischen Streß und die Differenz zur ökonomischen Zielvorstellung akzeptable ($0,3 < L_1, L_2 \leq 0,6$ oder gute ($L_1, L_2 > 0,6$) Bereichen angeben. Die Schwächen der Methode liegen in der Festlegung des Toleranzbereiches der Basisindikatoren und in der Wichtung, die nur aufgrund einer Zusammenarbeit von unterschiedlichen Disziplinen möglich ist (Brüggemann, 2000).

4.2.4.2 Einige ökologische Bewertungsansätze

Die ökologische Bewertung eines Gewässers ist frei von Nutzungsaufgaben, da das Gewässer als Teil der Natur angesehen wird und die Nähe des jeweiligen Zustandes zu dem natürlichen Zustand des Gewässers als Maß der Bewertung dient. Wasserwirtschaftliche Vorhaben können nach ihrer wasserbaulichen Wirkung auf die Umwelt vereinfacht in sechs Kategorien eingeteilt werden, die bei Bedarf noch weiter unterteilt werden können (Bild 4.5):

- Speicherung (Talsperren, Seeregulierung, Hochwasserrückhaltebecken),
- Kanalisierung und Gewässerausbau (Bewässerungs- u. Schifffahrtskanäle, Entwässerung, Bedeichung, Erosionskontrolle, Gewässerrückbau),
- Ableitungen (Überleitungen, Wassernutzung, Wassergebrauch),
- Niedrigwasseraufhöhung (Vergleichmäßigung des Abflusses),
- Grundwasserentzug und -anreicherung,
- Maßnahmen im Einzugsgebiet (Erhöhung der Gewässerretention, dezentraler Rückhalt durch Landschaftsstrukturelemente, Änderung der Landnutzung, Bodenschutz).

Ein *Eingriff* im Sinne des Naturschutzes verändert Gestalt, Funktion oder Nutzung von Landschaftselementen. Der ökologische Zustand des betroffenen Gebietes, das durch Aktionsraum der dort lebenden Organismen begrenzt wird, ist in einer Bestandsaufnahme festzuhalten. Zu den Eingriffen in Natur und Landschaft gehören die direkten Belastungen der abiotischen und biotischen Einzelfaktoren sowie der Flächenverbrauch (Institut für Landschaftspflege, 1998). Die Eingriffe in das Wirkungsgefüge ökologischer Faktoren sowie in die Selbstregulierungsmechanismen der Ökosysteme – im Bundesnaturschutzgesetz als Funktionsfähigkeit des Naturhaushaltes bezeichnet – werden bewertet (BNatSchG). In der Bewertungsskala hat der Schutz von Systemen, die von der Natur langfristig angelegt werden, den höchsten Rang, an letzter Stelle stehen kurzlebige technische Strukturen. Indikatoren für die Ausweisung von Schutzgebieten sind das Verhältnis von natürlichem zu genutztem Land, die Einzigartigkeit der ökologischen oder kulturellen Struktur und der ökonomische Wert des Schutzgebietes.

Als Bewertungsgrößen dienen die Vollkommenheit oder Naturschutzkriterien, z.B. Naturnähe, Seltenheit und Leitbild. Hierzu können auch ästhetische Kriterien, z.B. Eigenart und Schönheit der Landschaft kommen. Gebräuchliche ökologische Bewertungsmaßstäbe sind die Diversität, die Seltenheit, der Standortbezug, der Natürlichkeitsgrad und die Biotopvernetzung (OECD, 1999). Mit der *Seltenheit* bestimmter Arten bewertet man die innnerhalb eines Landschaftsraumes lebenden Pflanzen und Tiergesellschaften. Aus ihnen wird häufig die floristische oder faunistische Qualität des Planungsgebietes abgeleitet. Ein hochwertiger *Standortbezug* ist gegeben, wenn eine große Übereinstimmung besteht zwischen den natürlichen Standortbedingungen im Hinblick auf Nährstoffe, Feuchte und Lichtverhältnisse und den zu erwartenden Pflanzen- und Tierbiozönosen. Die Lebensgemeinschaften bleiben nur erhalten, wenn auch die physikalischen und chemischen Systemkomponenten erhalten bleiben. Der *Natürlichkeitsgrad* ist ein Maß für die Dauer und Intensität sowie der Abfolge der Eingriffe des Menschen in die Ökosysteme. Die Werteskala reicht von natürlich bis künstlich. Die Bewertung nach dem Natürlichkeitsgrad erfolgt durch Vergleich mit einem natürlichen oder naturnahen System ähnlicher Struktur und Entstehungsgeschichte. Teile unserer Kulturlandschaft, in welche regelmässig durch Nutzungen eingegriffen wird, verdanken ihre hohe Diversität einer traditionellen Nutzung. In landwirtschaftlich genutzten Gebieten wird bei einer Fokussierung auf Monokulturen und bei zunehmender Bewirtschaftungsgeschwindigkeit die Artendiversität eingeschränkt. Die Artendiversität solcher Wirtschaftsräume läßt sich teilweise wiederherstellen durch Auflockerung der Fläche mit Baum- und Buschinseln, durch Feldgehölze und künstliche Brachflächen bei Sicherung der Durchgängigkeit (Hartmann, 1992).

Terrestrische Ökosysteme werden kartiert, in einheitliche Flächen eingeteilt und bewertet z.B. nach Arbeitsgemeinschaft Naturschutz (1995). Als Bewertungsgrößen dienen die Anzahl der gefährdeten Arten sowie die Seltenheit von Arten oder bestimmten Biotopen, denen Trittstein- oder Brückenfunktion zukommt. Das Alter des Biotopes und die Alterstruktur im Bestand selbst, das Wiederentstehungspotential, z.B. die Zerstörung eines Moores ist irreversibel und die Interaktion mit dem Gewässer sind wichtige Bestandsgrößen. Unter den zu schützenden Gebieten sind vorrangig zu nennen (vergl. Tabelle 4.4 und 4.5):

- obere Einzugsgebiete von Flüssen (Erhaltung des natürlichen Abflußgeschehens und aller biologischen Elemente),
- Sümpfe, Moore und Marschen. Da die menschliche Aktivität häufig entlang der Flußläufe enstand, wurden sie im Falle der Trockenlegung meist zerstört,
- Gebiete mit kulturellem Wert (Gebiete von einzigartiger geologischer, morphologischer, biologischer oder kulturgeschichtlicher Bedeutung (Bau- und Bodendenkmäler)),
- Urwälder, speziell tropische Regenwälder; letztere weisen höchste Artendiversität auf,
- Ökosysteme der Küstengewässer und Flachmeere, die durch Abwasser belastet sind.

Artenschutz verlangt in erster Linie Biotopenschutz. In den internationalen Roten Listen sind die Namen der Arten aufgeführt, deren Existenz gefährdet ist und die besonders schüt-

Tabelle 4.4. Ökosysteme, in denen Eingriffe vermieden werden sollen, da meist irreversibel (vereinfacht n. Haude)

Übergangs- und Hochmoore: Alle verbliebenen Flächen einschließlich Moorfragmente.

Niedermoore: Alle verbliebenen Flächen einschließlich Moorfragmente wie moorreiche Naturräume (Voralpengebiet), kleine *eutrophe* Niedermoore und echte Bruchwälder.

Seen: Natürliche Seen und Seeuferbereiche, Altwässer und Brackwasserseen, Verlandungszonen. Bei Teichen sind gegebenenfalls Ersatzmaßnahmen möglich.

Fließgewässer und Auen: Naturbelassene oder nur gering verbaute Bach- und Flußabschnitte; Auen mit Naßwiesen, Auwälder und Riede. Zerschneidung oder Verringerung der Überschwemmungsgebiete sollte nicht zugelassen werden.

Magerwiesen, Trocken- und Halbtrockenrasen, Sandrasen mit Gebüschen: In Naturräumen mit mehr als 2% Flächenanteil dieses Biotops sind bei eutrophierten Restflächen Ersatzmaßnahmen möglich.

Außeralpine Borstgrasrasen: Alle Flächen einschließlich kleiner Fragmente.

Heide: Heiden mit altem Bodenprofil (älter als 50 Jahre). Bei jungen Beständen ist gegebenenfalls Ersatz möglich.

Außeralpine Felsfluren: Alle primären Standorte. Bei alten Sekundärstandorten ist zu überprüfen, ob ein Ersatz möglich ist.

Binnenländische Salzfluren (einschließlich Fragmente): Kein Ersatz möglich.

Salzwiesen der Meeresküste u. Küstendünen: Nur bei stark beeinträchtigten Beständen ist Ersatz möglich.

Komplexlandschaften: Landschaftskomplexe mit bedrohten Arten, die größere Areale benötigen, sollten nicht mehr verkleinert werden. Alle unzerschnittenen Gradienten (Ökotope) mit Biotopabfolgen, z.B. Fluß- bis Hangwälder, Trockenhang und Felsfluren mit Anschluß an ein Waldgebiet, sollten nicht zerschnitten werden, auch wenn sie kleine landwirtschaftlich genutzte Flächen einschließen.

Folgende geormorphologische Erscheinungen sind aufgrund ihrer Seltenheit besonders schützenswert: Drumlinfelder, eiszeitliche Terassenränder; Dünen; Lößterassen; Dolinen; Auen mit erhaltener Morphologie; alte Kulturerscheinungen, z.B. mittelalterliche Wölbäcker, Gräber und Gräberfelder.

Siedlungsbereich: Alte Waldbestände, alte Parks oder Friedhöfe, alte Einzelbäume, Baumgruppen oder Alleen, alte Natursteinmauern mit Kletter- bzw. Fugenvegetation.

---

zenswert sind. So sind 65 bis 80% der in der Roten Liste als gefährdet eingestufte Pflanzen auf stickstoffarme Standorte angewiesen (Walz, 1997). Artenschutz verlangt oft technische Maßnahmen, um für Arten die für sie gültige einzige Nische bereitzustellen (vergl. Tabelle 4.4).

Oberstes Ziel ist die biologische Vielfalt, charakterisiert durch *Diversität* (Arten- und Lebensraumdiversität), zu erhalten. Die Lebensraum- oder Strukturdiversität bezieht sich auf die räumliche Anordnung und Erscheinungsformen der Bestandteile eines Ökosystems, z.B. die Rauhigkeit und das Lückensystem einer Gewässersohle oder die Schichtung eines Ufergehölzes. Die Artendiversität bezeichnet die Vielfalt der Arten. Meist ist eine hohe Artendiversität gleichbedeutend mit einer großen ökologischen Wertigkeit. Bei der Verknüpfung der Einzelelemente in einem Ökosystem sind diejenigen biologischen Elemente am besten gesichert, die an mehrere *Reaktionsketten* (Nahrungsketten) angeschlossen sind. Am stärksten gefährdet sind die Endglieder von Reaktionsketten, die Nahrungsspezialisten. Besonders gefährdet sind auch die Formen, die einen speziellen Lebensraum benötigen, z.B. hohen Sauerstoffgehalt, enge pH-Grenzen, weitgehend konstante Temperatur, konstanten Salzgehalt oder Metamorphosen, die verschiedene Stadien durchlaufen und dabei unterschiedliche Lebensräume benötigen. Zum Erhalt einer bestimmten Populationsgröße ist ein bestimmtes Areal zur Aufzucht erforderlich. Der Raumbedarf je Art ist umso kleiner, je näher die Art am Beginn einer Nahrungskette steht und je größer die Zahl der Nahrungsketten ist, an denen sie partizipiert. Der spezifische Flächenbedarf wird umso größer je spezialisierter die Art ist und je näher sie am Ende der Nahrungskette steht; Zahlenangaben über die Aktionsradien enthält (Inst. f. Landschaftspflege, 1998).

Fließgewässer sind längsausgerichtete Ökosysteme mit hoher Eigendynamik und Selbstregeneration und fungieren als Biotopverbundsystem in der Landschaft. Sie sind in ihrer Querausdehnung mit der Aue verzahnt. Für Amphibien und zahlreiche Vogelarten sind Uferbegleitgehölze mit offenen Wasserflächen von Bedeutung.

Außer den wirtschaftlichen Gewässerfunktionen, auf die früher Gewässerausbau und Unterhaltung ausgerichtet waren, und der allgemeinen Wohlfahrtsfunktion, zu der die Prägung des Landschaftsbildes und die naturnahe Erholung zählen, muß bei der Bewertung eines Fließgewässers seine ökologische Funktion beachtet werden. Zur letzteren gehören die abiotischen Funktionen des Gerinnesystems und der Aue mit Wasser-, Stoff-, Energie- und Strukturhaushalt sowie die biotischen mit Nahrungs-, Biotop- und Artenhaushalt. Heute besteht die Aufgabe der Wasserwirtschaft darin alle drei Funktionsprofile zu erhalten oder zu entwickeln. Die Gewässerentwicklung ist heute auf die Wiederentstehung der natürlichen morphologischen Regeneration ausgerichtet, nachdem bei uns Maßnahmen zur biologischen Gewässergüte gegriffen haben. Zur Einstufung der Gewässergüte wird ein 7-stufiger Klassifikationssystem verwendet (Landesumweltamt, 1996; Landesamt, 1998). Die Strukturgütebewertung basiert auf 6 Haupt- und 37 Einzelparametern, die den morphologischen Zustand beschreiben und seine Abweichung vom natürlichen Zustand, dem ein gewässertypisches Leitbild zugrunde liegt, bewerten. Maßgebend hierfür ist das Selbstreinigungsvermögen und der Artenschutz; dazu kommt das biologische und morphologische Regenerationsvermögen und eine verbesserte natürliche Hochwasserretention.

Die ökologische Bewertung von Fließgewässern betrachtet die Beziehung gewässertypischer Organismen zu morphologischen, hydrologischen und strömungsmechanischen Merkmalen, chemischen Indikatoren des Wasserkörpers und der Gewässersohle sowie biologische Faktoren für die Produktion und den Abbau organischer Stoffe, die Nahrungsbeziehungen und das Wanderungsverhalten. Die Wasserbeschaffenheit wird nach chemischem Index, nach biologischer Gewässergüte (Saprobiensystem) und Gewässerstrukturgüte in jeweils 7 Stufen klassifiziert (Schäfers, 1999). Die Einteilung in Güteklassen nach dem Saprobiensystem richtet sich nach den dominierenden Stoffwechselvorgängen bzw. nach dem Grad der Mineralisation der organischen Belastung. Stehende Gewässern werden nach dem Trophie-Status klassifiziert. Als Maß für die Trophie gilt die planktische Primärproduktivität (Maniak, 1998). Die schematisierte Strukturgüte der Gewässer und Auen in Verbindung mit der ökologischen Eignung von Flußbauwerken, insbesonders der Durchgängigkeit von Querbauwerken im ökologischem Sinn (Rasper, 1998), liefern eine abiotische Grundlage zur Gewässerökologie (LWA, 1993). Eine integrierte Gewässergüte- und Gewässergütestruktur kann von einer direkten Zuordnung der 7 Gewässergütestufen einschließlich ihrer Zwischenstufen zu den 7 Strukturgüteklassen ausgehen. So entspricht der Güteklasse I - II die Strukturklasse III. Bei Ungleichheit der Stufen läßt sich mit Verbesserung der schlechteren Klassen, z.B. Anhebung der Strukturgüte von 5 auf 3 eine höhere ökologische Effizienz erzielen als eine Verbesserung der Güte II auf I - II. Der 5-stufige ordinale ökologische Bewertungsrahmen reicht von naturnah bis extrem gestört und erstreckt sich auf Fauna (Lebensgemeinschaft des Makrobenethos) die Eingriffe in die Morphologie des Gewässerbettes, der Ufervegetation und der angrenzenden Nutzung. Trotz der Orientierung anhand fischereiwirtschaftlicher Erwägungen, bietet sich die Möglichkeit die Fischfauna bezüglich ihres Natürlichkeitsgrades heranzuziehen.

Die Uferzonen von *aquatischen Ökosystemen* sind gekennzeichnet durch hohe Heterogenität sowie charakteristische, zonale Abfolge von pflanzlichen Lebensformtypen: terrestrische Ufervegetation (Uferbegleitgehölze), Sumpfvegetation, Schwimmblattpflanzen, submerse Makrophyten. Begleitgehölze wirken durch ihre Beschattung auf den Temperaturhaushalt und das Lichtklima des Gewässers. Laub- und Treibholzansammlungen als Besiedlungsplätze für Fließgewässerspezialisten zusammen mit den Kleinstlebensräumen einer reich strukturierten Gewässersohle bilden ein Mosaik von verschiedenen Habitaten. Als artenreichste Lebensgemeinschaften spielen sie für die Produktions- und Dekompositionsverhältnisse und den Nährstoffkreislauf von Fließgewässern eine große Rolle.

Tabelle 4.5. Liste von Biotopen, die mit hoher Priorität geschützt werden sollen

---

Für den Schutz folgender Lebensräume sind Alternativen zu fordern, bevor auf Ersatzmaßnahmen zurückgegriffen wird:

- zusammenhängende Waldgebiete,
- Feldgehölze in waldarmen Gebieten,
- Knicks und Hecken,
- ältere Streuobst- und Kopfweidenbestände,
- magere und mesotrophe, 2- bis 3-schürige Wiesen (magere Bergwiesen, Dotterblumenwiesen),
- Gebiete mit hoher Biotopdichte.

Eine Reihe von Kleinstrukturen sind in manchen Landschaften noch zahlreich vorhanden; die Biotope müssen aber aufgrund ihres starken Rückganges sehr hoch bewertet werden:

- Ackerterrassen,
- Lesesteinriegel/Wallhecken, Trockenmauern,
- Hecken, Gebüsche einschließlich Staudensaum,
- breite Waldränder,
- Hohlwege, unbefestigte Wege mit breitem Saum.

Einige Modelle basieren darauf, den ökologischen Verlust gegen den sozio-ökonomischen Gewinn aufzurechnen. So besteht der Bereich Ökologie aus den Kompartimenten Wasserqualität, Biologie (mit den Basisindikatoren Diversität von Flora und Fauna sowie geschützte Arten) und terrestrischer Rahmen (mit den Basisindikatoren Diversität der Amphibien, Wasservögel und seltene Arten). Die Zielkriterien des abiotischen Bereichs beruhen auf dem Zusammenhang zwischen Flora bzw. Fauna und dem (Grund)wasserstand nach Höhe und Häufigkeit. Diese sind Gegenstand der hydrologischen Untersuchung. Soll z.B. in einem Fluß die Wasserkraft genutzt werden, besteht das Integral Sozio-Ökonomie aus den Kompartimenten Nutzen-Kosten-Analyse der Wasserkraftanlage, ökonomischer Gewinn (mit den Basisindikatoren Arbeitsplätze, Einkommen), sozialer Gewinn (mit den Basisindikatoren: Wohnverhältnisse, Gesundheit).

Das Ergebnis einer aus ökologischer und landschaftspflegerischer Sicht integrierenden Projektbewertung soll eine Darstellung der Entwicklungsmöglichkeiten und der Konflikte zwischen dem aktuellen Zustand des Landschaftsraumes (Lebensräume, Lebensgemeinschaften, Landschaftsbild) und seiner potentiellen Nutzung für die wasserwirtschaftliche Aufgabe, z.B. Hochwasserrückhaltung, beinhalten (Konfliktanalyse). Die Betroffenheit einzelner Lebensräume, deren Fähigkeit zur Kompensation direkter Eingriffe sowie die zeitliche Wirkung der baulichen Eingriffe (räumliche und zeitliche Eingriffsbilanz) soll dargelegt werden. Außerdem sollten die künftigen Auswirkungen des Betriebes der wasserwirtschaftlichen Anlage auf diese Lebensräume und Lebensgemeinschaften prognostiziert werden (Betriebsbilanz). In einem Biotopverbundsystem sollen z.B. langfristig 15 % der Landesflächen als Vorranggebiete für den Naturschutz im Rahmen- und Regionalplänen ausgewiesen sein (Landesamt f. Natur u. Umwelt, 1996):

Ersatz- und Ausgleichsmaßnahmen bieten oft über einige Jahre noch keinen vollwertigen Ersatz für die aufgegebenen Biotopstrukturen. Daher wird eine positive ökologische Bilanz für das Bearbeitungsgebiet, die über einen wertgleichen Ersatz hinausgeht, angestrebt. Ausgleich sollte dort herbeigeführt werden, wo der Eingriff stattfindet. Ist dies nicht möglich, bietet sich als Ersatz eine ökologische Verbesserung defizitärer Bereiche im Planungsraum an, die im Zuge der Bestandsaufnahmen festgestellt wurden. Beispiele hierfür sind die Gestaltung des Gewässers oder die Schaffung von Gewässerschutzstreifen. Die erforderlichen Pflege- und Entwicklungsmaßnahmen sind entsprechend den ökologischen Zielsetzungen in einem Plan festzuschreiben, z.B. ob Feuchtwiesen gemäht und Wasserflächen von Sedimenteintrag geräumt werden müssen (Inst. f. Landschaftspflege, 1998).

4.2.4.3 Landschaftsverträglichkeit und Bewertung von Freizeitnutzungen an Seen

Die Landschaft um ein Gewässer mit ihrem Biotop- und Artenschutz, ihrer Wasser- und Klimasituation, ihrer Bodennutzung und ihrem Landschaftsbild hat eher indirekte Auswirkungen auf die Qualität des Gewässers bzw. des Wassers. Um geplante Freizeitnutzungen grob zu bewerten, wird die Landschaftsverträglichkeit geprüft. Beeinträchtigungen wassergebundener Freizeitnutzungen werden aufgezeigt, Standorte dafür werden eingegrenzt bzw. ausgeschlossen (FB Bauingenieurwesen, 1998).

Ihr *Ablauf* sieht vor, daß in einer ersten Prüfung von neuen Freizeitaktivitäten an einem Gewässer Fragen zur klimatischen Eignung eines Gewässers, der Beziehung zu vorhandenen Freiraum- und Siedlungsstrukturen, Verkehrsanbindung und landschaftlichen Vorrangsbereichen behandelt werden. Abgeschätzt werden Beeinträchtigungen des Naturhaushaltes, des Zuganges zur freien Landschaft, Auswirkungen auf angrenzende Erholungsge-

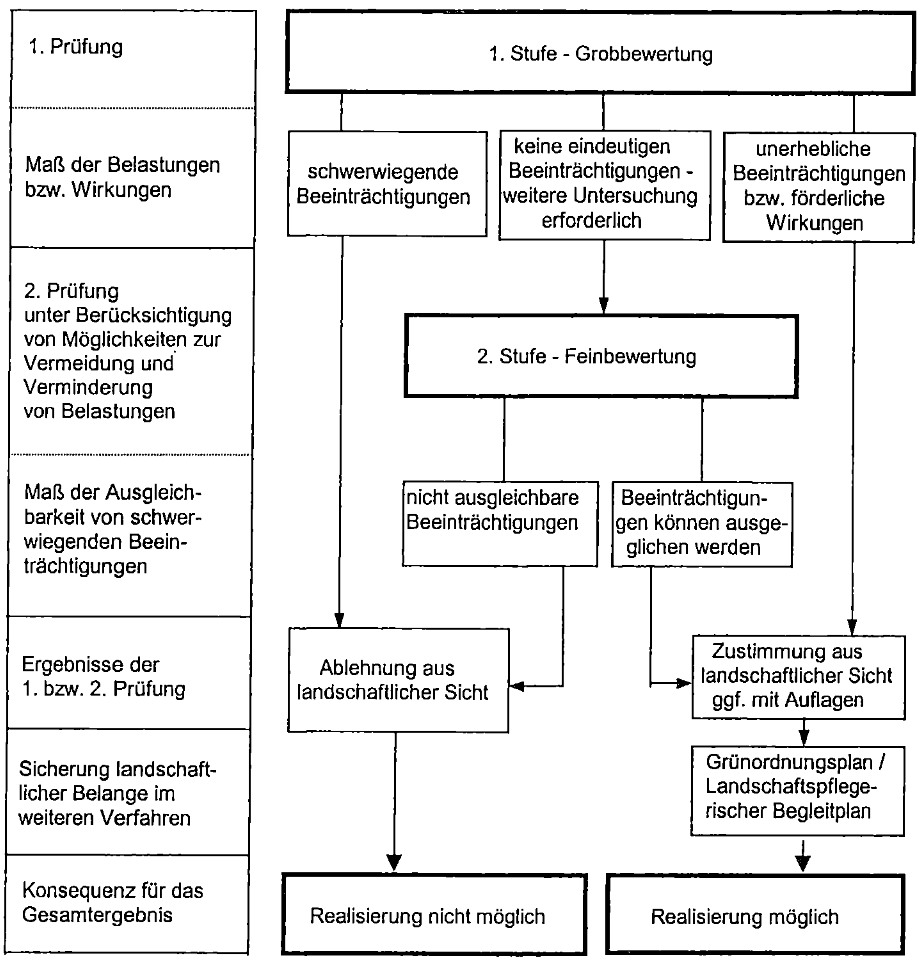

Bild 4.7. Ablaufschema für die Untersuchung und Prüfung der Landschaftsverträglichkeit

biete, Veränderungen des vorhandenen Landschaftscharakters, Gefährdung von Wasser- und Biotopschutz, zusätzliche Belastung von vorhandenen Straßen, Nutzungsmöglichkeit vorhandener Gebäude, Wege und Parkplätze. Ergebnisse der ersten Prüfung sind die Auflistung der schwerwiegenden Beeinträchtigungen, der unerheblichen Beeinträchtigungen oder der positiven Folgen und der Teilaspekte, für die weitere Untersuchungen zur Bewertung erforderlich sind (Bild 4.7).

In der zweiten Stufe werden die genauere Untersuchungen zu den oben angesprochenen Fragen durchgeführt. Das Ergebnis ist eine Auflistung von nicht ausgleichbaren bzw. ausgleichbaren Beeinträchtigungen.

Aufgrund der ersten und zweiten Prüfung ergibt sich als Gesamtergebnis die Entscheidung, eine neue Freizeitnutzung aus landschaftlicher Sicht abzulehnen oder sie mit Auflagen zuzulassen. Bei einer Zulassung werden diese in einem Landschaftspflegerischen Begleitplan festgelegt.

Die *Bewertung* der Landschaftsverträglichkeit setzt die Abschätzung der Auswirkungen der geplanten Anlage auf die wesentlichen Potentiale der Landschaft voraus, nämlich Biotop- und Artenschutzpotential, Wasserpotential, Klimapotential, Boden- und biotisches Ertragspotential und Landschaftsbild / Erholung.

Als Landschaftspotentiale werden die unter der Zielsetzung der Naturschutzgesetze bewerteten natürlichen räumlichen Gegebenheiten und Entwicklungsmöglichkeiten verstanden. Hiermit kann die Leistungsfähigkeit der Landschaft, die über schematisierte Bestandserhebungen erfaßt wird, bei der Übernahme bestimmter ökologischer, sozialer und ökonomischer Funktionen beschrieben werden (Landesanstalt für Ökologie, 1985; Müller, 1997). Beim Biotop- und Artenschutz kann eine neue Freizeitnutzung den Schutz auf die Landschaftspotentiale verstärken, wenn standortgerechte Gehölze und Arten angepflanzt und Sukzessionsflächen angelegt werden. Der Schutz kann stark beeinträchtigt werden, wenn Lebensräume zerschnitten, Ruhezonen zerstört, Biotopverbundsysteme unterbrochen oder Pflanzen- und Tierarten vernichtet oder gestört werden.

Beim Wasserpotential kann eine neue Nutzung förderlich sein, wenn naturnahe Entwicklungen und eine naturnahe oder -schonende Gestaltung der Uferzone realisiert werden. Der Wasserhaushalt und -beschaffenheit wird verbessert, wenn landwirtschaftlich genutzte Flächen extensiv bewirtschaftet und ungenutzte Uferrandstreifen angelegt werden, um Phosphat-, Nitrat- und Pflanzenschutzmitteleinträge zu reduzieren. Beeinträchtigungen können durch Auflagen, wie z.B. Düngebeschränkungen in der Landwirtschaft, Materialauswahl im Wege- und Wasserbau, kontrolllierbar gemacht werden. Starke Beeinträchtigungen treten auf, wenn Quellen und Wasserläufe verrohrt, nährstoffarme Gewässer überdüngt, Deckschichten in Wasserschutz- und Überschwemmungsgebieten u.ä. reduziert und Auewälder abgeholzt werden.

Beim Klimapotential kann eine neue Nutzung sich positiv auswirken, wenn z.B. Ackerland, das in Grünland umgewandelt wurde, besser Staub filtert und die Temperatur reguliert. Werden Auflagen erteilt für zusätzliche Begrünung oder für eine eingeschränkte Auswahl von Baumaterialien bei Gebäuden bzw. Parkplatzbefestigung, kann sich dies nachhaltig auswirken. Ein starke Beeinträchtigung liegt vor, wenn Vegetationsbestände vernichtet werden durch Baukörper, versiegelte Flächen, Abholzung u.ä.

Auf das Boden- und biotischen Ertragspotential kann sich eine neue Nutzung positiv auswirken, wenn in Dauergrünland umgewandelte Flächen weniger erodieren, entsiegelte Flächen die Versickerung von Niederschlag erhöhen, mehr Gehölze und Sukzessionsflächen entstehen. Nachteile entstehen, wenn Boden verdichtet wird, die natürliche Ertragsbasis sich verschlechtert, Grünland zu Acker wird oder schutzwürdige Bodendenkmäler geschädigt oder zerstört, seltene Bodentypen vernichtet und Bodenfunktionen geschädigt werden.

Beim Landschaftsbild / Erholung ist eine neue Nutzung positiv, wenn z.B. die natürliche Reliefausprägung betont wird, ausgeräumte Fluren entsprechend vielfältig gestaltet werden. Leichte Störungen treten auf wenn z.B. die landschaftliche Einbindung unzureichend ist, Aussichten auf die Landschaft behindert werden. Wird der Landschaftscharakter verfälscht, wird es als starke Störung empfunden. Zusätzlich wird untersucht, wie die neue Nutzung über Straßen und Wege an vorhandene Siedlungen angebunden wird.

Wenn die Beeinträchtigungen nicht ausgeglichen werden können, wird das geplante Vorhaben abgelehnt, sonst erfolgt eine Zustimmung mit Auflagen. Die Beeinträchtigungen werden gemindert oder Ausgleichs- und Ersatzmaßnahmen greifen. Diese Entscheidungen werden in dem Landschaftspflegerischen Begleitplan festgehalten (DVWK 233, 1996).

4.2.4.4 Bewertung der Auswirkungen von Binnenwasserstraßen auf Natur und Landschaft

Umweltauswirkungen werden monetarisiert, wenn die Kosten ermittelt werden sollen, die dem durch die Umweltbelastung ausgelösten Schaden entsprechen. Als Ansatz wird von den Schadenskosten, den Vermeidungskosten oder den Zahlungsbereitschaftssätzen ausgegangen. Um monetäre Werte den Schäden zuzuweisen, kann die Zahlungsbereitschaft zur Schadensvermeidung oder die Kompensationszahlung zur Inkaufnahme von Experten oder von der Bevölkerung abgefragt werden.

Das Strukturziel Schonung von Natur und Landschaft muß in die monetäre Bewertung im Rahmen der Nutzen-Kosten-Analyse bei der Verkehrswegeplanung einbezogen werden. Damit soll die stark pauschalierte Einbeziehung der Ausgaben für Naturschutz und Landschaftspflege bei der monetären Bewertung von Infrastrukturneu- bzw. -ausbaumaßnahmen verbessert werden. Die Konzeption geht davon aus, daß eine monetäre Bewertung als Ergänzung einer dem Maßstab entsprechend differenzierten ökologisch-fachlichen Bewertung Anwendung finden soll. Für die Beurteilung von Binnenwasserstraßen an Flüssen ist eine detaillierte Beurteilungsgrundlage für den Rauminformationen auf einer Maßstabsebene von 1:25000 bis 1:50000 üblich sowie Informationen über die entscheidenden Zustands- und Wertmerkmale des Flußsystems.

Der Bearbeitung werden für alle Verkehrswegearten drei sich ergänzende Umweltziele für Natur und Landschaft im unbesiedelten Bereich zugrundegelegt:

- die *Vermeidung* von Beeinträchtigungen besonders wertvoller Bereiche (naturschutzrechtliches Vermeidungsgebot nach BNatSchG). Als fachliche Basis kann die Definition von Ausschlußräumen dienen, die aufgrund von prioritären Umweltzielen künftig von Verkehrswegen bzw. zusätzlichen Beeinträchtigungen freigehalten werden sollen.

- der *Ausgleich* (Kompensation) für naturräumliche Gegebenheiten und Funktionen, die durch die Anlage und den Betrieb von Verkehrswegen verloren gehen (naturschutzrechtliches Ausgleichsgebot nach BNatSchG). Grundlage kann eine flächendeckende umweltfachliche Untersuchung bilden. Einbezogen werden anlagebedingte Flächenbeanspruchungen, betriebsbedingte lokale Beeinträchtigungen, z.B. durch Schadstoffe, sowie die Beeinflussung der Standortverhältnisse durch sich ergebende Folgeeffekte der Flächenbeanspruchung auf angrenzenden Flächen.

- die Forderung, künftig *keine zusätzlichen Flächen* durch den Bau von Verkehrswegen *zu versiegeln*. Daraus leitet sich die Erfordernis einer gleichzeitigen Flächenentsiegelung bei Neubau von Verkehrswegen ab, was z.B. die straßenverkehrsmäßige Anbindung der Wasserwege betrifft. Grundfunktionen der Schutzgüter Boden, Grundwasser und Klima werden so berücksichtigt.

Beim *Vermeidungskostenansatz* erfolgt die monetäre Quantifizierung auf der Basis der Kosten für Maßnahmealternativen oder technischen Vermeidungs- bzw. Minimierungsmaßnahmen. Basis der Kostenermittlung sind Ausschlußräume für die Binnenwasserstraße. Der Vermeidungskostenansatz repräsentiert den Ansatz der Nachhaltigkeit (strong sustainability). Ihm liegt die Forderung zugrunde, daß eine Beeinträchtigung oder ein Verlust von nicht ersetzbaren Bestandteilen von Natur und Landschaft zu vermeiden ist. Für den Neu- und

Ausbau von Flüssen zu Wasserstraßen, bei welchen eine Beeinträchtigung der Dynamik des Flußsystems durch Kanalisierung, Stauhaltungen usw. stattfindet, sind bei Verzicht bzw. Begrenzung eines Ausbauvorhabens Vermeidungskosten aus den Kosten für den Ausbau alternativer Verkehrsträger entsprechend der nicht realisierten Kapazität der Wasserstraße zu ermitteln. Der Vermeidungskostenansatz findet Anwendung bei neuen Kanälen, wenn Ausschlußräume umgangen oder beeinträchtigt werden und wird für eine Ausbaumaßnahme am Neckar mit 3 - 7 % der Baukosten angegeben.

Beim *Kompensationskostenansatz* (weak sustainability) bildet die Basis für die Kompensationskosten die umweltfachliche Bewertung des Vorhabens. Eine monetäre Quantifizierung kann auf der Basis von Wiederherstellungskosten betroffener Wertmerkmale der Biotopstrukturen erfolgen (Institut für Landschaftspflege, 1998). Die naturschutzrechtliche Eingriffsregelung besagt, daß Werte und Funktionen des Naturhaushaltes, die durch einen nicht vermeidbaren Eingriff im Rahmen baulicher Vorhaben beeinträchtigt werden oder verloren gehen, durch geeignete Maßnahmen im räumlichen, zeitlichen und funktionalen Zusammenhang gleichwertig auszugleichen, oder falls dies unmöglich ist, nach erfolgter Abwägung bei Priorität des Vorhabens gleichartig zu ersetzen sind. Hierunter fällt die Flächenbeanspruchung und der Wertverlust bei Kanalneu- und -ausbauten sowie die Beanspruchung terrestrischer Biotope durch Flußausbaumaßnahmen.

Tabelle 4.6. Möglichkeit der Anwendung von monetären Bewertungsansätzen auf verschiedene Ausbauvorhaben bei Fließgewässern (nach UP, 1998)

Maßnahmetyp	Wirkungsraum	betroffene Bestandteile des Fluß - Aue - Systems		
		Flußschlauch	Ufer	Aue
Sperrwerk	großräumig	Definition von prioritären Umweltzielen; Ausschluß für bislang zusammenhängend unverbaute Gewässerabschnitte		
Staustufe Staustufengruppe	lokal	Vermeidungskosten	Morphologie: Vermeidungskosten (Rückbau) Biotopstruktur: Kompensationskosten (Wiederherstellung)	Kompensationskosten (Biotope, Morphologie)
Strombaumaßnahme	großräumig	Definition von prioritären Umweltzielen zur Festlegung zulässiger Maßnahmen, z.B. Natürlichkeit der Fließgewässerdynamik		
Unterhaltungsmaßnahme	lokal	ggf. Vermeidungskosten	Morphologie: Vermeidungskosten (Rückbau) Biotopstruktur: Kompensationskosten (Wiederherstellung)	Kompensationskosten (Biotope, Morphologie)

Beim *Entsiegelungskostenansatz*, der generell für Verkehrswege und bebaute Flächen gilt und auch für Hochwasserschutzmaßnahmen angewendet wird, erfolgt die monetäre Quantifizierung auf der Grundlage einer Abschätzung der Neuversiegelung anhand der Kosten entsprechender Entsiegelungsmaßnahmen. Funktionsverluste für das Schutzgut Arten und Biotope und die Schutzgüter Boden, Grundwasser und Klima im Rahmen der Standortprägungen werden in monetären Dimensionen erfaßt. Besondere Werte und Funktionen der Schutzgüter Arten und Biotope sowie Landschaft können im Rahmen einer Definition von Ausschlußräumen über Vermeidungskosten einfließen. Für die Ableitung von Kosten wird von einer flächenmäßigen 1:1-Kompensation ausgegangen. Bestandteile der Herstellungskosten sind zu berücksichtigen, wie Kosten für die Flächenbeschaffung von Ausgleichsflächen, Kosten der Erstinstandsetzung einer Fläche für standardisierte Ausgangsfälle (als Kostenspannen), Kosten für jährliche bzw. in bestimmten Abständen erforderliche Pflegemaßnahmen sowie für jährliche Ertragsausfallzahlungen an land- und forstwirtschaftlicher Nutzer.

Einen weiteren wichtigen Bestandteil bilden Kosten zur Berücksichtigung erheblicher, zeitlich befristeter Funktionsverluste bei Regenerationszeiträumen von mehr als 5 Jahren. Als Grenze des Betrachtungszeitraumes werden bis zu 150 Jahre angehalten. Die Entwicklungsdauer des Zielbiotops hängt von der Ausgangssituation ab; die Umsetzung der biotoptypbezogenen Wiederherstellungskosten geht von Hektarkosten für standardisierte Maßnahmen aus, nachdem vorab ein fachlich begründetes Maßnahmenbündel für Kompensationsmaßnahmen aufgestellt wurde. Mit dem Maßnahmenbündel werden nicht relevante Biotoptypen ausgeschlossen, die Nutzungs- bzw. Pflegekonzeption und die Entwicklungsdauer von Biotopen jedoch einbezogen. Die Kosten für die diskontierten Unterhaltungsmaßnahmen und die Herstellungskosten bilden die flächenbezogenen Durchschnittskosten der Biotop-Standortgruppen. Kostenangaben z.B. in (Meyerhoff, 1998; UB, 1998).

Aus den genannten Kostenbestandteilen leitet sich die folgende Formel zur Berechnung der Gesamtkosten einer vorsorgenden Biotopneuanschaffung ab (UB, 1998):

$$K = I_H + (I_H \cdot t_w \cdot z) \quad \text{mit } I_H = f + i + p + n \tag{4.6}$$

K	:	Gesamtkosten (als Annuität),
I_H	:	Herstellungskosten (Investition),
f	:	Kosten für die Flächenbeschaffung,
i	:	gemittelte Kosten der Erstinstandsetzung einer Fläche,
p	:	gemittelte Kosten für Pflegemaßnahmen[1],
n	:	Kosten für jährliche Ertragsausfallzahlungen (Zeitraum: ≤ 150 Jahre)[1],
t_w	:	gemittelter Regenerationszeitraum (zwischen 5 und 150 Jahren),
z	:	Kapitalmarktkosten (inflationsbereinigter Zinssatz für langfristige Kredite, hier: $Z = 3\%$).

[1] Da diese Kosten zukünftig anfallen würden, sind die diskontierten Kosten für den Wiederherstellungszeitraum (Pflegemaßnahmen) bzw. für einen angenommenen Zeithorizont (Ertragsausfallzahlungen) aufzusummieren. Zeiträume für Zielbiotopentwicklung z.B. (Institut für Landschaftspflege, 1998).

Auf diese Weise werden biotopspezifische, aber vom konkreten räumlichen Zusammenhang losgelöste, durchschnittliche Kostenspannen für eine Wiederherstellung bezogen auf einen Hektar Eingriffsfläche ermittelt.

4.3 Beispiele von Bewertungen bei Zweckgebundenheit von Projekten

4.3.1 Bewertung des landschaftlichen Eingriffs durch eine Grabenumlegung

Als Beispiel für die Bewertung der landschaftlichen Gegebenheiten und des Eingriffs soll eine Grabenumlegung untersucht werden. Ein Graben muß als Ableitungsgerinne für eine Stauanlage auf ein HQ_{1000} ausgelegt werden. Dazu ist seine Umlegung auf 1 km Länge erforderlich mit einem neuen Grabenquerschnitt von 4 m Sohlbreite, 1:2 Böschungsneigung und einem beidseitig angelegten 3 m breiten Randstreifen. Der Flächenbedarf beträgt 1,7 ha und soll dem Untersuchungsgebiet entsprechen (s. Tabelle 4.8). Der Bach ist im Jetzt-Zustand als naturnahes Gewässer eingestuft (Wertfaktor 0,8 nach Tabelle 4.7).

Tabelle 4.7. Werteliste nach Biotop- und Nutzungstypen zur Bewertung der Eingriffs- und Kompensationsfläche einschließlich Neuanlagen (Auszug aus Landesanstalt für Ökologie, 1985)

Nr.	Biotop- / Nutzungstyp	Wertfaktor
1	versiegelte Fläche (Asphalt, Beton, einfügiges Pflaster)	0,1
2	versiegelte Fläche mit anschließender Versickerung des Oberflächenwassers	0,1
3	Schotter-, Kies-, Sandflächen, wassergebundenen Straßendecken	0,1
4	Rasengitterstein, Drainpflaster mit Vegetation	0,1
5	Zier- und Nutzgarten, strukturarm	0,2
6	Fassaden-, Dachbegrünung, übererdete Anlage (z.B. Garage)	0,2
7	Baumschulen, Erwerbsgartenbau, Obstplantagen	0,2
8	Intensivrasen (z.B. Sportanlagen)	0,2
9	Straßenränder, Bankette, Mittelstreifen	0,2
10	naturferne Fließ- und Stillgewässer, befestigte Ufer	0,2
11	private Grünflächen in Industrie- und Gewerbegebieten	0,2
12	Abraumhalden, Dämme	0,3
13	Acker, intensiv benutzt	0,3
14	Kleingartenanlage, Friedhofsneuanlage	0,3
15	Extensivrasen (z.B. in Grün- und Parkanlage)	0,3
16	rekultivierte Mülldeponie	0,3
17	Straßenbegleitgrün, Straßenböschungen	0,3
18	bewachsene Feldwege, Waldwege	0,3
19	naturfremde Fließ- und Stillgewässer, ausgebaut und begradigt	0,3
20	Nadelholz-Sonderkultur	0,3
21	Wegeseitengräben	0,3
22	Hausgärten, strukturreich	0,4
23	Brachen < 5 Jahre	0,4
24	Raine ohne Gehölzaufwuchs	0,4
25	Alleen, Einzelbäume, Baumgruppen, nicht heim- und standortgerecht	0,4
26	private Grünflächen in Misch- und Wohngebieten, naturnah gestaltet	0,4
27	Acker, extensiv genutzt	0,5
28	Grünland, intensiv genutzt	0,5

29	Brachen, zwischen 5-15 Jahre	0,5
30	Park, Grünanlage, Friedhof, strukturarm	0,5
31	öffentliche Grünfläche, naturnah gestaltet	0,5
32	Streuobstwiese, ökologische Wertigkeit III	0,6
33	Sukzessionsbrache, > 15 Jahre	0,6
34	Hecken, Gebüsche, Feldgehölze, gering strukturiert	0,6
35	Grünland, extensiv genutzt	0,7
36	Streuobstwiese, ökologische Wertigkeit II	0,7
37	Aufforstungen mit heimischen, standortgerechten Gehölzen	0,7
38	Nadelwald	0,7
39	Hecken, Gebüsche, Feldgehölze, reich strukturiert	0,8
40	Alleen, Einzelbäume, Baumgruppen, heim- und standortgerecht	0,8
41	Park, Grünanlage, Friedhof, strukturreich mit altem Baumbestand	0,8
42	naturnahe Fließ- und Stillgewässer, mit Ufervegetation	0,8
43	Streuobstwiese, ökologische Wertigkeit I	0,8
44	Trockenmauern, alte Bahntrassen, aufgelassene Steinbrüche	0,9
45	naturnahe Waldränder, gestuft mit Krautsaum	0,9
46	Hohlwege	0,9
47	Laub-Nadel-Mischwald	0,9
48	Laubmischwald mit überwiegend standortgerechten Gehölzen, Laubwald	1
49	Bruch- und Auewälder	1
50	Röhrichte, Seggenriede	1
51	Naß- und Feuchtgrünland	1
52	ungefaßte Quellbereiche	1
53	natürliche oder unverbaute Fließ- und Stillgewässer	1
54	Trocken- und Halbtrockenrasen	1
55	Höhlen und Stollen	1

Tabelle 4.8. Flächenbedarf und -bewertung der betroffenen Flächen

Nr. der Wertetab.	Nutzungs- / Biotoptyp	Wertfaktor n. Tabelle 4.8	Flächen (m^2)	Nutzungs-/Biotopwert (Fläche · Wertfaktor)
Ist-Zustand der Eingriffsfläche				
42	naturnahe Fließgewässer	0,8	1400	1120
13	Acker intensiv genutzt	0,3	13000	3900
34	Gehölze	0,6	400	240
47	Mischwald	0,9	2200	1980
Summe Ist:			17000	7240
Soll-Zustand der Eingriffsfläche				
42	naturnahes Fließgewässer mit Uferbepflanzung	0,7	17000	11900
Biotopwertdifferenz (Summe Soll minus Summe Ist):				+ 4660

Die Bachumlegung stellt einen Eingriff in Natur und Landschaft dar. Da es sich um eine unvermeidbare Beeinträchtigung handelt, ist sie durch Maßnahmen des Naturschutzes und der Landschaftspflege auszugleichen oder zu minimieren. Der Wert von Biotop- und Nutzungstypen ist durch Wertfaktoren vorgegeben (s. Tabelle 4.7).

Aufgrund der UVP soll die Erfassung des Zustandes auf folgende Kategorien beschränkt werden: Bestandsaufnahme der Avifauna, der potentiellen und natürlichen Vegetation sowie der realen Vegetation einschließlich der Nutzungen, Kultur- und sonstigen Sachgüter. Die Bewertungsmerkmale für Fließgewässer, der Biotop- und Nutzungstype und die Flächen sind den Tabellen 4.7 und 4.8 zu entnehmen. Im ausgebauten Zustand soll das Gewässer eine standortgerechte Uferbepflanzung erhalten. Da das Gewässer in unnatürlicher Lage angelegt wird und periodisch Wasser führt wird ein abgeminderter Wertfaktor von 0,7 (anstelle von 0,8 gemäß Nr. 42) verwendet. Eine positive Biotopwertdifferenz bedeutet eine Aufwertung der Landschaft durch die geplante Maßnahme. Da die Biotopwertdifferenz positiv ist wird auf eine weitergehende Ausgleichsmaßnahme verzichtet. Die standortgerechte Bepflanzung erfolgt unter Berücksichtigung der potentiellen natürlichen Vegetation. Böschungen und Bachbett werden abwechslungsreich ausgebildet unter Verwendung von naturtypischem Substrat.

4.3.2 Risikoeinschätzung eines Hochwassserrückhaltebeckens

In vielen Fällen kann der Hochwasserschutz durch Hochwasserrückhaltebecken und/oder durch Eindeichungen von Ortslagen erreicht werden. Dann werden folgende Hochwasserschutzvarianten diskutiert:

– Alternative Ist-Zustand: Es besteht nicht ausreichender HW-Schutz der Siedlungsgbiete und geringe Akzeptanz bei Teilen der Bevölkerung, jedoch ist ein Erhalt hoher ökologischer Vielfalt in siedlungsfernen Bereichen möglich, ggf. unter Berücksichtigung von Pflege-, Sanierungs- und Entwicklungsmaßnahmen.

– Alternative Ausführungsvorschlag: z.B. ein Becken mit Regelabgaben kleiner als bordvoller (schadloser) Abfluß ohne linienhafte Schutzmaßnahmen im Unterliegerbereich; Wirkung bereits bei häufigen Hochwassern (ab HQ_1); maximaler Schutz für die Siedlungen zwischen HQ_{10} und HQ_{100} (sog. technischer Hochwasserschutz). Eine verringerte Überflutungshäufigkeit der Talaue kann zur Veränderung der Flächennutzung führen, z.B. zum Rückgang des Grünlandanteils.

– Alternativen zur Anzahl und Größe der Becken: mehrere kleinere Becken mit oder ohne Flußdeiche; Wirkung wie Ausführungsvorschlag; geringere Beeinflussung der Überflutungsverhältnisse in den landwirtschaftlich genutzten Talauen. Gegebenenfalls dezentraler HW-Schutz für häufige Hochwasser durch Reaktivierung oder Verstärkung des natürlichen Gebietsrückhalts durch künstlichen Landschaftselemente wie Wallhecken, Schaffung abflußloser Geländemulden (sog. natürlicher Hochwasserschutz).

– Alternative HW-Abwehr der Siedlungsgebiete durch Deiche: örtlich begrenzte Eindeichungen für einen ausreichenden HW-Schutz der Ortschaften, kein HW-Schutz für die Talaue, d.h. keine scharliegenden Flußdeiche (sog. Objektschutz). Lokale Verschärfung der Hochwasserdynamik unterhalb der Regulierungsstrecke.

Wenn auch durch den Bau von Hochwasserrückhaltebecken aus ökologischer Sicht oft eine Beeinträchtigung entsteht, wie Flächenverlust und Gewässerverlegung, ist er zur Verbesserung des Hochwasserschutzes eine so wichtige technische Maßnahme, deren Wirkung auf große Hochwasser durch Steigerung des natürlichen Gebietsrückhaltes, nicht voll ersetzt werden kann. Mit Hochwasserrückhaltebecken sind verändernde, gelegentlich auch zerstörende Eingriffe in den Naturhaushalt und das Landschaftsbild verbunden. In naturnahen Tallandschaften oder traditionellen Kulturlandschaften führen Hochwasserrückhaltebecken in der Regel zu einer Verschlechterung der ökologischen Situation; in einer ausgeräumten, intensiv genutzten Landschaft kann dagegen das Lebensraumangebot und das Landschaftsbild verbessert werden. Durch gering durchlichtete Absperrbauwerke kann die Wanderung bestimmter Tierarten behindert werden. Es kommt zur Flächenzerschneidung von Teilräumen, Beeinträchtigung von Vernetzungsstrukturen und landschaftsästhetischen Beeinträchtigungen, wie Störungen von Sichtbeziehungen. Durch den Kaltluftabfluß kann das Kleinklima beeinträchtigt werden. Hochwasserrückhaltebecken verändern die natürliche Abflußdynamik, z.B. seltenere Überflutung und damit die ökologische Qualität der Wasserwechselzone.

Das Beispiel behandelt nur einige Ansätze der ökologischen Risikoanalyse für ein Rückhaltebecken, die am Biotoppotential angedeutet werden.

Das Risiko wird als Aggregat aus Empfindlichkeit und Beeinträchtigung eines Naturbereiches, hier Biotoppotential, ermittelt, wobei die (Reaktions-) Empfindlichkeit eine Eigenschaft des betroffenen Naturbereiches und die Beeinträchtigung die Veränderung des Schutzgutes darstellen. Die Beeinträchtigungsintensität und Empfindlichkeit wird "gering", "mittel" und "hoch" ordinal eingestuft (s. Bild 1.8). Aus Eignung und Empfindlichkeit kann die Schutzbedürftigkeit abgeleitet werden, die zusammen mit der Beeinträchtigung das Risiko (= Gefährdung des Ökosystems) ergibt (HdUVP, 1988).

Die ökologische Bewertung setzt Informationen über die Landschaftspotentiale, z.B. Vegetationsausstattung, Fauna, Klima, Landschaftsbild, sowie über die geplanten Bauwerke einschließlich Bodenentnahmestellen, ihre Herstellung und den Betrieb der Stauanlage voraus. Sie beruhen auf dem Vergleich der o.a. Alternativen und schließen das Vermeidungskonzept ein, wenn die Verursacher der Hochwasserentwicklung faßbar sind. Die Alternativen umfassen dann auch ein Vermeidungskonzept, das in der Entsiegelung von Siedlungsflächen, Steigerung des Gebietsrückhalts der landbaulichen Nutzflächen und Renaturierung der Fließgewässer bestehen kann.

Die Arbeitsschritte umfassen die Eigenschaftsmerkmale der Landschaftspotentiale (Eignung, Vorbelastung, Empfindlichkeit), sowie die Entwicklung des Untersuchungsraums ohne Becken (Nullvariante). Die Intensität, Zeit und Reichweite der Auswirkungen des Beckens, wie Scheitelabsenkung, Regelabgabe, Verkürzung HW-Dauer, Häufigkeit, Zeitpunkt und Geschwindigkeit der Beckenfüllung sowie Sedimenthaushalt und die Beurteilung des durch das Becken hervorgerufenen ökologischen Risikos schliessen daran an. Daraus wird das Restrisiko (verbleibende Gefährdung), welches nach allen risikovermindernden Begleitmaßnahmen, d.h. den Ausgleichs- und Ersatzmaßnahmen, verbleibt, abgeleitet sowie die Risikoeinschätzung von Sekundäreffekten, welche indirekt durch das Projekt zu erwarten sind, vorgenommen. Als Ergebnis wird die Eignung des Beckenstandortes im Vergleich zu anderen Bau- und Betriebsvarianten und zur Nullvariante, erhalten einschließlich durchzuführende Untersuchungen / Erhebungen und Nachkontrollen. Zusätzlich zu diesen Fragen, die bei dem hier behandelten Trockenbecken auftreten, ist bei Becken mit Dauerstau noch der Wandel des Gewässertyps vom Fließgewässer zum Stillgewässer zu bewerten.

Wenn auch die Beeinträchtigungen während der Bauzeit durch Bodenzwischenlagerungen und Baulärm sich in Grenzen halten, so sind die anlagebedingten Belastungen hoch. Der Beeinträchtigungsgrad der Landschaftspotentiale wird bestimmt, indem die Einwirkungsintensität des technischen Projektes, hier des Einstaus, mit der Empfindlichkeit des Potentials, hier des Biotoppotentials, verknüpft wird. In der darauffolgenden Stufe wird die Beeinträchtigung in Relation zur Wertigkeit, die das jeweilige Landschaftspotentails (Leistung, Eignung) aufweist, gesetzt. Entscheidend ist, ob sich dieses ökologische Risiko durch zusätzliche Maßnahmen ausgleichen läßt.

Folgende *Belastungszonen* gelten: Geringere Einstauhöhen von 1 bis 2 m und Einstaudauer von 2/3 bis 1 Tag haben bei seltenen (Sommer-) Ereignissen (T_n > 10 a) geringe bis mittlere Beeinträchtigungen zur Folge bei geringem bis mittlerem Risiko. Einstauhöhe von > 3 bis 10 m bei Dauern von 1 bis 3 Tagen beeinträchtigen bei großer Häufigkeit (T_n < 2 a) hoch bei gleichzeitig hohem Risiko (s. Übersicht).

Übersicht: Beispiel für Belastungszonen im Beckenbereich und Bewertungsmatrix

	Belastungszonen im Becken		
	hoch[*]	mittel	gering
1) Einstaumerkmal			
Dauer	> 3 d	≤ 2 d	< 2 d
Höhe	< 10 m; lang andauernd	< 10 m, kurzfristig	< 2,5 m
Häufigkeit	geringer Einstau alle 1-2 Jahre	geringer Einstau alle 3 Jahre	< 10a
	Einstau < 3 m alle 10 Jahre	Einstau < 3 m alle 10 Jahre	
Zeitpunkt	Sommer-, Winterhochwasser	Sommerhochwasser	Sommerhochwasser
2) Unterwasser	Verstärkung v. Erosion	geringe Veränderung v.	
	u. Geschiebetransport	Erosion u. Geschiebetransport	

[*] Die Flächen für Dämme, Auslaufbauwerke, Fluß- u. Straßenverlegung und Bodenentnahme werden der höchsten Belastungsstufe zugeordnet.

Die *Empfindlichkeit* der einzelnen Elemente der Naturraumausstattung gegen Überstau, Sedimentation, Nährstoff- bzw. Schadstoffeintrag wird einzeln und abgestuft, z.B. in 3 oder 5 Stufen, bewertet (Tabelle 4.9). Ein Einstau zur Vegetationszeit kann zum Absterben von Pflanzen und Tieren führen. Durch die abgelagerten Sedimente und die überstaute Biomasse können Fäulnisprozesse auftreten oder die Pflanzen verkrusten. Vernässungen zählen meist zu den betriebsbedingten Auswirkungen.

Tabelle 4.9 Empfindlichkeiten der Naturausstattung gegenüber Überstauung (xx = geringe; x = mäßige; ++ = sehr hohe; + = hohe; o = mittlere)

Naturausstattung	in langen Abständen		niedriger period. Stau	Sedimen-tation	Nähr-stoff-eintrag	Schad-stoff-eintrag	Über-stauug. gesamt
	niedriger Einstau	hoher Einstau					
Feuchtwiesen	xx	++	++	++	++	++	hoch
Schafbeweidung/Magerrasen	x	+	++	++	++	++	hoch
Laub-/Nadelwälder (Forsten)	+	++	++	+	o	o	hoch
Baumgruppen trockener Standorte	+	++	++	+	o	o	hoch
Intensives Grünland	xx	o	+	+	+	++	hoch
Teichanlagen, Biotopteiche	xx	o	+	o	+	++	mittel
Bachbegleitender Galeriewald	xx	++	+	x	x	o	mittel
Grabenröhrichte	xx	+	xx	+	o	o	mittel
Flächige Erlenwälder (ruderalisiert)	xx	++	o	x	xx	o	mittel
Baumgruppen feuchter Standorte	xx	+	o	x	x	o	mittel
Hecken feuchter Standorte u.	xx	+	o	x	x	o	mittel
Röhrichtbestände	xx	o	x	x	o	o	mäßig
Feuchtwiesenbrachen	xx	o	+	x	x	+	mäßig
Wiesenbestände u. Ruderalfluren	xx	o	+	+	xx	xx	mäßig
Pappelforste	xx	o	xx	xx	xx	o	mäßig

Die *Eignung* der Vegetationsausstattung muß im Einzelfall untersucht werden. Zu den Vegetationsbeständen mit hoher Eignung zählen flächige Erlenwälder, Galeriewald, Feuchtwiesen und Grabenröhrichte. Unter Vegetationsbestände mit mittlerer Eignung fallen: Laubwaldforste, Feldgehölze und Hecken, Baumgruppen und Einzelbäume, Feuchtwiesenbrachen und Teichanlagen. Unter Vegetationsbestände mit geringer Eignung werden eingeordnet: Pappelforrste, Nadelwaldforste, intensives Grünland und Äcker.

Aus den Belastungsstufen und der Eignung werden *Risikostufen* gebildet. Hohes Risiko weisen Bereiche mit hoher Beeinträchtigung und hoher Eignung auf, z.B. Galeriewälder, Erlenwälder, Feldgehölze, Magerrasen und Feuchtwiesen im Bereich der Dämme und Straßen- und Flußverlegungen oder Feuchtwiesen und Magerrasen im Stauraum. Mittleres Risiko haben Bereiche mit hoher Beeinträchtigung aber nur mittlerer bis mäßiger Eignung z.B. Grünland, Frischwiesen und -weiden, oder Bereiche mit mittlerer Beeinträchtigung und mittlerer bis hoher Eignung, z.B. bachbegleitende Galeriewälder, Erlenbestände und Feldgehölze feuchter Standorte und Grabenröhrichte. Geringes Risiko weisen Bereiche mit geringer Beeinträchtigung und mäßiger bis mittlerer Eignung auf, z.B. Feuchtwiesenbrachen, Ruderalfluren, Pappelforste, Zierpflanzungen.

Ein Hochwasserrückhaltebecken, dessen 0,75 Mio m^3 großer Inhalt für ein HQ_{100} ausgelegt ist, weist bei Volleinstau eine Beckenfläche von 30 ha auf und eine maximale Wassertiefe von 3 m bei 2 Tagen Einstaudauer. Bei diesem Bemessungsereignis entfallen 40 % der überstauten Beckenfläche auf Röhrichtbestände und Wasserflächen, 50 % auf Wiesen und 10 % auf Acker. Beim HQ_{10} werden insgesamt 5 ha eingestaut, davon 2 ha Wasserfläche und 3 ha Naßbrache bei 18 Stunden Einstaudauer und 0,5 m Einstautiefe. Beim HQ_{20} verdoppeln sich die Überflutung nach Flächen Tiefe und Dauer. Dazu kommt noch ein Einstau von 6 ha Ackerflächen. Durch Dammaufstandsfläche usw. werden 3 ha beansprucht.

Anhand der Einstaudauer und Tiefe beim HQ_{100} wird das Biotoppotential der tiefliegenden Röhrichte und den Bachlauf hoch beeinträchtigt. Demzufolge ist das ökologische Risiko hoch. Das höher gelegene Grünland und der Ackerflächen werden gering beeinträchtigt bei geringem Risiko. Der Flächenverbrauch für die Bauwerke erfordert Ersatzmaßnahmen und Anpflanzungen im Dammbereich. Das hohe Risiko erfordert Schaffung neuer Biotope (Feuchtgebiete). Da aber sofort kein gleichwertiger Zustand geschaffen werden kann, kommen als begleitende Maßnahmen der Abbau der Vorbelastung des Wasser- und Biotoppotentials in Betracht.

4.3.3 Nutzen - Kosten - Verhältnis einer Mehrzwecktalsperre

Eine Talsperre von 260 hm^3 soll zur Wasserkraftnutzung und zur Deckung des Bewässerungsbedarfs von 10000 ha herangezogen werden. Durch die Entnahme von Bewässerungswasser wird einer unterhalb gelegenen Talsperre Wasser für die Wasserkraftnutzung entzogen. Die kalkulatorische Lebensdauer beträgt 50 Jahre. Gesucht ist das Nutzen-Kosten-Verhältnis bei 10, 15, 20, und 25% Verzinsung und der interne Zinsfuß.

1) <u>Nutzen</u>

Nutzen für die Landwirtschaft	65 Mio G.E.
Nutzen für Stromerzeugung	43 Mio G.E.
Minderung der Wasserkraftnutzung der unterhalb gelegenen Talsperre	- 8 Mio G.E.
Bruttonutzen	100 Mio G.E.

2) <u>Kosten (Investitionen während der ersten 7 Jahre)</u>

Damm mit Zubehör	198,5 Mio G.E.
Ableitungskanal	12,9 Mio G.E.
Verbesserung im Bewässerungsgebiet	10,0 Mio G.E.
Landerwerb, sonstiges	41,0 Mio G.E.

3) Betriebs-, Unterhaltungs- und Verwaltungskosten (Mio G.E./Jahr)

Jahr	Gewöhnliche Betriebskosten		Außergewöhnliche[*] Betriebskosten	Summe
	Talsperre	Bewässerung		
1977	0,7	1,0	--	1,7
1978	0,7	1,4	2,0	4,1
1979	0,7	1,8	2,0	4,5
1980	0,7	2,2	2,0	4,9
1981	0,7	2,2	2,0	4,9
jährlich 1982 bis 2025	0,7	2,2	--	2,9

[*] Zusätzliche Maßnahmen am Speicher aufgrund der Erfahrungen der ersten Betriebsjahre

4) Nutzen- und Kostenstrom während der kalkulatorischen Lebensdauer (Mio. G.E.)

	Landwirt-schaft	Nutzen Stromer-zeugung	Verlust an Strom	Summe	Herstellung-kosten	Kosten Betriebs-kosten	Summe
1970	-	-	-	-	0,5	-	0,5
1971	-	-	-	-	14,9	-	14,9
1972	-	-	-	-	13,0	-	13,0
1973	-	-	-	-	30,4	-	30,4
1974	-	-	-	-	81,0	-	81,0
1975	-	-	-	-	80,3	-	80,3
1976	-	-	-	-	42,3	-	42,3
1977	30,0	20,0	- 3,0	47,0	-	1,7	1,7
1978	45,0	30,0	- 5,0	70,0	-	4,1	4,1
1979	55,0	38,0	- 7,0	86,0	-	4,5	4,5
1980	65,0	43,0	- 8,0	100,0	-	4,9	4,9
1981	65,0	43,0	- 8,0	100,0	-	4,9	4,9
1982 bis 2025	65,0	43,0	- 8,0	100,0	-	2,9	2,9

5) Gesuchtes Nutzen-Kosten-Verhältnis bei variablem Zinssatz

	i = 10 %	15 %	20 %	25 %
Nutzen	486,6	240,0	135,3	64,6
Kosten	194,2	156,7	129,2	110,4
N/K	2,5	1,5	1,05	0,6
Nettonutzen	292,4	83,3	6,0	- 45,8

Der Interne Zinsfuß wird bei i < 25% erreicht.

6) Nutzen und Kosten diskontiert auf das Jahr 1970 (Mio. G.E.)

	1970	1971	1972	1973	1974	1975	1976	1977	1978	1979	1980	1981	1982 - 2025	diskontierte Summe
Nettonutzen														
	---	---	---	---	---	---	---	47,000	70,000	86,000	100,000	100,000	100,000	---
Herstellungs- u. Betriebskosten														
	0,500	14,900	13,000	30,400	81,000	80,300	42,300	1,700	4,100	4,500	4,900	4,900	2,900	---
Diskontierungsfaktor														
10 %	1,000	0,909	0,826	0,751	0,683	0,620	0,564	0,513	0,466	0,424	0,385	0,350	3,198[*]	---
15 %	1,000	0,969	0,756	0,657	0,571	0,497	0,423	0,375	0,326	0,284	0,247	0,214	1,289[*]	---
20 %	1,000	0,833	0,694	0,578	0,482	0,401	0,334	0,279	0,232	0,193	0,161	0,134	0,595[*]	---
25 %	1,000	0,800	0,640	0,512	0,409	0,328	0,262	0,209	0,167	0,134	0,107	0,085	0,299[*]	---
Kapitalwert der Nutzen														
10 %	---	---	---	---	---	---	---	24,200	32,600	36,500	38,500	35,000	319,800	486,600
15 %	---	---	---	---	---	---	---	17,700	22,800	24,400	24,700	21,500	128,900	240,000
20 %	---	---	---	---	---	---	---	13,100	16,400	16,700	16,100	13,500	59,500	135,300
25 %	---	---	---	---	---	---	---	9,650	11,800	11,500	10,700	8,600	29,900	64,600
Kapitalwert der Kosten														
10 %	0,500	1,520	10,750	22,840	55,300	49,800	23,900	0,870	1,910	1,910	1,880	1,720	9,260	194,160
15 %	0,500	12,970	9,830	20,000	46,200	40,000	17,950	0,640	1,340	1,280	1,210	1,050	3,750	156,720
20 %	0,500	12,410	9,020	17,600	39,000	32,200	14,200	0,470	0,950	0,870	0,790	0,660	1,725	129,260
25 %	0,500	11,910	8,320	15,550	33,150	26,400	11,100	0,350	0,700	0,600	0,520	0,420	0,870	110,390

[*] Produkt aus Akkumulationsfaktor der uniformen Zahlungsreihe 1982 - 2025 und dem Diskontierungsfaktor von 1982 auf 1970

4.3.4 Wirtschaftlichkeitsuntersuchung eines Kanalprojektes

Das Kanalprojekt Rhein-Main-Donau dient sechs wasserwirtschaftlichen Zwecken: Trinkwasserversorgung, Gewässerschutz, Betriebswasserversorgung, Hochwasserschutz, Erholung und Wasserkraftgewinnung. Für die Strecke des Rhein-Main-Donaukanals zwischen Nürnberg und Regensburg wurde eine Wirtschaftlichkeitsstudie von der UN-Wirtschaftskommission für Europa erstellt und fortgeschrieben (Mosonyi, 1972).

Der Bau der Großschiffahrtsstraße wurde 1921 durch einen Vertrag zwischen dem Deutschen Reich, Bayern und Baden vereinbart und zu diesem Zweck die Rhein-Main-Donau AG (RMD) gegründet. Er umfaßt die Mainkanalisierung von Aschaffenburg bis Bamberg, die Kanalverbindung Main-Donau, die Niedrigwasserregulierung der Donaustrecke Regensburg-Vilshofen und die Kanalisierung des Abschnittes Vilshofen bis zur Grenze, insgesamt 677 km Ausbaustrecke. Mit diesem Vertrag erhielt die RMD das Recht die Wasserkräfte des Mains, der Regnitz, der Altmühl, der Donau und des unteren Lechs bis zum Jahre 2050 zu nutzen mit der Auflage, die Reinerträge für den Ausbau der Wasserstraße zu verwenden. Sie gestatteten der RMD, 68% der Schiffahrts- und Kraftwerksanlagen selbst zu finanzieren. Insgesamt sind ab 1972 für die Fertigstellung des Europakanals Rhein-Main-Donau rund 1,5 Mrd. DM aufzubringen.

Bei der Investition für ein Kanalprojekt sind volkswirtschaftliche Gesichtspunkte maßgebend. Wasserstraßen beeinflussen das Wirtschaftsleben ihres Einzugsgebietes positiv, tragen zur Mehrung des Sozialproduktes und zur industriellen Verdichtung bei. Das Info-Institut für Wirtschaftsforschung hat nachgewiesen, daß im September 1967 in der BRD in den an Wasserstraßen gelegenen Kreisen pro km^2 in der Industrie 1,7 mal so-

Tabelle 4.10. Nutzen und Kosten der Kanalstrecke Nürnberg-Regensburg in Mio DM (Mosonyi, 1972)

Jahr	Baukosten des Kanal- ab- schnittes	Kosten für Häfen und Anlege- stellen	Verluste durch Verkehrs- verlage- rung	Laufende Kosten	Transport- kosten- erspar- nisse	Wasserver- sorgungs- ersparnis- se (Über- leitung)	Vergröße- rung des Volks- ein- kommens	Rest- wert	Nettoge- winn (6+7+8)- (2+3+4+5)	Kapital- wert Ende 1969 (i = 4%)
1	2	3	4	5	6	7	8	9	10	11
1969	6,0								- 6,0	- 6,0
1970	40,0								- 40,0	- 38,5
1971	62,0								- 62,0	- 57,3
1972	105,0								-105,0	- 93,3
1973	140,0	4,0							-144,0	-123,1
1974	150,0	4,0							-154,0	-126,6
1975	160,0	4,0							-164,0	-129,6
1976	158,0	4,0							-162,0	-123,1
1977	146,0	4,0							-150,0	-109,6
1978	127,0	4,0							-131,0	- 92,0
1979	108,0	4,0							-112,0	- 75,7
1980	76,0	4,0							- 80,0	- 52,0
1981	42,0	4,0	24,0	7,0	38,0	11,7	56,0		+ 28,7	+ 17,9
1982	10,0	4,0	28,0	7,0	45,7	11,7	56,0		+ 64,4	+ 38,7
1983			32,0	7,0	45,7	11,7	56,0		+ 74,4	+ 43,0
1984			36,0	7,0	53,3	11,7	56,0		+ 78,0	+ 43,3
1985			40,0	7,0	60,9	11,7	56,0		+ 81,6	+ 43,6
1986			40,0	7,0	64,7	11,7	56,0		+ 85,4	+ 43,8
1987			40,0	7,0	68,5	11,7	56,0		+ 89,2	+ 44,0
1988			40,0	7,0	72,3	11,7	56,0		+ 93,0	+ 44,1
1989			40,0	7,0	76,1	11,7	56,0		+ 96,8	+ 44,2
1990			36,0	7,0	76,1	11,7	56,0		+100,8	+ 44,2
1991			36,0	7,0	76,1	11,7	56,0		+100,8	+ 42,5
1992			32,0	7,0	76,1	11,7	56,0		+104,8	+ 42,5
1993			32,0	7,0	76,1	11,7	56,0		+104,8	+ 40,9
1994			28,0	7,0	76,1	11,7	56,0		+108,8	+ 40,8
1995			28,0	7,0	76,1	11,7	56,0		+108,8	+ 39,2
1996			24,0	7,0	79,9	11,7	56,0		+116,6	+ 40,4
1997			24,0	7,0	79,9	11,7	56,0		+116,6	+ 38,9
1998			20,0	7,0	79,9	11,7	56,0		+120,6	+ 38,7
1999			16,0	7,0	83,7	11,7	56,0		+128,4	+ 39,6
2000			16,0	7,0	83,7	11,7	56,0	756,0	+884,4	+262,2
Σ	1330,0	40,0	612,0	140,0	1388,9	234,0	1120,0	756,0	1376,9	+ 5,7

viel Personen beschäftigt waren wie in den nicht an Wasserstraßen gelegenen Kreisen. Die Industrieumsätze lagen an den Wasserstraßen pro km^2 ungefähr 2,4 mal so hoch wie in den sog. trockenen Kreisen. Mit Ausnahme von München, Augsburg und Wuppertal lagen 1972 alle Großstädte der BRD mit mehr als 200000 Einwohnern an Wasserstraßen.

Die gesamtwirtschaftliche Rendite der Kanalbauinvestitionen Rhein-Main-Donau beträgt 4% (= interner Zinsfuß). Dieser Rentabilitätsfaktor berücksichtigt nicht den Nutzen der anderen Donauanliegerstaaten. Bei der nicht auf die deutsche Volkswirtschaft beschränkten Rechnung ergibt sich eine Rendite von 6,3%. Als ex-

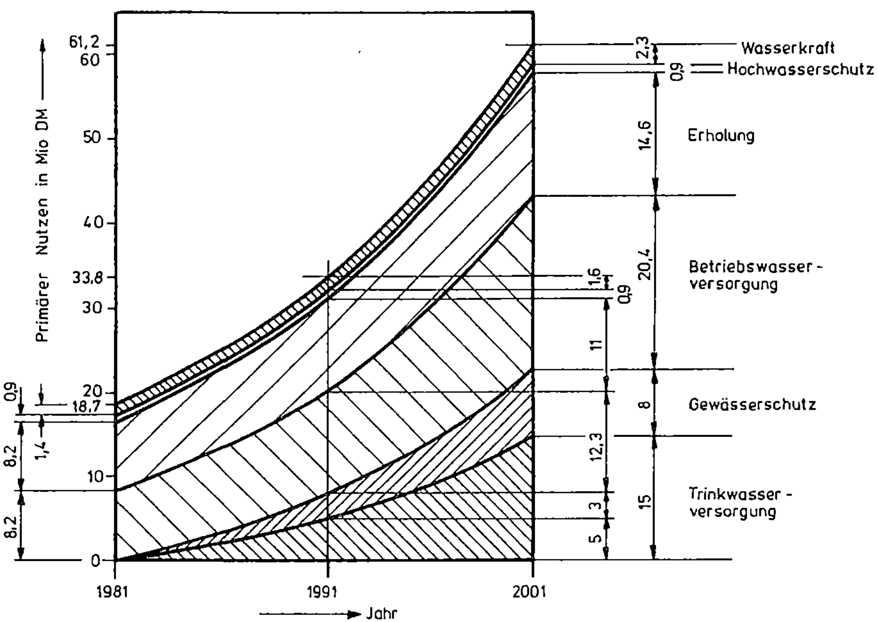

Bild 4.8. Aufschlüsselung des durchschnittlichen, jährlichen Nutzens beim Rhein-Main-Donau Projekt – Entwicklung der primären Nutzen innerhalb der Untersuchungsperiode 1981-2001 ·

terner Zinssatz wurde von der UN-Wirtschaftskommission für Europa, die 1970 eine Wirtschaftslichkeitsstudie für die Rhein-Main-Donau Verbindung durchführte, i = 0,04 angesetzt (s. Tabelle 4.10).

In Verbindung mit dem Kanal wurde ein wasserwirtschaftliches Mehrzweckprojekt zur Überleitung von Donau- und Altmühlwasser in das Regnitz- und Maingebiet konzipiert. Das Wasser wird aus der unteren Altmühl und aus der Donau mit Hilfe von Pumpwerken an den einzelnen Kanalhaltungen in die Scheitelhaltung gepumpt. Überschüssiges Wasser der Altmühl, insbesondere Hochwasser, wird in das Gebiet der Regnitz übergeleitet, gespeichert und bei Bedarf an Rednitz, Regnitz und Main abgegeben.

Durch die Maßnahme kann unterhalb bis zu 2,0 m^3/s künstlich angereichertes Grundwasser, z.T. als Uferfiltrat gewonnen werden. Der Nutzen aus dem übergeleiteten Wasser wird den Kosten der eingesparten Alternativmaßnahmen (Trinkwassertalsperre mit Fernwasserversorgung) gleichgesetzt.

Auf dem Sektor des Gewässerschutzes sind Mindestanforderungen an die Wassergüte zu stellen, die entsprechende Maßnahmen bei der Abwasserbehandlung erfordern. Durch Aufhöhung des MNQ der Regnitz von 11,9 auf 27 m^3/s am oberhalb von Erlangen gelegenen Pegel Hüttendorf ist eine zusätzliche Belastung mit 1 Mio Einwohnergleichwerten möglich. Als Alternative kommt nur eine aufwendige Abwasserreinigung in Frage, deren Kosten als Nutzen der Überleitung für den Gewässerschutz angesetzt werden können.

Für die Brauchwasserversorgung kann das übergeleitete Wasser ebenfalls herangezogen werden. Zur Ermittlung des Nutzens wurde auf der Grundlage der wirtschaftlichen Entwicklung der künftige Wasserverbrauch der Industrie ermittelt und der Nutzen dieser Wassermengen mit Hilfe eines volkswirtschaftlich orientierten Wasserpreises ermittelt (Bild 4.8).

Da größere Wasserflächen zur Volkserholung im Raum um Nürnberg fehlen wird durch die Schaffung der Speicherflächen weiterer Nutzen anfallen, der über die erwartete Zahl und Aufenthaltsdauer der Besucher abgeschätzt werden kann.

Durch Ableitung der Sommerhochwasser erhält die Talniederung der Altmühl einen verbesserten Hochwasserschutz. Die Einsparung an Hochwasserschäden und der Mehrerlös durch bessere Ertragssicherung der landwirtschaftlich genutzten Flächen ergeben einen weiteren Nutzeffekt.

Das übergeleitete Wasser kann durch die bestehenden Laufkraftwerke an Rednitz, Regnitz und Main als zusätzliche Wasserkraft genutzt werden. Von diesem Nutzen wird der Entzug an Energie auf der Donaustrecke abgesetzt.

Als Kalkulationsperiode dient die Zeitspanne vom Baubeginn des Kanals (1969) bis zum Jahr 2000. Da bei Kanalprojekten mit einer Betriebszeit von 80 Jahren gerechnet wird, wurde ein Restwert berücksichtigt. Er wurde mit 50% der Baukosten einschließlich Bodenerwerb und 9 Mio Kosten für den Hafen Nürnberg, angenommen. Die Kosten für den Grunderwerb werden mit 10% der Gesamtkosten geschätzt. Neben den Baukosten werden die Verluste durch Verkehrsverlagerung von anderen Transportwegen auf dem Kanal sowie die laufenden Kosten für Betrieb, Unterhaltung und Pumpkosten zur Speisung der Scheitelhaltung erzeugt. Der Nutzen umfaßt Transportkostenersparnisse, wasserwirtschaftliche Nutzen, volkswirtschaftliche Nutzen und den verbleibenden Wert nach 2000 (Restwert). Bei Annahme eines Zinssatzes von 4% ergibt dies einen Kapitalwert von null (= interner Zinssatz). Bei einem Zinssatz von 5 % p.a. erreicht das Projekt nach einer Nutzungsdauer von 40 Jahren seine Rentabilitätsschwelle. Der interne Zinssatz des Nutzen-Kosten-Vergleichs für alle Anliegerstaaten der Donau beträgt 6,3%.

4.3.5 Stufenausbau eines Wasserkraftprojektes

Für ein Wasserkraftprojekt wurden 2 Alternativen ausgearbeitet. Die Variante A ist so ausgelegt, daß der Strombedarf der nächsten 40 Jahre gedeckt ist. Die Variante B sieht einen 2-stufigen Anstau vor.

Kosten/Nutzenart	Projekt A	Projekt B	
Investitionen I	40 Mio	25 Mio	1.Stufe
		30 Mio	2.Stufe
Betrieb und Unterhaltung M	160000 DM/a	100000 DM/a	für die ersten 20 Jahre
		220000 DM/a	für die zweiten 20 Jahre
Betriebsdauer n	40 Jahre	40 Jahre	für jede Ausbaustufe
jährlicher Nutzen B	2,5 Mio DM	2,5 Mio DM	
kalkulatorischer Zinssatz i	5%	5%	

1) <u>Diskontierungsmethode</u> (Kapitalwert):
$$P_A = I_A - M_A \frac{(1+i)^n - 1}{i(1+i)^n} + B_A \cdot \frac{(1+i)^n - 1}{i(1+i)^n}.$$

a)	Projekt A:

$$P_A = -40 \cdot 10^6 - 0{,}16 \cdot 10^6 \cdot 17{,}159 + 2{,}5 \cdot 10^6 \cdot 17{,}159 = 153\,000 \text{ DM}$$

a_{40}: Diskontierungsfaktor einer uniformen jährlichen Zahlungsreihe von 40 Jahren, $i = 5\%$, $a_{40} = 17{,}15909$.

b)	Projekt B:

$$P_B = -I_{B1} - I_{B2}(1+i)^{-n} - M_{B1} \cdot \frac{(1+i)^{n-20} - 1}{i(1+i)^{n-20}} - M_{B2} \frac{[(1+i)^{n-20} - 1](1+i)^{-n}}{i(1+i)^{n-20}} + B_B \frac{(1+i)^n - 1}{i(1+i)^n}$$

$$P_B = -25 \cdot 10^6 - 30 \cdot 10^6 \cdot 0{,}377 - 0{,}1 \cdot 10^6 \cdot 12{,}46221 - 0{,}220 \cdot 10^6 \cdot 12{,}46221 \cdot 0{,}377 + 2{,}5 \cdot 10^6 \cdot 17{,}159 =$$

$$4\,308\,000\ \text{DM} \qquad \text{mit } a_{20} = 12{,}46221 \quad \text{und } (1 + 0{,}05)^{-20} = 0{,}377.$$

Nach der Kapitalwertmethode ist das Projekt B in wirtschaftlicher Hinsicht vorzuziehen.

Außerdem verfügt Projekt B am Ende des Untersuchungszeitraumes noch über einen Restwert R, der bei linearer Abschreibung beträgt: $R = [1 - (20/30)] \cdot 30$ Mio = 15 Mio. Auf den Investitionsbeginn diskontiert ergibt sich ein zusätzlicher Kapitalwert von: $15 \cdot 10^6 \cdot (1{,}05)^{-40} = 15 \cdot 10^6 \cdot 0{,}14205 = 2{,}13$ Mio DM.

2) <u>Annuitätsmethode</u>
Projekt A: Kapitalwiedergewinnungsfaktor für n = 40, i = 5%: $b_{40} = 0{,}05828$.
Projekt B: Kapitalwiedergewinnungsfaktor für n = 20 und i = 5% : $b_{20} = 0{,}08024$.

Projekt A:		Projekt B:	
Investition: $40 \cdot 10^6 \cdot 0{,}05828$	= 2,31 Mio DM	Investition: $25 \cdot 0{,}08024$	= 2,00 Mio DM
Betrieb	= 0,16 Mio DM	Betrieb	= 0,10 Mio DM
Summe Kosten:	2,48 Mio DM	Summe Kosten:	2,10 Mio DM
Nutzen	2,50 Mio DM	Nutzen	2,50 Mio DM
Differenz	0,02 Mio DM	Differenz	0,40 Mio DM

Werden die Kapitalwerte mit dem Kapitalwiedergewinnungsfaktor multipliziert, erhält man den jährlichen Nettonutzen:

Projekt A: $153000 \cdot 0{,}05828 = 8\,917$ DM/Jahr und Projekt B: (ohne Restwert) $4308000 \cdot 0{,}05828 = 251070$ DM/Jahr.

3) <u>Methode des internen Zinssatzes</u>
Beide Projekte sind wirtschaftlich gerechtfertigt, da sie positive Kapitalwerte ergeben. Um die Rangfolge der Projekte zu bestimmen, wird der interne Zinsfuß der Kapitalwerte der Projekte A und B ermittelt. Liegt der interne Zinssatz über dem angesetzten Zinssatz von 5%, so wird die teurere Anlage bevorzugt.
Nutzen-Kosten-Differenz der Projekte A und B:

Investitionen	+ 15 Mio DM in der 1. Ausbaustufe
	- 30 Mio DM in der 2. Ausbaustufe

Betrieb und	+ 0,06 Mio DM/Jahr (1. Stufe)
Unterhaltung	- 0,06 Mio DM/Jahr (2. Stufe)

Differenznutzen $\qquad P_{A\text{-}B} = (15 - 30(1+i)^{20}) + (0{,}06 \cdot a_{20} - 0{,}06 \cdot a_{20}(1+i)^{-20})$ in Mio DM.

Durch Proberechnung ergibt sich für $P_{A\text{-}B} = 0$ ein interner Zinssatz von 3,39%. Da der interne Zinssatz niedriger ist als der angesetzte, sind die höheren Kosten vom Projekt A nicht gerechtfertigt.

5 Optimierung

5.1 Lineare und dynamische Optimierung

5.1.1 Überblick

Eine Optimierungsaufgabe liegt dann vor, wenn aus einer Anzahl möglicher Alternativen die beste gefunden werden soll. In der Wasserwirtschaft können solche Entscheidungsprobleme bei der Planung der zweckmäßigsten Auslegung eines Systems oder beim Betrieb von wasserwirtschaftlichen Projekten auftreten. So kann die Optimierung bei wasserwirtschaftlichen Systemen zur Lösung von folgenden Fragen beitragen:

- optimale Kapazität oder zweckmäßigster Betrieb von Speichern für die Wasserversorgung,
- optimaler Betrieb von Wasserkraftanlagen, Bewässerungssystemen oder Grundwasserentnahmen und Minimierung deren Auswirkungen,
- wirtschaftlichstes Fassungsvermögen von Hochwasserrückhaltebecken und optimale Auslegung eines Hochwasserschutzsystems,
- Kostenminimierung bei städtischen Regenkanalisationen oder Trinkwasserversorgungsnetzen,
- Gewinnmaximierung bei monetär bewertbaren Wasserabgaben aus Speichern, z.B. für Kühl- und Brauchwasser.

In einfachen Fällen kann die optimale (kostengünstigste) Alternative anhand einer Nutzen-Kosten-Analyse gefunden werden. Lassen sich Nutzen und Kosten analytisch als stetige Funktion angeben, läßt sich das Optimum als Extremwert nach Methoden der Differentialrechnung bestimmen. Zur Optimierung von komplexen Systemen muß das reale System durch ein geeignetes mathematisches Modell abstrahiert werden. Können die Auswirkungen von verschiedenen zulässigen Problemlösungen mit einem mathematischen Modell ermittelt und verglichen werden, spricht man von einem Entscheidungsmodell. Die mathematische Programmierung oder Optimierung dient zur Lösung von Planungsaufgaben, bei denen aus einer Vielzahl von Alternativen, die kontinuierlich variiert werden können, die optimale Alternative empirisch nicht mehr bestimmt werden kann. Der Gegensatz dazu ist die Simulation des Systemverhaltens durch ein mathematisches Modell, die als experimentielle Methode bezeichnet wird, da mit Hilfe der Computersimulation möglichst viele Szenarien bzw. Systemzustände durchgespielt werden können. In der Regel ist dies mit großem Rechenaufwand verknüpft. Die günstigste Lösung wird durch systematischen Vergleich der Varianten anhand vorgegebener Entscheidungsgrößen wie Nutzen, Kosten und Bedarf an Ressourcen usw. gefunden (Maniak, 1978).

Für viele Entscheidungsmodelle liegen aufbereitete Rechenalgorithmen vor, da Optimierungsaufgaben mit mehr als zwei Variablen kaum noch manuell gelöst werden können. Da die mathematischen Optimierungsverfahren heute zum Standard vieler Bibliothekprogramme wie MATLAB gehören, ist ihr Einsatz auf dem PC problemlos möglich (Mays, 1992). Bezüglich der Anwendung von Optimierungsmodellen als Entscheidungshilfe bei ökonomischen Fragestellungen in der Wasserwirtschaft besteht in Deutschland ein unterschiedlicher Erkenntnisstand zwischen dem gut erforschten Objektsystem einschließlich der Inputs und dem verwendeten Wertsystem, welches oft nur pauschal formuliert werden kann. Da die Güte der Modelle durch die Werteseite bestimmt wird, begrenzt diese die praktische Anwendbarkeit.

Ein Optimierungsproblem umfaßt zwei Hauptbereiche: die Formulierung der Aufgabe als Zielfunktion des zu optimierenden Projektes und die Einhaltung der Rand- oder Nebenbedingungen. Die Zielfunktion enthält meist die ökonomischen Kriterien für die mathematische Darstellung des Systems. Die Randbedingungen erfassen und begrenzen das System in technologischer oder hydrologischer Hinsicht. In Abhängigkeit von dem mathematischen Ausdruck für die Zielfunktion und den Randbedingungen kann nach linearen oder nicht linearen, statistischen oder dynamischen, kontinuierlichen oder diskreten Optimierungsansätzen eingeteilt werden.

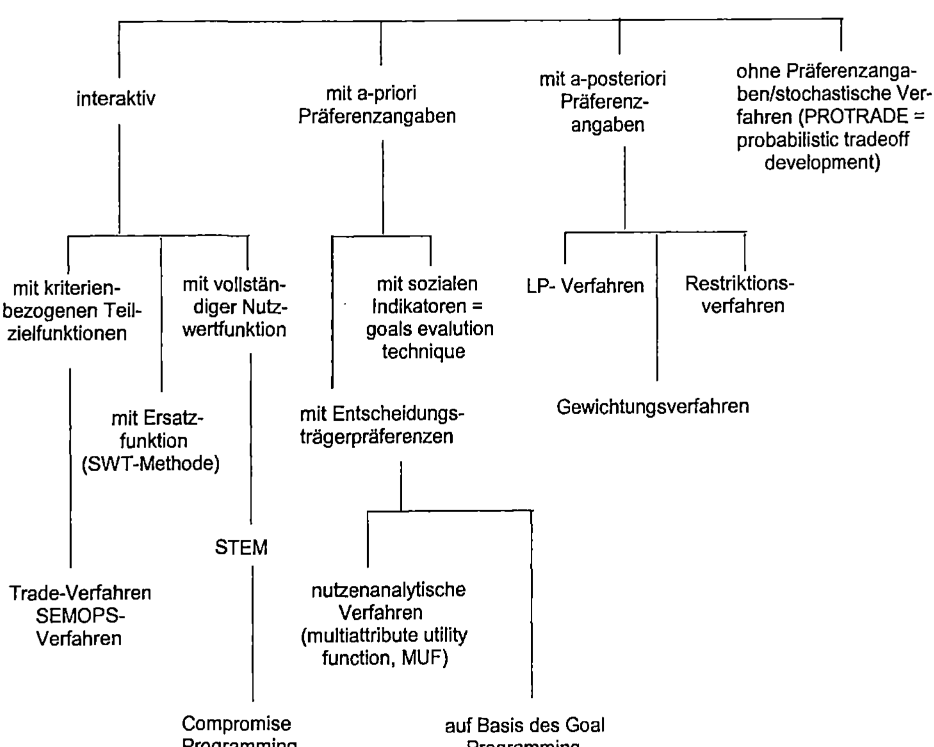

Bild 5.1. Systematik der Optimierungsverfahren nach dem Zeitpunkt der Präferenzabgabe (MODM-Verfahren: Multiple Optimum Decision Making) nach (Günther, 1983)

Die lineare Optimierung wird auf mehrdimensionale Fragestellungen angewendet, wenn die Zeit als Variable nicht besonders berücksichtigt werden muß. Lineare Optimierung befaßt sich mit der Maxi- oder Minimierung einer linearen Zielfunktion unter Berücksichtigung einer Anzahl linearer Restriktionen, die als kontinuierliche Variable und/oder ganzzahlige Größen vorkommen können (gemischt ganzzahlige lineare Optimierung). Bekanntestes Lösungsverfahren ist der Simplex Algorithmus. Bei der nicht linearen Optimierung sind Zielfunktion und/oder mindestens eine Restriktion nicht linear.

Die Dynamische Optimierung wird bei mehrstufigen Entscheidungsproblemen, die durch eine Folge von seriell aneinandergereiten Stufen charakterisiert werden, eingesetzt. Zur Lösung werden die Stufen der Reihe nach rückwärts oder vorwärts durchlaufen. Bei jeder Stufe ist eine Entscheidung zu treffen, welche ihrerseits die nachfolgende Stufe beeinflußt. Diese Lösungsstrategie wurde durch ein Optimalitätsprinzip von Bellmann erstmals formuliert (Dantzig, 1963). Die dynamische Optimierung wird oft zur optimalen Steuerung eines Systems eingesetzt, wobei die Abhängigkeit von der Zeit explizit berücksichtigt werden muß.

Ein zur Lösung eines konkreten Entscheidungsproblems eingesetztes Optimierungsmodell im Sinne der mathematischen Programmierung umfaßt im allgemeinen 4 Komponenten:

- die Entscheidungsvariablen $X_1, X_2, ..., X_N$, die in einem Vektor $X = (X_1, X_2, ..., X_N)$ zusammengefaßt werden können,
- die in einem Vektor S zusammenfaßbaren und quantifizierbaren Systemparameter S_1, $S_2, ..., S_N$,
- den durch Restriktionen abgegrenzten zulässigen Lösungsbereich. Die Restriktionen werden durch Gleichungen oder Ungleichungen von der Form beschrieben:

$$g_i(X) \gtrless b_i \qquad i = 1, 2, ..., m.$$

- die Zielfunktion $Z(X)$ als Optimalitätskriterium für die beste Entscheidung lautet:

$$Z(X) = max! \text{ oder } Z(X) = min!$$

Die Zielfunktion Z ist ein Maß für die Wirksamkeit, die den einzelnen Kombinationen der Entscheidungsvariablen zugeordnet ist. Der Ausdruck max! bzw. min! soll nur beschreiben, daß die Aufgabe besteht, den Wert der Funktion zu maximieren bzw. zu minimieren. Jedes X, welches die Restriktionen erfüllt, heißt zulässige Lösung. Die Optimierungsaufgabe besteht in der Erarbeitung der zulässigen Lösungen, für welche z.B. gilt $Z(X) = max$, oder in der Erarbeitung von einer Reihe zulässiger Alternativen.

Mathematische Optimierungsverfahren, die unter dem Oberbegriff Operations-Research eingegliedert und bei wasserwirtschaftlichen Problemen als Entscheidungshilfe eingesetzt werden, lassen sich bezüglich der Berechnungsmethoden wie folgt gliedern (Tabelle 5.1).

1) Analytische Optimierung als
- Optimierungsproblem ohne Einschränkungen, in welchen das Optimum mit Hilfe der Differentialrechnung gefunden werden kann,
- Optimierungsproblem mit Einschränkungen in Form von Ungleichungen, in denen diese Restriktionen mit Hilfe von Schlupfvariablen in Gleichungen überführt werden können,

Tabelle 5.1. Vor- und Nachteile von analytischen Optimierungs- und Simulationsverfahren

Merkmal	Analytische Optimierungs-verfahren	Simulationsverfahren
Mathematische Modelle		
Typ	explizite mathematische Lösungsverfahren	mathematische Simulierung von Systemen / Prozessen
Kennzeichen	spezifisch und starr; höhere Mathematik erforderlich	generell und flexibel
Prozedur	lineares Programmieren dynamisches Programmieren ganzzahliges Programmieren Variationsrechnung	computeraufbereitete Algorithmen, verbunden mit Suchtechniken und Stichprobenanalysen
Charakteristika		
Abstraktionsgrad	hoch	niedrig
Einbeziehung von Rückkopplungen	schwer zu handhaben	gut
Ergebnisse	direkte Optima	gute Lösungen, nur in Sonderfällen Optima
Rechenzeit	nicht sehr hoch	recht hoch
Anwendbarkeit	verhältnismäßig kleine Systeme oder Teilsysteme	große Systeme oder sehr komplexe kleinere Systeme

– Optimierungsproblem mit Einschränkungen in Form von Gleichungen, die mithilfe der Lagrangeschen Multiplikatoren in ein äquivalentes Optimierungsproblem ohne Restriktionen transformierbar sind.

2) Näherungsverfahren

Das Optimum der Zielfunktion wird durch systematische Suche näherungsweise bestimmt, indem von einer zulässigen Lösung ausgehend solange eine bessere bewertbare Lösung gesucht wird, bis keine wesentliche Verbesserung mehr zu erwarten ist. Die Suche kann durch Variationsrechnung oder Suchalgorithmen beschleunigt werden. Das Gradientenverfahren und das Enumerationsverfahren, die sich vor allem für Probleme ohne Restriktionen eignen, sind unter einer Reihe von weiteren Suchalgorithmen aufzuführen.

Beim Gradientenverfahren wird die bessere Lösung in der Richtung des Gradienten gesucht, d.h. der Vektor der Zielfunktion zeigt in Richtung des stärksten Anstieges.

Beim Enumerationsverfahren, das in der Regel einen großen Rechenaufwand erfordert, wird über das Lösungsgebiet ein Gitter einer vorgegebenen Maschenweite gelegt und für jeden Gitterpunkt der Wert der Zielfunktion berechnet. Nach Auswahl des optimalen Feldes erfolgt gegebenenfalls eine Verdichtung des Maschennetzes.

5.1.2 Monetär bewertbare Zielfunktionen

Wenn Zwangspunkte unberücksichtigt bleiben, kann die Bedingung des optimalen Nutzens als Gleichung angegeben werden. Eine Anzahl n von wasserwirtschaftlichen Projekten soll für einen Untersuchungszeitraum von T Jahren optimiert werden. In jedem Jahr t wird durch das Projekt j (j = 1, 2, ..., n) der Nutzen (Bruttoertrag) B_{jt} (t = 1, 2, ..., T) erzielt. Während des Jahres t erfordert das Projekt j die Kosten M_{jt} für Betrieb und Unterhaltung. Außerdem erfordert das Projekt j eine Gesamtinvestition I_j. Um die wirtschaftlichste Alternative zu finden muß folgendes Kriterium Z (Zielfunktion) maximiert werden:

$$Z = \sum_{j=1}^{n} \sum_{t=1}^{T} \frac{B_{jt} - M_{jt}}{(1+i)^t} - \sum_{j=1}^{n} I_j \to \max, \qquad (5.1)$$

wobei i den zugrunde liegenden Zinssatz angibt.

Dieser Ausdruck beschreibt eine einfache Version, da B_{jt} nur den direkten (primären) Nutzen B_p ausdrückt. Oft verursacht die Entwicklung des wasserwirtschaftlichen Projektes weiteres Wachstum außerhalb des eigentlichen wasserwirtschaftlichen Systems (sekundärer Nutzen). Wird der sekundäre Nutzen B_s in das Modell einbezogen, kann die Optimallösung nach folgenden zwei Ansätzen gefunden werden.

Im *ersten Fall* wird das gesamte Einkommen maximiert unter Einhaltung eines bestimmten wirtschaftlichen Wirkungsgrades:

$$Z = \sum_{j=1}^{n} \sum_{t=1}^{T} \frac{(B_p + B_s)_{jt} - M_{jt}}{(1+i)^t} - \sum_{j=1}^{n} I_j \to \max \qquad (5.2)$$

unter Beachtung, daß

$$Z = \sum_{j=1}^{n} \sum_{t=1}^{T} \frac{B_{jt} - M_{jt}}{(1+i)^t} - \sum_{j=1}^{n} I_j \geq 0 \to \max.$$

Dabei bedeuten:

B_p : Primärertrag des Systems,
B_s : Sekundärertrag, der z.B. einer bestimmten Bevölkerungsgruppe (Kleinbauern, Neusiedler, usw.) zukommen soll.

Im *zweiten Fall* wird die Wirtschaftlichkeit des Projektes maximiert, wobei das gesamte Einkommen als begrenzende Randbedingung eingeführt wird

$$Z = \sum_{j=1}^{n} \sum_{t=1}^{T} \frac{B_{jt} - M_{jt}}{(1+i)^t} - \sum_{j=1}^{n} I_j \to \max \qquad (5.3)$$

unter der Nebenbedingung, daß

$$Z = \sum_{j=1}^{n} \sum_{t=1}^{T} \frac{(B_p + B_s)_{jt}}{(1+i)^t} \geq B_{reg},$$

wobei B_{reg} ein bestimmtes Einkommensniveau der zu entwickelnden Region reg, bedeutet.

Wenn auch die Investitionen in der Wasserwirtschaft meist von governmentaler Seite her vorgenommen werden und der Nutzen einer mehr oder minder abgegrenzten Region zufließt, so müssen dennoch die obigen beiden Nebenbedingungen von einer weiteren (nationalen) Perspektive her betrachtet werden.

Gl. 5.1 bis 5.3 können nach Ansätzen der linearen Planungsrechnung optimiert werden. Sie gehen von einer wesentlichen Annahme aus, daß die Investitionen nicht durch das Staatsbudget (Haushaltsjahr) beschränkt werden. In der Regel ist die regionale Entwicklung der Wasserwirtschaft ein Prozeß über mehrere Jahre. Dadurch werden weitere Randbedingungen benötigt, die aber die gleichzeitige Beurteilung mehrerer Projekte erlauben.

Für einen Entwicklungsplan von M Jahren stehen jährlich die Budgetbeträge D_m (m = 1, 2, ..., M) zur Verfügung. Es werden n Projekte betrachtet, die in jährlichen Bauabschnitten X_{mj} (j = 1, 2, ..., n) vervollständigt werden können. Wenn die Größe X_{mj} die Zustände 0 und 1 annehmen kann, wird ein Problem der ganzzahligen linearen Optimierung erhalten. Wenn die jährliche Investition für das Projekt j d_{mj} ist, ergibt sich vom Gesamtbudget her die Bedingung:

$$\sum_{j=1}^{n} d_{mj} \cdot X_{mj} \leq D_m. \tag{5.4}$$

Außerdem muß beachtet werden, daß

$$X_{m-1,j} - X_{mj} \geq 0,$$

da ein Bauabschnitt ohne Vollendung des vorherigen nicht begonnen werden kann.

Angewendet wurden diese linearen Systembetrachtungen z.B. auf die Erschließung der Grundwasservorräte im südlichen Kalifornien (Santa Monica County), im Industal und in Israel.

Der ökonomische Maßstab richtet sich nach Sach- und Geldwerten. Als Gewinnkriterium wird eine möglichst große Spanne zwischen Nutzen und Kosten angesehen. Für die optimale Lösung soll der Nutzen zum Maximum werden. Das ist erfüllt, wenn der günstigste Nutzen für das erzeugte Gut gleich den günstigsten Kosten für die Erzeugung des Gutes ist. *Marginaler Nutzen* bzw. Kosten sind die ersten Ableitungen der Nutzen- bzw. Kostenfunktion. Sie sind also der Nutzen- bzw. Kostenzuwachs bezogen auf die Produktionseinheit.

Als einfaches Beispiel hierfür möge die idealisierte Wirkung eines Hochwasserrückhaltebeckens dienen: Die jährlichen Kosten fallen in Form der Annuität von Bau- und Unterhaltungskosten an. Der Nutzen ist gleichzusetzen der Abminderung der Hochwasserschäden durch Überflutung, wobei die Überflutungshäufigkeit mit steigender Ausbaugröße abnimmt. Die Nutzen-Kosten-Differenz entspricht den jährlichen Gesamtkosten, wobei Überflutungsschäden in abgeminderter Form nach wie vor auftreten können (Bild 5.2).

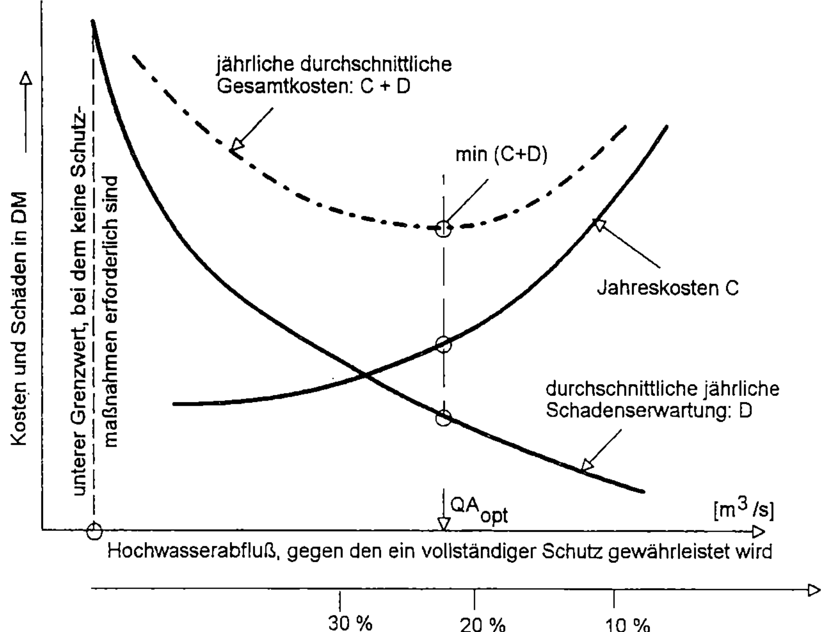

Bild 5.2. Minimierung der Kosten beim Hochwasserschutz: Jährlicher HW-Schaden und Kosten des HW-Schutzes [Mio DM/a] in Abhängigkeit vom Scheitelabfluß [m³/s]

Die Entwicklung von wasserwirtschaftlichen Mehrzweckanlagen wird u.a. durch die zunehmende Verknappung von Wasser geeigneter Qualität und Quantität erforderlich. Damit wird allerdings die Kostenzurechnung für die einzelnen Interessenten schwieriger. Bei einer Mehrzweckanlage können häufig Widersprüche bezüglich der Nutzung entstehen, die zu einem Kompromiß vereinigt werden müssen. Ist eine Anlage gesucht, die maximale Sicherheit, optimale Abmessungen und minimale Kosten gleichzeitig beinhalten soll, können diese sich z.T. ausschließenden Bedingungen nur unvollkommen erfüllt werden.

Um zu einer optimalen Lösung zu gelangen, erfolgt in der Regel der Planungsablauf schrittweise auf Grund von Einzelentscheidungen und zerfällt in die (sequentiellen) Teilmodelle: Technisches Modell, Wirtschaftlichkeitsmodell, Kostenzurechnungsmodell und Finanzmodell. Die *sequentielle Planung* ist bei einer raschen Entwicklung eines Wirtschaftsraumes ungeeignet und wird durch eine *simultane Planung* ersetzt, bei welcher die Verknüpfungen der Teilmodelle bekannt sein müssen, z.B. in Form von Richtlinien oder Verträgen.

Für die Teilmodelle sind die einmaligen und laufenden Projektkosten von Bedeutung. Investitionskosten (Entwicklungskosten, Baukosten, Kosten der Folgemaßnahmen) einschließlich Bauzinsen (z.B. bei Wasserkraftprojekten bis 10%, bei Bewässerungsprojekten ≤ 20% der gesamten Investition) gelten als einmalige Kosten, wobei nach Ablauf der Lebensdauer Reinvestitionen getätigt werden müssen. Zu den jährlichen Kosten zählen Betriebskosten, Unterhaltungskosten, Abgaben und Steuern.

5.2 Optimierung mit Methoden der Differentialrechnung

In einfachen Fällen läßt sich die Abhängigkeit des Nettonutzen bzw. der Kosten von der Ausbaugröße als Funktion analytisch angeben, so daß das Optimum als Extremwert nach den Methoden der Diffentialrechnung bestimmt werden kann. Aus der Vielzahl der Anwendungen sollen nur einige Probleme herausgegriffen werden, wo die Maximierung durch Bestimmung der Lage und Größe des Extremwertes einer stetigen Funktion erfolgt.

Die Zielfunktion habe die Form

$$Z = \max Z\,(x_i s_j,\ p_k), \tag{5.5}$$

mit den Nebenbedingungen

$$g_m\,(x_i,\ s_j,\ p_k) \leq 0$$

x_i : Entscheidungsvariable $(i = 1, 2, ..., I)$,
s_j : Stufenvariable $(j = 1, 2, ..., J)$,
p_k : Systemparameter $(k = 1, 2, ..., K)$.

Sie sei stetig und differenzierbar, so daß die Extremwerte bestimmt werden können durch Bildung von:

$$\delta Z/\delta x_i = 0 \qquad i = 1, 2, ..., n. \tag{5.6}$$

Das daraus resultierende Gleichungssystem ergibt die Extremwerte, wobei mit Hilfe des Vorzeichens der zweiten Ableitung geprüft werden kann, ob ein Maximum oder Minimum vorliegt. So kann für den vermeidbaren Schaden und die Kosten einer Hochwasserschutzmaßnahme bzw. den Ausbauabfluß, d.h. den schadlosen Abfluß, eine funktionale Abhängigkeit hergestellt werden (s. Bild 5.2). Das Kostenminimum der Hochwasserschutzmaßnahme wird als Minimum der Differenz von Nutzen und Baukosten erhalten (Bild 5.3). Bei der Bewertung von Hochwasserschutzprojekten ist daneben die Eintrittshäufigkeit des Ereignisses zu berücksichtigen.
Ist der Hochwasserschutz durch einen Deich oder ein Rückhaltebecken oder beides möglich, kann die Verminderung der Kosten für das Rückhaltebecken mit wachsender Ausbaugröße x durch den Term a/x und die der Kostenzunahme infolge Ausbaus durch den Term bx ausgedrückt werden. Für den Hochwasserschutz gilt dann folgende Beziehung (s. Bild 5.4):

$$Z = a/x + bx \Rightarrow \min! \tag{5.7}$$

Der Minimalwert von x wird erhalten durch Nullsetzen der 1. Ableitung und Nachweis, daß 2. Ableitung positiv:

$$z' = -a/x^2 + b = 0 \rightarrow x_0 = \sqrt{(a/b)} \qquad \text{und } z'' = 2a/x^3, \tag{5.8}$$

$$z_0 = a/\sqrt{(a/b)} + b\sqrt{(a/b)} = b\sqrt{(a/b)} + b\sqrt{(a/b)} = 2\sqrt{(a \cdot b)}. \tag{5.9}$$

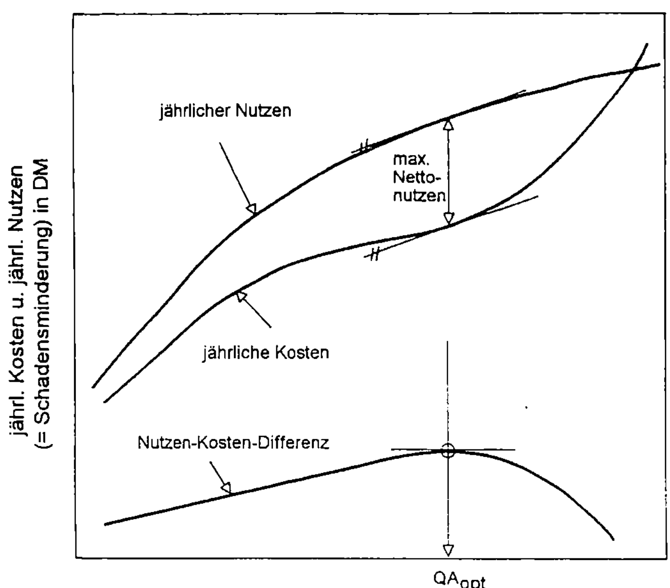

Bild 5.3. Verlauf der Baukosten von Rückhaltebecken und Deichen in Abhängigkeit vom Ausbauabfluß

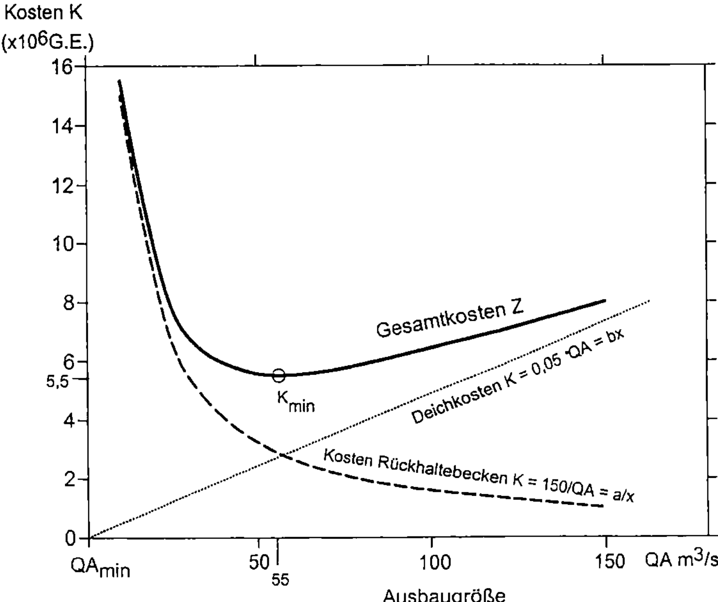

Bild 5.4. Minimierung der Baukosten eines Hochwasserschutzkonzeptes aus Bedeichung und Rückhalt; Verlauf der Baukosten beim Überschreiten des schadlosen Abflusses QA_{min}

Können anstelle der wahren Parameter a und b nur Schätzwerte a^0 und b^0 verwendet werden, ergibt die Optimierung die Größen x^0 und z^0 anstelle der wahren Werte x^* und z^*. Ihr Einfluß auf das Ergebnis ist, wenn für $x^0 = \alpha \cdot x^*$ mit $\alpha > 0$ eingesetzt wird:

$$z^0/z^* = (1+\alpha^2)/2\alpha \quad \text{mit } \alpha = \sqrt{(b \cdot a^0)/(b^0 \cdot a)}.$$

So wird bei einer Unterschätzung von α um $\alpha = 0,5$, d.h. $z^0/z^* = 1,25$, und einer deutlichen Überschätzung von α um $\alpha = 2,0$, d.h. $z^0/z^* = 1,25$, der gleiche Genauigkeitsgrad bezüglich z^* erreicht. Allerdings kann auch nicht ausgeschlossen werden, daß $\alpha = 1$ d.h. $z^0/z^* = 1,0$ auch anhand einer "falschen" Parameterkombination a und b möglich ist.

Beispiel: Eine Hochwasserschutzmaßnahme sieht eine Bedeichung und den Bau von Hochwasserrückhaltebecken vor. Die Kosten für den Deich nehmen stetig und linear um 5 Mio DM pro 100 m³/s Steigerung des Ausbauabflusses QA zu. Die Kosten für die Hochwasserrückhaltebecken sinken mit wachsendem Ausbauabfluß QA nach dem Ansatz Kosten K = 150/QA (K in Mio DM; QA in m³/s). Gesucht ist der Ausbauabfluß, der die geringsten Gesamtkosten verursacht.

Die zu minimierenden Gesamtkosten K sind die Zielgröße und lauten $K = 150/QA + 5/100\ QA \rightarrow min$; $dK/dQA = 150/QA^2 + 0,05 = 0$; $QA_{min} = \sqrt{(150/0,05)} = 54,8\ m^3/s$ und $K_{min} = 5,5 \cdot 10^6$ DM. Die Lösung kann auch graphisch erfolgen (Bild 5.4).

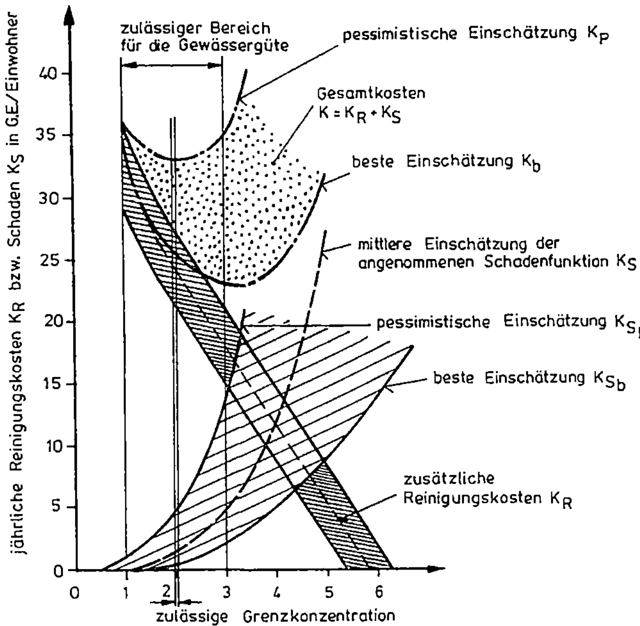

Bild 5.5. Schaden-Kosten-Funktion beim Gewässerschutz

Eine vergleichbare Fragestellung nach Extremwerten tritt beim Gewässerschutz auf, wenn die Reinigungskosten K_R über der Konzentration c des Referenzstoffes z.B. Phosphor, die nach der Einleitung im Fluß vorhanden ist, aufgetragen werden. Die Kosten mögen exponentiell mit der Zunahme der Grenzkonzentration abnehmen (Bild 5.5). Die vermeidbaren Schäden K_S steigen dann umgekehrt mit der Stoffkonzentration. Die Summe $K_R + K_S$ zeigt ein Minimum bei der optimalen Stoffkonzentration, die z.B. anhand der zulässigen Grenzkonzentration und einer Metrik bewertet wird. Infolge der Unsicherheiten der Maßnahmewirkung können alle Größen nur in einer gewissen Bandbreite angegeben werden. Demzufolge haben auch die Kosten eine Schwankungsbreite, die von einer optimistischen und pessimistischen Einschätzung begrenzt wird.

Bei der Optimierung der Betriebskosten für Pumpwerke wird meist von Förderkennlinien der Pumpen ausgegangen, wenn als Nebenbedingung die Forderung besteht, daß alle Pumpen gemeinsam fördern sollen. Wird die Zunahme der Förderkosten mit der Förderleistung als Funktion dargestellt, ist das Optimum dann erreicht, wenn alle Pumpen in dem Bereich ihrer Kennlinien arbeiten, in welchem der Zuwachs von Kosten und Fördermenge etwa gleich ist (= Gleichheit der marginalen Kosten). Die Punkte der einzelnen Förderkennlinien deren Tangenten die gleichen Neigungen aufweisen, bezeichnen die kostengünstigste Lösung.

Beispiel: Zwei Pumpen eines Schöpfwerkes sollen gemeinsam 350 m^3/h Wasser fördern. Wie ist die Fördermenge auf die einzelnen Pumpen zu verteilen, damit die Pumpkosten zum Minimum werden (Bild 5.6). Wie groß sind die gemeinsamen Pumpkosten? Kann die Fördermenge von 350 m^3/h mit einer einzigen Pumpe kostengünstiger gefördert werden?

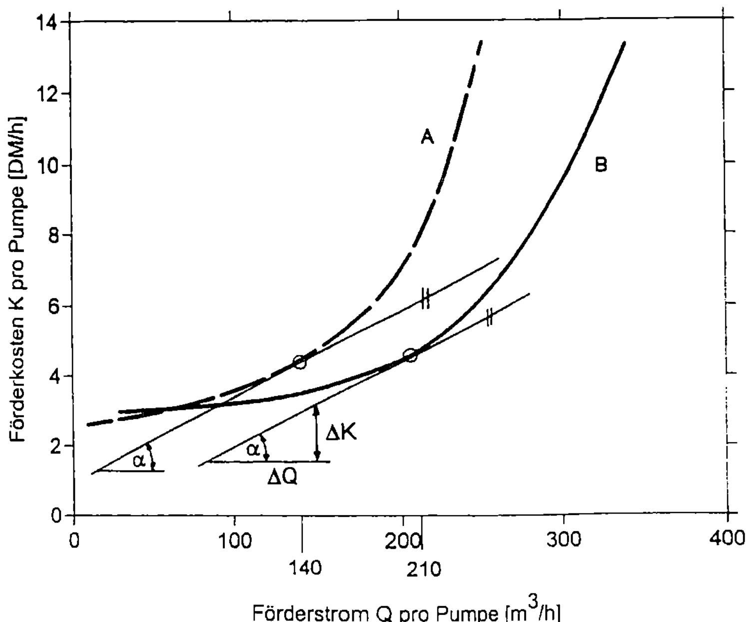

Bild 5.6. Förderkennlinien eines Schöpfwerkes

Graphische Lösung: Durch Probieren erhält man gleiche Neigungen der Tangenten an die Förderkennlinien für die Pumpe A 140 m^3/h oder 4,3 DM/h und für die Pumpe B 210 m^3/h oder 4,6 DM/h. Die gemeinsamen Förderkosten betragen für beide Pumpen 8,9 DM/h. Soll die Pumpe B allein fördern, liegen die Kosten bei 13,5 DM/h. Die analytische Lösung setzt voraus, daß die Förderkennlinien als Funktionen vorliegen. Sie wird erhalten, indem die ersten Ableitungen gleich gesetzt werden.

Eine weitere Anwendung der Extremwertberechnung ist ein Verfahren zur Ermittlung des optimalen Ausbaugrades eines Laufkraftwerkes (Flußkraftwerk), welches bei vorentwurfsmäßigen Konzeptionsplanungen eingesetzt werden kann (Mosonyi, 1972). Zielgröße ist der Ausbaugrad des Niederdruck-Flußkraftwerkes unter der Annahme, daß die höchstmögliche Fallhöhe, d.h. das Stauziel, durch Naturgegebenheiten oder Siedlungs- bzw. Verkehrsverhältnisse begrenzt und festgelegt ist. Sie wird daher aus der Optimierung ausgeklammert. Als Restriktion dienen eine beliebige wirtschaftliche Einschränkung. Die Ausbauleistung beträgt $N = \eta \cdot 9{,}8 \cdot H \cdot Q$ in kW.

Die Investitionskosten für das Gesamtkraftwerk können in Abhängigkeit von der Ausbauleistung angegeben werden:

$$I = a + b \cdot N.$$

Die Jahreskosten, die als Bruchteil a der Investition angegeben werden können, betragen dann:

$$K = a^X I + d \cdot I = a_0 \cdot I$$

a^X = Annuitätsfaktor bei einem Zinssatz von p % und einer kalkulatorischen Lebensdauer von T Jahren,

d = jährliche Betriebskosten, ausgedrückt als Bruchteil der Gesamtinvestition,

a_0 = Jahreskostenbeiwert.

Die Jahreskosten ändern sich linear proportional mit der Ausbauleistung entsprechend der Gerade in Bild 5.7:

$$K = a_0 I = a_0(a + bN) = a_0 + b_0 N.$$

Aus dem Leistungsplan des Kraftwerkes kann der Zusammenhang zwischen jährlicher Energieerzeugung E in KWh und der Ausbauleistung N in kW entwickelt werden (vergl. Bild 3.3).

Die zu einer beliebigen Ausbauleistung zugehörigen Energieproduktionskosten betragen

$$K_0 = K(N)/E(N).$$

Wird der Ausbaugrad gesucht, bei dem *minimale* Erzeugungskosten erreicht werden, ist zu erfüllen (s. Bild 5.7)

$$\frac{dK_0}{dN} = \frac{d(K/E)}{dN} = \frac{E K' - E' K}{E^2} = 0, \quad \text{woraus man erhält: } E K' - E' K = 0.$$

Weil $K' = b_0$ ist, gilt:

$$E' = \frac{E K'}{K} = \frac{E \cdot b_0}{a_0 + b_0 N} = \frac{E}{a_0/b_0 + N}.$$

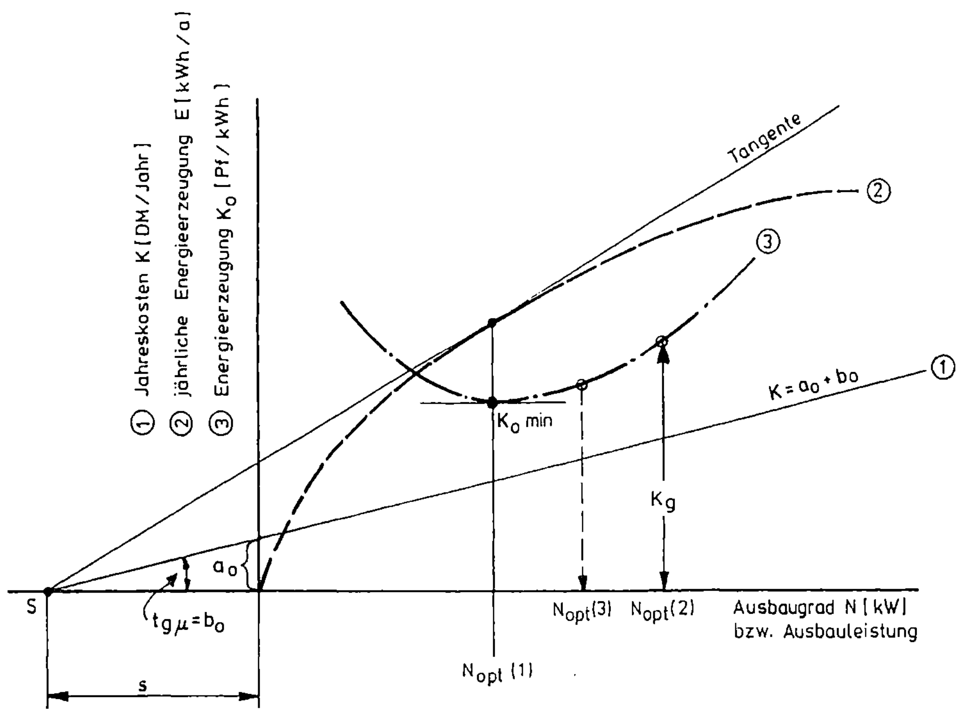

Bild 5.7. Abhängigkeit der Ausbauleistung von den jährlichen Kosten K und dem Ausbaugrad N bei einem Laufkraftwerk

Da $a_0/tg\mu$ = s ist, muß die zum Optimumpunkt der Energiekurve zugehörige Tangente die N-Achse im Abstand s schneiden, d.h. dort, wo die Jahreskostengerade den Wert-Null erreicht. Bei dieser Fragestellung ist es nicht nötig, die gesamte K_0-Kurve zu ermitteln; es genügt, vom Schnittpunkt s eine Tangente an die Kurve der Energieerzeugung zu legen, da zu $N_{opt}(1)$ der Wert K_{omin} gehört.

Wird also die Aufgabe so gestellt, daß die Energieerzeugungskosten einen Grenzwert K_g nicht überschreiten sollen, wobei natürlich $K_g > K_{omin}$ ist, kann der Ausbaugrad die von dem Minimum bedingte Kostengröße weit überschreiten. Soll mit Hilfe des K_g-Wertes, der aus dem Vergleich unterschiedlicher Energieproduzenten festzustellen ist, durch Schnitt mit der K_0-Kurve der zugehörige Ausbaugrad zu ermitteln, ist das $N_{opt}(2)$. Ein Teil der zu diesem Ausbaugrad zugehörigen Energiemenge wird kostspieliger erzeugt als K_g. Zwischen $N_{opt}(1)$ und $N_{opt}(2)$ muß es eine Stelle geben, an der die Kosten der nächsten zusätzlichen Energieeinheit die K_g-Grenze überschreiten, und zwar dort, wo der Grenzzuwachs (marginaler Zuwachs) ist

$$dK/dE = K_g \quad \text{oder umgewandelt}$$

$$(dK/dN) \cdot (dN/dE) = K_g \quad \text{oder} \quad dK/dN = K_g \cdot dE/dN,$$

$$K' = K_g \cdot E',$$

$$b_0 = K_g \cdot E'.$$

Der optimale Ausbaugrad $N_{opt}(3)$ ist so definiert, daß an dieser Stelle die Tangente an die Kurve der Energieerzeugung den bekannten Wert b_0/K_g annimmt. Dieser Ausbaugrad liegt zwischen den beiden anderen Werten, d.h. $N_{opt}(1) < N_{opt}(3) < N_{opt}(2)$.

5.3 Lineare Optimierung

5.3.1 Einführung

Die Voraussetzung für einen Extremwert einer Funktion ist ihre Differenzierbarkeit und Nichtlinearität. Bei linearen Funktionen wird bekanntlich in der ersten Ableitung ein konstanter Wert erhalten, so daß die Bedingung für einen einzigen Extremwert nicht erfüllt ist. Bei der Linearoptimierung wird daher die optimale Lösung einer linearen (Ziel)funktion unter Beachtung von Nebenbedingungen gefunden. Das Optimierungsverfahren ermittelt direkt die optimale Lösung und unterscheidet sich dadurch von den Simulationsverfahren, bei welchen eine optimale Lösung iterativ gefunden wird (Collatz, 1971; Zimmermann, 1971; Bronstein, 1985).

Diese Linearoptimierung wurde früher auch als lineares Programmieren (L.P.) bezeichnet. Für viele Fragestellungen, bei welchen Kosten oder andere Ziele optimiert werden sollen, sind Zielfunktion und Randbedingungen so gestaltet, daß sie auf bereichsweise lineare Zusammenhänge zurückgeführt werden können. Beim L.P. wird der Wert der Zielfunktion so optimiert, daß die einzelnen Elemente dieser Funktionsgleichung bestimmte Nebenbedingungen erfüllen. Zielfunktion und Nebenbedingungen sind lineare Ausdrücke, wonach das Verfahren seinen Namen hat.

Mit der Zielfunktion sollen wasserwirtschaftliche, technische oder ökonomische Zielgrößen optimiert werden. Bei den naturbedingten wasserwirtschaftlichen Zielgrößen soll in der Regel die nutzbare Wassermenge maximiert sowie Wasserverbrauch und -verlust minimiert werden. Maximierung von Hydroenergie oder industrieller und landwirtschaftlicher Produkte, Minimierung von Bauvolumen sind dann die technischen Zielgrößen. Als wirtschaftliche Zielgrößen werden oft die Maximierung des Gewinns oder das Anstreben der Vollbeschäftigung eingeführt. Sie dient als ein Hilfsmittel, um unter verschiedenen möglichen ökonomischen Entscheidungen, die realisiert werden können, diejenige mit der höchsten Effektivität auszuwählen.

Die Linearoptimierung umfaßt also alle mathematischen Verfahren, welche den Extremwert einer linearen stetigen Funktion unter einschränkenden linearen Bedingungen für die Variablenbelegung ermitteln. Die lineare Optimierung ist eine Methode zum Aufbau von Entscheidungsvariablen. Das Modell der linearen Planungsrechnung besteht nur aus linearen Gleichungen bzw. Ungleichungen; eine bildet die *Zielfunktion* (ZF), die anderen die *Restriktionen* oder *Nebenbedingungen* (NB). Die Zielfunktion liefert das absolute Ausmaß der Maßnahmewirkung im Hinblick auf ein Ziel, den Zielertrag. Jede Restriktion bildet eine den Handlungsspielraum des Entscheidungsträgers begrenzende Randbedingung. Die dabei eingesetzte Simplex-Methode ist eine Generalisierung und Erweiterung der Methoden zur Lösung von linearen Gleichungssystemen bzw. Methoden zur Inversion von Matrizen. Die Linearoptimierung besteht im allgemeinen aus m linearen (Un)gleichungen mit n Variablen (Strukturvariablen). Die nichtnegativen Werte dieser Variablen müssen unter Beachtung der Randbedingungen so ermittelt werden, daß eine lineare Funktion (Zielfunktion) einen Maximal- bzw. Minimalwert annimmt.

Die zu maximierende (minimierende) Zielfunktion ZF mit n Variablen (Strukturvariable, Entscheidungsvariable) lautet:

$$Z = c_1x_1 + c_2x_2 + ... + c_nx_n = \sum_{j=1}^{n} c_jx_j \Rightarrow max! \quad (bzw.\ min!) \qquad (5.10)$$

Die linearen Nebenbedingungen werden als lineares (Un)gleichungssystem eingeführt:

$$a_{m1}x_1 + a_{m2}x_2 + ... a_{mn}x_n \geq bzw. \leq b_m \quad oder \sum_{j=1}^{n} a_{ij}x_j \geq bzw. \leq b_m, \quad für\ i = 1, 2, ..., m. \qquad (5.11)$$

Da der Wert der Zielfunktion nur wächst, wenn x positive Werte annimmt, gelten die Nichtnegativbedingungen (NG):

$$x_j \geq 0 \quad j = 1, 2, ..., n. \qquad (5.12)$$

In einfachen Fällen kann die Aufgabe graphisch gelöst werden. Bei der analytischen Lösung wird die Simplexmethode, die 1947 von Dantzig entwickelt wurde, bevorzugt.

5.3.2 Graphische Lösung

Obwohl das graphische Lösungsverfahren praktisch auf 2 Strukturvariable beschränkt ist, soll es aber wegen seiner Anschaulichkeit vorab erläutert werden. Die Dimension eines linearen Raums, die in einem linearen Gleichungssystem formuliert wird, ist die Anzahl der linear unabhängigen Variablen. Zielfunktion und Nebenbedingungen lassen sich als begrenzende Geraden von Halbräumen darstellen, wobei durch das Ungleichheitszeichen in Gl. 5.11 der Raum für die zulässigen Lösungen beschrieben wird (schraffierter Bereich in Bild 5.8). Infolge der Nichtnegativbedingung enthält nur der 1. Quadrant die zulässige Lösung; der zweite, dritte und vierte Quadrant sind also ausgeschlossen. Ähnliches gilt für eine Minimierungsaufgabe. Im zulässigen Lösungsraum lassen sich Parallelen zur Zielgeraden $Z = 0$, die durch den Koordinatenursprung gelegt wird, angeben. Jeder Zielgeraden ist ein Zielertrag zugeordnet; Linien gleichen Zielertrags heißen Isoquanten. Je weiter die Zielgerade vom Ursprung entfernt liegt, desto größer ist der Wert der Zielfunktion. Aus der Schar der Zielgeraden sind besonders die von Interesse, welche durch die Eckpunkte des Lösungsraums gelegt werden können, da der gewinnmaximale Punkt immer ein Eckpunkt sein muß. Die optimale Lösung liegt in dem Punkt der Begrenzung des Lösungsraums, der –senkrecht zur Zielgeraden gemessen– am weitesten vom Koordinatenursprung entfernt ist.

Da das Optimum immer in einer Ecke liegen muß, wird die Zahl der unendlich vielen möglichen Punkte des zulässigen Bereiches auf die Zahl der Eckpunkte beschränkt. Diese Anzahl kann immer noch sehr groß sein, da ein Problem mit n Strukturvariablen und m+n Nebenbedingungen, nämlich m Restriktionen und n Nichtnegativbedingungen $\binom{m}{n}$ = m!/[n!(m-n)!] Schnittpunkte aufweist, wobei m! das Produkt aller natürlichen Zahlen 1 bis m ist. Maximal enthält ein durch m Restriktionen begrenzter Lösungsbereich (n+1) + (n-1) · (m-1) = (m·n-m+2) Ecken. Bei m = 12 Restriktionen im 3-dimensionalen Raum (n = 3)

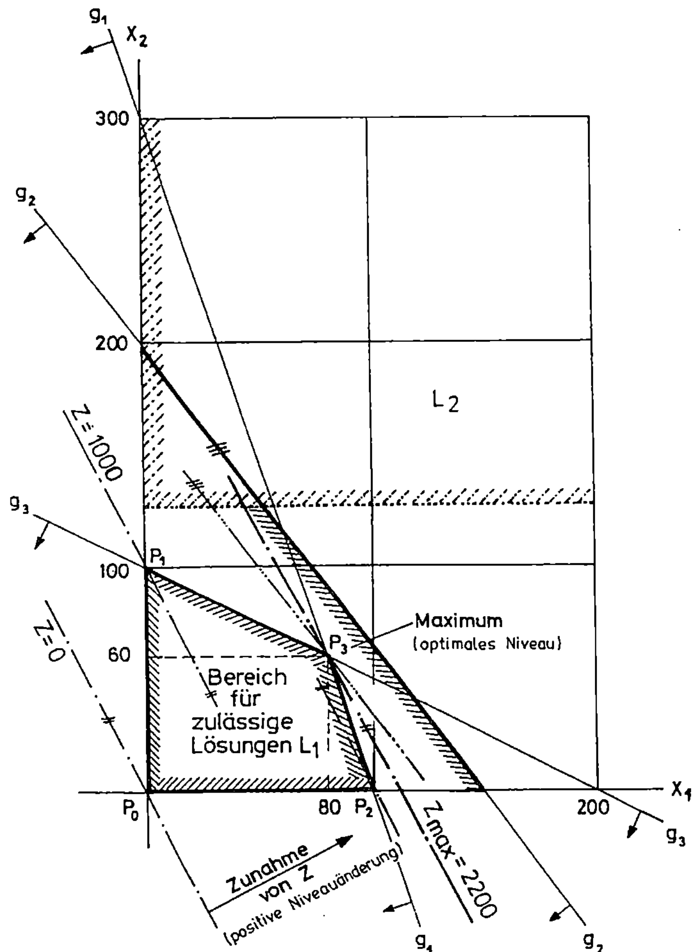

Bild 5.8. Linearoptimierung, graphische Lösung für den Lösungsraum L_1; Lösungsraum L_2 für veränderte Aufgabenstellung punktiert angegeben

liegen also $\binom{12}{3}$ = 220 Schnittpunkte der Begrenzungen vor, von denen höchstens nur (12·3-12+2) = 26 einen Eckpunkt des Lösungsbereiches bilden. Ausgangspunkt der Lösung bildet die durch den Koordinatenursprung gelegte Zielfunktion, die den Wert $Z = 0$ aufweist.

Beispiel: Ein landwirtschaftlicher Bewässerungsbetrieb soll gleichzeitig zwei Produkte P_1 und P_2 erzeugen. Der Reingewinn beträgt für Produkt P_1 20,- G.E. / Einheit des Produktes P_1 und für Produkt P_2 10,- G.E. / Einheit des Produktes P_2.

Zur Erzeugung jedes Einzelproduktes stehen insgesamt 3 Anbauflächen F_1, F_2, F_3 zur Verfügung. Der spezifische Flächenbedarf zur Erzeugung einer Produkteinheit ist bekannt und in der nachstehenden Tabelle aufgeführt.

Fläche	Spez. Flächenbedarf (ha /10 t)		maximale Anbaufläche (ha)
	P_1	P_2	
F_1	30	10	3000
F_2	40	30	6000
F_3	10	20	2000

Zielfunktion:		$20x_1$	$+\ 10x_2$	$=\ Z$	$=$	max.
Nebenbedingungen:	(Gerade g_1)	$30x_1$	$+\ 10x_2$	$\leq\ 3000,$		
	(Gerade g_2)	$40x_1$	$+\ 30x_2$	$\leq\ 6000,$		
	(Gerade g_3)	$10x_1$	$+\ 20x_2$	$\leq\ 2000.$		
Nichtnegativbedingung:		$x_1,$	x_2	$\geq\ 0.$		

Die 3 Nebenbedingungen beschreiben den Lösungsraum L_1, der durch die Geraden g_1, g_2, g_3 begrenzt wird. Die drei Geraden und das Achsenkreuz schließen den Raum ein, für den sämtliche Nebenbedingungen erfüllt sind. Für $Z = 0$ (Nullproduktion oder Anfangslösung) wird die Neigung der Geraden der Zielfunktion erhalten. Je weiter die Zielfunktion vom Koordinatenursprung weg parallel verschoben wird, desto größer wird der Wert Z der Zielfunktion unter der Voraussetzung, daß der Raum der möglichen Lösungen nicht verlassen wird. Der Maximalwert für Z wird erhalten, wenn die Parallele durch den am weitesten entfernt gelegenen Eckpunkt P_3 (80 / 60) verläuft.

Die Eckpunkte P_1 und P_2 bezeichnen Lösungen, bei denen je eine Variable den Extremwert annimmt (Ecklösungen). Die Nebenbedingung 2 (Gerade g_2) ist überflüssig, da sie entfernt werden kann ohne den Lösungsraum zu verändern (Redundanz). Die optimale Lösung entspricht den äußersten Ecken von L_1. Werden 80 Produkte P_1 und 60 Produkte P_2 erzeugt ergibt sich ein maximaler Gewinn zu: $Z_{max} = 20 \cdot 80 + 10 \cdot 60 = 2200$ G.E.

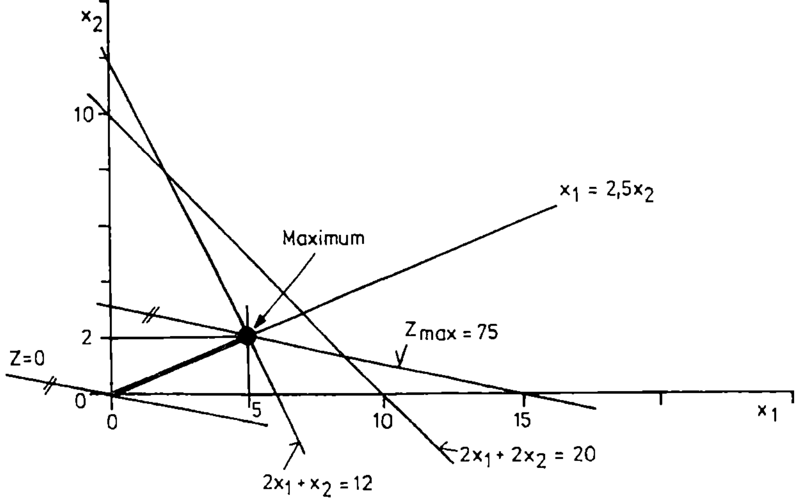

Bild 5.9. Entarteter Lösungsraum und optimale Lösung

Die Fläche F_2 hat keinen entscheidenden Einfluß auf den Maximalwert. Durch Parallelverschiebung von g_2 nach P_3 wird $F_2 = 40 \cdot 80 + 30 \cdot 60 = 5000$ ha. Von der Fläche F_2 werden also nur 5000 ha beansprucht, die Flächen F_1 und F_3 sind voll ausgenutzt (Bild 5.9).

Durch Umkehrung der Ungleichheitszeichen wird ein Minimierungsproblem erhalten, das auf graphischem Weg analog gelöst wird.

Wird anstelle der zweiten Nebenbedingungen $40x_1 + 30x_2 \le 6000$ als Nebenbedingung $x_1 \ge 120$ eingeführt, existieren zwei Lösungsräume L_1 und L_2, die keinen Punkt gemeinsam haben; daher ist eine Lösung ausgeschlossen.

Der 2-dimensionale Lösungsraum kann auch zu einem endlichen Geradenstück entarten (Degeneration), wie folgendes Zahlenbeispiel zeigt (Bild 5.9):

Zielfunktion: $5x_1 + 25x_2 \to$ max.
Nebenbedingung: $2x_1 + x_2 \le 12,$
                              $2x_1 + 2x_2 \le 20,$
                              $x_1 = 2{,}5\, x_2.$
Nichtnegativbedingung: $x_1; x_2 \ge 0.$

5.3.3 Algebraische Lösungsalgorithmen

Das lineare Programmieren geht von vier Voraussetzungen aus: Es wird angenommen, daß die direkte Porportionalität besteht bezüglich der Koeffizienten in der Zielfunktion c_j und den Nebenbedingungen. Eine Vergrößerung von $c_j x_j$ ist direkt porportional zum Wert der Entscheidungsvariablen. Ferner ist die Addierbarkeit x_j vorausgesetzt, so daß die Größe von Z sich aus Teilsummen von x_j zusammensetzt. Für alle Werte x_j wird vorausgesetzt, daß sie jeden Wert annehmen können, also nicht nur ganzzahlig sind. Alle Modellparameter werden als konstante Größen angenommen und sind also nicht mit einer Schwankungsbreite oder einem Risiko behaftet.

Zur analytischen Lösung des Systems linearer Gleichungen wurden mehrere systematische Probierverfahren entwickelt. Die Lösung des linearen Gleichungssystems kann nach der Eliminationsmethode vorgenommen oder nach der Methode des Einsetzens. Bei beiden Verfahren hat die Reihenfolge, in welcher die Gleichungen ausgewählt werden, einen starken Einfluß auf den Rechenaufwand. Bei der Eliminationsmethode wird eine Variable aus allen außer einer Gleichung eliminiert, indem diese Gleichung entsprechend oft von den anderen subtrahiert oder zu ihnen addiert wird. Sie wird als Pivot-Gleichung bezeichnet. Zur Lösung von linearen Optimierungsmodellen ist die Simplex-Methode das wichtigste Verfahren. Sehr häufig wird die Simplex-Methode in Vektorschreibweise dargestellt und das Simplex-Tableau um eine Einheitsmatrix erweitert. Da beim LP eine Maximierung oder Minimierung der Zielfunktion möglich ist, wird das Gleichungssystem grundsätzlich in der Standardform oder Kanonischen Form dargestellt. Bei der *Kanonischen Form* wird von der Maximierung der Zielfunktion ausgegangen und alle Nebenbedingungen sind vom Typ "$\le$".

Die Zielfunktion lautet (s. Gl. 5.10):

$$c_1 x_1 + c_2 x_2 + \ldots + c_n x_n = Z \to \text{max!} \quad Z(x_j) = \sum_{j=1}^{n} c_j x_j \to \text{max!} \tag{5.13}$$

Die linearen Nebenbedingungen lauten, wobei b_i auch negativ sein kann:

$$a_{11}x_1 + a_{12}x_2 + ... + a_{1n}x_n \leq b_1,$$
$$a_{21}x_1 + a_{22}x_2 + ... + a_{2n}x_n \leq b_2,$$

$$\quad \cdot \qquad \cdot \qquad\qquad \cdot \qquad \cdot$$
$$\quad \cdot \qquad \cdot \qquad\qquad \cdot \qquad \cdot \qquad\qquad\qquad\qquad\qquad (5.14)$$
$$\quad \cdot \qquad \cdot \qquad\qquad \cdot \qquad \cdot$$

$$a_{m1}x_1 + a_{m2}x_2 + ... + a_{mn}x_n \leq b_m,$$

oder allgemein $\sum\limits_{j=1}^{n} a_{ij} \cdot x_j \leq b_i; \quad x_j \geq 0 \quad$ für $j = 1, ..., m.$

Die Koeffizienten a_{ij}, b_i, c_j ($i = 1, 2, ..., m, j = 1, 2, ..., n$) sind reelle Zahlen. Die Nichtnegativbedingung lautet:

$$x_1 \geq 0, x_2 \geq 0, ... x_n \geq 0 \quad \text{oder allgemein } x_i \geq 0 \text{ für } i = 1, ..., n. \qquad\qquad (5.15)$$

Bei der linearen Optimierung existieren viele Lösungen, da jede Lösung nur die teilweise Erfüllung der Zielsetzung bei Einhaltung der Nebenbedingungen unter Einbeziehung der gewählten Variablen voraussetzt. Es gibt daher folgende Arten von Lösungen:

1) Die *optimale Lösung* ist die Zusammenfassung der Variablen (Strukturvariablen), mit denen die Zielfunktion den Extremwert erreicht.
2) Eine *zulässige Lösung* beinhaltet zulässige Variable, welche die Nichtnegativbedingungen erfüllen, wobei das Optimum nicht erreicht wird.
3) Bei einer *unzulässigen Lösung* werden eine oder mehrere Restriktionen nicht beachtet.

Bei einer zulässigen Lösung erfüllen alle Variablen die Nichtnegativbedingung, können jedoch Null werden. Haben in einer zulässigen Lösung die n freien Variablen den Wert Null und sind die übrigen m Variablen positiv, liegt eine *Basislösung* vor. Bei der graphischen Lösung sind Basislösungen alle Schnittpunkte, welche die Restriktionen mit Restriktionen, Koordinatenachsen mit Koordinatenachsen (Anfangslösung, Z = 0) und Restriktionen mit Koordinatenachsen bilden. Eine *zulässige Basislösung* liegt vor, wenn alle n Variablen x die Nichtnegativitätsbedingung erfüllen und alle m Variablen ungleich Null sind. In der graphischen Lösung sind zulässige Basislösungen die Eckpunkte des Lösungsraumes.

Bei der *optimal zulässigen Basislösung* wird der Wert der Zielfunktion optimiert (maximiert). Bei anderen zulässigen Basislösungen bleibt dieser Effekt aus; eine Basislösung ist nicht optimal, wenn in der zugehörigen Zielfunktion Koeffizienten $c_i > 0$ existieren.

Nichtzulässige Basislösungen sind Lösungen, bei denen die Nichtnegativbedingung verletzt wird oder Schnittpunkte, die nicht Eckpunkte des Lösungsraumes sind. *Nichtbasislösungen* sind Punkte, die nicht Schnittpunkte sind. Eine (nicht) zulässige Lösung liegt innerhalb (außerhalb) des Lösungsraumes.

Der Entscheidungsspielraum, der sich in mathematischer Hinsicht in den Nebenbedingungen durch die Ungleichungen ausdrückt, wird bei der analytischen Lösung zunächst beseitigt. Der Algorithmus der linearen Optimierung umfaßt den Anfangsschritt, die Iterationsschritte, in welchen Basisvariable und Nichtbasisvariable ausgetauscht werden und ein Kriterium, welches die Rechnung beendet. Zur Lösung des unterbestimmten Systems mit m Gleichungen, die n Unbekannte enthalten (n < m), wird das Gleichungssystem in die Standardform gebracht. Die Standardform, die für die algebraische Lösung benutzt wird, setzt voraus, daß alle Nebenbedingungen in einer gleichsinnigen Form z.B. $\geq$ (Maximierung) vorliegen, die Konstanten $b_j \geq 0$ und die Koeffizienten nicht negativ sind.

Nach Einführung von *Schlupfvariablen* x_k ($k = n + 1$, ..., m), für welche die Nichtnegativbedingung gilt, werden die m Ungleichungen in Gleichungen umgewandelt und in die *Standardform* gebracht:

$$\text{ZF:} \quad \max Z = c_1 x_1 + c_2 x_2 + ... + c_n x_n + c_o x_{n+1} + c_o x_{n+2} + ... + c_o x_{nm} = \sum_{j=1}^{m} c_j x_j \quad \text{mit } c_o = 0.$$

$$\text{NB:} \quad \begin{aligned} a_{11} x_1 + a_{12} x_2 + ... + a_{1n} x_n + x_{n+1} &= b_1, \\ a_{21} x_1 + a_{22} x_2 + ... + a_{2n} x_n + x_{n+2} &= b_2, \\ &\vdots \\ a_{m1} x_1 + a_{m2} x_2 + ... + a_{mn} x_n + x_{n+m} &= b_m. \end{aligned} \qquad (5.16)$$

$$\text{oder } \sum_{j=1}^{n} a_{ij} x_j = b_i, \qquad \text{für } i = 1, 2, ..., m.$$

$$\text{NG:} \quad x_1, ..., x_n \geq 0 \quad \text{und} \quad x_{n+1}, ... x_{n+m} \geq 0 \quad \text{oder } x_j \geq 0 \quad \text{für } j = 1, 2, ..., m.$$

Die Schlupfvariablen stellen die nicht genutzten Kapazitäten dar und haben den Wert Null in der Zielfunktion. Sie werden auch als Leerlaufvariable bezeichnet. Für die Nebenbedingung wird ein lineares Gleichungssystem von m Gleichungen und n Variablen erhalten, in dem m-n Variable beliebig festgelegt werden können. Dabei treten zwei Fragen auf: welche Variable sind festzulegen und welchen Wert erhalten sie?

Wird in das obige Gleichungssystem die Zielfunktion $\sum c_j x_j - Z = 0$, als Funktionsgleichung einbezogen, erhält man ein Gleichungssystem von m + 1 Gleichungen mit n + m + 1 Variablen, n Entscheidungsvariablen, m Schlupfvariablen und Z = 1 variabler Parameter.
Aus der graphischen Lösung ist bekannt, daß jeder Eckpunkt einer zulässigen Basislösung entspricht und nur einer der Eckpunkte als optimale Lösung in Frage kommen kann. Für alle Eckpunkte ergeben sich $\binom{m}{n}$ Kombinationen. Für das Beispiel mit 5 Variablen und 2 Restriktionen als Anzahl der Nullen erhält man $\binom{5}{2} = (5!)/[2!(5 - 2)!] = 10$ Kombinationen für alle Basislösungen, aus welchen nur die zulässigen Basislösungen herausgesucht werden müssen. Dies geschieht mit einem Suchverfahren, z.B. der Simplex-Methode.
Ein Simplex, ist ein mehrdimensionaler konvexer Polyeder mit beliebig vielen Eckpunkten. Ein Bereich heißt konvex, wenn mit zwei Punkten im Inneren oder auf dem Rand des Bereiches jeder Punkt der Verbindungsstrecke im Inneren oder auf dem Rand des Bereiches liegt (s. Bild 5.10). Die Restriktionen des linearen Planungsmodells beschränken die Lösungen der Zielfunktion auf das Innere und die Oberfläche eines Simplex. Auf die Ebene übertragen stellt der Simplex eine vieleckige Fläche ohne einspringende Ecken dar. In der Ebene enthält der zweidimensionale Simplex alle möglichen Lösungen, von denen die beste ausgewertet werden soll, nämlich diejenige, welche die Zielfunktion optimiert. Für zwei Variable ist die Zielfunktion eine Gerade, und die möglichen Basislösungen sind Geradenscharen mit der gleichen Steigung wie die Zielfunktion (s. Bild 5.4).

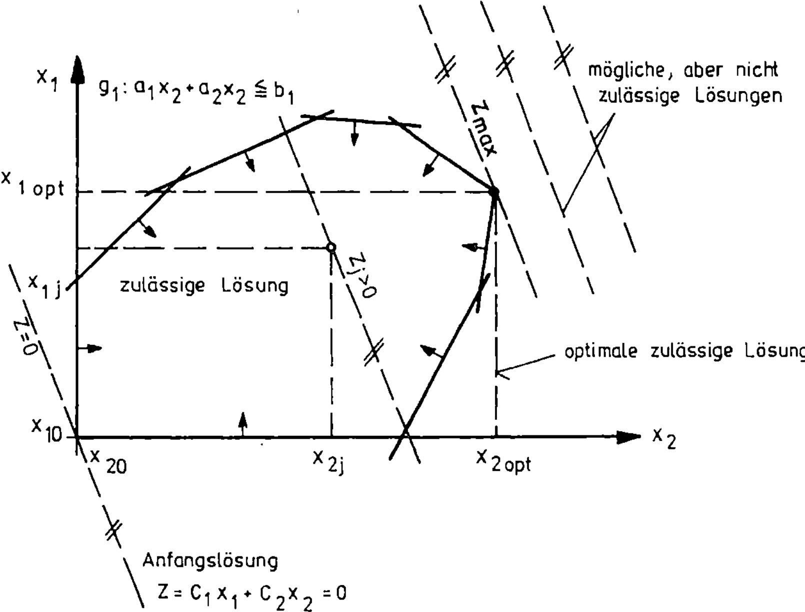

Bild 5.10. Abgrenzung des Lösungsraums und Zielgeradenscharen (Isoquanten)

5.3.4 Das Simplex-Verfahren

5.3.4.1 Der Simplex-Algorithmus nach der Eliminationsmethode

Die Anwendung der Simplex-Methode setzt voraus, daß neben der Konvexität des Lösungsraums (Bild 5.11) die Zielfunktion linear ist. Die Restriktionen der linearen Optimierung beschränken die Lösungen der Zielfunktionen auf das Innere und die Oberfläche des Simplex. Für nicht konvexe Lösungsräume oder widersprüchliche Randbedingungen existiert kein eindeutiges Optimum. Fällt die Zielgerade mit einer Restriktionsgerade zusammen gibt es unendlich viele Lösungen; gleiches gilt wenn die Zielfunktion nicht beschränkt wird. Wenn die Restriktionen unvereinbar sind, ist das Optimierungsproblem nicht lösbar.

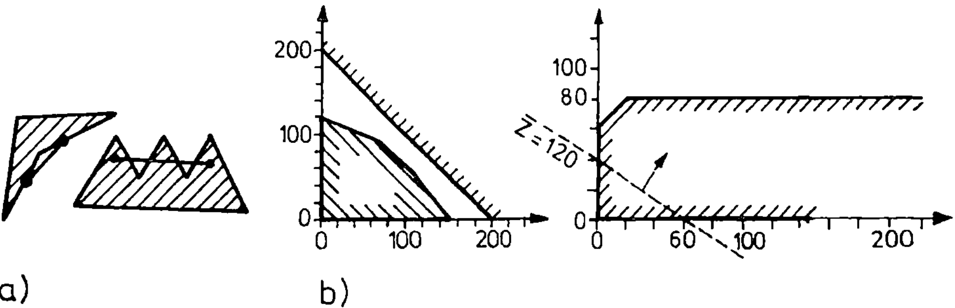

Bild 5.11. a) Beispiele für nicht konvexe Lösungsräume (schraffiert) mit einer Zielfunktion, b) unvereinbare Restriktionen und Unbeschränktheit der Zielpunkte

Die Zielfunktion bildet eine parallele Geradenschar. Das Optimum der Zielfunktion liegt dort, wo eine Gerade den Lösungsraum an dem Punkt berührt, der am weitesten von der Lage der Zielgeraden durch den Ursprung entfernt liegt.

Die *Simplex-Methode* ist ein iteratives Verfahren, das von einer zulässigen Basislösung ausgeht und nach endlich vielen Iterationsstufen zur optimalen zulässigen Basislösung führt. Bei der Umformung der Gleichungssysteme wiederholen sich die Rechengänge. Um den Iterationsmechanismus in Gang zu setzen muß eine zulässige Basislösung gefunden werden. Eine *zulässige Basislösung* erhält man, wenn man alle Nichtbasisvariablen zu Null setzt.

Ablaufschema für den Simplexalgorithmus

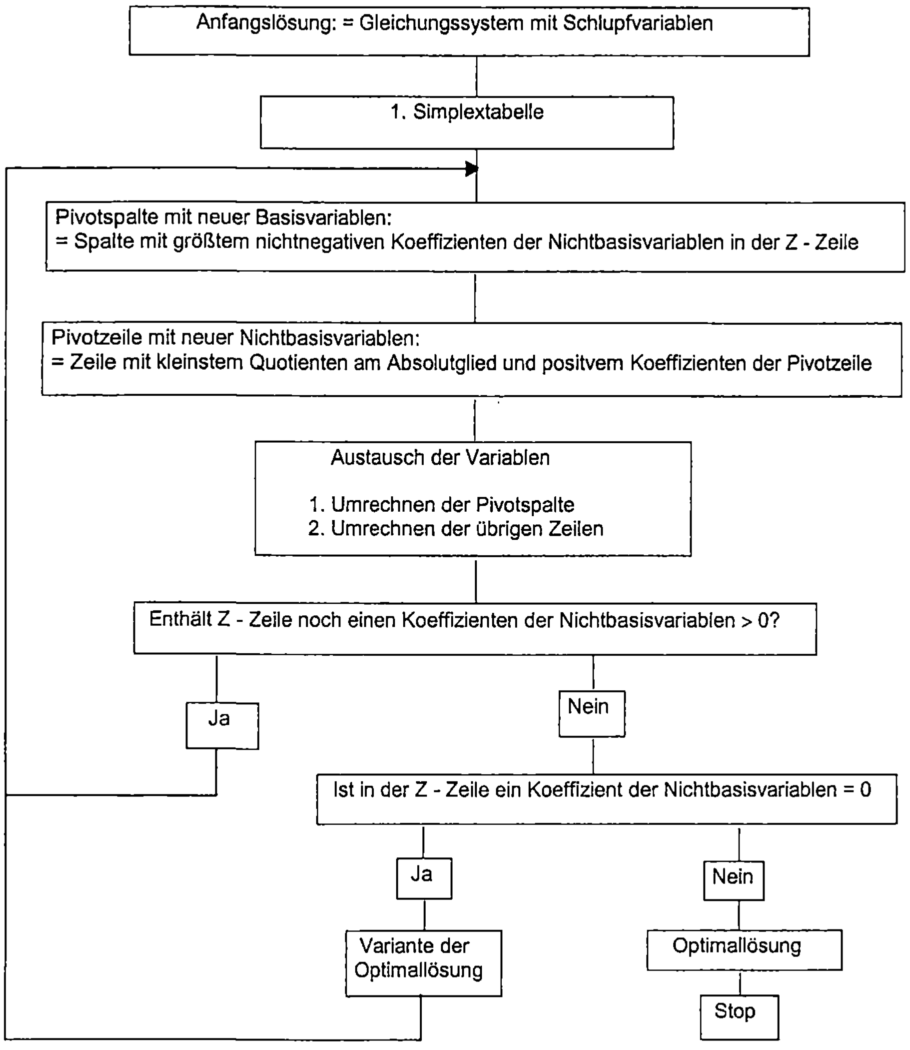

Bild 5.12. Ablaufschema für den Simplexalgorithmus

Das Gleichungssystem besteht aus m Gleichungen einschließlich der Zielfunktion. Von den m + n Variablen, d.h. von den n Strukturvariablen und m Schlupfvariablen sind m Variable bestimmbar, wenn n Variable gleich Null gesetzt sind. Die n gleich Null gesetzten Variablen heißen Nichtbasisvariable. Die Werte der m Basisvariablen lassen sich aus den Gleichungen berechnen. Die Basisvariablen bilden die Basis einer Lösung.

Bei dem Simplex-Verfahren wird bei der Berechnung von der Anfangslösung als der ersten Basislösung ausgegangen. Das Simplex-Verfahren beginnt also im Koordinatenursprung (Anfangslösung); die Strukturvariablen werden als Nichtbasisvariable behandelt und gleich Null gesetzt. Damit kann man die Werte der Schlupfvariablen, die anfangs die Basis bilden, aus dem Gleichungssystem ablesen.

Da für den Koordinatenursprung $Z = 0$ ist, kann eine Steigerung von Z erreicht werden durch Vergrößerung eines Wertes x_j. Um zu einem benachbarten Eckpunkt des Lösungsraumes zu gelangen, ist eine Basisvariable durch eine Nichtbasisvariable auszutauschen. Man nimmt diejenige, welche eine möglichst hohe Gewinnsteigerung verspricht. Dies ist die Strukturvariable mit dem größten Koeffizienten in der Zielfunktion (Kriterium des steilsten Anstiegs). Der Wert der ausgewählten Strukturvariablen wird so groß wie möglich gemacht, d.h. es darf keine Restriktion verletzt werden. Gegen diese neue Basisvariable wird die bisherige Basisvariable ausgetauscht, die gleich Null geworden ist. Die zu Null gewordene Variable verläßt die Basis und wird zur Nichtbasisvariablen.

Nach jedem Austausch werden alle Gleichungen so umgerechnet, daß die Basisvariablen in je einer anderen Gleichung mit dem Koeffizienten Eins vorkommen, die Nichtbasisvariablen dagegen beliebig in allen Gleichungen vorhanden sein dürfen. Der Vorteil der Umformung besteht darin, daß die Werte der Basisvariablen direkt abgelesen werden können, weil die Nichtbasisvariablen den Wert Null haben.

Die Simplex-Methode läßt sich in Form eines Simplex-Tableau schematisieren. Im Simplex-Tableau enthalten die Kopfzeilen die Nichtbasisvariablen und die Kopfspalte die Basisvariablen der jeweiligen Lösung. Die Koeffizienten der Nichtbasisvariablen der einzelnen Gleichungen sind im Tableau eingetragen. Auf der rechten Seite (rS) stehen die Koeffizienten der rechten Seite (= Absolutglieder) b_m. Jede Zeile des Tableaus gibt genau eine Gleichung wieder für das Gleichungssystem.

Für das Gleichungssystem (s. Gl. 5.16)

ZF: $Z = a_{01}x_1 + a_{02}x_2 = a_{00}$

NB: $a_{11}x_1 + a_{12}x_2 \leq a_{10},$

$\quad a_{21}x_1 + a_{22}x_2 \leq a_{20},$

$\quad a_{31}x_1 + a_{32}x_2 \leq a_{30}.$

		x_1	x_2		rS
Z(max)		a_{01}	a_{02}		a_{00}
w_1		a_{11}	a_{21}		a_{10}
w_2		a_{21}	a_{22}		a_{20}
w_3		a_{31}	a_{23}		a_{30}

lautet das Simplex-Tableau für die der Ausgangslösung, wobei mit rS die rechte Seite (Absolutglieder) des Gleichungssystems bezeichnet werden.

Die Spalte, in der die auszutauschende Nichtbasisvariable steht, wird als erste bestimmt. Sie heißt *Pivotspalte* und ist diejenige mit dem größten Koeffizienten der Zielfunktion.

Nach Festlegung der Pivotspalte, d.h. der in die Basis gelangenden Nichtbasisvariablen, wird die aus der Basis zu entfernende Basisvariable bestimmt. Sie steht in der Zeile, deren Basisvariable beim Anwachsen der in die Basis gelangenden Nichtbasisvariablen am ehesten gleich Null wird. Diese Zeile heißt *Pivotzeile*. Sie weist den kleinsten nicht negativen Quotienten des Elements der rechten Seite (Absolutglied) und des Elements der Pivotspalte (Koeffizient der Nichtbasisvariablen) auf.

Im Kreuzungspunkt von Pivotspalte und Pivotzeile steht das *Pivotelement* a_{rs}, welches zur Umformung des Tableaus benötigt wird. An seine Stelle wird durch die Vertauschung der neue Koeffizient der aus der Basis verschwindenden Variablen treten. Da diese Variable als bisherige Basisvariable den Koeffizienten Eins hatte, erhält sie nach der Division durch das Pivotelement den Koeffizienten $1/a_{rs}$. Anstelle des Pivotelements tritt also der Reziprokwert des Pivotelements. Alle übrigen Elemente der gesamten Pivotzeile werden durch das Pivotelement dividiert.

Die übrigen Elemente der Pivotspalte werden im Vorzeichnen umgekehrt und durch das Pivotelement dividiert. Von den übrigen Elementen (außer der Pivotzeile und Pivotspalte) wird das Produkt des gleichspaltigen Elements der umgerechneten Pivotzeile und des gleichzeiligen Elements der nicht umgerechneten Pivotspalte subtrahiert.

Nach dieser Umrechnung ist eine Simplex-Iterartion abgeschlossen. Die Iteration ist insgesamt beendet, wenn die Zielfunktion keine positiven Koeffizienten mehr aufweist (s. Bild 5.12).

Die Rechnung wird in folgenden Schritten durchgeführt:

a) Vorbereitung für den Übergang zum neuen Gleichungssystem (Wahl von Pivot-Spalte und Pivotzeile).

1. Schritt
Die z-Zeile gibt mit einem ihrer positiven größeren Koeffizienten die Nichtbasisvariable an, die in die Basis übernommen werden soll. Die Spalte der neuen Basisvariablen heißt Schlüsselspalte oder Pivotspalte P.S., Im allgemeinen wird hierfür der größte positive Koeffizient gewählt.

2. Schritt
Für die einzelnen Nebenbedingungen werden die Quotienten q aus dem Absolutglied und dem jeweiligen Koeffizienten der Schlüsselspalte P.S. gebildet. Die Zeile mit $q_{min} > 0$ enthält die Basisvariable, die Nichtbasisvariable werden muß. Die Zeile dieser Gleichung ist die Schlüsselzeile oder Pivotzeile P.Z.

3. Schritt
Im Kreuzungspunkt von Schlüsselzeile mit Schlüsselspalte steht das Pivotelement P.E. (Hauptelement). Es ist der Koeffizient der neuen Basisvariablen.

b) Umrechnungsregeln für das Aufstellen des neuen Gleichungssystems.

4. Schritt
Die Schlüsselzeile wird als erste umgerechnet, indem ihre Elemente durch das Pivotelement dividiert werden.

5. Schritt

Die übrigen Zeilen werden elementweise wie folgt umgerechnet: Der Koeffizient der neuen Zeile ist gleich dem Koeffizient der ursprünglichen Zeile minus Produkt aus Koeffizient der Schlüsselspalte und dem jeweils entsprechenden Koeffizienten der umgerechneten Schlüsselzeile.

Das Verfahren wird solange fortgesetzt, bis in der z-Zeile kein positiver Koeffizient mehr enthalten ist. Die Berechnung erfolgt in einer Simplextabelle (Tableau), in welcher nur die Koeffizienten und Absolutglieder (Matrix) eingetragen werden.

Auf das Beispiel, für das in Bild 5.8 die graphische Lösung gezeigt wurde, soll die Simplexmethode angewendet werden. Zielfunktion und Nebenbedingungen lauten:

$$\text{Zielfunktion:} \qquad Z = 20x_1 + 10x_2 \Rightarrow \max \quad (1).$$

$$\text{Nebenbedingungen:} \qquad
\begin{aligned}
30x_1 + 10x_2 &\leq 3000 \quad (2), \\
40x_1 + 30x_2 &\leq 6000 \quad (3), \\
10x_1 + 20x_2 &\leq 2000 \quad (4), \\
\text{mit} \quad x_1, x_2 &\geq 0.
\end{aligned}$$

Es handelt sich um ein Ungleichungssystem mit einer (m,n) - Koeffizientenmatrix von $m = 3$ Zeilen und $n = 2$ Spalten. Dieses System muß zu einem Gleichungssystem gemacht werden durch Einführung von Schlupfvariablen w_i.

Erläuterungen zur Simplextabelle Nr. 2:

1. Spalte   : Die erste Ziffer gibt die Nummer der Tabelle an, die zweite die Nummer der Zeile (kann entfallen).

2. Spalte   : Die Basisvariablen der Anfangslösung, die nach Gleichungssystem 1 erhalten werden, erscheinen jeweils in der Zeile der Gleichung, in der sie auftreten. Z steht nur in der Basis der letzten Zeile. Es ist stets Basisvariable und kann nie ausgetauscht werden.

3. Spalte   : Rechenvorschrift: Wird erst ab 2.Tabelle eingetragen, (kann entfallen).

4. - 8. Spalte   : Koeffizientenmatrix. Es ist zu beachten, daß in jeder Zeile die Koeffizienten aller Variablen aufgenommen werden müssen. Reihenfolge: Erst Entscheidungsvariable dann Schlupfvariable.

9. Spalte   : Vektor der Absolutglieder b_i (rechte Seite rS).

10. Spalte : Quotienten q aus Absolutgliedern rS und Pivotspalte (PS) (Schlüsselspalte).

Anfangslösung   : Der Zahlenwert der Basisvariablen steht in der Spalte der Absolutglieder. Die außer den Basisvariablen im Kopf der Tabelle stehenden Variablen sind Nichtbasisvariablen mit dem Wert 0 (Tabelle 1).

Basisvariable   : $w_1 = 3000$; $w_2 = 6000$; $w_3 = 2000$; $Z = 0$; Nichtbasisvariable: $x_1 = 0$; $x_2 = 0$.

Vereinfachte Simplex-Tabelle der Anfangslösung

Nr. der Gleichung (1)	Basis variable (2)	Rechenvorschrift (3)	Koeffizientenmatrix					rS	q
			x_1 (4)	x_2 (5)	w_1 (6)	w_2 (7)	w_3 (8)	b_i (9)	(10)
Anfangslösung Tableau Nr. 1									
(11)	w_1		**30**	10	1	0	0	3000	$3000/30 = \underline{100}$ P.Z.
(12)	w_2		40	30	0	1	0	6000	$6000/40 = 150$
(13)	w_3		10	20	0	0	1	2000	$2000/10 = 200$
(14)	$-Z$		$\underline{20}$ P.S.	10	0	0	0	0	
Tableau Nr. 2									
(21)	x_1	$(11):30$	1	1/3	1/30	0	0	100	$100 \cdot 3 = 300$
(22)	w_2	$(12) - 40 \cdot (21)$	0	50/3	$-4/3$	1	0	2000^{*}	$2000 \cdot 3/50 = 120$
(23)	w_3	$(13) - 10 \cdot (21)$	0	**50/3**	$-1/3$	0	1	1000	$1000 \cdot 3/50 = \underline{60}$ P.Z.
(24)	$-Z$	$(14) - 20 \cdot (21)$	0	$\underline{10/3}$ P.S.	$-2/3$	0	0	-2000	
Tableau Nr. 3									
(31)	x_1	$(21) - 1/3 \cdot (33)$	1	0	2/50	0	$-1/50$	80	
(32)	w_2	$(22) - 50/3 \cdot (33)$	0	0	-1	1	-1	1000	
(33)	x_2	$(23):50/3 \cdot (33)$	0	1	$-1/50$	0	3/50	60	
(34)	$-Z$	$(24) - 10/3 \cdot (33)$	0	0	$-3/5$	0	$-1/5$	-2200	$\leftarrow$ kein Koeffizient >0!

Größter Koeffizient in Z-Zeile bzw. kleinster Quotient q min > 0 wurde jeweils unterstrichen (Auswahl P.S. bzw. P.Z.), Pivotelement P.E. wurde fettgedruckt / $^{*} 2000 = 6000 - 40 \cdot 100$.

1. Verbesserte Lösung
Basisvariable: $x_1 = 100$; $w_2 = 2000$; $w_3 = 1000$; $Z = 2000$; Nichtbasisvariable: $x_2 = 0$; $w_1 = 0$.
Da in der Z-Zeile noch ein positiver Koeffizient enthalten ist, wiederholt sich der Algorithmus.

2. Verbesserte Lösung (Optimallösung)
Basisvariable: $x_1 = 80$; $w_2 = 1000$; $x_2 = 60$; $Z = 2200$; Nichtbasisvariable $w_1 = 0$; $w_3 = 0$.
In der Z-Zeile stehen für die Nichtbasisvariablen nur noch negative Koeffizienten. Die Rechnung ist beendet.
Die optimale Lösung lautet $x_1 = 80$, $x_2 = 60$, $z = 2200$ und $w_1 = w_3 = 0$, $w_2 = 1000$.

5.3.4.2 Simplex-Methode mit expliziter Einheitsmatrix

Vor Anwendung des Simplex-Algorithmus wird das Ungleichungssystem mit Hilfe der Schlupfvariablen, welche die Ungleichungen gewissermaßen zu Gleichungen auffüllen, in die Kanonische Form gebracht und in ein Gleichungssystem überführt. Als *Kanonisches Gleichungssystem* wird ein Gleichungssystem mit einer Koeffizientenmatrix bezeichnet mit $m \cdot (n+m)$ Elementen, wenn als Untermatrix eine (m,m) Einheitsmatrix auftritt, wobei die Anzahl der Zeilen kleiner als die Anzahl der Spalten n ist, d.h. $m < n$. In der Koeffizientenmatrix ist dann eine (m,m) Einheitsmatrix, nämlich die Matrix der Schlupfvariablen, enthalten. Diese (m,m) - Einheitsmatrix wird als zulässige Anfangsbasislösung zugrunde gelegt und davon ausgehend die optimal zulässige Basislösung iterativ ermittelt.

Die allgemeine Formulierung der Zielfunktion lautet:

$$Z = \sum_{i=1}^{n} c_i \, x_i \quad \text{mit den Restriktionen}$$

$$\sum_{i=1}^{n} a_{ki} \cdot x_i \leq b_k \qquad k := 1, 2, 3, ..., m$$

$$x_i \geq 0 \qquad i = 1, 2, 3, ..., n.$$

Die Einführung von Schlupfvariablen u_i und Beseitigung des Ungleichungssystems führt zu:

$$\sum_{i=1}^{n} a_{ki} \cdot x_i + u_i = b_k \qquad k = 1, 2, 3, ..., m$$

mit der zusätzlichen Vorzeichenbedingung:

$$u_i \geq 0 \qquad k = 1, 2, 3, ..., m.$$

In Matrix- oder Vektorschreibweise lautet dieses Modell:

$$\left. \begin{array}{l} z(x_j) = opt \cdot z = \mathbf{c} \cdot \mathbf{x} \\[4pt] \mathbf{A} \cdot \mathbf{x} \leq \mathbf{b} \quad bzw. \; \mathbf{x} \geq 0 \\[4pt] (\mathbf{A} / \mathbf{I})\binom{x}{u} = \mathbf{b}. \end{array} \right\} \qquad (5.17)$$

A : m mal n Matrix der Koeffizienten oder Aktivitäten; n: Anzahl der Spalten der Matrix, m: Anzahl der Zeilen der Matrix; kurz: (m $*$ n) - Matrix.

b : Beschränkungs- oder Kapazitätenvektor (m $*$ 1 Spaltenvektor); Spaltenvektor der Restriktionen mit m Komponenten: $\mathbf{b} = (b_1, b_2, b_3, ..., b_m)$.

c : Kosten- bzw. Gewinnvektor (n $*$ 1 Spaltenvektor), *Zeilenvektor der Koeffizienten* der Zielfunktion mit m + n Komponenten:
$\mathbf{c} = (c_1, c_2, c_3, ..., c_n, c_{n+1}, c_{n+2}, ..., c_{n+m})$, wobei die Koeffizienten $c_{n+1}, ..., c_{n+m}$ den Wert Null aufweisen.

x : *Zeilenvektor der Entscheidungsvariablen* mit n+m Komponenten:
$\mathbf{x} = (x_1, x_2, ..., x_n, x_{n+1}, x_{n+2}, ..., x_{n+m})$, $\mathbf{x_b}$: Basis- oder Lösungsvektor
alle $x_j \geq 0$ (j = 1, 2, ..., n).

Die Matrix A des Restriktionssystems mit $m \cdot (n+m)$ Elementen lautet:

$$A = \begin{pmatrix}
a_{11} & a_{12} & a_{13} & \cdots & a_{1n} & 1 & 0 & 0 & \cdots & 0 & b_1 \\
a_{21} & a_{22} & a_{23} & \cdots & a_{2n} & 0 & 1 & 0 & \cdots & 0 & b_2 \\
a_{31} & a_{32} & a_{33} & \cdots & a_{3n} & 0 & 0 & 1 & \cdots & 0 & b_3 \\
\cdot & & & & \cdot & & & & & & \cdot \\
\cdot & & & & \cdot & & & & & & \cdot \\
\cdot & & & & \cdot & & & & & & \cdot \\
a_{m1} & a_{m2} & a_{m3} & \cdots & a_{mn} & 0 & 0 & 0 & \cdots & 1 & b_m
\end{pmatrix}$$

mit Spaltenbezeichnungen $a_1 \; a_2 \; a_3 \; \cdots \; a_n \mid e_1 \; e_2 \; e_3 \; \cdots \; e_m \mid b$.

Die Einheitsmatrix innerhalb der Koeffizientenmatrix wird auch Basis genannt, deren Kennzeichen aber m voneinander unterschiedliche Spalteneinheitsvektoren sind. Ist die Dimension eines linearen Raumes gleich r, so heißt jedes Vektorsystem, das aus r linear unabhängigen Vektoren besteht, eine Basis.

Der andere Teil der Koeffizientenmatrix wird Nichtbasis genannt. Um das Gleichungssystem lösen zu können, braucht man noch den Vektor mit den Absolutgliedern b_i, die rechts vom Gleichheitszeichen stehen. Dieser Vektor der rechten Seite ist der *Kapazitäten-* oder *Beschränkungsvektor*.

Die Lösung des Gleichungssystems kann ebenfalls in einem Vektor dem Basisvektor x_b ausgedrückt werden. Wenn dieser Basisvektor x_b die Restriktionen erfüllt, spricht man von einem Lösungsvektor. Er kann nur aus m Komponenten x_j aufgebaut werden, da nur m Gleichungen vorhanden sind. Man nennt den Lösungsvektor eine Basislösung, bei dem (n-m) Komponenten (= sämtliche Nichtbasisvariable) Null sind.

Jeder Vektor x, dessen Komponenten das System $A \cdot x = b$ und die Vorzeichenbedingungen $x \geq 0$ erfüllen, heißt ein *zulässiger Vektor*. Einen zulässigen Vektor x, der auch die Zielfunktion $Z = c \cdot x$ maximiert, nennt man einen *optimal zulässigen Vektor*.

Das Kernstück des Modells bildet das lineare Ungleichungssystem $A \cdot x \leq b$. Zur Vereinfachung betrachte man zunächst nur das Gleichungssystem $A \cdot x = b$ und die Maximierung der Zielfunktion $Z \to Z_{max}$. Die Lösbarkeit dieses Gleichungssystems hängt vom Rang der Matrix $r(A)$ und dem Rang der erweiterten Matrix $r(A/b)$ ab. Die Kriterien für die Lösbarkeit dieses Systems sind:

Fall 1: $r(A/b) < r(A)$: Unmöglicher Fall,
Fall 2: $r(A/b) > r(A)$: System unlösbar,
Fall 3: $r(A/b) = r(A)$: Lösungen vorhanden,
Fall 3a: $r(A) = n$:   Es gibt eindeutige Lösungen,
Fall 3b: $r(A) < n$:   Es gibt zu viele Lösungen, ihre Bestimmung ist die Aufgabe des
                          linearen Optimierens.

Der *Lösungsalgorithmus* beginnt, indem die n Variablen zu Null gesetzt werden. Aus den m verbleibenden Komponenten des Entscheidungsvektors zugeordneten Spalten der Matrix wird ein Basisvektor gebildet. Die Schlupfvariablen bilden die erste Basis. Das Gleichungssystem $Ax = b$ wird dann

$$x_k = b_k - \sum_{i=1}^{n} a_{k,m+i} \cdot x_{m+i}. \qquad (5.18)$$

Der zweite Summenterm ist $\Sigma = 0$, da alle $x_{m+i} = 0$. Es wird davon ausgegangen, daß im i-ten Iterationsschritt eine Basislösung x_k, $k = 1, ..., m$ bekannt ist, wobei alle x_i ($i = m + 1, ..., m + n$) gleich Null sind. Der Wert der Zielfunktion wird zu:

$$Z_b = \sum_{k=1}^{m} c_k \cdot x_k = \sum_{k=1}^{m} c_k \cdot b_k \text{ erhalten} \qquad (5.19)$$

durch Einsetzen von (Gl. 5.18 und 5.19) in $Z = \Sigma\, c_i \cdot x_i$ wird allgemein erhalten:

$$Z = \sum_{k=1}^{m} c_k \cdot x_k + \sum_{i=1}^{n} c_{m+i} \cdot x_{m+i}$$

$$= \sum_{k=1}^{m} c_k \cdot b_k + \sum_{k=1}^{m} c_k \sum_{i=1}^{m} a_{k,m+i} \cdot (-x_{m+i}) + \sum_{i=1}^{n} c_{m+i}\, x_{m+i}$$

$$= Z_b + \sum_{i=1}^{n} \left[\sum_{k=1}^{m} c_k \cdot a_{k,m+i} - c_{m+i} \right] \cdot (-x_{m+i})) \qquad (5.20)$$

$$= Z_b + \sum_{i=1}^{n} \alpha_{m+i} \cdot (-x_{m+i}).$$

Als Bewertungskoeffizient wird der Ausdruck bezeichnet:

$$\alpha_{m+i} = \sum_{k=1}^{m} c_k \cdot a_{k,m+i} - c_{m+i}. \qquad (5.21)$$

Der Betrag von α_{m+i} ist ein Maß für die Vergrößerung des Wertes der Zielfunktion, wenn beim Übergang von der Iteration i auf i+1 die Null-Variable x_i mit einer Basisvariablen vertauscht wird. Solange ein Bewertungskoeffizient negativ ist, kann die Optimallösung nicht erreicht sein. Die optimale Lösung hat nur positive α_i.

Nach Gleichung (a) gilt:

$$x_1 = b_1 + a_{1,m+1}(-x_{m+1}) + a_{1,m+2}(-x_{m+2}) + ... + a_{1m+n}(-x_{m+n}) \qquad (5.22)$$

$$x_2 = b_2 + a_{2,m+1}(-x_{m+1}) + a_{2,m+2}(-x_{m+2})x \ldots + a_{2,m+n}(-x_{m+n})$$

$$x_m = b_m + a_{m,m+1}(-x_{m+1}) + a_{m,m+2}(-x_{m+2})x \ldots + a_{m,m} + n(-x_{m+n})$$

sowie die Zielfunktion:

$$Z = Z_b + \alpha_{m+1}(-x_{m+1}) + \alpha_{m+2}(-x_{m+2}) + \ldots + \alpha_{m+n}(-x_{m+n}). \qquad (5.23)$$

Der Iterationsvorgang läuft nach folgendem Schema ab.

1. Schritt:
Darstellung von Zielfunktion und Restriktionsgleichung in einem Tableau, Berechnung der α_{m+i} Werte.

		$-x_{m+1}$	$-x_{m+2}$	....	$-x_{m+n}$	$-x_1$	$-x_2$	$-x_3$	....	$-x_m$
$x_1=$	b_1	$a_{1,m+1}$	$a_{1,m+2}$	....	$a_{1,m+n}$	1	0	0	....	0
$x_2=$	b_2	$a_{2,m+1}$	$a_{2,m+2}$	....	$a_{2,m+n}$	0	1	0	....	0
$x_3=$	b_3	$a_{3,m+1}$	$a_{3,m+2}$	....	$a_{3,m+n}$	0	0	1	....	0
.	.									
.	.									
.	.									
$x_m=$	b_m	$a_{m,m+1}$	$a_{m,m+2}$	....	$a_{m,m+n}$	0	0	0	....	1
$Z=$	Z_b	α_{m+1}	α_{m+2}	....	α_{m+n}	0	0	0	....	0

k = Zeilenindex; $m+i$ = Spaltenindex

2. Schritt: Bestimmung der Pivotspalte $m + i = e$
Es wird im obigen Tableau diejenige Spalte der a_{ki} ausgewählt, in der der Betrag eines *negativen Bewirtschaftungskoeffizienten* am größten ist, also α_{m+i}, und wofür $a_{ik} > 0$ ist. Am Kopf der Spalte steht im Tableau die Variable x_e, die bei der nächsten Iteration neu in die Basis eintritt.
3. Schritt: Bestimmung der Pivotzeile $k = f$
Dazu wird mit allen Elementen der Pivotspalte der Quotient b_k/a_{ke} ($k = 1, \ldots, m$) gebildet. Die Zeile in der dieser Quotient den *kleinsten positiven Wert* annimmt ist die Pivotzeile, auf deren Höhe am linken Rande des Tableaus die Variable x_f zu finden ist, welche beim Austausch-Algorithmus im nächsten Iterationsschritt aus der Reihe der Basisvariablen austritt. Am Schnittpunkt von Pivotspalte und Pivotzeile steht das Pivotelement a_{fe}.

4. Schritt: Transformation des Tableaus

Ziel der Transformation ist es, das Pivotelement zu 1 und alle anderen Elemente der Pivotspalte zu 0 zu machen. Die Regeln dafür entstammen dem Matrizen-Austausch-Verfahren. Im einzelnen sind zur Transformation der a_{ik} - Matrix folgende Operationen durchzuführen:

a) Division aller Elemente der Pivotzeile durch das Pivotelement:

$$a_{f,m+i}{:} = \frac{a_{f,m+i}}{a_{f,e}} \qquad i = 1, ..., n.$$

b) Transformation der b_k - Spalte

$$b_k{:} = b_k - b_f \cdot \frac{a_{k,e}}{a_{f,e}} \qquad k = 1, ...(f-1), f+1... m, \text{ d.h. ohne } b_f.$$

c) Transformation aller Elemente, die nicht der Pivotspalte angehören

$$a_{k,m+i}{:} = a_{k,m+i} - a_{f,m+i} \cdot \frac{a_{k,e}}{a_{f,e}} \cdot$$

d) Transformation der Pivotspalte

$$a_{f,e}{:} = 1 \qquad a_{k,m+i}{:} = 0$$

$$i{:} = 1, ...(e-m-1)(e-m+1) ... (m+n) \text{ d.h. ohne } a_{f,e}.$$

5. Schritt: Austausch der Spalten e und f.

Im nachfolgenden Tableau wird die Pivotspalte e mit der Spalte f der bisherigen Basisvariablen miteinander vertauscht. In der Kopfspalte wird x_f durch x_e ersetzt.

		$-x_{m+1}$	$-x_{m+2}$		x_e		$-x_{m+n}$	$-x_1$	$-x_2$	$-x_f$		$-x_m$
x_1	b_1	$a_{1,m+1}$	$a_{1,m+2}$	...	0	...	$a_{1,m+n}$	1	0	$a_{t1,f}$	...	0
x_2	b_2	$a_{2,m+1}$	$a_{2,m+2}$	...	0	...	$a_{2,m+n}$	0	1	a_{2f}	...	0
.	.				.							
.	.				.							
.	.				.							
x_f	b_f	$a_{f,m+1}$	$a_{f,m+2}$	...	*1*	...	$a_{f,m+n}$	0	0	$a_{f,f}$	...	0
.	.				.							
.	.				.							
.	.				.							
x_m	b_m	$a_{m,m+1}$	$a_{m,m+2}$	...	0	...	$a_{m,m+n}$	0	0	$a_{m,f}$	...	1

6. Schritt: Berechnung der neuen Bewertungskoeffizienten. Die Bewertungskoeffizienten

$$\alpha_{(i)} := \sum_k a_{k,i} \cdot c_k - c_i,$$

sowie der Wert der Zielfunktion für die neuen Basisvariablen werden ermittelt.
7. Schritt: Zeigen die Bewertungskoeffizienten noch keine optimale Lösung an, so wird
die Rechnung ab Schritt 3 mit dem neuen Tableau wiederholt.

Beispiel: Gegeben ist die zu maxierende Zielfunktion $Z_{max} = 40x_1 + 120x_2$ sowie die Nebenbedingungen
$10x_1 + 20x_2 \leq 1100$; $x_1 + 4x_2 \leq 160$ und $x_1 + x_2 \leq 100$. Gesucht ist Z_{max} nach dem Vektorverfahren. Nach
Einführung der Schlupfvariablen x_{n+m} (x_3, x_4, x_5) wird für $n = 2$ und $m = 3$ und $x_i \leq . 0$:

Zielfunktion: $Z = 40\,x_1 + 120\,x_2 \rightarrow$ Maximum.

Restriktionssystem:

$$
\begin{array}{rrrrrrr}
10\,x_1 & + & 20\,x_2 & + & x_3 & & & = & 1100, \\
x_1 & + & 4\,x_2 & & & + x_4 & & = & 160, \\
x_1 & + & x_2 & & & & + x_5 & = & 100.
\end{array}
$$

x_3, x_4, x_5 sind die Schlupfvariablen, die Koeffizienten lauten: $c_1 = 40$; $c_2 = 120$; $c_3 = c_4 = c_5 = 0$.

Basislösung 1: $x_3 = 1100$; $x_4 = 160$; $x_5 = 100$; $x_1 = x_2 = 0$; $e = 2$; $f = 4$

		$-x_1$	$-x_2$	$-x_3$	$-x_4$	$-x_5$
$x_3 =$	1100	10	20	1	0	0
$x_4 =$	160	1	4	0	1	0
$x_5 =$	100	1	1	0	0	1
		0	-40	-120		

$$\alpha_1 = \sum_{k=1}^{3} c_k \cdot a_{k,4} - c_1 = -40 \text{ und } \alpha_2 = \sum_{k=1}^{3} c_k \cdot a_{k,5} - c_2 = -120$$

Wert der Zielfunktion für die Basislösung $Z_B = 0$.

Zwischentableau: Alle Elemente der Pivotzeile sind durch das Pivotelement dividiert

		$-x_1$	$-x_2$	$-x_3$	$-x_4$	$-x_5$
$x_3 =$	1100	10	20	1	0	0
$x_4 =$	40	0,25	*1*	0	0,25	0
$x_5 =$	100	1	1	0	0	1
		0	-40	-120	0	0

Zwischentableau: Transformation der Matrix-Elemente

		$-x_1$	$-x_2$	$-x_3$	$-x_4$	$-x_5$
$x_3 =$	300	5	0	1	-5	0
$x_4 =$	40	0,25	1	0	0,25	0
$x_5 =$	60	0,75	0	0	0,75	1

Es folgt der Spaltentausch und man erhält das neue Tableau mit der Basislösung 2:

$x_3 = 300;\ x_2 = 40;\ x_5 = 60;\ x_1 = x_4 = 0;\ e = 1;\ f = 1$

		$-x_1$	$-x_4$	$-x_3$	$-x_2$	$-x_5$
$x_3 =$	300	5	-5	1	0	0
$x_2 =$	40	0,25	0,25	0	1	0
$x_5 =$	60	0,75	-0,25	0	0	1
Z	4800	-360	+30	0	0	0

$$\alpha_1 = a_{31}\,c_3 + a_{21}\,c_2 + a_{51}\,c_5 - c_5 = -360$$

$$\alpha_4 = a_{34}\,c_3 + a_{24}\,a_2 + a_{54}\,c_5 - c_4 = +30.$$

Zwischentableau: Alle Elemente der Pivotzeile sind durch das Pivotelement dividiert

		$-x_1$	$-x_4$	$-x_3$	$-x_2$	$-x_5$
$x_3 =$	60	1	-1	0,2	0	0
$x_2 =$	40	0,25	0,25	0	1	0
$x_5 =$	60	0,75	-0,25	0	0	1

Zwischentableau: Transformation der Matrixelemente

		$-x_1$	$-x_4$	$-x_3$	$-x_2$	$-x_5$
$x_3 =$	60	1	-1	0,2	0	0
$x_2 =$	25	0	0,5	-0,05	1	0
$x_5 =$	15	0	1,5	-0,15	0	1

Es erfolgt ein Spaltentausch und man erhält das neue Tableau mit der

Basislösung 3: $x_1 = 60;\ x_2 = 25;\ x_5 = 15;\quad x_3 = x_4 = 0$

		$-x_3$	$-x_4$		$-x_1$	$-x_2$	$-x_5$
$x_1 =$		60	0,2	-1		1	0	0
$x_2 =$		25	-0,05	0,5		0	1	0
$x_5 =$		15	-0,15	1,5		0	0	1
Z		5400	+2	+20		0	0	0

$$\alpha_3 = a_{13}\,c_1 + a_{23}\,c_2 + a_{53}\,c_5 - c_3 = +2$$
$$\alpha_4 = a_{14}\,c_1 + a_{24}\,c_2 + a_{54}\,c_5 - c_4 = +20.$$

Die optimale Lösung des Problems ergibt sich zu: $x_1 = 60$; $x_2 = 25$

$$
\begin{aligned}
x_3 &= 0 \quad \text{d.h. } 10\ x_1 + 20\ x_2 &= 1100,\\
x_4 &= 0 \quad \text{d.h. } x_1 + 4\ x_2 &= 160,\\
x_5 &= 15 \quad \text{d.h. } x_1 + x_2 &= 100.
\end{aligned}
$$

Simplex-Tableau

(01)		c			0	0	0	20	10			
hne:	c_B	x_B	b		a_{s1}	a_{s2}	a_{s3}	a_1	a_2	q		rec
(11)	0	s_1	3000		1	0	0	30	10	$q = 3000/30 = 100 \leftarrow$		
(12)	0	s_2	6000		0	1	0	40	30	$q = 6000/40 = 150$		
(13)	0	s_3	2000		0	0	1	10	20	$q = 2000/10 = 200$		
(14)	$Z_j = c_B \cdot a_j$				0	0	0	0	0			
(15)	$Dz_j = c_j - Z_j$				0	0	0	+20	+10			
(21)	20	x_1	100		1/30	0	0	1	1/3	$q = 100 \cdot 3/1 = 300$		(11):30
(22)	0	s_2	2000		-4/3	1	0	0	50/3	$q = 2000 \cdot 3/50 = 120$		(12)-40·(21)
(23)	0	s_3	1000		-1/3	0	1	0	50/3	$q = 1000 \cdot 3/50 = 60 \leftarrow$		(13)-10·(21)
(24)	$Z_j = c_B \cdot a_j$				2/3	0	0	20	20/3			
(25)	$DZ_j = c_j - Z_j$				-2/3	0	0	0	10/3			
(31)	20	x_1	80		1/25	0	-1/50	1	0	(21)-1/3·(33)		
(32)	0	s_2	1000		-1	1	-1	0	0	(22)-50/3·(33)		
(33)	10	x_2	60		-1/50	0	3/50	0	1	(23):50/3		
(34)	$Z_j = c_B \cdot a_j$				3/5	0	1/5	20	10			
(35)	$DZ_j = c_j - Z_j$				-3/5	0	-1/5	0	0			

Beispiel: Gegeben ist das Gleichungssystem, welches unter 5.1 graphisch gelöst wurde. Gesucht ist die Lösung nach der Vektormethode.

Das lineare Planungsmodell lautet in Vektorform:

$$\mathbf{Z} = \mathbf{c} \cdot \mathbf{x} \rightarrow \max$$
$$\mathbf{A} \cdot \mathbf{x} \leq \mathbf{b}$$
$$x_i \geq 0.$$

Für das Beispiel lauten die einzelnen Größen:

$$\mathbf{c} = \begin{bmatrix} c_1 \\ c_2 \end{bmatrix} = \begin{bmatrix} 20 \\ 10 \end{bmatrix}; \quad \mathbf{x} = \begin{bmatrix} x_1 \\ x_2 \end{bmatrix};$$

$$\mathbf{A} = [\mathbf{a}_1, \mathbf{a}_2] = \begin{bmatrix} a_{11} & a_{12} \\ a_{21} & a_{22} \\ a_{31} & a_{32} \end{bmatrix} = \begin{bmatrix} 30 & 10 \\ 40 & 30 \\ 10 & 20 \end{bmatrix}; \quad \mathbf{b} = \begin{bmatrix} b_1 \\ b_2 \\ b_3 \end{bmatrix} = \begin{bmatrix} 3000 \\ 6000 \\ 2000 \end{bmatrix}.$$

5.3.5 Anwendung der Linearen Optimierung in der Wasserwirtschaft

5.3.5.1 Beispiel: Optimierung der Abgaben eines Speichers

Die Anwendung der linearen Optimierung auf Fragen der Speicherbemessung und -steuerung in einem frühen Entwurfsstadium ist einfach, übersichtlich und dient zur Eingrenzung des Problems, wenn viele Alternativen untersucht werden müssen. Die optimale Bewirtschaftung eines Einzweckspeichers kann mit der linearen Optimierung gelöst werden, wenn die Abgabemengen bewertet werden können, wie folgendes Beispiel zeigt.

Aus einem Speicher mit dem maximalen Inhalt S_{max} und für bekannte monatliche Zuflüsse QZ_i (i = 1, 2, ..., 12) soll Wasser an einen Nutzer, z.B. ein Kraftwerk, abgegeben werden, der dafür den saisonal variablen Wasserpreis p_i bezahlt. Die Einheitspreise der monatlichen Abflüsse lauten für ein Jahr: $p_1, p, ..., p_{12}$. Für den Talsperrenbetreiber stellt sich die Frage nach der optimalen Abgabe QA_i (Volumina), wenn ein möglichst großer Ertrag erzielt werden soll. Der Speicher hat am Jahresanfang den Inhalt S_0 und Wasserverluste durch Verdunstung und Wassergewinn durch Niederschlag auf dem Speichersee sind im Zu- und Abfluß bereits vorab berücksichtigt, so daß sie bei den folgenden Berechnungen nicht mehr explizit in Erscheinung treten. Die monatlichen Betriebs- und Unterhaltungskosten sollen konstant sein, so daß sie aus dem Problem ausgeklammert werden können.

Folgende Systemparameter sind gegebene Größen: die monatlichen Zuflüsse (Volumina) $QZ_i = QZ_1, QZ_2, ..., QZ_{12}$, die Preise p_i für die Abgaben pro m^3 Wasser $p_1, p_2, ..., p_{12}$ im Monat 1, 2, ..., 12, der Anfangsinhalt S_0 (Nettoinhalt), das maximale Fassungsvermögen des Speichers S_{max}. Das Restvolumen unterhalb des Absenkzieles S_{min} (minimales Speichervermögen) wird vorab subtrahiert, so daß nur mit Nettoinhalten gerechnet wird.

1.) Zielfunktion Z

In der Zielfunktion Z stehen als Entscheidungsvariable die monatlichen Abgaben QA_1, QA_2, ..., QA_{12}, die zur Maximierung des Jahresertrages Z führen.

$$Z = \sum_{i=1}^{12} p_i \, QA_i = \max!$$

2.) Restriktionen

Einhaltung des Absenkzieles S_{min}: Die Abgabe darf nicht größer werden als die Summe aus Anfangsfüllung und Zufluß. Die Wasserbilanz wird monatlich gebildet. Die Restriktionen begrenzen den Lösungsraum. Dieser besteht aus dem verfügbaren Wasser, d.h. der Summe aus Zufluß und Speicherinhalt jeden Monats unter Beachtung des maximal nutzbaren Speicherinhalts S_{max}-S_{min}.

Nach dem ersten Monat gilt:

$$QA_1 \leq S_0 + QZ_1.$$

Nach dem 2. Monat gilt:

$$QA_1 + QA_2 \leq S_0 + QZ_1 + QZ_2.$$

Nach dem i-ten Monat gilt:

$$\sum_{k=1}^{n} QA_k \leq S_0 + \sum_{k=1}^{n} QZ_k \qquad n = 1, 2, ..., 12.$$

Bei einem angestrebten Jahresausgleich gilt als weitere Restriktion

$$\sum_{i=1}^{12} QA_i = \sum_{i=1}^{12} QZ_i.$$

Einhaltung des maximalen Stauzieles S_{max} (kein Hochwasserüberlauf): Das gespeicherte Wasservolumen darf nicht größer werden als das Fassungsvermögen des Speichers S_{max}, da durch Überläufe keine Gewinne erzielt werden, also nach dem i-ten Monat:

$$S_0 + \sum_{i=1}^{n} QZ_i - \sum_{i=1}^{n} QA_i \leq S_{max} \qquad i = 1, 2, ..., 12.$$

Nichtnegativbedingung der Abgaben:

$$QA_i \geq 0 \qquad\qquad i = 1, 2, ..., 12.$$

3.) Lösung

Da die Zielfunktion und die $3 \cdot 12 = 36$ Einschränkungen linear sind, kann die optimale Lösung mit dem Simplex-Algorithmus gefunden werden. Der optimale Betrieb eines Mehrzweckspeichers mit gegebenen Zuflüssen QZ und gesuchten Abgaben weist folgende Gleichungssysteme auf:

Wasserbilanz

$$\sum_{i=1}^{12} QA_i \leq \sum_{i=1}^{12} QZ_i + S_0 \qquad S_0 = \text{Anfangsinhalt (Nettoinhalt)}.$$

Monatliche Wasserbilanz:

$$\text{Schlupfvariable } S_i$$
$$\downarrow$$

$$QA_1 + S_{12} = QZ_1 + S_0$$

$$QA_1 + QA_2 + S_{13} = QZ_1 + QZ_2 + S_0$$

$$\vdots$$

$$QA_1 + QA_2 + \dots + QA_{11} + S_{22} = QZ_1 + QZ_2 + \dots + QZ_{11} + S_0$$

$$S_0 + QZ_1 - QA_1 + S_{23} = S_{max}$$

$$S_0 + QZ_1 + QZ_2 - QA_1 - QA_2 + S_{24} = S_{max}$$

$$S_0 + QZ_1 + QZ_2 + \dots + QZ_{11} - QA_1 - QA_2 - \dots - QA_{11} + S_{33} = S_{max}.$$

Insgesamt werden 23 Gleichungen für 12 Entscheidungsvariable QA_i und 22 Schlupfvariable S_i erhalten. Für QA_{12} kann geschrieben werden:

$$QA_{12} = \sum_{i=1}^{12} QZ_i - \sum_{i=1}^{11} QA_i.$$

Die Bedingung des Jahresausgleichs $\sum_{i=1}^{12} QA_i = \sum_{i=1}^{12} QZ_i$ muß nicht explizit berücksichtigt

werden. Damit reduzieren sich die Entscheidungsvariablen auf 11.

Die Zielfunktion lautet:

$$Z = \sum_{i=1}^{12} QA_i \cdot p_i = \sum_{i=1}^{11} QA_i p_i + p_{12} \left[\sum_{i=1}^{12} QZ_i - \sum_{i=1}^{11} QA_i \right]$$

$$Z = \sum_{i=1}^{11} QA_i p_i - p_{12} \sum_{i=1}^{11} QA_i + p_{12} \sum_{i=1}^{12} QZ_i$$

$$Z = \sum_{i=1}^{11} QA_i (p_i - p_{12}) + p_{12} \underbrace{\sum_{i=1}^{12} QZ_i}_{\text{konstant}}.$$

Das Modell kann auch für längere Zeitintervalle als einen Monat oder über längere Perioden als ein Jahr aufgestellt werden.

Faßt man die Konstanten der Restriktionen zusammen, so läßt sich das Vektor- und Matrizensystem wie folgt angeben.

Zielfunktion $Z = cx$

$$c = (p_1 - p_{12}, p_2 - p_{12}, p_3 - p_{12}, ..., p_{11} - p_{12}, \; 0, ..., 0)$$

$$x = (QA_1, QA_2, QA_3, QA_{11}, \; S_{12}, S_{13}, ..., S_{33})$$

Die Nebenbedingung $Ax = b$ für alle $QA \geq 0$ und alle $S \geq 0$ lautet:

$$b = (QZ_1 + QA_0, QZ_1 + QZ_2 + QA_0, \; QZ_1 + QZ_2 + QZ_3 + QA_0, ... QZ_1 + QZ_2 + QZ_3 + ... + QZ_{11} + QA_0$$

$$QA_m - QA_0 - QZ_1, \; QA_m - QA_0 - QZ_1 - QZ_2, ..., QA_m - QA_0 - QZ_1 - QZ_2 - ..., QZ_{11})$$

		1	2	3	...	10	11	12	13	14	...	22	23	24	...	33
	1	1	0	0	...	0	0	1	0	0	...	0	0	0	...	0
	2	1	1	0	...	0	0	0	1	0	...	0	0	0	...	0
	3	1	1	1	...	0	0	0	0	1	...	0	0	0	...	0
		.	.	.	.	.	.	.	.	.	...	.	.	.	.	.
$A =$	11	1	1	1	...	1	1	0	0	0	...	1	0	0	...	0
	12	-1	0	0	...	0	0	0	0	0	...	0	1	0	...	0
	13	-1	-1	0	...	0	0	0	0	0	...	0	0	1	...	0
		.	.	.	.	.	.	.	.	.	...	.	.	.	.	.
	22	-1	-1	-1	...	-1	-1	0	0	0	...	0	0	0	...	1

Eine erste Basislösung erhält man durch Nullsetzen der n = 11 Entscheidungsvariablen, woraus sich als zuverlässiger Basisvektor der Vektor der m = 22 Schlupfvariablen ergibt. Die monatlichen Wasserabgaben können aufgeteilt werden auf Anteile für Trinkwasserversorgung, Bewässerung und Energieversorgung mit zugehörigen Netto-Erträgen, die in die Zielfunktion eingehen müssen. Ein HW-Überlauf kann z.B. als Abgabe ohne Ertrag eingeführt werden. Jede weitere Detaillierung der Aufgabenstellung erweitert den Umfang der Entscheidungs- und Schlupfvariablen beträchtlich.

Beispiel zur Optimierung der Abgaben eines Speicherkraftwerkes: Die Abgaben einer Talsperre (Fassungsvermögen: S_{max} = 80 Mio m^3; Anfangsinhalt S_o = 20 Mio m^3) an ein Hochdruckkraftwerk sollen optimiert werden. Vereinfacht sollen die mittleren Abgaben bzw. Zuflüsse des mittleren Sommer- und Winterhalbjahres betrachtet werden. Die Zuflüsse des Sommers sind QZ_s = 100 Mio m^3; der Preis der Abgabe P_s = 0,05 G.E. / m^3. Für den Winter lauten die entsprechenden Werte QZ_w = 35 Mio m^3 und P_w = 0,20 G.E. / m^3.

a) Zielfunktion
 – Maximierung des Jahresertrags: $Z = P_s\, QA_s + P_w\, QA_w$ = max!; $Z = 0,05\, QA_s + 0,2\, QA_w$ [Mio G.E.].

b) Entscheidungsvariable: Sommerabgabe QA_s und Winterabgabe QA_w in Mio m^3.

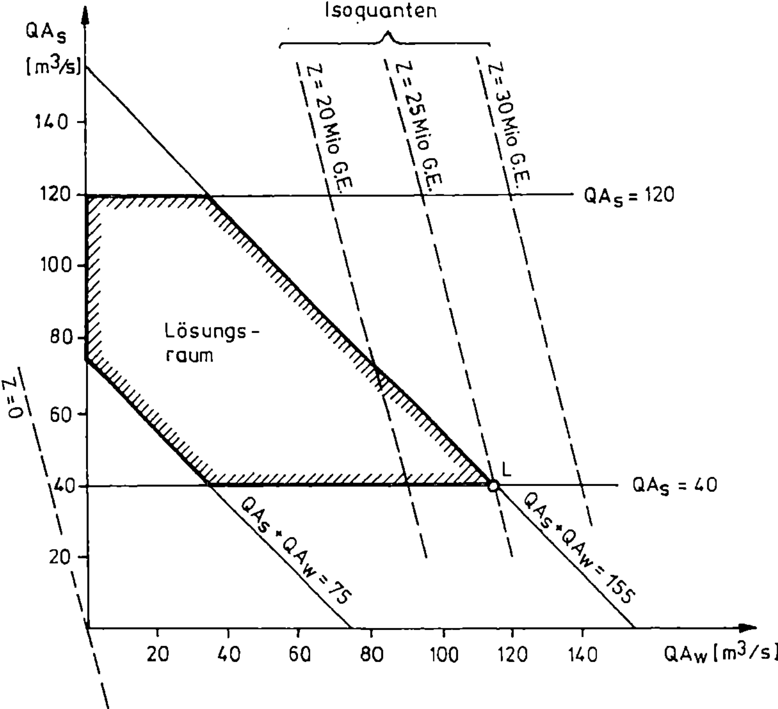

Bild 5.13. Graphische Lösung eines linearen Optimierungsproblems für die saisonale Bewirtschaftung eines Einzweckspeichers mit der Sommerabgabe QA_s und der Winterabgabe QA_w

c) Restriktionen

  – Einhaltung des Absenkziels

$$QA_S \leq QZ_S + S_0 \rightarrow QA_S \leq 120 \, \text{Mio m}^3$$

$$QA_S + QA_W \leq QZ_S + QZ_W + S_0$$

$$QA_S + QA_W \leq 155 \, \text{Mio m}^3,$$

  – Einhaltung des maximalen Stauziels

$$S_0 + QZ_S - QA_S \leq S_{max} \rightarrow QA_S \leq 40 \, \text{Mio m}^3$$
$$S_0 + QZ_S + QZ_W - QA_S - QA_W \leq S_{max} \rightarrow QA_S + QA_W \geq 75 \, \text{Mio m}^3,$$

  – Nichtnegativitätsbedingung:

$$QA_S \geq 0 \, \text{Mio m}^3, QA_W \geq 0 \, \text{Mio m}^3.$$

d) Lösung

Bei zwei Entscheidungsvariablen umfaßt der Raum der möglichen Lösungen eine Ebene (Bild 5.13). Darin grenzen die Restriktionen den Bereich der zulässigen Lösungen ein. Hier handelt es sich um ein Vieleck ohne einspringende Ecken (konvexer Lösungsraum). Parallel zur Zielfunktion durch den Nullpunkt verläuft die Schar der Zielgeraden mit Z = konstant, d.h. die Linien gleichen Ertrags (Isoquanten). Die Ecke L des Lösungsraums liefert das optimale Wertepaar für QA_S, QA_W. Der Betreiber des Speichersees muß an den Nutzer im Sommer $QA_S = 40 \, \text{Mio m}^3$ und im Winter $QA_W = 115 \, \text{Mio m}^3$ Wasser abgeben, wenn er den maximal möglichen Ertrag von 25 Mio G.E. erzielen will.

Beispiel zur Optimierung der monatlichen Abgaben aus einem Bewässerungsspeicher:

  Gegeben sind die mittleren monatlichen Zuflüsse QZ_i, die monatlichen Erträge pro m^3 Wasser P_i, die Jahresanfangsfüllung $S_0 = 100 \cdot 10^6 \, \text{m}^3$ und die maximale Speicherkapazität $S_{max} = 200 \cdot 10^6 \, \text{m}^3$.

  Gesucht sind die monatliche Abgaben x_i und Speicherfüllungen S_i bei denen der jährliche Ertrag zum Maximum wird.

  Die Zielfunktion stellt den Jahresertrag als Summe der monatlichen Erträge dar. Ziel ist es in Monaten mit hohen Erlösen (Juli bis August) viel Wasser zu verkaufen und im Dezember bis Februar zu sparen (s. nachstehende Tabelle).

$$Z = \sum_{i=1}^{12} c_i x_i \quad x_i: \text{Wasserabgabe im Monat i.}$$

Restriktionen:

1) Nur positive Speicherfüllungen d.h. Summe der Abgaben x_i bis zum Zeitpunkt i kleiner als die Summe der Zuflüsse QZ_i plus Anfangsspeicherfüllung S_0:

$$\sum_{i=1}^{n_i} x_i \leq \sum_{i=1}^{n} QZ_i + S_0 \quad (n = 1, 2, ..., 11).$$

Gegeben			Ergebnis	
Monat	Zufluß QZ $10^6\,m^3$	Erträge P $DM\,/\,m^3$	Speicherfüllung $10^6\,m^3$	Abflüsse QA $10^6\,m^3$
N	58,6	0,8	100	140
D	72,2	0,7	18,6	20
J	83,2	0,6	70,8	20
F	81,9	0,7	134	20
M	83,5	0,8	195,9	79,4
A	58,6	0,9	200	58,6
M	39,3	1,0	200	39,3
J	40,8	1,1	200	78,4
J	38,7	1,2	162,4	140
A	35,3	1,1	61,1	20
S	30,9	1,0	76,4	20
O	32,7	0,9	87,3	20

2) Jahresausgleich: Es wird gefordert, daß über ein Jahr die Zuflußsumme gleich der Abgabesumme ist, d.h.
alles Wasser kann für die Bewässerung genutzt werden:

$$\sum_{i=1}^{12} x_i = \sum_{i=1}^{12} QZ_i.$$

3) Kein Überlaufen des Speichers, da die mittleren Monatszuflüsse voll genutzt werden sollen:

$$S_{max} \geq S_0 + \sum_{i=1}^{n} QZ_i - \sum_{i=1}^{n} x_i \quad (n = 1, 2, ..., 11) \quad (11 \text{ Bedingungen}).$$

4) Unterhalb des Speichers ist eine Wasserführung von mindestens 20 hm^3/Monat vorgeschrieben:

$$x_i \geq 20 \cdot 10^6\,m^3 \quad i = 1, 2, ..., 12 \quad (12 \text{ Bedingungen}).$$

5) die zulässige Maximalabgabe von 140 hm^3/Monat darf in jedem Monat nicht überschritten werden:

$$x_i \leq 140 \cdot 10^6\,m^3 \quad (i = 1, 2, ..., 12).$$

Insgesamt treten 11+1+11+12+12 = 47 Nebenbedingungen auf, die 46 Ungleichungen enthalten.

Zielfunktion:

$$Z = 0,8x_1 + 0,7x_2 + 0,6x_3 + 0,7x_4 + 0,8x_5 + 0,9x_6 + 1,0x_7 + 1,1x_8 + 1,2x_9 + 1,1x_{10} + 1,0x_{11} + 0,9x_{12}$$

mit x_i = Abgabe in $10^6 m^3$ im Monat i.

1. Nebenbedingung

$$x_1 \leq QZ_1 + S_0 \quad \text{mit Schlupfvariable } x_{13}$$

$$x_1 + x_{13} = QZ_1 + S_0 = (58{,}6 + 100) \cdot 10^6 = 158{,}6 \cdot 10^6 \ m^3$$

$$n = 2$$

$$x_1 + x_2 + x_{14} = QZ_1 + QZ_2 + S_0 = (58{,}6 + 72{,}2 + 100) \cdot 10^6 \ m^3 = 230{,}8 \cdot 10^6 \ m^3$$

$$n = 11$$

$$\sum_{j=1}^{11} x_i + x_{23} = \sum QZ_i + S_0$$

$$= (58{,}6 + 72{,}2 + 83{,}2 + 81{,}9 + 83{,}5 + 58{,}6 + 39{,}3 + 40{,}8 + 38{,}7 + 35{,}3 + 30{,}9) \cdot 10^6 \ m^3 + 100 \cdot 10^6 \ m^3 = 723 \cdot 10^6 \ m^3$$

2. Nebenbedingung

$$\sum_{i=1}^{12} x_i = 655{,}7 \cdot 10^6 \ m^3 \quad \left[= \sum_{i=1}^{12} QZ_i \right]$$

3. Nebenbedingung

$$S_{max} \geq S_0 + QZ_1 - x_1$$

$$200 \cdot 10^6 \ m^3 \geq (100 + 58{,}6) \cdot 10^6 \ m^3 - x_1$$

Schlupfvariablen x_{24}

$$- x_1 + x_{24} = (200 - 158{,}6) \cdot 10^6 \ m^3 = 41{,}4 \cdot 10^6 \ m^3$$

$$n = 2$$

$$- x_1 - x_2 + x_{25} = -30{,}8$$

$$n = 11$$

$$S_{max} \geq S_0 + \sum_{i=1}^{11} QZ_i - \sum_{i=1}^{1} x_i$$

$$S_{max} \geq S_0 + \sum_{i=1}^{11} QZ_i - x_1 - x_2 - x_3 - x_4 - x_5 - x_6 - x_7 - x_8 - x_9 - x_{10} - x_{11} + x_{34}$$

$$- x_i - x_2 - x_3 - x_4 - x_5 - x_6 - x_7 - x_8 - x_9 - x_{10} - x_{11} + x_{34} = (200 - 100 - 623) \cdot 10^6 \ m^3 = -523 \cdot 10^6 \ m^3$$

4. Nebenbedingung

$$x_1 \geq 20 \cdot 10^6 \, m^3$$
$$x_1 = 20 \cdot 10^6 \, m^3 + x_{35}$$
$$x_1 - x_{35} = 20 \cdot 10^6 \, m^3$$

$$n = 2$$

$$x_2 - x_{36} = 20 \cdot 10^6 \, m^3$$

.

.

.

$$n = 12$$

$$x_{12} - x_{46} = 20 \cdot 10^6 \, m^3$$

5. Nebenbedingung

$$x_1 \leq 140 \cdot 10^6 \, m^3$$

$$x_1 = 140 \cdot 10^6 \, m^3 - x_{47}$$

$$x_1 + x_{47} = 140 \cdot 10^6 \, m^3$$

$$n = 2$$

$$x_2 + x_{48} = 140 \cdot 10^6 \, m^3$$

.

.

.

$$n = 12$$

$$x_{12} + x_{58} = 140 \cdot 10^6 \, m^3$$

Schlupfvariable aus Restriktionen + gesuchte monatliche Abgaben 46 + 12 = 58 Unbekannte. Die Berechnung erfolgt mit einem Programm. Das Ergebnis ist weiter oben tabellarisch zusammengefaßt.

5.3.5.2 Beispiel: Optimale Auslegung eines wasserwirtschaftlichen Mehrzwecksystems

Zu bestimmen ist die optimale Ausbaugröße von zwei Speichern A und B, eines zu bewässernden Gebietes und eines Laufkraftwerkes. Dazu wird ein repräsentatives wasserwirtschaftliches Jahr in zwei Halbjahre unterteilt, eines mit großen (Winter) QZ und eines mit geringen Zuflüssen (Sommer) QZ.

Ausgehend von den Zuflüssen zum Speicher A werden die Halbjahresabflußmengen (Volumina) unter Einbeziehung der Entscheidungsvariablen des Systems in die Skizze eingetragen.

Bekannt sind die Zuflußsummen QZ_{w1}, QZ_{s1}, QZ_{w2}, QZ_{s1} in m^3 die Zu- und Abflußanteile zum Bewässerungsgebiet a, b, c in % sowie die Kraftwerkskonstante $\eta \cdot \gamma \cdot H = C$ mit dem Wirkungsgrad η und der mittleren Fallhöhe H.

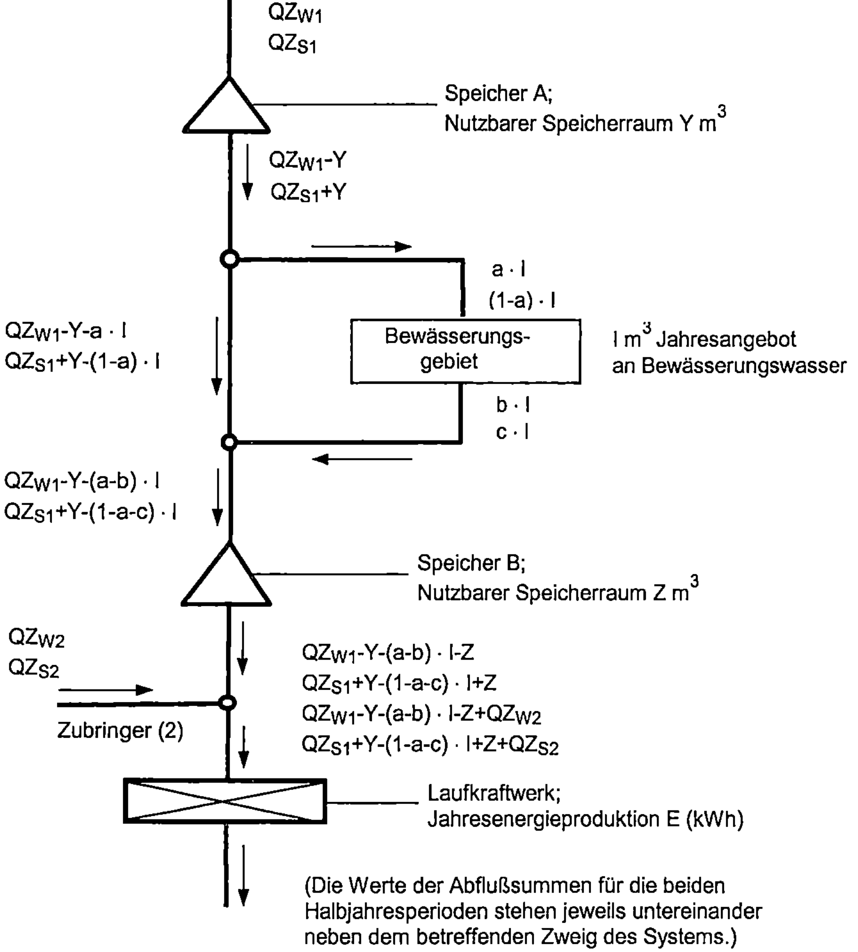

Bild 5.14. Systemskizze zum Mehrzwecksystem für Bewässerung und Wasserkrafterzeugung

Zu bestimmen sind die Entscheidungsvariablen Y (= nutzbarer Inhalt des Speichers A in m^3), I (= Jahresangebot an Bewässerungswasser in m^3), Z (= nutzbarer Inhalt des Speichers B in m^3) und E (= Jahresenergieproduktion des Laufkraftwerkes in kWh).

Es können drei Gruppen von Nebenbedingungen unterschieden werden.

a) Die Nichtnegativbedingung

$$Y \geq 0, \quad I \geq 0, \quad Z \geq 0, \quad E \geq 0$$

b) Es gibt keine negativen Abflüsse, d.h.

$$QZ_{w1} - Y \geq 0$$

$$QZ_{w1} - Y - a \cdot I \geq 0$$

$$QZ_{w1} + Y - (1 - a) \cdot I \geq 0$$

$$QZ_{w1} - Y - (a - b) \cdot I - Z \geq 0.$$

Die anderen Abflußbedingungen sind in diesen vier Ungleichungen bereits enthalten.

c) Die Zuflüsse zum Kraftwerk während jeder Jahreshälfte sind größer oder gleich der Wassermenge, die zur Halbjahres-Energieproduktion erforderlich sind.

Ist $N = \eta \cdot \gamma \cdot Q \cdot H$ die Ausbauleistung des Kraftwerkes so erhält man daraus durch Multiplikation mit der jährlichen Sekunden T die Jahresenergieproduktion E: $E = N \cdot T = (\eta \, \gamma \, H) \cdot (QT) = C \cdot$ Jahresabfluß-summe. Hieraus erhält man den zur Erzeugung der Energie E erforderlichen Jahreszufluß zum Kraftwerk $E \, / \, C \, (m^3)$.

Damit sind die beiden letzten Restriktionen festgelegt:

$$QZ_{w1} - Y - (a - b) \cdot I - QZ_{w2} \geq (1/2)(E/C)$$

$$QZ_{s1} + Y - (1 - a - c) \cdot I + Z + QZ_{s2} \geq (1/2)(E/C).$$

Die Zielfunktion des vorliegenden Problems setzt sich zusammen aus den Funktionen f_1 (E) und f_2 (I), die den Netto-Ertrag aus Energieerzeugung und Bewässerung beschreiben, abzüglich der Funktionen der Baukosten für die Errichtung der Speicher A und B, des Bewässerungssystems und der Wasserkraftanlage.

Die Nettoerträge ergeben sich durch den Abzug der nach betriebswirtschaftlichen Grundsätzen ermittelten Aufwendungen für Betrieb, Wartung und Reparatur der Anlagen sowie Amortisation und Verzinsung des eingesetzten Fremdkapitals von den Erlösen

$$Z = f_1(E) + f_2(I) - K_1(Y) - K_2(Z) - K_3(E) - K_4(I).$$

Gegebenenfalls müssen die Funktionen in der Zielfunktion linearisiert werden.

5.3.5.3 Beispiel: Optimierung des wasserwirtschaftlichen Systems in Kalifornien

Die hydrologischen Gegenbenheiten in Kalifornien sind so unterschiedlich, daß daher ein Wasserausgleich zwischen dem wasserreicheren Norden und wasserärmeren Süden über einen großen Verbindungskanal (California Aqueduct) angestrebt wird. Der über 700 km lange Hauptkanal ist die Hauptschlagader. Von ihm gehen Seitenkanäle von ca. 300 km Länge ab, so daß das Kanalnetz eine Länge von rd. 1100 km aufweist. Die Leistung des California Aqueducts beträgt am Beginn 290 m^3/s, nach dem Abzweig des Küstenzweigkanals (Coastal Branch) 125 m^3/s, die an dem Pumpwerk A.D. Edmonton (Ausbauleistung 832 MW) um 590 m in den höher gelegenen Südteil des California Aqueducts gepumpt werden. Am südlichen Auslauf sinkt die Leistungsfähigkeit des Kanals auf rd. 13 m^3/s (Bild 5.15).

In den Hauptkanälen sind 22 Pumpstationen mit einer Gesamtleistung von 3044 MW installiert. Die Bereitstellung des Wassers für Trink- und Brauchwasser sowie für die Bewässerung erfolgt in 21 Talsperren mit 8,4 km^3 Speicherraum. Durch die Talsperren wird außerdem der Hochwasserschutz für das Sacramento- und Joaquin-Tal erreicht.

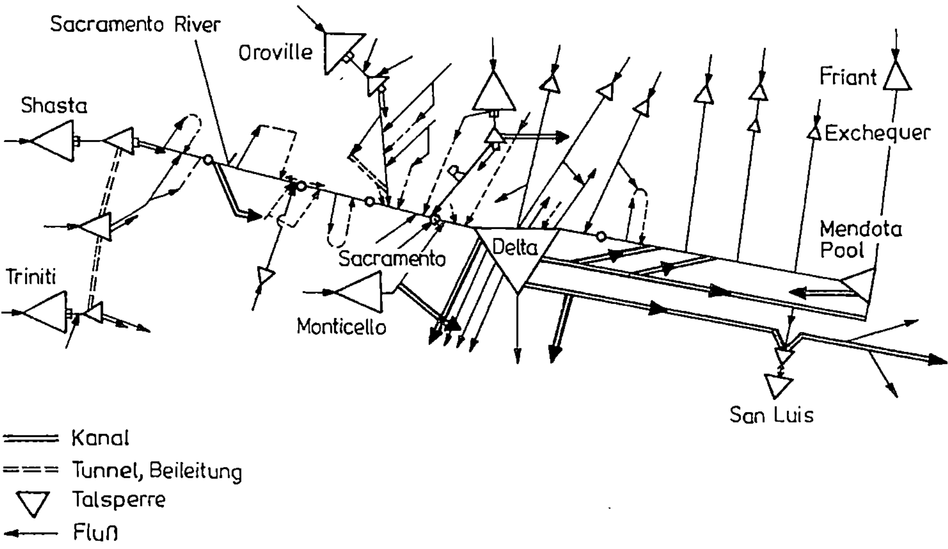

Bild 5.15. Schema des Systems der Wasserspeicherung und Verteilung in Kalifornien

An die Talsperren sind 6 Kraftwerke mit 3000 MW installierte Leistung angeschlossen. Mit dem Talsperren- und Kanalsystem werden nach Südkalifornien 3,2 km^3 Wasser geliefert (schraffierte Fläche im Süden). Bemerkungswert ist die Tunnelstrecke von fast 13 km Gesamtlänge und 120 m^3/s Leistungsfähigkeit, die im Oberwasser des Pumpwerkes Edmonton beginnt. Die Steuerung des gesamten Systems erfolgt über eine Zentrale in Sacramento. An sie sind sämtliche Talsperrenkraftwerke, Ableitungsbauwerke über Fernleitung bzw. Funk angeschlossen. Die eingehenden Daten werden über eine Datenverarbeitung so ausgewertet, daß das Wasser optimal ausgenutzt wird (Resources Agency, 1970).

Die Kosten für die Steuerungseinrichtungen betragen mehr als eine Viertel Milliarde Mark. Als Optimierungsverfahren wurden wahlweise lineare Optimierungsansätze verwendet um die Speichersteuerung zu optimieren und die Förderkosten zu minimieren. Zur Überwachung wird ein zentrales Informationszentrum benutzt.

5.3.5.4 Beispiel für die Optimierung einer Einleitung

Zweckmäßigstes Optimalitätskriterium für eine Zielfunktion ist der wasserwirtschaftliche Aufwand, der zu Erfüllung der Anforderungen an das Oberflächengewässer erforderlich ist. Das wasserwirtschaftliche Ziel besteht in der Minimierung des dazu notwendigen Aufwandes. Für den Zeitraum von n Perioden lautet die Zielfunktion:

$$Z = \min \sum_{i+1}^{n} A_i$$

A_i : Aufwand für verschiedene, untereinander substituierbare, wasserwirtschaftliche Maßnahmen zur Beeinflussung des Abflusses in der i-ten Periode.

Zusätzlich werden die nach der Realisierung der Maßnahmen verbleibenden quantifizierbaren Verluste V_i einbezogen

$$Z = \min \sum_{i+1}^{n} (A_i + V_i) \quad \text{mit } (A_i, V_i) = f(x_i).$$

Beispiel: Eine Fabrik stellt ein Produkt her, das für 10 Geldeinheiten (G.E.) pro Produktioneinheit verkauft wird. Die Herstellungskosten sind 2,7 G.E. Bei der Fabrikation entstehen 3,0 Abwassereinheiten (AE) pro Produkteinheit PE. Es soll die Produktionshöhe (x_1) in Abhängigkeit vom Abwasser ($3,0 \cdot x_1$) bestimmt werden. Ein Teil des Abwassers (x_2) kann ungereinigt in den Fluß geleitet werden. Die Kosten der Reinigung des Abwassers werden mit 0,5 G.E. / AE angegeben. Es müssen folgende Einschränkungen beachtet werden:
a) Von der Gewässeraufsichtsbehörde wird für die Einleitung jeder Abwassereinheit AE in den Fluß ein Entgeld von 1,76 G.E. / AE verlangt (Bild 5.16).
b) Die Gewässeraufsichtsbehörde schreibt auf Grund der Wassergüte vor, daß maximal 2,25 AE / PE abgegeben werden dürfen.

Wieviel muß über die vorhandene Kläranlage geleitet werden, deren Reinigungsleistung 85% beträgt und deren Kapazität bei maximal 9 AE liegt?

Ziel ist es die Produktion bzw. Variablen so zu bestimmen, daß der größte Nutzen Z_{max} erzielt wird (Bild 5.16).

Aufstellung der Zielfunktion:

$Z = \text{Erlös - Herstellungskosten - Reinigungskosten - Entgeld} \Rightarrow Z_{max},$

$Z = 10,0x_1 - 2,7x_1 - 0,5(3x_1 - x_2) - 1,76[x_2 + 0,15(3x_1 - x_2)],$

$Z = 5x_1 - x_2 \rightarrow Z_{max}.$

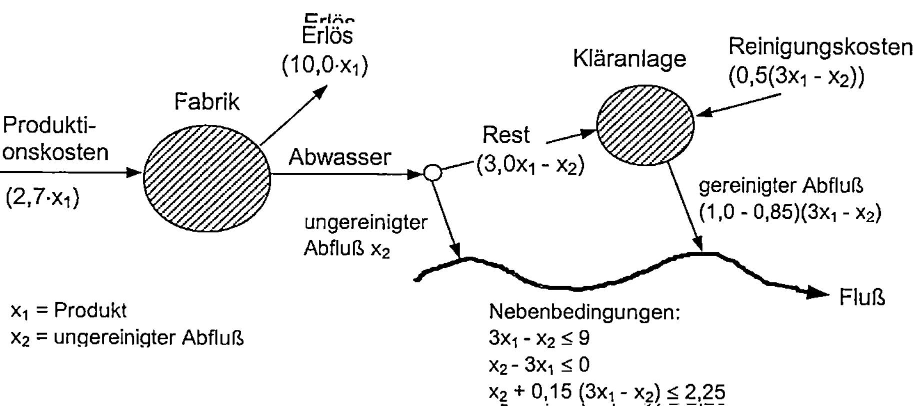

Bild 5.16. Skizze zum Beispiel "Abwassereinleitung"

Zusammenstellung der Nebenbedingungen N_i:

1) Einhaltung der Kapazität der Kläranlage: $3x_1 - x_2 \leq 9$.

2) Maximale Belastung des Flusses: $x_2 + 0{,}15(3x_1 - x_2) \leq 2{,}25$ bzw. $0{,}45x_1 + 0{,}85x_2 \leq 2{,}25$.

3) Rückfluß aus der Kläranlage ist nicht zulässig: $3x_1 - x_2 \geq 0$ bzw. $x_2 - 3x_1 \leq 0$.

Die Restriktionen lauten für die Standardform bzw. kanonische Form:

Standardform   Kanonische Form

N.B. (1) $3x_1 - x_2 + x_3 = 9$,   N.B. (1) $3x_1 - x_2 \leq 9$,
    (2) $0{,}45x_1 + 0{,}85x_2 + x_4 = 2{,}25$,   (2) $0{,}45x_1 + 0{,}85x_2 \leq 2{,}25$,
    (3) $x_1 - x_2 - x_5 = 0$.   (3) $x_2 - x_1 \leq 0$.

Z.F. $Z = 5x_1 - x_2 + 0x_3 + 0x_4 + 0x_5 \Rightarrow$ max!   Z.F. $Z = 5x_1 - x_2 \Rightarrow$ max!

Die Nicht-Negativitätsbedingung ist eingehalten, da der Abfluß zwar gleich Null sein kann, aber nicht negativ werden darf, d.h. kein Rückfluß. Da bei diesem Beispiel nur zwei Variablen benutzt wurden, läßt sich die Lösung graphisch bestimmen (Bild 5.17).

Für $x_1{}^* = 3{,}3$ und $x_2{}^* = 0{,}9$ wird $Z_{max} = 5 \cdot 3{,}3 - 0{,}9 = 15{,}6$ G.E.

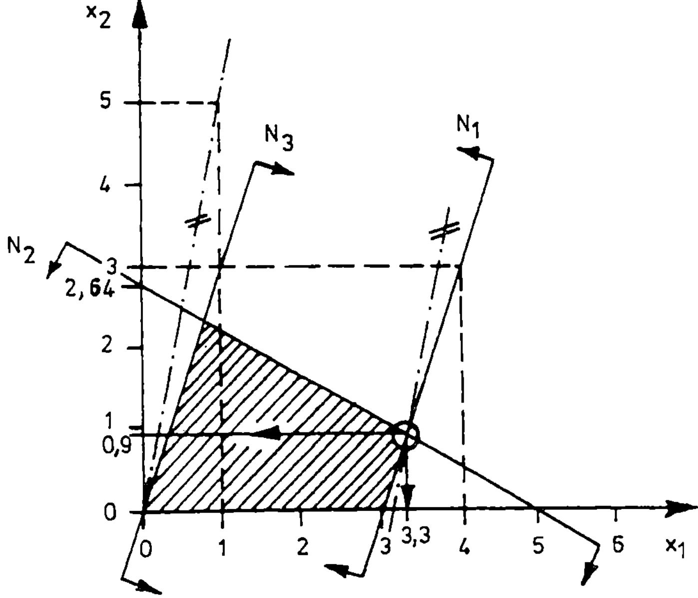

Bild 5.17. Graphische Lösung des Beispiels Abwassereinleitung

5.4 Dynamisches Programmieren

5.4.1 Optimierung der Abgaben aus Speichern

Das dynamische Programmieren (DP) ist kein direktes Optimierungsverfahren wie das lineare Programmieren, sondern eine Lösungsstrategie für mehrstufige Probleme wie sie z.B. beim Betrieb von Speichern auftreten. Beim DP wird ein mehrstufiges oder sequentielles Entscheidungsproblem, das viele miteinander verknüpfte Variable enthalten kann, in eine Folge von einstufige Entscheidungen, von denen jede nur eine oder wenige Variable enthält, umgeformt (*Dekompositionsprinzip*). Das Teilproblem jeder einzelnen Stufe kann mit einem beliebigen Optimierungsverfahren gelöst werden, wobei durch das dynamische Programmieren die Einzelaufgaben miteinander verknüpft werden (Bronstein, 1986). Das DP liefert effiziente Lösungen von komplexen vielschichtigen Problemen und wird benutzt, um z.B. die Berechnungszeit zu verkürzen. Erfolgt keine Trennung in Stufen, nimmt die Berechnungsdauer meist exponentiell mit der Anzahl der Variablen zu. Zur Lösung wird von folgendem operationellen Konzept ausgegangen (Bild 5.9):

- Das zu optimierende Problem wird in Teilprobleme zerlegt. Die optimale Alternative jedes Teilproblems wird sequentiell herausgesucht, ohne daß vorab alle Kombinationsmöglichkeiten spezifiziert werden.

- Da die Optimierung auf Teilprobleme angewendet wird, werden nichtoptimale Kombinationen automatisch eliminiert.

- Die Teilprobleme sind untereinander in einer bestimmten Form verknüpft, so daß eine Optimierung von unmöglichen Kombinationen ausgeschlossen ist.

In jeder Stufe n des DP-Problems muß eine Entscheidung getroffen werden, insgesamt bei N Stufen. Die *Entscheidungsvariablen* d_n müssen für jede Stufe gesondert ermittelt werden. Eine Stufe kann mehr als eine Entscheidungsvariable enthalten. Die *Zustandsvariable* S_n beschreibt das System in der Stufe n. Sie kann diskret oder kontinuierlich sein. Die Zustandsvariablen S_n und S_{n+1} verbinden aufeinanderfolgende Stufen. Nachdem für eine Stufe die optimale Entscheidung r_n getroffen worden ist, ist diese daher auch zulässig für die gesamte verknüpfte Entscheidungskette (Bild 5.18). Das skalare Maß für die *Wirksamkeit* r_n ist eine Funktion des In- und Output und der Entscheidungsvariablen, $r_n = r\,(S_n,\ S_{n+1},\ d_n)$. Der Übergangszustand von einer Stufe zur nächsten wird durch die *Zustandstransformation* t_n ausgedrückt:

$$S_{n+1} = t_n\,(S_n,\ d_n). \tag{5.24}$$

Für eine gegebene Stufe n ist das Ergebnis der Optimierung der noch verbleibenden Stufen unabhängig von dem, was bei vorangegangenen Stufen angewandt wurde.

Beim DP beginnt die Lösung mit der optimalen Entscheidung für die letzte Stufe und schreitet dann rückwärts zum Startpunkt. Die Rekursionsbeziehung beim Rückwärtsschreiten lautet (Bild 5.18):

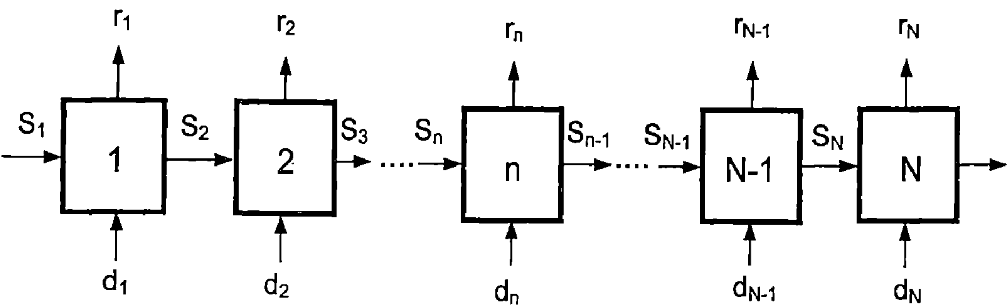

Bild 5.18. Sequentielle Zerlegung des Optimierungsproblems in N Stufen beim dynamischen Programmieren

$$f^*_n (S_n) = \underset{d_n}{\text{opt}} \left\{ r_n (S_n, d_n) + f^*_{n+1} (S_{n+1}) \right\} \tag{5.25}$$

$$= \underset{d_n}{\text{opt}} \left\{ r_n (S_n, d_n) + f^*_{n+1} [t_n (S_n, d_n)] \right\} \quad \text{für } n = 1 \text{ bis } N - 1.$$

Der algebraische Operator in Gl. 5.25 ist ein Pluszeichen. Es ist möglich hierfür auch eine Subtraktion oder Multiplikation zu wählen. Mit f^* wird die optimale Entscheidung der zugehörigen Stufe bezeichnet.

Für eine vorwärtsschreitende Rekursion wird entsprechend erhalten:

$$f^*_n (S_n) = \underset{d_n}{\text{opt}} \left\{ r_n (S_n, d_n) + f^*_{n+1} (S_{n-1}) \right\}. \tag{5.26}$$

Die Rekursionsgleichung entspricht dem von Bellman entwickelten *Prinzip der Optimalität*. Es besagt, daß die Optimierung der letzten n-Stufen eines dynamischen Programmierproblems nur vom Zustand x_n des Systems zu Beginn der n-ten Stufe abhängt und nicht von den Entscheidungen der vorhergehenden Stufen. Das Prinzip ist bei Speicherproblemen unter der Einschränkung gültig, daß das System Markoff-Eigenschaften aufweist. Bei einem Markoff-Modell 1. Ordnung hängt der Zustand nur von dem vorhergehenden Zustand ab, was bei monatlichen Abflüssen aus kleinen Gebieten der Fall sein kann.

Bei der monatlichen Wasserabgabe aus einem Speicher besteht oft das Problem eine maximal verfügbare Wassermenge von b m^3 so aufzuteilen, daß der Erlös ein Maximum wird. Ist $r_i(x_i)$ der Erlös für die Wasserabgabe x_i im Monat i, so bildet die zu maximierende Zielgröße Z_{max} die Summe aus den maximierten Teilerlösen:

$$Z = \sum_{i=1}^{n} r_i(x_i) \Rightarrow \max \quad i = 1, ..., n$$

mit den Nebenbedingungen $\sum_{i=1}^{n} x_i \leq b$.

Die Zustandsvariable S_i beschreibt die Wassermenge, welche für die Monate i, i+1, ..., n noch verbleibt. Die Zustandsvariable S_i entspricht dem Betrag an Wasservolumen, der zu

Beginn des Monats i verfügbar ist abzüglich der Summe der Entscheidungen bis zum Monat i-1. In dieser Form ist das Problem zugänglich für eine Lösung durch das DP, wenn die DP-Funktion zur Transformation des Zustandes definiert wird (Gl. 5.24):

$$S_{i+1} = S_i - x_i = t_i(S_i, x_i) \quad \text{und} \quad S_i = b - \sum_{j=1}^{i-1} x_j \tag{5.27}$$

mit den Nebenbedingungen $S_1 = b$ und $S_n - x_n \geq 0$.

S_n kann durch folgende Gleichung ersetzt werden:

$$b - \sum_{j=1}^{n-1} x_j - x_n \geq 0 \text{ oder} \quad b - \sum_{j=1}^{n-1} x_j \geq 0 \text{ oder} \quad \sum_{j=1}^{n-1} x_j \leq b. \tag{5.28}$$

Zur Lösung des Problems wird bei der letzten (n-ten) Stufe begonnen:

$$\max_{x_n} r_n(x_n) \quad \text{so, daß } S_n - x_n \geq 0. \tag{5.29}$$

Da der Wert von S_n noch nicht bekannt ist, muß das einstufige Problem für alle in Betracht kommenden Werte von S_n, d.h. $0 \leq S_n \leq b$ gelöst werden

$$f_n(S_n) = \max_{x_n} r_n(x_n) \tag{5.30}$$

$f_n(S_n)$ = optimaler Erlös aus der Stufe n, wenn der Endzustand S_n ist.

Für jedes S_n muß die optimale Entscheidungsvariable x_n^{*} gefunden werden. Sie ist eine Funktion von S_n, d.h. $x_n(S_n)$

$$\max_{x_n \leq S_n} r_n(x_n) = r_n(S_n) \quad \text{oder } f_n(S_n) = r_n(S_n). \tag{5.31}$$

Bei der nächsten Stufe nach rückwärts gehend sind nur 2 Stufen n und n-1 übrig für die Optimierung , d.h.

$$f_{n-1}(S_{n-1}) = \max_{x_{n-1}, x_n} \left\{ r_{n-1}(x_{n-1}) + r_n(x_n) \right\} \tag{5.32}$$

unter gewissen Bedingungen gilt:

$$f_{n-1}(S_{n-1}) = \max_{x_{n-1}} \left\{ r_{n-1}(x_{n-1}) + \max_{x_n} r_n(x_n) \right\}$$

$$f_{n-1}(S_{n-1}) = \max_{x_{n-1}} \left\{ r_{n-1}(x_{n-1}) + f_n(S_n) \right\} \quad \text{mit } S_n = S_{n-1} - x_{n-1} \text{ und}$$
$$0 < x_{n-1} \leq S_{n-1}$$

oder allgemein für die i-te Stufe

$$f_i(S_i) = \max_{x_i} \left\{ r_i(x_i) + f_{i+1}(S_{i+1}) \right\} \tag{5.33}$$

$f_i(S_i)$ = optimaler Erlös, der Stufe i, i+1, ..., n wenn zu Beginn der Stufe i der Anfangszustand S_i herrscht. Die optimale Entscheidung als Funktion von S_i ist $x_i(S_i)$.

Als ausreichende Bedingung muß $[r_{n-1}(x_{n-1}) + r_n(x_n)]$ eine wachsende Funktion von r_n sein für jeden möglichen Wert von r_{n-1}. Wird die Gleichung bis zur Stufe 1 gelöst, wird erhalten:

$$f_1(b) = \max Z = \sum_{i=1}^{n} r_i(x_i). \tag{5.34}$$

Damit kann die optimale Entscheidung x_i^* durch Vorwärtsrechnung gefunden werden

$$x_1^* = x_1(S_1) = x_1(b)$$

$$x_2^* = x_2(b-x_1^*) = x_2(S_2^*) = x_2(S_1-x_1^*)$$

$$x_3 = x_3(b-x_1^*-x_2^*) = x_3(S_3^*) = x_3(S_2^*-x_2^*)$$

$$\vdots$$

$$x_n = x_n(b - \sum_{i=1}^{n-1} x_i^*) \text{ mit } x_i^* = \text{optimale Abgabe im Monat i.} \tag{5.35}$$

Das Vorgehen beim DP soll an einigen Beispielen veranschaulicht werden. Weitere Beispiele aus der Speicherwirtschaft sind in (Kuo, 1990; Crawley, 1993) enthalten.

Beispiel: Ein Speicher zur Wasserversorgung mit einem maximalen Speichervermögen von $3 \cdot 10^7$ m^3 (= 3 Einheiten) soll während eines Jahres das Wasser so abgeben, daß der Erlös zum Maximum wird. Der Zufluß QZ soll vierteljährlich betrachtet werden. Er beträgt im 1. Quartal 3 Einheiten, im 2. und 4. je eine Einheit und im 3. Quartal 2 Einheiten. Für jede abgegebene 1. Einheit beträgt der Erlös $2 \cdot 10^6$ G.E., für die 2. abgegebene Einheit $1{,}5 \cdot 10^6$ G.E. und für die 3. Einheit $1 \cdot 10^6$ G.E. Läuft bei gefülltem Speicher 1 Einheit über, tritt ein Schaden von $1{,}5 \cdot 10^6$ G.E. ein, beim Überlauf von 2 Einheiten $3{,}0 \cdot 10^6$ G.E. Wie muß die Abgabe A erfolgen, wenn der Füllstand am Anfang bzw. am Ende jeden beliebigen Wert annehmen kann?

Die Transformationsfunktion von einem Zustand zum folgenden wird durch die Wasserbilanz bestimmt:

$$\tilde{S}_n = S_n + QZ_n - A_n$$

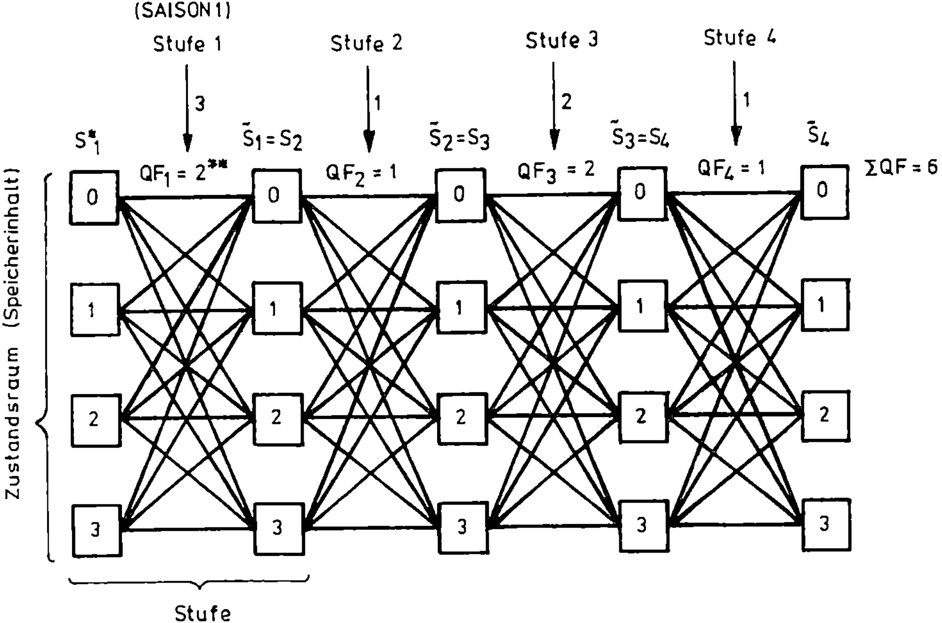

Bild 5.19. Stufen und Zustandsraum beim DP

$\tilde{S}_n = S \cdot t_{n+1}$: Zustandsvariable am Ende der Stufe (Saison) n,

$S_n = S \cdot t_n$: Zustandsvariable am Anfang der Stufe (Saison) n,

QZ_n : Zufluß während der Stufe i; $QZ_1 = 3$, $QZ_2 = 1$, $QZ_3 = 2$ und $QZ_4 = 1$ Einheit,

A_n = d_n = Entscheidungsvariable, hier Abgabe;

für 1 Einheit : A = 2

2 Einheiten : A = 2 + 1,5 = 3,5

3 " : A = 2 + 1,5 + 1 = 4,5

4 " : A = 2 + 1,5 + 1 - 1,5 = 3,0

5 " : A = 2 + 1,5 + 1 - 1,5 - 3 = 0

6 " : A = 4,5 - 6,0 = -1,5.

Infolge der vorgegebenen Quartalszuflüsse sind 4 Stufen zu unterscheiden. Die Rekursionsgleichung für den Rückwärtsschritt lautet:

$$f_n^*(S_n) = \begin{cases} \max_{d_n} [r_n(S_n, d_n)] & \text{für } n = 4 \\ \max_{d_n} [r_n(S_n, d_n) + f^*_{n+1}(S_{n+1})] & \text{für } n = 1, ..., 3. \end{cases}$$

Die Berechnung beginnt bei der letzten Stufe (Stufe 4) und erfolgt rückwärts bis zum Anfang (Stufe 1). Für jede Stufe wird das Maximum bestimmt.

Tabelle 5.2. DP Berechnung für Stufen 4 bis 1 für einen Speicher mit einem maximalen Inhalt von 3 Volumeneinheiten

Anfangs Speicher- inhalt S_n	Ge- samt- volum. S $S_n + QZ_n$	Nutzen $f_n(S_n) = r_n(S_n, d_n)$ Endzustand Speichervolumen $S_4 =$ 0	1	2	3	Max. Nutzen $f_n^*(S_n)$	Entscheidung (= Abgabe) $d_n = A_n^*$	Endzust. Speicher S_n^*
Stufe 4		Nutzen $f_4(S_4) = r_4(S_4, d_4)$						
S_4	$S_4 + QZ_4$	0	1	2	3	$f_4^*(S_4)$	$d_4 = A_4^*$	$\tilde{s}_4^*$
0	1	2,0	0,0	-	-	2,0	1	0
1	2	3,5	2,0	0	-	3,5	2	0
2	3	4,5	3,5	2	0	4,5	3	0
3	4	3,0	4,5	3	2	4,5	3	1
Stufe 3		Nutzen $f_3(S_3) = r_3(S_3, d_3) + f_4^*(S_4)$						
S_3	$S_3 + QZ_3$	0	1	2	3	$f_3^*(S_3)$	$d_3 = A_3^*$	$\tilde{S}_3^* = S_4$
0	2	3,5+2,0=5,5	2,0+3,5=5,5	0,0+4,5=4,5	-	5,5	1	1
1	3	4,5+2,0=6,5	3,5+3,5=7	2,0+4,5=6,5	0,0+4,5=4,5	7,0	2	1
2	4	3,0+2,0=5,5	4,5+3,5=8	3,5+4,5=8,0	2,0+4,5=6,5	8,0	3;2	1;2
3	5	0,0+2,0=2,0	3,0+3,5=6,5	4,5+4,5=9,0	3,5+4,5=8,0	9,0	3	2
Stufe 2		Nutzen $f_2(S_2) = r_2(S_2, d_2) + f_3^*(S_3)$						
S_2	$S_2 + QZ_2$	0	1	2	3	$f_2^*(S_2)$	$d_2 = A_2^*$	$\tilde{S}_2^* = S_3$
0	1	2,0+5,5=7,5	0,0+7,0=7,0	-	-	7,5	1	0
1	2	3,5+5,5=9,0	2,0+7,0=9,0	0,0+8,0=8,0	-	9,0	1	0,1
2	3	4,5+5,5=10	3,5+7,0=10,5	2,0+8,0=10,0	0+9=9,0	10,5	2	1
3	4	3,0+5,5=8,5	4,5+7,0=11,5	3,5+8,0=11,5	2+9=11,0	11,5	3;2	1;2
Stufe 1		Nutzen $f_1(S_1) = r_1(S_1, d_1) + f_2^*(S_2)$						
S_1	$S_1 + QZ_1$	0	1	2	3	$f_1^*(S_1)$	$d_1 = A_1^*$	$\tilde{S}_1^* = S_2$
0	3	4,5+7,5=12,0	3,5+9,0=12,5	2,0+10,5=12,5	0,0+11,5=11,5	12,5	2;1	1;2
1	4	3,0+7,5=10,5	4,5+9,0=13,5	3,5+10,5=14	2,0+11,5=13,5	14,0	2	2
2	5	0,0+7,5=7,5	3,0+9,0=12,0	4,5+10,5=15	3,5+11,5=15	15,0	3;2	2;3
3	6	-1,5+7,5=6,0	0,0+9,0=9,0	3,0+10,5=13,5	4,5+11,5=16	16,0	3	3

1) Berechnung für die Stufe 4:

Der Speicherraum am Anfang der Stufe 4 sei $S_4 = 0$ und am Ende der Stufe 4 sei $\tilde{S}_4 = 0$. Damit errechnet man:

$$A_4 = S_4 + QZ_4 - \tilde{S}_4 = 0 + 1 - 0 = 1.$$

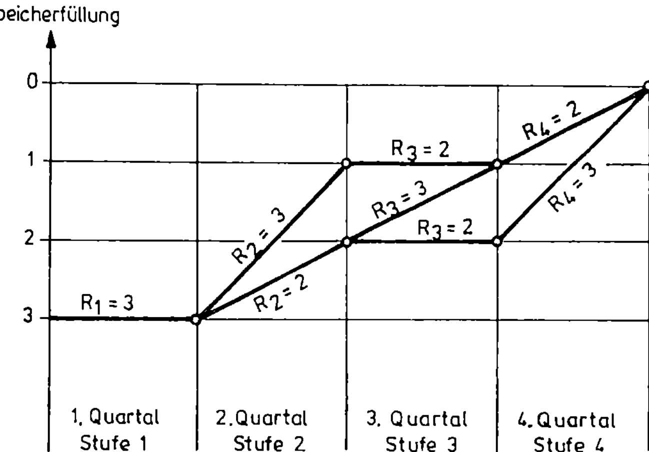

Bild 5.20. Optimierte Abgaben bei der Vorwärtsrechnung

Eine Abgabe von 1 Einheit entspricht A = 2; also wird f_4 (S_4) = r_4 (S_4 = 0, d_4 = A_4 = 1) = 2 G.E.. Für $\tilde{S}_4$ = 1 und S_4 = 0 wird A_4 = 1 + 1 - 0 = 2 bzw. f_4 (S_4) = r_4 (S_4 = 1, d_4 = A_4 = 2) = 3,5 G.E. Die Berechnung erfolgt tabellarisch, wobei für alle Möglichkeiten des nutzbaren Wasserdargebots (hier: Speicherinhalt am Anfang einer Stufe plus Zufluß in die Stufe) und unter Beachtung der Bilanzgleichung die möglichen Abgaben berechnet werden (Tabelle 5.2). Die dritte bis 6. Spalte der Tabelle 5.2 sind der Kern des dynamischen Programmierens. Aus den Spalten 3 bis 6 werden die Werte herausgesucht, welche den größten Nutzen $f^*(S)$ hervorrufen. Die zulässige Abgabe bzw. Speicherinhalte am Ende der Stufe werden in den beiden Spalten A^* und S^* notiert. Zum Gewinn jeder vorausgegangenen Stufe wird der maximale Wert von f^* addiert: f_i (S_i) = r_i (S_i, d_i) + f^*_{i+1} (S_{i+1}).

Nachdem alle Stufen rückwärts durchlaufen wurden, findet für einen beliebigen Anfangswert eine Vorwärtsberechnung statt. Wird als Startwert der Wert von f_1^* = 16 gewählt erhält man S_1 = 3 mit einer optimalen Abgabe von A_1 = 3 und S_1^* = S_2 = 3. Für S_2 = 3 erhält man f_2^* = 11,5 und für S_3 = 1 wird A_2 = 3 bzw. für S_3 = 2 wird A_2 = 2.

Für die 3. Stufe kann von Speicherinhalten für S_3 = 2 und S_3 = 1 ausgegangen werden. Für S_3 = 2 ist d_2 = 3 oder 2 und für S_4 = 1 oder 2. Für S_3 = 1 ist d_4 = A_4^* = 2 und S_4 = 1. Für S_4 = 1 ist A_2 = 2 und S_4 = 0 und für S_4 = 2 wird A_1 = 3 und S_4 = 0 erhalten.

Als Beispiel für einen Mehrzweckspeicher, dessen Speicherinhalt S dem mittlerem Zufluß entspricht, bestehe die Aufgabe, den Speicherinhalt S auf drei verschiedene Wassernutzer so zu verteilen, daß der Ertrag maximiert wird. Die drei Wassernutzer sind die Bewässerung mit der Entnahme A_1, die Wasserkraft mit der Entnahme A_2 und die Wasserversorgung mit der Entnahme A_3 (Bild 5.21). Vereinfacht sei anzunehmen, daß der Speicherinhalt am Jahresende S = 0 beträgt und am Jahresanfang Vollfüllung vorliegt (Schultz, 1972).

Zielfunktion: Anhand einer Wirtschaftlichkeitsanalyse wurden die folgenden partiellen Zielfunktionen (Nettoerträge) für die drei Nutzen gefunden:

1. Bewässerung   : $Z_1 = c_1 \cdot \sqrt{A_1}$,
2. Wasserkraft   : $Z_2 = c_2 \cdot A_2$,
3. Wasserversorgung   : $Z_3 = c_3 \sqrt{A_3}$.

Die nicht lineare Zielfunktion des Systems der optimalen Abgaben lautet dann:

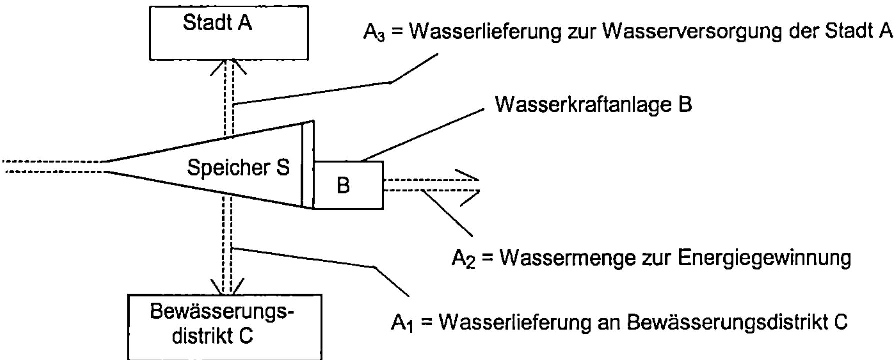

Bild 5.21. Beispiel eines Mehrzweckspeichers zur Anwendung des dynamischen Programmierens

$$Z = Z_1 + Z_2 + Z_3 = c_1 \sqrt{A_1} + c_2 A_2 + c_3 \sqrt{A_3} \Rightarrow \max.$$

Restriktionen: Es treten nur zwei Arten von Restriktionen auf; die Nichtnegativitätsbedingungen für die Entnahmen und die Summe der Abgaben A_i soll gleich dem maximal verfügbaren Speicherinhalt S sein:

$$A_1, A_2, A_3 \geq 0$$
$$A_1 + A_2 + A_3 = S.$$

Dekomposition: Beim D.P. wird der Mehrzweckspeicher in drei separate Einzweckspeicher zerlegt. Der Anteil des Speicherinhaltes, der im 1. Speicher nicht verbraucht wird, fließt in den 2. Speicher usw. (Bild 5.22). Die Größen x, welche die Stufen verbinden, sind die Wassermengen, die zwischen den Teilspeichern fließen. Sie sind die Zustandsvariablen. So hat die Entscheidung A_2 den Zustand des Wassers von der Menge x_2 in die Menge x_1 umgewandelt. Diese Zustandstransformation läßt sich für die n-te Stufen wie folgt ausdrücken:

$$x_n - A_n = x_{n-1} = t_n (x_n, A_n).$$

Der Ausdruck $t_n (x_n, A_n)$ ist die allgemeine Form für eine Zustandstransformation vom Zustand n zum Zustand n-1, falls nur eine Zustandsvariable und eine Entscheidungsvariable an der Transformation beteiligt sind.

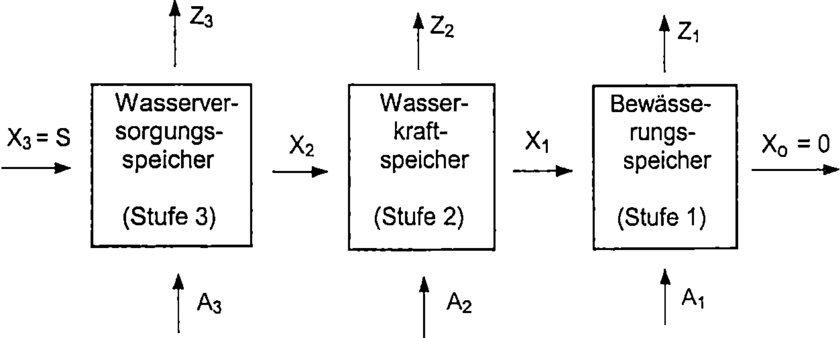

Bild 5.22. Optimierungsschema für die Aufgabe nach Bild 5.21

Zur Lösung des Gesamtproblems wird die sukzessive Lösung der Teilprobleme nach dem Optimalitätsprinzip von Bellman ausgeführt. Danach wird in der letzten Stufe (rechtes Kästchen in Bild 5.22) die optimale Abgabe für die Bewässerung ermittelt. Die Numerierung erfolgt wegen des hier gewählten Vorgehens von rückwärts. Dem Bewässerungsteilspeicher wird die zunächst noch unbekannte Wassermenge x_1 zugeführt. Nach der Entscheidung A_1 bleibt kein Wasser übrig, d.h. $x_0 = 0$. Der Wert x_1 ist abhängig von den früheren Entscheidungen A_2 und A_3, die zunächst ebenfalls unbekannt sind. Der zur Entscheidung A_1 gehörende Zielfunktionsteil f_1 ist somit eine Funktion von A_1 und x_1:

$$Z_1 = f_1(A_1, x_1) = c_1 \cdot \sqrt{A_1} \quad \text{mit } A_1 \leq x_1.$$

Der maximale Gewinn dieser ersten Stufe wird mit $f^*_1(x_1)$ bezeichnet und ist das Maximum von $f_1(x_1, A_1)$, d.h.

$$f^*_1(x_1) = \overset{\max}{A_1 \leq x_1} f_1(A_1, x_1) = \overset{\max}{A_1 \leq x_1}[c_1 \sqrt{A_1}]$$

und da f_1 eine stetig wachsende Funktion ist: $f^*_1(x_1) = c_1 \sqrt{x_1}$.

Die das Maximum liefernde Entscheidung A_1 wird mit A^*_1 bezeichnet und ist hier gleich x_1: $A^*_1 = x_1$.

Damit wird f^*_1 eine Funktion der noch unbekannten Zustandsvariablen x_1 mit $0 \leq x_1 \leq S$. Für jedes mögliche x_1 gibt es also ein Optimum $f^*_1(x_1)$.

Für die 2. Stufe der Wasserkraftnutzung ist f_2 der Zielfunktionsteil, der aus Wasserkraft und Bewässerung zusammen gewonnen werden kann:

$$f_2(A_1, A_2, x_1, x_2) = c_2 A_2 + c_1 \sqrt{A_1}$$

mit dem Maximum bei

$$f^*_2(x_1, x_2) = \overset{\max}{A_1 \leq x_1} [f_2(A_1, A_2, x_1, x_2)].$$
$$A_2 \leq x_2$$

Über die Zustandstransformationsgleichung wird im Fall des Überganges von Stufe 1 auf Stufe 2:

$$t_2(a_2, x_2) = x_2 - A_2 = x_1$$

läßt sich x_1 ersetzen durch Größen der 2. Stufe, nämlich die Zustandstransformation $t_2 = x_2 - A_2 = x_1$,

$$f^*_2(x_1 x_2) = \overset{\max}{A_2 \leq x_2} [c_2 A_2 + \overset{\max}{A_1 \leq} t_2(A_2, x_2)(c_1 \sqrt{A_1})].$$

Der zweite Summand auf der rechten Seite ist identisch mit $f^*_1(x_1)$; daher läßt sich schreiben:

$$f^*_1(x_2) = \overset{\max}{A_2 \leq x_2} [c_2 A_2 + f^*_1(t_2(A_2, x_2))]$$

mit dem optimalen Entscheidungswert A^*_2. Durch die Entscheidung A_2 erhalten wir einen optimalen Wert der Teilzielfunktion f^*_2 für jedes mögliche x_2 unabhängig von den anderen Variablen.

Für die Abgabe der n-ten Stufe eines Speichers mit n oder mehr Zwecken gilt allgemein (s. Gl. 5.25):

$$f^*_n(x_n) = \max_{A_n \leq x_n}[Z_n + f^*_{n-1}(t_n(A_n, x_n))]$$

mit der optimalen Entscheidung A^*_n, nach welcher das Gesamtproblem durch sukzessive Lösung der Teilprobleme von $n = 1$ bis zur höchsten Stufe rückschreitend gelöst wird.

Die Entscheidung A_3 wird in der letzten Stufe der Rückwärtsrechnung ermittelt. Erst dann können die optimalen Entscheidungen der anderen Stufen explizit bestimmt werden.

1. Stufe: Bewässerung n = 1
Zustandstransformation

$$t_1(A_1, x_1) = x_1 - A_1 = x_0 = 0$$
$$x_1 = A_1$$

Teilzielfunktion:

$$Z_1 = f_1(x_1, A_1) = c_1 \sqrt{A_1}$$

mit dem Maximum $f^*_1(x_1) = c_1 \sqrt{x_1}$ und der optimalen Entscheidung $A^*_1 = x_1$.

2. Stufe: Bewässerung und Wasserkraft, n = 2
Zustandstransformation

$$t_2(x_2, A_2) = x_2 - A_2 = x_1$$

Teilzielfunktion:

$$f_2(x_2, A_2) = Z_2 + f^*_1(t_2(x_2, A_2))$$

mit einem Maximum

$$f^*_2(x_2) = \max_{A_2 \leq x_2}[c_2 A_2 + f^*_1(x_2 - A_2)].$$

Da aber $f^*_1(x_2 - A_2) = c_1 \sqrt{x_2 - A_2}$ ist, folgt:

$$f^*_2(x_2) = \max_{A_2 \leq x_2}[c_2 A_2 + c_1 \sqrt{x_2 - A_2}].$$

Das Maximum des Klammerausdrucks erhält man dadurch, daß die erste Ableitung von f_2 nach A_2 gleich 0 gesetzt wird (notwendige Bedingung):

$$\delta f_2 / \delta A_2 = 0 = c_2 - (c_1 / 2 \sqrt{x_2 - A_2})$$

oder

$$A^*_2 = x_2 - (c_1^2/(4 \cdot c_2^2)).$$

Es sind nur solche Lösungen zulässig, die den Restriktionen genügen. Zum Beweis, daß ein Maximum gefunden wurde, ist die 2. Abteilung zu bilden:

$$\delta_2 f_2 / \delta A_2^2 = (-c_1)/4[\sqrt{(x_2 - A_2)^3}] \le 0.$$

Da A_2 höchstens gleich x_2 werden kann, ist der Ausdruck unter der Wurzel immer positiv, d.h. die zweite Ableitung ist immer negativ, da die c-Werte (positive) Nettogewinne beinhalten. Damit ist die hinreichende Bedingung für ein Maximum erfüllt. Setzt man den Wert A_2 ein, so erhält man den optimalen Zielwert der 2. Stufe:

$$f_2^*(x_2) = c_2 \cdot (x_2 - (c_1^2 / 4c_2^2)) + c_1 \cdot [(x_2 - x_2 + (c_1^2/(4 \cdot c_2^2)))]^{1/2} = c_2 x_2 + (c_1^2 / 4c_2).$$

3.Stufe: Bewässerung + Wasserkraft + Wasserversorgung $n = 3$
Zustandstransformation nach (Gl. 5.24):

$$t_3(x_3, A_3) = x_3 - A_3 = x_2$$

Zielfunktion:

$$f_3(x_3, A_3) = Z_3 + f_2^*(t_3(x_3, A_3)).$$

Nach Einsetzen von $f_3(x_3, A_3)$ und f_2^* erhält man mit $x_3 = S$ und $x_2 = S - A_3$.

$$f_3^*(x_3) = \overset{max}{A_3 \le S} (c_3 \sqrt{A_3} + c_2(S - A_3) + (c_1^2 / 4c_2))].$$

Das Maximum ergibt sich wieder an der Nullstelle der ersten Ableitung:

$$\delta f_3 / \delta A_3 = c_3 \cdot (1/2) \cdot A_3^{-1/2} - c_2 = 0,$$

$$A_3^* = (c_3^2/4c_2^2).$$

Für die hinreichende Bedingung des Maximums muß die 2. Ableitung negativ sein:

$$\delta^2 f_3 / \delta A_3^2 = (1/2) c_3 \cdot (-1/2) A_3^{-3/2} = -c_3 / 4\sqrt{A_3^3} \le 0.$$

Da c_3 und A_3 positiv sein müssen, ist die Bedingung erfüllt.

Durch Vorwärtsrechnung lassen sich neben $A_3{}^*$ die beiden anderen optimalen Abgaben berechnen:

$$A_3{}^* = c_3{}^2/4c_2{}^2.$$

Durch Einsetzen ergibt sich:

$$A_2{}^* = x_2 - (c_1{}^2/4c_2{}^2) = S - A_3 - (c_1{}^2/4c_2{}^2) = S - c_3{}^2 + (c_1{}^2/4c_2{}^2).$$

Nach der Restriktionsgleichung ist $A_1 + A_2 + A_3 = S$ und daraus: $A_1{}^* = S - A_2{}^* - A_3{}^* = (c_1{}^2/4c_2{}^2)$.

Durch Einsetzen von $A_i{}^*$ in die Zielfunktion erhält man:

$$Z = c_2 S + [c_1{}^2 + c_3{}^2] / (4c_2).$$

Beispiel zur optimalen Abgabe aus einem Einzweckspeicher:
Es soll von monatlichen Abgaben ausgegangen werden. Der Erlös aus der Abgabe hängt vom Monat und vom Umfang der Wasserabgabe ab. Die Wasserpreise sind nicht-lineare Funktionen der Abgaben und somit ist die Zielfunktion nichtlinear:

$$Z = \sum_{i=1}^{12} p_i \cdot QA_i \qquad i = 1, 2, ..., 12.$$

Dieses dynamische Optimierungsproblem kann entsprechend der zwölf Monate in zwölf Teilprobleme zerlegt werden, wobei jedes Teilproblem den monatlichen Betrieb des Spei-

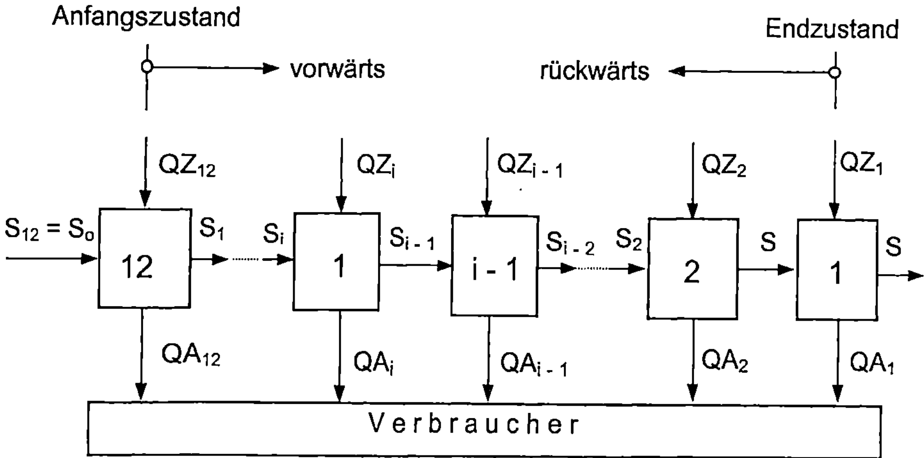

Bild 5.23. Optimierungsschema für einen Einzweckspeicher

chers betrifft und somit eine Entscheidungsstufe in einem fortlaufenden Entscheidungsprozeß darstellt (Bild 5.23). Begonnen wird mit dem letzten Monat.

Der Stufe i entspricht der Speicherbetrieb im Monat i. Als *Zustandsgröße* wird der Inhalt
des Speichers eingeführt:

S_i : Speicherinhalt am Ende des Monats i,
S_{i-1} : Speicherinhalt am Anfang des Monats i bzw. am Ende des Monats i - 1.

Am Ende eines Monats lautet die Wasserbilanz:

$$S_{i-1} = S_i + QZ_i - QA_i.$$

Diese Zustandstransformationsgleichung zeigt die Verknüpfung der Zustandsgröße des
Teilproblems i - 1 mit der Zustands- und der Entscheidungsgröße des Teilproblems i.

Das i-te *Teilproblem* kann wie folgt formuliert werden (i = 1, 2, ..., 12):

Zielfunktion: Maximierung des Ertrags aus dem Speicherbetrieb der Monate 1 bis i:

$$Z_i = p_i QA_i + Z_{i-1, \max}(S_{i-1}).$$

Entscheidungsvariable Speicherabgabe im Monat i: QA_i.

Systemparameter:

Speicherzufluß im Monat i	: QZ_i,
Wasserpreis im Monat i	: $p_i = p_i(QA_i)$,
Maximaler Speicherinhalt	: $S_{\max}$.

Restriktionen:

Einhaltung des Absenkziels: $S_i \geq S_{\min}$, d.h. $QA_i \leq S_i - S_{\min} + QZ_i$,

Einhaltung des Stauziels: $S_i \leq S_{\max}$, d.h. $QA_i \geq S_{i-1} + QZ_i - S_{\max}$,

Nichtnegativität: $QA_i \geq 0$.

Dabei kann im zweiten Summand der Zielfunktion, die Zustandsgröße S_{i-1}, mit Hilfe der
Zustandstransformationsgleichung $S_i = S_{i-1} + QA_i$ ersetzt werden, so daß die Zielfunktion
Z_i abgesehen von Systemparametern, nur von der Entscheidungsvariablen QA_i und der Zustandsgröße S_i abhängt:

$$Z_i = Z_i(QA_i, S_i).$$

Diese wichtige Eigenschaft ermöglicht es, die optimale Betriebweise nach dem Prinzip der
dynamischen Optimierung zu bestimmen.

Unter Festhaltung der Zustandsgröße S_i, wird die Zielfunktion Z_i anhand eines geeigneten Optimierungsverfahren gelöst. Das Ergebnis ist ein optimaler Wert QA_i für die Abgabe QA_i und ein maximaler Wert der Zielfunktion Z_i in Abhängigkeit der Zustandsgröße S_i:

$$QA_i = QA_i(S_i)$$

$$Z_{i,max} = Z_{i,max}(S_i).$$

Die optimale Lösung für das Gesamtproblem wird schrittweise durch Lösen der einzelnen Teilprobleme gefunden, entsprechend dem nachfolgend beschriebenen Lösungsweg.

1.Stufe bei Rückwärtsrechnung

$$Z_1 = p_1 QA_1 = max! \text{ unter Beachtung der Einschränkungen:}$$

$$QA_1 \leq S_0 - S_{min} + QZ_1 = QZ_1 + S_1 \quad \text{mit } S_1 < S_{max}$$

$$QA_1 \geq S_0 + QZ_1 - S_{max}$$

$$QA_1 \geq 0.$$

Die Lösung QA_1 wird nach einem geeigneten Optimierungsverfahren gefunden mit dem Ergebnis:

$$QA_1 = QA_1^*(S_1)$$

$$Z_{1,max} = Z_1^*{}_{,max}(S_1).$$

2.Stufe bei Rückwärtsrechnung

$$Z_2 = p_2 QA_2 + Z_1^*{}_{,max}(S_1) = max!$$

Diese Zielfunktion wird zunächst anhand der Zustandstransformationsgleichung:

$$S_2 = S_1 + QZ_2 - QA_2 \text{ bzw. } S_1 = S_2 + QZ_2 - QA_2$$

transformiert in:

$$Z_2 = p_2 QA_2 + Z_1^*{}_{,max}(S_2, QA_2).$$

und anschließend, unter Berücksichtigung der Einschränkungen für Q_{A2}, mit einem geeigneten Verfahren optimiert. Das Ergebnis ist:

$$QA_2^* = QA_2(S_2)$$

$$Z_{2,max} = Z_2^*{}_{,max}(S_2).$$

Auf analoge Weise werden auch die folgenden Teilprobleme gelöst, bis man schließlich als Lösung der zwölften Stufe erhält:

$$QA_{12} = QA_{12}^{*}(S_{12})$$

$$Z_{12,max} = Z_{12}^{*},_{max}(S_{12}).$$

Der Endzustand S_{12} ist in der Regel bekannt; z.B. es wird gefordert: $S_{12} = S_0$. Somit können die optimale Lösung sowie das Maximum der Zielfunktion des zwölften Teilproblems bestimmt werden. Dieses Maximum ist definitionsgemäß identisch mit dem Maximum der Zielfunktion des Gesamtproblems:

$$Z_{max} = Z_{12}^{*},_{max}.$$

Mit den bekannten Werten S_{12} und QA_{12} und der Zustandstransformationsgleichung: $S_{12} = S_{11} + QZ_{12} - QA_{12}$ erhält man den Zustand S_{11} und daraus die optimale Lösung QA_{11} usw., bis man schließlich den Zustand S_1 und daraus die optimale Lösung QA_1 erreicht. Damit ist das Gesamtproblem gelöst mit den optimalen monatlichen Abgaben QA_1, QA_2, ..., QA_{12} und dem entsprechenden maximalen Jahresertrag Z_{max}.

Vereinfachend wird als Zahlenbeispiel angenommen, daß der Betrieb quartalsweise erfolgt und fünf Abgabemöglichkeiten umfaßt, nämlich die Ausnutzung der Abgabekapazität zu 0, 25, 50, 75 oder 100 %. Es gelten:

a) Zielfunktion
Maximierung des Jahresertrages: $Z = R_1(QA_1) + R_2(QA_2) + R_3(QA_3) + R_4(QA_4) = max!$ [Mio G.E.]

b) Systemparameter
Quartalszuflüsse, wenn das Jahr am 1. April beginnt:

$$QZ_1 = 65; QZ_2 = 40; QZ_3 = 20; QZ_4 = 10 \text{ Mio m}^3/\text{Quartal.}$$

Ertrag der Quartalabflüsse (tabellarisch als Funktion $R_i = R_i$ (QA) in Mio Geldeinheiten G.E.

Funktion	$QA_1 = 10$	$QA_2 = 20$	$QA_3 = 30$	$QA_4 = 40$	Mio m^3
1. Quartal R1 =	0,8	1,2	1,6	1,8	Mio G.E.
2. Quartal R2 =	1,0	1,5	2	2,5	Mio G.E.
3. Quartal R3 =	1,6	2,4	3,2	3,7	Mio G.E.
4. Quartal R4 =	2	3	4	4,6	Mio G.E.

– Anfangsinhalt (= Absenkziel)	S_0	= 0	Mio m^3,
– Fassungsvermögen (= maximales Stauziel)	S_{max}	= 60	Mio m^3,
– maximale Abgabekapazität	QA_{max}	= 40	Mio m^3/Quartal.

c) Entscheidungsvariable
Quartalsabgabe: QA_1, QA_2, QA_3, QA_4 in Mio m^3/Quartal.

d) Restriktionen

Einhaltung des Absenkziels, d.h. $\Sigma\, QA_i \leq \Sigma\, QZ_i - S_0$

nach dem 1. Quartal $\qquad\qquad\qquad\qquad\qquad QA_1 \leq 65 \;\; \text{Mio m}^3$

nach dem 2. Quartal $\qquad\qquad\qquad\qquad QA_1 + QA_2 \leq 105 \;\; \text{Mio m}^3$

nach dem 3. Quartal $\qquad\qquad\qquad QA_1 + QA_2 + QA_3 \leq 125 \;\; \text{Mio m}^3$

nach dem 4. Quartal $\qquad\quad QA_1 + QA_2 + QA_3 + QA_4 \leq 135 \;\; \text{Mio m}^3$

Einhaltung des maximalen Stauziels, d.h. $\Sigma\, QA_i \leq \Sigma\, QZ_i - S_{max}$

nach dem 1. Quartal $\qquad\qquad\qquad\qquad\qquad QA_1 \geq 5 \;\; \text{Mio m}^3$

nach dem 2. Quartal $\qquad\qquad\qquad\qquad QA_1 + QA_2 \geq 45 \;\; \text{Mio m}^3$

nach dem 3. Quartal $\qquad\qquad\qquad QA_1 + QA_2 + QA_3 \geq 65 \;\; \text{Mio m}^3$

nach dem 4. Quartal $\qquad\quad QA_1 + QA_2 + QA_3 + QA_4 \geq 75 \;\; \text{Mio m}^3$

Berücksichtigung der Abflußkapazität $QA_1 \leq 40; \;\; QA_2 \leq 40; \;\; QA_3 \leq 40; \;\; QA_4 \leq 40 \;\; \text{Mio m}^3$

Nichtnegativität $QA_1, QA_2, QA_3, QA_4 \geq 0 \;\; \text{Mio m}^3$

e) Lösung

Die Entscheidungsvariablen können je fünf Werte 0, 10, 20, 30, 40 Mio m^3 annehmen. Diese Werte werden in Bild 5.24 (untere Hälfte) quartalsweise durch fünf Pfeile dargestellt, deren Spitzen mit den zugehörigen quartalsweisen Erträgen angeschrieben sind. Für das 1. Quartal gilt beispielsweise:

Quartalsabfluß $QA = 0, 10, 20, 30, 40 \text{ Mio m}^3/\text{Quartal}$

zugehöriger Ertrag $R_1 = 0; 0,8; 1,2; 1,6; 1,8 \text{ Mio m}^3/\text{Quartal}$.

Aus diesen fünf Optionen des 1. Quartals ist die optimale auszuwählen. Das Optimierungsproblem wird in vier Teilprobleme aufgeteilt: Zuerst wird nach dem optimalen quartalsweisen Betrieb gefragt, um dann daraus den optimalen Jahresbetrieb zusammenzusetzen. Der Ablauf der Berechnung kann graphisch in Bild 5.24 (obere Hälfte) verfolgt werden. Diesmal erfolgt die Vorwärtsrechnung vor der Rückwärtsrechnung.

1. Vorwärtsrechnung

Der Anfangszustand ist mit dem Anfangsinhalt von 0 Mio m^3 gegeben und läßt im 1. Quartal grundsätzlich die Wahl von fünf Optionen offen. Die Option $QA_1 = 0$ ist unzulässig, weil sie zu einer Überschreitung des Stauziels führt. Die verbleibenden vier Optionen führen zu folgenden (maximalen) Erträgen:

$$
\begin{aligned}
S_1 \;\;\; &= 0 &&&& \text{Mio m}^3 \\
QA_{opt} &= 10 &\; 20 \;&\; 30 \;&\; 40 \;& \text{Mio m}^3 \\
z_{1max} &= 0,8 &\; 1,2 \;&\; 1,6 \;&\; 1,8 \;& \text{Mio G.E.}
\end{aligned}
$$

Die vier entsprechenden Pfeile in Bild 5.24 (obere Hälfte) bezeichnen vier mögliche Anfangszustände und damit Zustandsgrößen V des 2. Quartals. Auf diesen können wiederum je fünf Optionen also insgesamt 20 Optionen aufgebaut werden. Davon scheiden zehn aus, weil sie sich mit der Stauzieleinschränkung nicht vertragen. Und durch Probieren stellt man fest, daß unter den verbleibenden zehn nur folgende vier optimal sind:

$$
\begin{aligned}
S_2 \;\;\;\; &= 10 &\; 20 \;&\; 30 \;&\; 40 \;& \text{Mio m}^3 \\
QA_{2opt} &= 40 &\; 40 \;&\; 40 \;&\; 40 \;& \text{Mio m}^3 \\
z_{2max} &= 3,3 &\; 3,7 \;&\; 4,1 \;&\; 4,3 \;& \text{Mio G.E.}
\end{aligned}
$$

Die vier entsprechenden Pfeile bezeichnen wiederum vier mögliche Anfangszustände des 3. Quartals. Von diesen ausgehend lassen sich auf analoge Weise sechs optimale Optionen finden:

$$S_3 \quad = 50 \qquad\qquad 60 \quad 70 \quad 80 \quad \text{Mio m}^3$$
$$QA_{3opt} = 20 \quad 30 \quad 40 \quad 40 \quad 40 \quad 40 \quad \text{Mio m}^3$$
$$z_{3max} = 5{,}7 \quad 6{,}5 \quad 7{,}0 \quad 7{,}4 \quad 7{,}8 \quad 8{,}0 \quad \text{Mio G.E.}$$

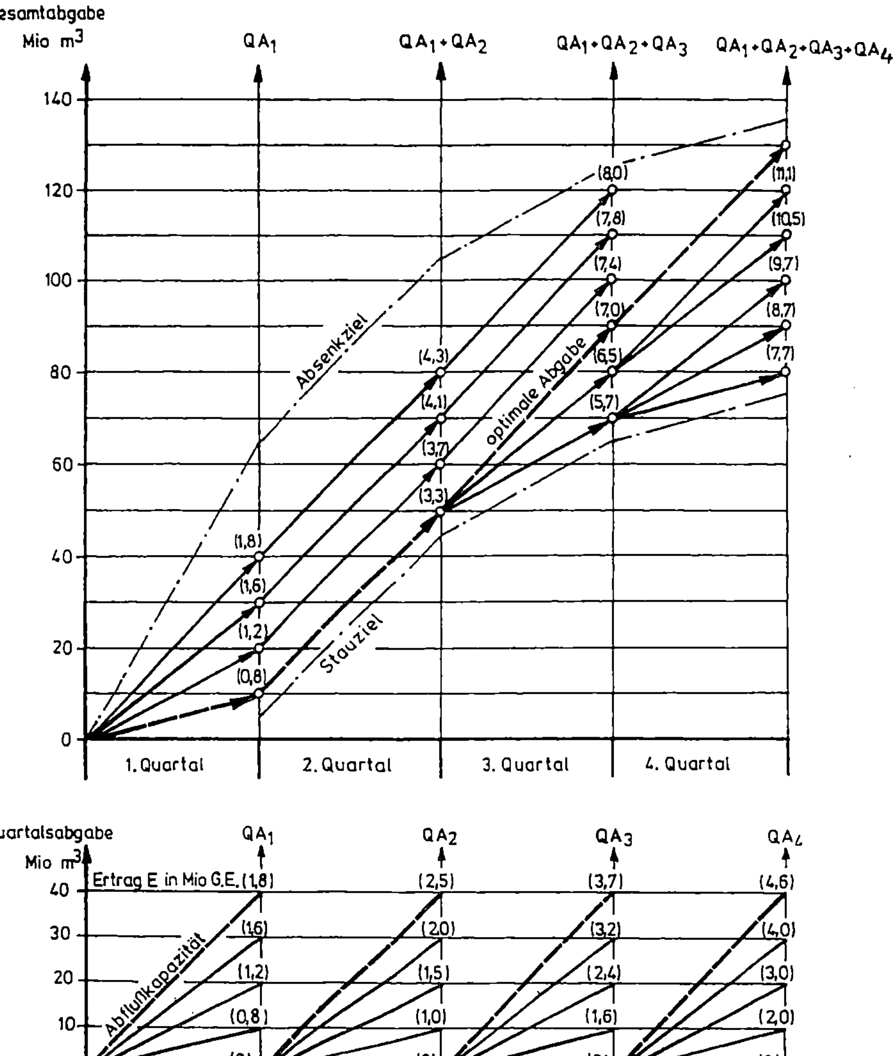

Bild 5.24. Graphische Lösung der Optimierung für die quartalsweise Bewirtschaftung eines Einzweckspeichers mit dynamischer Programmierung

Schließlich erhält man für das 4. Quartal die sechs optimalen Optionen, die zum Endergebnis führen:

$$S_4 \quad = \quad 70 \qquad\qquad 80 \quad 80 \quad 90 \qquad \text{Mio m}^3$$
$$QA_{4opt} = \quad 10 \quad 20 \quad 30 \quad 30 \quad 40 \quad 40 \qquad \text{Mio m}^3$$
$$z_{4max} \quad = \quad 7{,}7 \quad 8{,}7 \quad 9{,}7 \quad 10{,}5 \quad 11{,}1 \quad 11{,}6 \qquad \text{Mio G.E.}$$

Definitionsgemäß stellt das Maximum dieses letzten Teilproblems auch dasjenige des gesamten Problems dar. Der maximal erzielbare Jahresertrag ist:

$$Z_{max} = z_{4max} = 11{,}6 \text{ Mio G.E.}$$

2.) Rückwärtsrechnung

Bild 5.24 (obere Hälfte) zeigt wie die optimalen Abflüsse in den vier Quartalen gefunden werden können. Es geht einfach darum, die zum Erfolg führenden Pfeile vom Endzustand zum Anfangszustand zurückzuverfolgen:

$$QA_{4opt} = 40, \ QA_{3opt} = 40, QA_{2opt} = 40, QA_{1opt} = 10 \text{ Mio m}^3.$$

Die Darstellung von Bild 5.24 (obere Hälfte) ist insofern interessant, als sie die Speicherbewirtschaftung anhand der Summenkurven verdeutlicht. Die das Absenkziel markierende Linie entspricht der Summenkurve der Zuflüsse einschließlich des Anfangsvolumens. Die Sequenz der zum Erfolg führenden Pfeile ist die Summenkurve der optimalen Abflüsse. Der größte Abstand zwischen beiden Summenlinien entspricht dem erforderlichen Speicherinhalt, hier also 55 Mio m^3. Dieser Speicherinhalt muß kleiner oder gleich sein, dem verfügbaren Speicherinhalt von 60 Mio m^3, was die durch das Stauziel markierende Linie veranschaulicht.

5.4.2 Optimierung von Netzplänen

Das dynamische Programmieren ist ein Entscheidungsprozess in mehreren Stufen, die aufeinander aufbauen. Bei dieser Lösungsstrategie kann die optimale Lösung der einzelnen Stufen nach beliebigen Verfahren ermittelt werden. Durch das dynamische Programmieren wird nicht nur stufenweise eine optimale Lösung errechnet, sondern es werden auch gleichzeitig die Zusammenhänge der einzelnen Stufenlösungen aufgezeigt. Da die Nutzung des Wassers nicht immer in quantitativer Hinsicht schlüssig beurteilt werden kann, kann die Eigenschaft des dynamischen Programmierens, den Lösungsweg aufzuzeigen, benutzt werden zur Findung eines optimalen Weges, also auch zur Festlegung eines optimalen Versorgungsnetzes.

Kennzeichnend für das dynamische Programmieren bei Netzplänen sind folgende Punkte:

– Das Gesamtproblem läßt sich in Stufen zerlegen. Für jede Stufe muß eine Entscheidung getroffen werden.

– Jede Stufe hat eine Anzahl von Möglichkeiten, um die Entscheidung zu treffen.

– Die Auswirkung einer Entscheidung in einer Stufe wird in die zu treffende Entscheidung in der folgenden Stufe übertragen.

– Wenn ein gewisser Stand (Status) gegeben ist, ist die optimale Entscheidung für die folgenden Stufen unabhängig von dem Vorangegangenen.

– Die Lösung des Problems beginnt mit der Optimierung der Lösung der vorausgegangenen Stufe.

– Die Maximierungs- (Minimierungsfunktion) hängt von der vorausgegangenen Stufe ab.

Sind diese Punkte erfüllt, gilt das Optimilitätsprinzip von Bellmann: Unabhängig von dem Anfangszustand und der Anfangsentscheidung hat eine Strategie zur Optimierung die Eigenschaft, daß alle folgenden Entscheidungen von dem Grundsatz einer optimalen Lösung beherrscht werden unter Berücksichtigung der Anfangsentscheidung.

Beispiel: Ermittlung der günstigsten Trasse Wasserleitung.
Eine Wasserfernversorgung erfordert eine günstige Trasse von Wassergewinnungsgebiet A zu der Wasserbedarfsregion, welche wahlweise durch die Orte B_1, B_2 und B_3 gekennzeichnet ist. Zu dieser Unsicherheit bei der Festlegung des Wasserversorgungsendpunktes kommen die unterschiedlichen topograhischen, geologischen Gegebenheiten sowie die land- und forstwirtschaftliche Nutzung des Gebietes zwischen A und B hinzu. Es können mehrere Trassen angegeben werden, die für einzelne Abschnitte unterschiedliche Kosten beinhalten. Gesucht ist die Trasse, welche die geringsten Kosten zwischen A und einem Verbraucher B_i aufweist (Bild 5.25).

Wird mit x_n^* die Entscheidung bezeichnet, welche die Funktionen f_n (s, x_n) minimiert, kann geschrieben werden

$$f_n^*(s) = f_n (s, x_n^*) \text{ mit}$$

$f_n(s, x_n)$: Gesamtkosten der letzten n Stufen, wobei für die Stufen-Variablen s die Entscheidung x_n getroffen wird. Die Kosten für die Verbindung der Stufe mit x_n werden mit c_{sxn} bezeichnet.

$f_n^*(s)$: Minimalwert der Funktion $f_n(s, x_n)$ wenn x_n^* angenommen ist.

Bei der Lösung sind folgende Stufen zu berücksichtigen

Stufe 1 : von A nach Knoten 1, 2 oder 3
" 2 : von Knoten 1, 2 oder 3 nach Knoten 4, 5 oder 6
" 3 : von Knoten 4, 5 oder 6 nach Knoten 7, 8 oder 9
" 4 : von Knoten 7, 8 oder 9 nach Knoten 10 oder 11
" 5 : von Knoten 10 oder 11 nach B_1, B_2 oder B_3.

Für die Kosten der einzelnen Leitungsabschnitte erhält man folgende Kostenmatrix:

Knoten	1	2	3
A	3	5	4

Knoten	4	5	6
1	9	5	--
2	4	3	5
3	--	1	7

Knoten	7	8	9
4	1	5	8
5	8	4	6
6	4	4	2

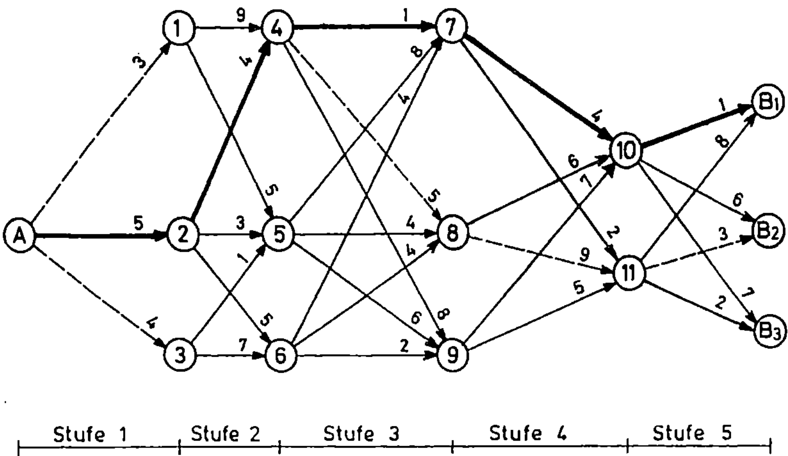

Bild 5.25. Alternativvorschläge für die Leitungsstrasse A nach B und Verlauf der Trasse mit den minimalen (maximalen) Kosten

Knoten	10	11
7	4	2
8	6	9
9	7	5

Knoten	B_1	B_2	B_3
10	1	6	7
11	8	3	2

Zur Lösung wird vom Ziel ausgehend nach rückwärts schreitend die Kosten für die einzelnen Wege ermittelt und das Kostenminimum abschnittweise bestimmt. Das Kostenminimum einer Stufe ist in der Matrix einfach, die Maximierung doppelt unterstrichen. Die Gesamtkosten von A nach B_1 betragen 15 G.E., von A nach B_3 14 G.E.

Beispiel: Ermittlung einer Trasse mit minimalen Verlustes. In einem Bewässerungsgebiet besteht ein Kanalsystem, welches unterschiedliche Verluste aufweist. Gegeben sind 18 mögliche Verbindungen zwischen den Punkten 1 und 10. Gesucht ist der Weg zwischen 1 und 10 welcher die geringsten Verluste aufweist (Bild 5.26). Nach Bild 5.26 gibt es 3 + 9 + 6 + 0 = 18 mögliche Lösungswege. Die Verluste für die Strecke vom Punkt i zum Punkt j betragen:

i/j	2	3	4
1	2	4	3

i/j	5	6	7
2	7	4	6
3	3	2	4
4	4	1	5

i/j	8	9
5	1	4
6	6	3
7	3	3

i/j	10
8	3
9	4

Falls die Entscheidung des günstigsten Weges von Stufe zu Stufe getroffen wird, ergibt sich in der Summe aller Stufen nicht das Minimum, da die Route lauten würde: $1 \rightarrow 2 \rightarrow 6 \rightarrow 9 \rightarrow 10$ mit Gesamtverlusten von 13. Jedoch ist z.B. $1 \rightarrow 4 \rightarrow 6$ mit 5 günstiger als $1 \rightarrow 2 \rightarrow 6$ mit 6.

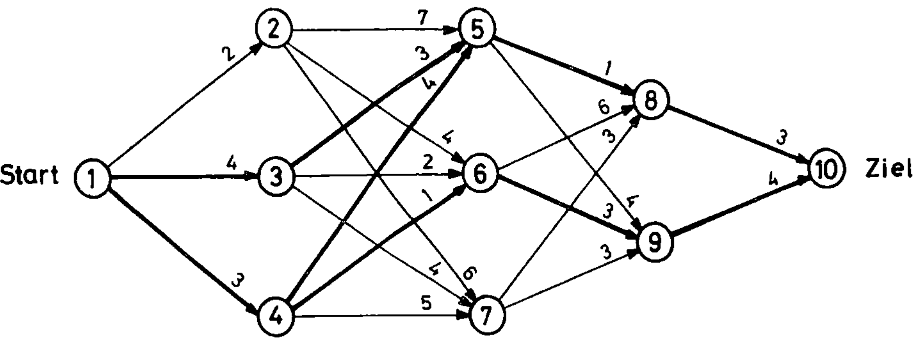

Bild 5.26. Alternativvorschläge für verschiedene Trassen

Es seien $f_n(s,x_n)$ die totalen Verluste der besten Lösung für alle Schritte der letzten n Stufen wenn von der Stufe s x_n als unmittelbaren Zielort gewählt wird. Falls s und n gegeben sind soll x_n^* den Wert von x_n kennzeichnen, der das Minimum von $f_n(s,x_n)$ darstellt, nämlich $f^*(s)$.

Falls von der Stufe aus nur noch eine Stufe bis zum Ziel gegangen werden muß, wird die Route völlig vom Ziel bestimmt.

Die Lösung für Stufe 1 lautet: $f_1^*(s) = $ min. $(x_1)(C_{sx1}) = 3$ (s. linke Tabelle). Wenn dagegen noch 2 Stufen abzuwickeln sind, erweitert sich die Rechnung zu:

$$f_2^*(s) = \text{min.}(x_2)[C_{sx2} + f_1^*(x_2)]$$

z.B. vom Zustand 5 muß nach 8 (Verluste: 1) oder 9 (Verluste: 4) gegangen werden. Falls 8 gewählt wird, sind die zusätzlichen Verluste 3, so daß Gesamtverluste in Höhe von $1 + 3 = 4$ entstehen. Beim Weg über 9 entstehen $4 + 4 = 8$ Einheiten an Verlusten. Daher wird Weg 8 gewählt, $x_2^* = 8$, da die Gesamtverluste betragen $f_2^*(5) = 4$. Ähnlich kann für 6 und 7 vorgegangen werden.

s	$f_1^*(s)$	x_1^*
8	3	10
9	4	10

s	$f_2(s,x_2) = C_{sx2} + f_1^*(x_2)$		$f_2^*(s)$	x_2^*
	$x_2 = 8$	$x_2 = 9$		
5	4	8	4	8
6	9	7	7	9
7	6	7	6	8

Für 3 Entscheidungsstufen wird $f_3(s,x_3) = C_{sx3} + f_2^*(x_3)$ wie von Punkt 2 zu Punkt 5 gegangen. Die Verluste betragen $7(= C_{25}) + f_2^*(5) = 4 = 7 + 4 = 11$. z.B. von 2 nach 6: $f_3(2,6) = 4 + 7 = 11$ oder von 2 nach 7: $f_3(2,7) = 6 + 6 = 12$. Das Minimum der Verluste von 2 zum Ziel ist also $f_3^*(2) = 11$ und der unmittelbare Zielort ist also Punkt 5 oder 6.

Beim Übergang auf 4 Stufen wird entsprechend erhalten: $f_4^*(s) = $ min $[C_{sx3} + f_3^*(x_4)]$:

s	$f_3(s,x_3) = C_{sx3} + f_2{}^*(x_3)$			$f_3{}^*(s)$	$x_3{}^*$
	$x_3 = 5$	$x_3 = 6$	$x_3 = 7$		
2	11	11	12	11	5 od. 6
3	7	9	10	7	5
4	8	8	11	8	5 od. 6

s	$f_4(s,x_4) = C_{sx4} + f_3{}^*(x_4)$			$f_4{}^*(s)$	$x_4{}^*$
	$x_4 = 2$	$x_4 = 3$	$x_4 = 4$		
1	13	11	11	11	3 od. 4

Der günstigste Weg läuft also entweder über den Punkt 3 oder Punkt 4. Falls über Punkt 3 gegangen wird, lautet die optimale Route: $1 \leftarrow 3 \leftarrow 5 \leftarrow 8 \leftarrow 10$, nämlich $x_4{}^* = 3$ (4. Stufe); $s = 3$ u. $x_3{}^* = 5$ (3. Stufe); $s = 5$ u. $x_2{}^* = 8$ (2. Stufe); $x_1{}^* = 10$ u. $s = 8$ (1. Stufe).

Falls über Punkt 4 gegangen wird lautet die günstigste Route:

$1 \leftarrow 4 \leftarrow 5 \leftarrow 8 \leftarrow 10$ oder $1 \leftarrow 4 \leftarrow 6 \leftarrow 9 \leftarrow 10$.

Gesamtverluste bei allen Lösungen ist $f_4{}^* = 11$. Vergleichsweise wird der Weg mit den Maximalverlusten über den Verlauf $1 \leftarrow 2 \leftarrow 7 \leftarrow 9 \leftarrow 10 \leftarrow 15$ gefunden.

6 Mehrfachzielplanung

6.1 Einführung in die Verfahren

6.1.1 Klassifizierung von Mehrkriterienentscheidungen

Solange ein Ziel des wasserwirtschaftlichen Systems, z.B. die Wirtschaftlichkeit, über alle anderen dominiert und ein einziger Gesichtspunkt, z.B. der regionale, ausschlaggebend ist, kann die Optimierung mit analytischen Entscheidungsmodellen vorgenommen werden. Das grundsätzliche Planungsziel für öffentliche Maßnahmen, einen Beitrag zur Verbesserung der Lebensqualität zu leisten, wird nicht nur an der traditionellen Zielvorgabe der volkswirtschaftlichen Nutzenmaximierung gemessen, sondern enthält Aspekte zur Erhaltung und Verbesserung des bestehenden Umwelt- und Sozialgefüges als gleichrangige Zielkomponenten. Bereits im Planungsstadium resultiert bei der Mehrfachzielsetzung eine schwer lösbare Konfliktsituation, wenn die positiven Effekte einer Maßnahme in einigen Zielbereichen nur unter Inkaufnahme von Nachteilen in den übrigen erreicht werden können. Bei der Entscheidungsfindung, die letztlich nur als Kompromißlösung realisierbar ist, kommt erschwerend hinzu, daß die Projektwirkungen für verschiedene Zielkomponenten nicht mit einheitlichen Wertmaßstäben direkt gegeneinander abgewogen werden können (inkommensurable Ziele). Da umweltrelevante und soziale Fragestellungen bei der wasserwirtschaftlichen Planung immer größeres Gewicht bekommen, nimmt der Bedarf an nicht monetären Techniken zur Planunterstützung und als Entscheidungshilfe zu (Unesco, 1994).

Für ein multidimensionales Entscheidungsproblem kommen Mehrkriterienverfahren, auch als Planungsprobleme mit Mehrzielsetzung (*MCDM* = *Multiple Criteria Decision Making*) bezeichnet, zur Anwendung (Günther, 1983; Zeleny, 1982). Die Grundelemente der Entscheidungstheorie bei Mehrfachzielsetzungen, der Vorgang des Messens und die Präferenzordnung sind mathematisch erfaßt (Zimmermann, 1991). Die Ziele sind im Zielsystem zusammengefaßt und zeigen die vom Entscheidungsträger erwünschten Richtungen der Veränderungen des Systems an. Zwischen zwei Zielen herrscht Zielkonkurrenz, wenn der Ertragzuwachs eines Zieles die Verschlechterung des Ertrages des anderen Zieles zur Folge hat. Bei Zielindifferenz treten keine derartigen Folgen auf. Bei Zielkomplementarität führt die Verbesserung eines Zieles auch zur Verbesserung des zweiten. Die Menge aller Zielerträge einer Alternative ist das Sachgerüst. Die Umwandlung der Zielerträge in zielorientierte, fachlich begründete Wertaussagen ist der Bewertungsvorgang, dessen Ergebnis der *Zielerfüllungsgrad* ist. Zur Unterscheidung von Verfahren der Nutzwertanalyse müssen die Gewichtsprozeduren, das Meßniveau und die Ansätze zur Vereinigung bzw. Zusammenfassung von Teilergebnissen (Amalgamationsvorschriften) beachtet werden. Nicht-monetäre Bewertungsverfahren, welche die Zielerfüllungen und/oder die Gewichte der Bewertungskriterien anhand numerischer Werte erfassen, werden als Verfahren der mehrdimensi-

Tabelle 6.1. Übersicht über einige Nutzen-Kosten-Betrachtungen x: trifft zu; o: trifft bedingt zu

Art der Nutzen-Kosten-Betrachtung	erfaßbare Wirkungen					Meßgrößen			Investionskriterien			Analyseergebnis
	negativ	positiv	mikroökonomisch	makroökonomisch	außerökonimisch	monetär	nicht-monetär	zielkonform	eindimensional	mehrdimensional	zielkonform	
Grundform												
Kostenvergleich	x	x				x	o		x		x	Gesamtkosten [DM]
Nutzenvergleich		x	x				x	x		o		Gesamtkosten, [Pkt.] od.[DM]
Investitionsrechng.	x	x	x			x			x		x	Gewinn [DM]
Wertanalyse	x	x	x			o	x		x		o	Nettoertrag, [Punkte] oder [Punkte / DM]
Nutzen-Kosten-Analyse	x	x	x	x		x			x		x	Nettonutzen [DM]
Nutzwertanalyse	x	x	x	x	x		x		x			Nettonutzen, [Punkte]
Mischform												
erweiterte Nutzen-Kosten-Analyse	x	x	x	x	o	x	x		x	o		Nettonutzen, [DM] und [Punkte]
Kostenwirksamkeits-Analyse	x	x	x	x	o	o	x		x			Nettoertrag, [Punkte / DM]
Additive Kombinationsform												
Mehrfachzielplanung	x	x	x	x	x	x	x			x	x	volkswirtschaftl. Gewinn und Auswirkungen auf die Regionalentwicklung (getrennt), [DM]
Mehrdimensionale Bilanzrechnung	x	x	x	x	x	x	x	x		x	x	volkswirtschaftl. Gewinn ökologische Effekte u. Auswirkungen auf Regionalentwicklung

onalen Skalierung bezeichnet, da die Einzelkriterien mehrere unterschiedliche Dimensionen aufweisen. Wird aus Gründen einer rationalen Bewältigung das mehrdimensionale Problem in Teilprobleme zerlegt, werden Dekompositionsverfahren eingesetzt.

Messen ist das Zuordnen von Zahlen zu beobachteten Objekten oder deren Eigenschaften und erfolgt auf fünf Skalenniveaus: Ratio-, Intervall-, Absolut-, Ordinal- und Nominalskala. Die Ratio-Skala besitzt konstante Maßeinheiten und einen absoluten Nullpunkt. Die Intervallskala, wie die Temperaturskala oder Datum und Uhrzeit, besitzt einen willkürlichen Nullpunkt. Die Absolutskala ist das höchste Skalenniveau, da alle Werte völlig dimensionslos sind. Diese drei Skalen werden auch als metrische oder *Kardinalskalen* bezeichnet. Sie besitzen den höchsten Informationsgehalt, da sie quantitative Angaben über die Abstände von Alternativen zulassen.

Die *Nominalskala* klassifiziert qualitative Daten, z.B. die Nummerierung von Bauwerken. Rechenoperationen, die über diese Zuordnung hinausgehen, sind nicht möglich. Bei der *Ordinalskala* werden zusätzlich noch Aussage über die Objekte im Sinne von "größer-kleiner" möglich. Die Ordinalskala wird bei indirekten Meßmethoden in den Sozialwissenschaften verwendet, wenn der Grad der Reaktionen von Versuchspersonen bei einer Befragung mit vorgegebenen Antwortkategorien (ja-nein oder mehr-weniger) abgefragt werden soll.

Die MCDM-Verfahren lassen sich hinsichtlich ihrer Vorgehensweise grob einteilen in Auswahlverfahren *MADM-Verfahren* (Multiple Attribute Decision Making) und Optimierungsverfahren *MODM-Verfahren* (Multiple Objective Decision Making). Bei den Multi-Attribut-Entscheidungen (MADM) wird eine überschaubare Anzahl möglicher Projektvarianten (Vorhabensalternativen) vorgegeben, deren Auswirkungen durch charakteristische Eigenschaften (Attribute, Zielkriterien) mit Hilfe von Indikatoren oder Kriterien vorab erfaßt werden müssen. Die Verfahren sind also ausgerichtet auf Entscheidungssituationen bei einer begrenzten Zahl vorgegebener Alternativen, wobei die Zielerfüllungsgrade für die einzelnen Zielkriterien angegeben aber nicht notwendigerweise quantifizierbar sein müssen. Eine Auswahlentscheidung der Alternativen wird anhand eines Vergleiches der Zielerfüllungen vorbereitet. Die Auswahl der besten Lösung erfolgt dadurch, daß diese Eigenschaften (Attribute) aller Alternativen in geeigneter Form bewertet und die Attribute miteinander verglichen werden (Haimes, 1973).

Falls keine Präferenzangaben gemacht werden oder ordinalskalierten Wirkungen benutzt werden, ist unter den MADM-Verfahren das *Dominanzprinzip* zur Bestimmung nicht dominierter Lösungen zu nennen. Beim Dominanzprinzip werden durch paarweisen Vergleich der Alternativen dominierte Varianten, deren Zielerträge bei allen Kriterien niedriger ausfallen als für eine Vergleichsalternative, ermittelt. Die Alternative mit den niedrigeren Zielerträgen wird als dominierte Lösung eingestuft und ausgeschlossen. Durch die vorweggenommene Ausscheidung dominierter Lösungen kann nicht sichergestellt werden, ob die am besten geeignete Alternative erreicht wird.

Durch *Maximin-Strategien* als Entscheidungsregel wird die gesamte Alternative nur durch ihr schwächstes (schlechtestes) Attribut dargestellt. Anschließend wird das Maximum vom Minimum sämtlicher Attributausprägungen ausgewählt. Damit kommt eine pessimistische Grundhaltung des Entscheidungsträgers zum Ausdruck. Umgekehrt erfolgt durch eine *Maximax-Strategie* eine optimistische Einschätzung, da nur das beste Attribut mit eins bewertet wird, der Rest mit Null. Die Ausprägungen verschiedener Attribute müssen vergleichbar sein und auf einer gemeinsamen Skala gemessen werden.

Bei ordinal skalierten Wirkungen geht eine a-priori Präferenzangabe über die relative Wichtigkeit der Zielkriterien voraus, wie die Reihung nach einem Rang und lexikographische Ordnung, sowie eine metrische Angabe des Meßniveaus aller Alternativen. Zeigen mehrere Alternativen gleich hohe Zielerfüllungen an, entscheidet die Rangreihung (Zimmermann, 1991).

Die Multi-Objektive-Entscheidung löst das Problem durch Berechnung einer (besten) Alternativen. Die Menge der Alternativen ist nicht vorbestimmt, wenn als zulässig alle gelten, welche definierte Nebenbedingungen erfüllen, d.h. einen Zielraum definieren. Solche Lösungsmengen werden bei Optimierungsaufgaben angetroffen, wenn die Größe des Speicherraums, der Bewässerungsfläche o.ä. als variable Größe auftritt und eine Funktion zwischen Größe und Auswirkung einer Alternativen besteht. MODM-Verfahren orientieren sich an Entscheidungssituationen, bei denen ein Satz von Zielvorstellungen in Form von definierten Zielfunktionen, sowie ein Satz von definierten Nebenbedingungen vorliegt. Wenn es sich um ein Optimierungsverfahren für Alternativen handelt, die praktisch kontinuierlich veränderbare Größen aufweisen können, werden sie auch als *Vektoroptimierungsmodelle* bezeichnet. Werden vereinfachte funktionelle Beziehungen zwischen Größe und Auswirkung einer Alternativen verwendet, dienen diese MODM-Verfahren als Bewertungsverfahren in einem frühen Planungsstadium. Voraussetzung ist, daß die einzelnen technischen Lösungen hinsichtlich ihrer konkreten Gestaltungsmerkmale noch Raum für eine Optimierung lassen und die Zielerfüllungen bei einzelnen Zielkriterien als Variable eingeführt werden können. Für die Lösung von Optimierungsaufgaben werden die Präferenzen des Entscheidungsträgers eingeholt. Sie geben darüber Auskunft, ob und in welcher Größenordnung der Entscheidungsträger Zielgewinne in bestimmten Zielbereichen den Vorzug gibt und zu entsprechenden Zielverzichten in anderen Bereichen bereit ist. Innerhalb des Zielbereiches läßt sich für jede Alternative eine andere angeben, die bezüglich aller Zielsetzungen gleiche oder höhere Zielerreichungsgrade liefert als die erste Alternative. Jeder Punkt im Zielraum (Lösungsraum) entspricht also einer *dominierten Lösung*, wohingegen die Randpunkte *nicht dominierte* oder *effiziente Lösungen* darstellen. Die Rechenergebnisse müssen anschließend entsprechend der Wiedergabegenauigkeit des Planungsproblems durch das Modell, die Datenlage, usw. relativiert werden.

Bei Optimierungsverfahren, die auf dem Vektormaximumproblem basieren, werden mehrere inkommensurable Zielsetzungen gleichzeitig berücksichtigt. Dabei wird vorausgesetzt, daß für alle Zielfunktionen $Z_i(x)$ individuelle optimale Lösungen existieren, die nicht zusammenfallen, d.h. es gibt keine perfekte Lösung, da im Falle einer perfekten Lösung kein Zielkonflikt und kein Entscheidungsproblem besteht. Die Restriktionen eines Optimierungsproblems begrenzen den Entscheidungsraum. Es ist nur der Teil des zulässigen Lösungsbereichs von Interesse, in dem Zielkonflikte auftreten (gestrichelter Teil der Kurve in Bild 6.1). Vektoren, die in diesem Teilbereich liegen, werden *effiziente Lösungen* des Vektormaximumproblems genannt. Sie liegen vor, wenn eine Verbesserung für ein Ziel nur über Einbußen in wenigstens einem der p anderen Ziele erreicht wird. Ein Vektor $x \in X$ ist dann eine effiziente (bessere) Lösung bezüglich X und den Zielfunktionen $Z_i(x)$, wenn kein Vektor $x' \in X$ mit der Eigenschaft (Günther, 1983):

$$Z_i(x') \geq Z_i(x); \; i = 1, ..., p \text{ und}$$

$$Z_i(x') \geq Z_i(x) \text{ für mindestens ein } i \in (1, ..., p) \text{ existiert.}$$

Die gesuchte Lösung ist die bevorzugte Lösung (Kompromißlösung entsprechend den Präferenzen des Entscheidungsträgers s. Punkt A in Bild 6.1). Sie muß bei rationaler Entscheidungsfällung ein Element der vollständigen Lösung, die alle effizienten Lösungen umfaßt, sein. Anhand der vollständigen Lösung werden die *Austauschrelationen* (Trade-offs) zwischen den Zielen ermittelt. Eine Austauschrelation beschreibt die Veränderungen von Zielwerten einer anderen (konkurrierenden) Ziel-funktion, die durch Änderung des Zielwertes einer Zielfunktion hervorgerufen werden.

Nimmt man in Bild 6.1 als Z1 die Restwassermenge in einer Ausleitungsstrecke an und als Z2 die erzeugbare Energie eines Laufkraftwerkes, dem über einen Werkkanal die ausgeleitete Wassermenge zugeführt wird, existiert eine theoretisch maximale, praktisch aber nicht erreichbare Zielerfüllung aller Ziele, die durch dem

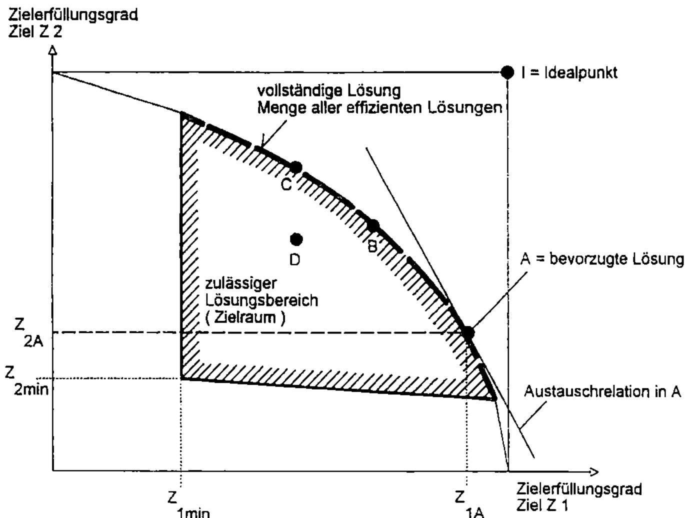

Bild 6.1. Beispiel für den zulässigen Lösungsbereich in einem stetigen Zielraum und die vollständige Lösung des Vektormaximumproblems: max. Z_1, Z_2

Idealpunkt I gekennzeichnet ist. Die Zielraumbegrenzung besteht in der Einhaltung einer minimalen, ökologisch erforderlichen Restwassermenge oder einem minimalen, ökonomisch noch vertretbaren Ausbaugrad. Die diskrete Alternative D ist eine dominierte Lösung, weil nicht die gesamte ausgeleitete Wassermenge zur Energieerzeugung genutzt wird. Die Punkte B und C sind nicht dominierte (vergleichbare) Alternativen. Sollen negative ökologische Folgen gering gehalten werden, hat für den Entscheidungsträger die Alternative B den Vorzug vor C, da C den energiewirtschaftlichen Zielen größere Bedeutung zumißt.

Die Austauschrelation für einen Punkt auf der Kurve der vollständigen Lösung zweier Zielfunktionen entspricht der Neigung der Tangente in demselben Punkt (Punkt A in Bild 6.1).

6.1.2 Einige mathematische Konzepte

Bei der Einzielprogrammierung wird das Optimum einer einzigen Zielfunktion max $Z(x)$ unter Einhaltung von Nebenbedingungen gesucht. Die Entscheidungsvariablen x weisen Werte einer Menge von reellen Zahlen auf. Der Lösungsraum ist konvex und wird durch lineare oder nicht lineare Randbedingungen erfaßt. Bei der Mehrfachzielplanung besteht die Zielfunktion $Z(x) = [Z_1(x), Z_2(x), ..., Z_p(x)]$ aus einem p-dimensionalen Vektor, wobei der Bereich der möglichen Lösungen für x wie bei der Einzielprogrammierung bestehen bleibt. Anstelle einer einzigen optimalen Lösung wird eine Menge von dominierenden Lösungen gesucht, die eine Teilmenge des Lösungsraums x darstellt. Eine dominierende Lösung zeichnet sich dadurch aus, daß alle Zielgrößen unverändert oder verbessert werden bis auf eine, welche wesentlich verbessert wird. Da eine Optimierung a priori nicht möglich ist, zielen die Verfahren der Mehrfachzielsetzung auf die Suche und Identifizierung einer Menge von nicht dominierten Lösungen, welche die anderen möglichen Lösungen im Entscheidungsraum x dominieren.

Für die Entscheidungsfindung bei Systemen, die mehreren Zielen dienen sollen, sind eine Reihe von Techniken entwickelt, die zum Teil Eingang in die Wasserwirtschaft gefunden haben (Szidarovszky, 1986; Goicoechea, 1982). Eine grundlegende mathematische Eigenschaft bei der Mehrzielplanung ist das Vorliegen von Zielfunktionen, die sich gegenseitig beeinflussen. Ein Entscheidungskonzept geht von gleichwertigen Lösungspunkten oder von einer nicht dominierten Lösung aus:

$$\text{max-dom. } Z(x) = [z_1(x), z_2(x), ..., z_p(x)], \tag{6.1}$$

wobei $x \in X$ und X der mögliche Lösungsraum bedeuten.

Anhand eines Beispiels, das 2 Zielgrößen und 2 Entscheidungsvariablen aufweist, soll die Definition der möglichen und nicht dominierten Lösungen aufgezeigt werden. Da beide Zielfunktionen und die Nebenbedingungen linear sein sollen, kann das Beispiel mit dem linearen Programmieren gelöst werden.

Ein Industriekomplex kann das gereinigte Abwasser in zwei nahegelegene Flüsse einleiten. Wenn in einen Fluß mehr Abwasser eingeleitet wird, impliziert dies für den anderen Fluß eine Schonung (Sicherheit), die in der Zielfunktion entsprechend berücksichtigt wird, und umgekehrt. Da beide Flüsse möglichst sauber gehalten werden sollen, können die Zielfunktionen wie folgt angegeben werden:

Zielfunktion Z1: Die Schonung des Flusses 2 ist gleichbedeutend mit einer erhöhten Einleitung in Fluß 1 und einer verminderten Einleitung in Fluß 2: $z_1(x) = x_1 - 3x_2$. Entsprechend gilt für die Schonung von Fluß 1 die Zielfunktion Z2: $z_2(x) = -4x_1 + x_2$.

Gesucht sind die dominierenden Lösungssätze für x_1, x_2 : max-dom. $Z(x) = [z_1(x), z_2(x)]$ mit $z_1(x) = x_1 - 3x_2$ und $z_2(x) = -4x_1 + x_2$ oder eingesetzt: $Z = (x_1 - 3x_2) + 2(-4x_1 + x_2) = -7x_1 - x_2$.

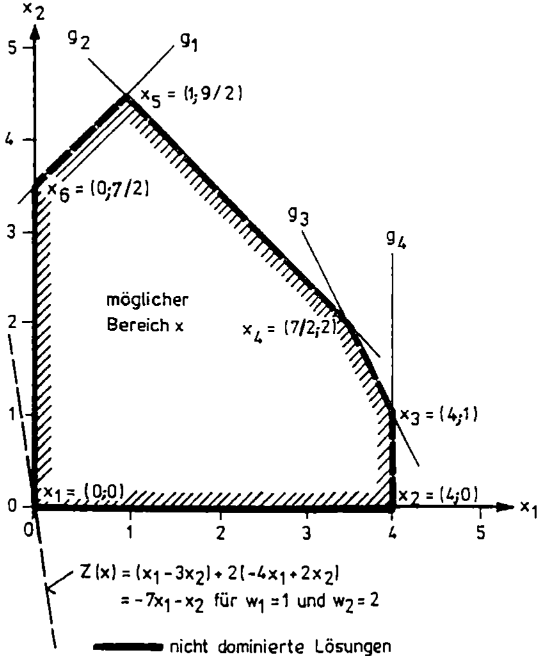

Bild 6.2. Bereich von x für mögliche Lösungen und Menge der nicht dominierten Lösungen

Die Nebenbedingungen NB bestehen aus folgenden Ungleichungen:

NB1: Der Anteil des Abwassers, der in den Fluß 2 geleitet wird, darf den Anteil der Einleitung in den Fluß 1 über einen Grenzwert von 3,5 nicht überschreiten: $-x_1 + x_2 \leq 3,5$.

NB2: Die gesamte Abwassermenge, die in dem Fluß 1 oder 2 eingeleitet wird, muß kleiner als 5,5 Einheiten sein: $x_1 + x_2 \leq 5,5$.

NB3: Wenn der Fluß 1 hauptsächlich benutzt wird, darf der Fluß 2 nur so stark belastet werden, daß eingehalten wird: $x_1 + 0,5x_2 \leq 4,5$.

NB4: Die maximale Einleitungsmenge in Fluß 1 ist auf 4 Einheiten beschränkt: $x_1 \leq 4,0$.

Die Nebenbedingungen werden so formuliert, daß sie der Form $g_i \leq 0$ genügen.

$$
\begin{array}{lllllllll}
\text{NB1:} & g_1(x) & = & -x_1 & + & x_2 & - & 3,5 & \leq & 0. \\
\text{NB2:} & g_2(x) & = & x_1 & + & x_2 & - & 5,5 & \leq & 0. \\
\text{NB3:} & g_3(x) & = & 2x_1 & + & x_2 & - & 9 & \leq & 0. \\
\text{NB4:} & g_4(x) & = & x_1 & - & & & 4 & \leq & 0. \\
\end{array}
$$

Durch die Nichtnegativbedingungen $x_1, x_2 \geq 0$ wird eine Umkehr des Wasserflusses ausgeschlossen.

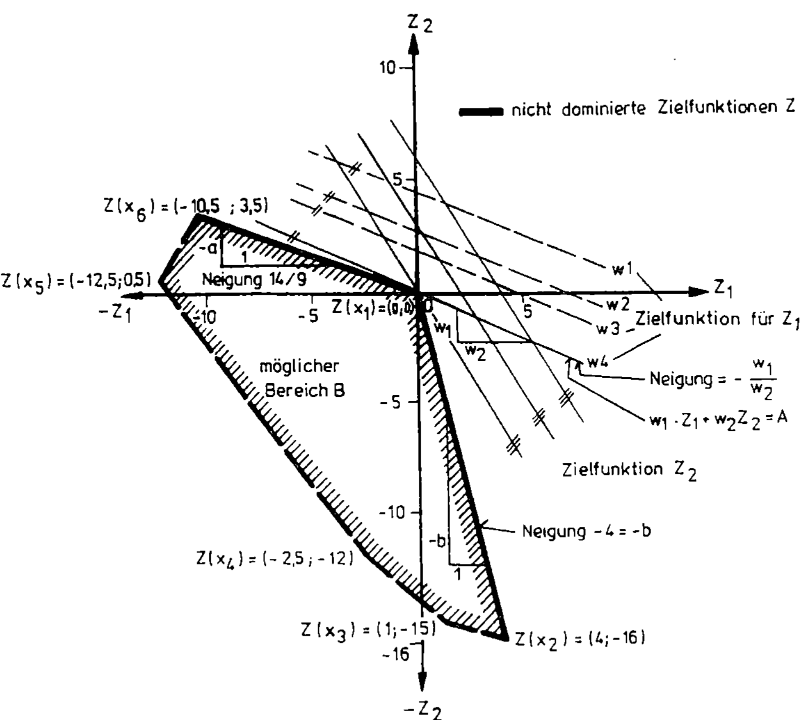

Bild 6.3. Bereich von z für mögliche Lösungen der Zielfunktion B und Menge der dominierten Zielgrößen Z im Entscheidungsraum

Die Geraden 1 bis 4 umgrenzen einen Raum der zulässigen Lösungen x, die alle im 1. Quadranten liegen. Die nicht dominierten Lösungen können in dem Entscheidungsraum verfolgt werden, indem Punkte des x_1, x_2 - Entscheidungsraums gegen den z_1 z_2 - Zielfunktionsraum aufgetragen werden unter Benutzung der Zielfunktion z_1 und z_2. Für jeden Punkt x' im Bereich möglicher Lösungen (Bild 6.2) werden die Werte z_1(x') und z_2(x') bestimmt; das Punktepaar z_1(x'), z_2(x') stellt einen Punkt in der z_1 z_2 - Ebene dar (Bild 6.3). Der sich daraus ergebende mögliche Bereich im Raum der Zielfunktion ist B in Bild 6.3. Jeder Eckpunkt im x-Raum entspricht einem einzigen Eckpunktes im B-Raum.

Betrachtet man die Punkte $z(x_5)$ und $z(x_6)$ in Bild 6.2, so nimmt z_1 von -12,5 auf -10,5 zu und z_2 wächst von 0,5 auf 3,5. Der Punkt x_6 dominiert also jeden Punkt x_5; er gehört also nicht zum Satz der nicht dominierten Lösungen. Andererseits wächst z_2(x) von 0 auf 3,5 zwischen den Punkten $z(x_1)$ und $z(x_6)$ und z_1(x) nimmt von 0 auf -10,5 ab. Demzufolge gehören die Punkte x zwischen x_1 und x_6 zum Satz der nicht dominierten Lösungen z.

Das Konzept der dominierenden Lösungen wird auch als Pareto-Optimum oder als effiziente Lösung bezeichnet. Um die Menge der dominierenden Lösungen S für n Entscheidungsvariable und p Zielfunktionen zu erzeugen, gibt es mehrere Verfahren, wie die Gewichtsmethode oder die Restriktionsmethode (ε - Constraint Methode). Bei diesen beiden Verfahren wird das Mehrfachzielproblem in ein Einfachzielformat umgeformt und durch parametrische Variation der Parameter die Menge der dominierenden Lösungen erzeugt (Goicoechea, 1982).

Bei der Gewichtsmethode werden Gewichte w_p eingeführt, die als relative Gewichte einer Zielgröße im Vergleich zu anderen interpretiert werden können:

$$\max Z(x) = w_1 z_1(x) + w_2 z_2(x)t \dots + w_p z_p(x) \qquad \text{mit } x \in X. \tag{6.2}$$

Das voranstehende Beispiel lautet für die Gewichtsmethode:

ZF: $Z(x) = w_1 z_1(x) + w_2 z_2(x)$ mit $z_1 = x_1 - 3x_2$ und $z_2 = -4x_1 + 2x_2$,

$\quad \max Z(x) = w_1(x_1 - 3x_2) + w_2 (-4x_1 + 2x_2).$

NB: $\begin{aligned} -x_1 &+ x_2 \leq 3,5, \\ x_1 &+ x_2 \leq 5,5, \\ 2x_1 &+ x_2 \leq 9, \\ x_1 &\leq 4 \end{aligned}$

und x_1, $x_2 \geq 0$.

Um die Analyse zu beginnen wird $w_1 = 1$ und $w_2 = 2$ gewählt, d.h. 1 Einheit z_2 hat den Wert von 2 Einheiten z_1 (gestrichelte Funktion in Bild 6.2). Dabei ist vorausgesetzt, daß die Einheiten für jede Zielgröße auf eine gemeinsame Dimension, z.B. Geldeinheiten, zurückgeführt werden können.

Die nicht dominierte Lösung $x^* = (0,0)$ wird erzeugt von allen Kombinationen positiver Werte von w_1 und w_2 welche einer Neigung $-w_1/w_2$ gehorchen. Die Gewichte können im Beispiel variieren in den Grenzen $4 \leq -w_1/w_2 \leq 4,5$.

Die gesamte nicht dominierte Menge in Bild 6.3 kann anhand der nicht dominierten extremen Punkte bestimmt werden.

6.2 Mehrkriterien - Verfahren mit a-priori-Präferenzangaben

Für eine Einteilung der Mehrkriterienverfahren, insbesondere der MADM-Verfahren, ist es vorteilhaft, in welchem Stadium der Berechnung die Präferenz des Entscheidungsträgers für einzelne Ziele eingebracht wird. Sind die Präferenzen vor der Berechnung der einzelnen Zielerfüllungsgrade der Alternativen bekannt, handelt es sich um *a-priori* (vorherige) Präferenzangaben bzw. Informationen. Ist der vollständige Lösungsraum bereits bekannt und wählt der Entscheidungsträger danach seine bevorzugte Lösung aus, handelt es sich um *a-posteriori* (nachträgliche) Präferenzangaben. Werden schrittweise Präferenzen angegeben handelt es sich um *interaktive* Verfahren, also Verfahren mit progressivem Informationen. Mit Verfahren ohne vorherige Präferenzangaben werden nicht dominierte Lösungen generiert, die zur Vorbereitung des Auswahlprozeßes des Entscheidungsträgers dienen.

Bei a-priori Information wird die Präferenz anhand von logischen Schlußfolgerungen von vornherein und unabhängig vom Ergebnis der nachfolgenden Analyse festgelegt. Diese Verfahren erfordern a-priori die Festlegung von Gewichten durch den Entscheidungsträger; die Präferenz ist also vor der Maximierung des Lösungsvektors bekannt. Das Ergebnis ist im allgemeinen eine effiziente Lösung, welche auch die bevorzugte Lösung des Problems der Mehrfachzielsetzung darstellt. Methoden für dieses Vorgehen sind das ELECTRE-Verfahren, die Kompromiß-Programmierung (Compromise Programming), die Zielwert-Optimierung bzw. Ziel-Programmierung (Goal Programming). Verfahren mit Nutzenfunktionen (Multiattribute Utility Functions) und das Zielwerterreichungs-Verfahren (Goal Attainment Methods) sind hier ebenfalls zu nennen (Hall, 1975; Hafkamp, 1981; Harboe, 1992). ELECTRE, Compromise Programming und Goal Programming wurden wiederholt eingesetzt um optimale Betriebsregeln für die Steuerung von Bewässerungsspeicher oder Wasserkraftanlagen zu finden.

MCDM-Verfahren mit a-priori-Präferenzangaben unterscheiden sich durch zwei Ansätze: einen Ansatz, der sich auf Entscheidungsträgerpäferenzen stützt oder einen Ansatz, bei welchen anstelle von subjektiven Präferenzen Sozialindikatoren (Goal Evaluation Technique) einbezogen werden. Damit kann eine Einteilung in *Reihungs-* bzw. *Eingrenzungsverfahren* oder *abstandsorientierte Verfahren* vorgenommen werden. Die Reihung der Alternativen kann bei einfachen Auswahlproblemen nach einer lexikographischen Ordnung erfolgen. Eine Reihung ist auch anhand des Nutzenwertes möglich, wie er bei der Nutzwertanalyse erhalten wird. Bei den Eingrenzungsverfahren wird die Menge der Alternativen auf befriedigende Lösungen beschränkt, d.h. es wird keine optimale Lösung ermittelt im streng mathematischem Sinn. Dazu zählen die Konkordanzanalyse (ELECTRE) und PROMETHEE (Preference Ranking Organization Method for Enrichment Evaluations). Bei den abstandsorientierten Verfahren nennt der Entscheidungsträger Ziele (Zielpunkte), welche er erreichen möchte. Die Alternativen werden anhand ihrers Abstandes zum Zielpunkt geordnet. Bei den Optimierungsverfahren wird in einem stetigen Lösungsraum der minimale Abstand zum vorgegebenen Zielpunkt bestimmt. Zu den Verfahren mit vorherigen Präferenzen gehören Verfahren auf der Basis der Zielwert-Optimierung sowie anderer nutzenanalytischer Verfahren (Nachtnebel, 1988).

Das Verfahren der *Ziel-Programmierung* setzt in der Regel intervalskalierte Werte und additive Zielfunktion voraus. Das Lösungsprinzip besteht in der Vorgabe von erwünschten Zielerreichungsgraden, die durch einen anzustrebenden Zielwert Z_i^* festgelegt werden, und in der Suche nach Alternativen mit minimaler Gesamtabweichung, z.B. durch Minimierung

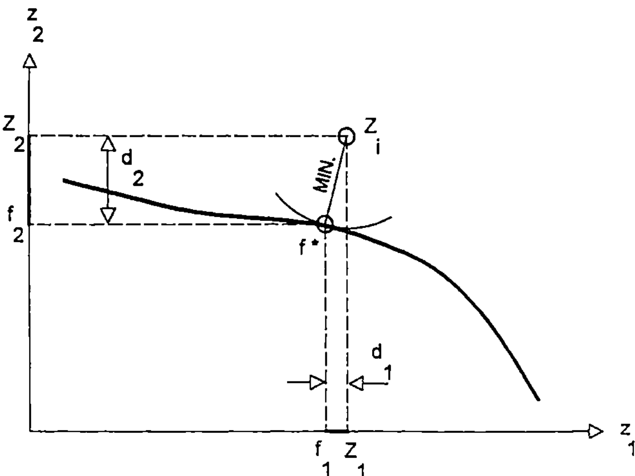

Bild 6.4. Zielprogrammierung mit Zielpunkt Z_i

der Abweichungssumme, die durch ein Abstandsmaß zwischen dem Zielpunkt und den Kriterienausprägung der Alternativen minimiert wird: min $\{$max $[(Z_i^* - Z_1), ..., (Z_n^* - Z_n)]\}$. Die Zielvorgaben werden als Nebenbedingungen berücksichtigt. Bei der Ziel-Programmierung wird für jedes Zielkriterium oder Zielfunktion ein optimaler Zielpunkt Z vom Entscheidungsträger angegeben. Der optimale Zielpunkt muß nicht außerhalb des Lösungsbereiches liegen. Die Distanz D der Alternativen x zum Zielpunkt Z lautet allgemein:

$$F(x^*) = D(x) = \min \Sigma \, w_i \mid f_i(x) - Z_i \mid \qquad (6.3)$$

$f_i(x)$: Zielertrag (in unterschiedlichen Einheiten),
w_i : Gewichtung des Kriteriums i,
Z_i : optimaler Zielpunkt (Bild 6.4).

Um positive und negative Distanzen zu berücksichtigen, wird der Betrag in der obigen Gleichung verwendet. Die positiven Zieldistanzen d_{i+} und die negativen Abstände d_{i-} entsprechen dem Distanzmaß:

$$d_{i+} + d_{i-} = \mid f_i(x) - Z_i \mid \text{ bzw. } d_{i+} - d_{i-} = f_i(x) - Z_i(x).$$

Da nur eine der beiden Distanzen ungleich Null sein kann, beträgt in Gl. 6.3

$$F(x^*) = \text{Min} \, [\Sigma \, (d_{i+} + d_{i-})] \text{ mit } \quad d_{i+} > 0 \text{ und } d_{i-} > 0. \qquad (6.4)$$

Bei der bevorzugten Alternative ist die Summe der gewichteten Abweichungen von den gewünschten Zielwerten minimiert.
Die rechte Seite von Gl. 6.3 kann auch in allgemeiner Form angegeben werden:

$$\min \sum_{i=1}^{n} w_i \mid Z_{imax} - Z_i(x) \mid^p. \qquad (6.5)$$

Z_i : zu optimierender Zielwert i
Z_{imax} : vom Entscheidungsträger vorgegebener Zielwert
p : Exponent, (lp - Norm); $p \geq 1$,

Wird p sehr hoch gewählt, hat nur die schlechteste Zielausprägung Einfluß auf den Abtand, was auch als Goal Attainment Methode bezeichnet wird. Bei kleineren Werten für p lassen sich die einzelnen Kriterien besser kompensieren. Wird vom Entscheidungsträger mangels Informationen über mögliche Zielwerte eine im Zielraum liegende Lösung als (idealer) Zielpunkt angegeben, wird mit der Zielprogrammierung eine dominierte Lösung berechnet.

Bei der *Kompromiß-Programmierung* (compromise programming) wird der Zielpunkt Z_i dem Idealpunkt I gleichgesetzt, so daß immer eine effiziente Lösung erreicht wird. Der Nachteil der Ziel-Programmierung besteht in der Abhängigkeit von unterschiedlich gemessenen Abständen. Er wird bei der Kompromiß-Programmierung beseitigt, indem die Abstandsmaße durch die Spannweite dividiert werden. Mit dieser Normierung wird die Empfindlichkeit gegenüber der Größenordnung der einzelnen Kriterien herabgesetzt.

Bei der Kompromiß-Programmierung wird die schlechteste Ausprägung von Z_i, m_i, bestimmt und die beste, M_i. Damit werden nominierte Zielwerte $Z_i = (Z_i - m_i)/(M_i - m_i)$ berechnet. Anschließend werden die Abstände der normierten Werte vom Idealpunkt $Z_i^* = I$ bestimmt. Der minimale Abstand entspricht der bevorzugten Lösung. Der Abstand D der Alternative x zum Idealpunkt I beträgt, wenn mit f_{min} der schlechteste Wert jedes Zielkriteriums und mit f_{imax} die angestrebte optimale Zielausprägung bezeichnet wird:

$$D(x) = \left[\ \Sigma w_i \left| \frac{f_{imax} - f_i(x)}{f_{imax} - f_{min}} \right|^p \ \right]^{1/p} \tag{6.6}$$

Gesucht ist die Lösung mit dem minimalen Abstand nach Gl. 6.6.

Ein wesentlicher Nachteil der Verfahren mit a-priori Präferenzangabe besteht darin, daß der Entscheidungsträger zur Zeit der Präferenzabgabe wenig Informationen über das Mehrfachzielsetzungsproblem besitzt. So kennt er nicht die möglichen Zielerreichungsgrade und die auftretenden Austauschrelationen. Durch Wiederholung des Berechnungsvorganges läßt sich dieser Nachteil einschränken. Wenn neue Präferenzen abgegeben werden aufgrund der Ergebnisanalysen der vorangegangenen Berechnungen, befindet man sich im Übergang zu den interaktiven Verfahren.

Bei einer Bewässerung führt der Anbau der Früchte x_1 und x_2 zu Erträgen von 1 bzw. 2 G.E., so daß der Gesamterlös $f_1(x_1, x_2) = x_1 + 2\,x_2$ beträgt. Durch x_1 kann ein zusätzlicher Gewinn von 1 G.E erzielt werden, da damit ein neuer Markt erschlossen werden kann; d.h. $f_2(x_1, x_2) = x_1$. Die Kapazitätsbeschränkung sei $x_1 + x_2 \leq 1$. Unter Einhaltung der Nichtnegativbedingung lautet die Aufgabe: Maximiere f_1 und f_2 (Lösungsraum für x s. Bild 6.5). Wird f_2 von f_1 subtrahiert erhält man $x_1 = f_2$ und $x_2 = (f_1 - f_2)/2$. Werden diese Ausdrücke in die Nebenbedingungen eingeführt, wird $f_2 \geq 0$ und $(f_1 - f_2)/2 \geq 0$ und $f_2 + (f_1 - f_2)/2 \leq 1$ oder vereinfacht: $f_2 \geq 0$, $f_1 - f_2 \geq 0$ und $f_1 + f_2 \leq 2$ (Lösungsraum s. Bild 6.5a).

Für die extremen Punkte (Ecken) des Lösungsraumes werden die Werte der Zielfunktion berechnet. Sie umfassen den Bereich B und legen die nicht dominierten Lösungen fest. So erhält man für den Eckpunkt (0/0) : 0 $= x_1 + 2\,x_2$ und $0 = x_2$, d.h. $x_1 = x_2 = 0$. Für den Eckpunkt (1/1) wird $1 = x_1 + 2\,x_2$ und $1 = x_1$, d.h. $x_1 = 1$ und $x_2 = 0$. Für den Eckpunkt (2/0) gilt: $2\,x_1 + 2\,x_2$ und $0 = x_1$, d.h. $x_1 = 0$, $x_2 = 1$ (s. Bild 6.5b).

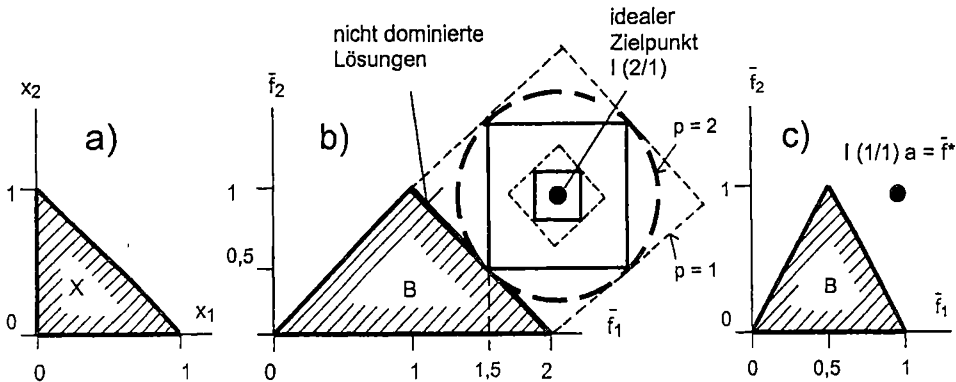

Bild 6.5. Lösungsraum, (a) Entscheidungsraum und optimale Lösung bei der Zielprogrammierung (b) und der Kompromiß-Programmierung (c)

Der größte Wert für $f_1(x)$ ist 2 und die zugehörige Entscheidung lautet: $x_1 = 0$ und $x_2 = 1$. Für $x_1 = 1$ und $x_2 = 0$ wird der größte Wert $f_2(x) = 1$ erhalten. Die kleinsten Werte beider Ziele sind 0, wenn $x_1 = x_2 = 0$ gewählt werden. Die nicht dominierten Lösungen liegen auf der Verbindung von (2/0) und (1/1) (s. Bild 6.5b).

Bei der Zielprogrammierung spezifiziert der Entscheidungsträger für jede Zielfunktion einen idealen Zielpunkt. Als bevorzugte Lösung des Zielprogrammierens wird diejenige bezeichnet, bei welcher die Summe der Abweichungen zu allen Zielpunkten zum Minimum wird.

Wird als idealer Zielpunkt $I = f^* = (2/1)$ vorgegeben, ergibt die Zielprogrammierung, die sog. *Minimax* Lösung oder Tschebysheff-Lösung:

$$\text{minimiere max } \{ \, w_1 \mid f_1^* - f_1(x) \mid ; \dots w_N \mid f_N^* - f_N(x) \mid \quad o\delta\epsilon\rho$$
$$\text{minimiere max } \{ \, 2 - x_1 - 2\,x_2; \, 1 - x_1 \, \},$$
$$\text{unter Beachtung von } x_1, x_2 \geq 0 \quad \text{und } x_1 + x_2 \leq 1.$$

Wird mit f eine Variable eingeführt, die als maximaler Wert in beiden Funktionen definiert wird, ist:

$$2 - x_1 - 2\,x_2 \leq f \quad \text{und } 1 - x_1, \leq f \quad \text{oder}$$
$$x_1 + 2\,x_2 + f \leq 2 \quad \text{und } x_1 + f \geq 1.$$

Werden diese zusätzlichen Randbedingungen eingeführt, erhält man als Zielfunktion: minimiere f mit den Nebenbedingungen:

$$x_1, x_2 \geq f \geq 0,$$
$$x_1 + x_2 \leq 1,$$
$$x_1 + 2\,x_2 + f \geq 2,$$
$$x_1 + f \geq 1.$$

Die optimale Lösung erhält man mit der linearen Programmierung zu (s. ausgezogenes Rechteck in Bild 6.5b):

$$x_1^* = 0{,}5; \quad x_2^* = 0{,}5; \quad f^* = 0{,}5.$$

Werden die Zielfunktionen f_i summiert bei *Annahme von Gewichten* w_i wird Gl. 6.3. zu:

$$\text{miniere} \sum_{i=1}^{N} w_i \mid f_i^* - f_i(x) \mid$$

Für $w_1 = w_2 = 1$ und $p = 1$ lautet Gl. 6.3:

Z.F.   minimiere $(2 - x_1 - 2 x_2) + (1 - x_1) = 3 - 2 x_1 - 2 x_2$

N.B. $x_1, x_2 > 0$

$\qquad x_1 + x_2 \leq 1$

Die Konstante 3 in der Zielfunktion kann vernachlässigt werden. Durch Multiplikation der Z.F. mit (-1) erhält man das Maximierungsproblem:

Z.F.   maximiere $2 x_1 + 2 x_2$

N.B. $x_1; x_2 \geq 0$

$\qquad x_1 + x_2 \leq 1$

Die Aufgabe hat unendlich viele Lösungen, da gilt:

$$\left. \begin{array}{l} 1 \leq f_1 = x_1 + 2 x_2 \leq 2 \\[1ex] f_2 = x_1 = 2 - f_1 \end{array} \right\} \rightarrow \left\{ \begin{array}{l} 0 \leq x_1^* \leq 1 \\[1ex] x_2^* = 1 - x_1^* \end{array} \right.$$

Wird x_1^* willkürlich vorgegeben, wird $x_2^* = 1 - x_1^*$. Für $p = 1$ wird keine eindeutige Lösung erhalten, da die Zielfunktion sich mit der nicht dominierten Lösung deckt (s. gestricheltes Rechteck in Bild 6.5b).

Werden die Abstände nach Gl. 6.5 mit $p = 2$ gewichtet und $w_1 = w_2 = 1$ beibehalten, lautet für einen idealen Zielpunkt I (2/1) die Aufgabe für *kleinste Abstandsquadrate*:

Z.F.   minimiere $(2 - x_1 - 2 x_2)^2 + (1 - x_1)^2$

N.B. $x_1, x_2 \geq 0, \qquad x_1 + x_2 \leq 1$

Die Zielfunktion lautet umgeformt: $2 x_1^2 + 4 x_2^2 + 4 x_1 x_2 - 6 x_1 - 8 x_2$ und stellt konzentrische Kreise um den Idealpunkt dar.

Die optimale Lösung, die nach der Methode der quadratischen Optimierung (Bronstein, 1986) erhalten wird, lautet (s. Kreis in Bild 6.5b):

$\qquad f_1 = x_1 + 2 x_2 = 0{,}5; f_2 = x_2 = 1{,}5$ und $x_1^* = x_2^* = 0{,}5$.

Bei der *Kompromiß-Programmierung* werden die Zielfunktionen im Bereich [0,1] normalisiert und die Lösung bestimmt, welche den geringsten Abstand zur idealen Lösung aufweist (s. Bild 6.5c).

Werden anstelle der einfachen Abstandsmaße die normierten Abstandsmaße verwendet, erhält man als Lösung der Kompromiß-Programmierung, wenn der Idealpunkt 2/1 als Maximum beibehalten wird (s. Gl. 6.6). Aus Bild 6.5 können die Spannweiten von $f_1 = (0,2)$ und von $f_2 = (0, 1)$ abgelesen werden. Damit werden die normierten Größen:

$$\bar{f}_1(x) = (x_1 + 2 x_2)/2 = x_1/2 + x_2 \quad \text{und} \quad \bar{f}_2(x) = 1 \cdot x_1 = x_1.$$

Z.F. der minimax Lösung: minimiere $\max (1 - x_1/2 - x_2; 1 - x_1)$

N.B. $\qquad\qquad x_1, x_2 \geq 0 \quad \text{und} \ x_1 + x_2 \leq 1$

Wird die Variable f als Wert der Zielfunktion eingeführt, wird:

Z.F.   min f
N.B. $x_1, x_2, f \geq 0$
        $x_1 + x_2 \leq 1$
        $x_1/2 + x_2 + f \leq 1$
        $x_1 + f \geq 1$

Analog zur Zielprogrammierung wird erhalten $x_1^* = 2/3$, $x_2^* = 1/3$ und $f^* = 1/3$.

Für gewichtete Abstände nach Gl. 6.6 wird die Z.F. für $w_1 = w_2 = 1$ und $p = 1$: min $(1 - x_1/2 - x_2) + (1 - x_1) = 2 - 1{,}5\,x_1 - x_2$ oder durch Multiplikation mit -1: max $1{,}5\,x_1 + x_2$. Die Konstante 2 wird vernachlässigt. Die Nebenbedingungen: $x_1 + x_2 \leq 1$ und $x_1, x_2 \geq 0$ führen zur Lösung $x_1^* = 1$, $x_2^* = 0$.

6.3 Mehrkriterien - Verfahren mit a-posteriori Präfenzangaben

Erkennt man die Ursache einer Entwicklung erst aus späteren Wirkungen und möchte man die Gewichtung der Zielgröße nach der Analyse festlegen, handelt es sich um a-posteriori Präferenzangaben. Methoden, die eine nachträgliche (a-posteriori) Festlegung von Gewichten erfordern, werden benutzt um die effizienten Lösungen zu finden. Erfolgt die Abgabe der Präferenzen a-posteriori, wird bei einem Vektormaximumproblem zuerst dessen vollständige Lösung berechnet. Aus dieser vollständigen Lösung wählt dann der Entscheidungsträger seine bevorzugte Lösung aus.

MCDM-Verfahren mit a-posteriori Präferenzangaben werden hauptsächlich dazu benutzt um nicht dominante Lösungen zu generieren. Diese dienen als Vorstufe zur Lösung des Auswahlproblems, weil sie im Regelfall mehrere Alternativen übrig lassen. Bei diesen Verfahren muß zunächst gezeigt werden, welche Varianten unter den gegebenen Restriktions- und Zielsystem realisierbar und nicht dominiert sind. Dazu werden eine Reihe von Rand- oder Extremlösungen erarbeitet, dem Entscheidungsträger präsentiert und von jenem mit Präferenzaussagen versehen. Diese Kommentare werden dann entweder als a-priori-Präferenzaussagen gewertet und mit geeigneten MODM-Verfahren optimiert oder man wählt den Satz effizienter Lösungen als Basis für ein interaktives Verfahren, um die bevorzugte Lösung zu ermitteln. Hierfür können folgende Verfahren typisiert werden: Gewichtungs- verfahren, Restriktionsverfahren und Lineares Programmieren.

Das *Gewichtungsverfahren* (parametric method, weighting method) ist auf Probleme mit konvexer vollständiger Lösung beschränkt. Die Gewichte einer beliebigen Zielfunktion werden systematisch verändert und die Resultate der Veränderung der Gewichtungsstruktur werden in Form der jeweils resultierenden Optimallösung erfaßt.

Als erster Schritt beim *Restriktionsverfahren* (constraint-method) wird eine Zielwertma- trix aufgestellt (vergl. Tabelle 6.2). Die optimalen Zielwerte der einzelnen Zielfunktionen (Kriterien) werden bestimmt. Nacheinander wird jede Zielfunktion unter Einhaltung der Restriktionen optimiert, ohne die übrigen Zielfunktionen zu berücksichtigen (Lösungen M_1 bis M_p in Tabelle 6.2). Zusätzlich werden für jede Lösung die zugehörigen Zielwerte der übrigen Zielfunktionen berechnet. Dadurch wird der Bereich festgelegt, in dem die einzel- nen Zielfunktionen im Hinblick auf das Problem der Mehrfachzielsetzung Zielwerte annehmen dürfen. Anschließend wird eine beliebige Zielfunktion als Hauptzielfunktion ausgewählt, wohingegen die übrigen in das Restriktionssystem eingehen. Es wird je ein Kriterium als Hauptziel optimiert unter den Nebenbedingungen, daß die übrigen Kriterien bestimmte Mindestzielerfüllungen erreichen müssen. Anschließend erfolgt eine systematische Variation der Mindestzielerfüllungen, wodurch sich die zugehörigen Lösungen ermitteln lassen.

Die Zielfunktionen, die als Restriktionen dienen, werden durch Zielwerte $\in_j$ begrenzt, die bei jedem neuen Optimierungslauf variiert werden:

$$\max Z_i(x),$$

$$Z_j(x) \geq \in_j \quad \text{mit } i \neq j; i, \quad j = 1, 2, ..., p \quad \text{und } x \in X.$$

Durch das schrittweise Vorgehen wird das Problem der Mehrfachzielsetzung auf ein Optimierungsproblem mit nur einer Zielfunktion zurückgeführt. Durch systematische Variation von $\in_i$ wird die vollständige Lösung der Aufgabe der Mehrfachzielsetzung bestimmt.

Die Ermittlung der vollständigen Lösung ist oft mit hohem Rechenaufwand verbunden, da zwangsläufig auch die nicht effizienten Lösungen berechnet werden. Dieser Aufwand kann durch die Verwendung einer Zielwertmatrix reduziert werden, falls nicht andere systematische Suchstrategien an ihre Stelle treten.

Die *LP-Verfahren* ermitteln die Randlösungen für mehrdimensionale Probleme mit dem Simplex-Algorithmus. Da nur lineare Zielfunktionen zugelassen sind, entspricht es der Nutzwertanalyse der ersten Generation.

Tabelle 6.2. Zielwertmatrix eines Vektormaximumproblems mit p Zielfunktionen und n Entscheidungsvariablen (nach Günther, 1983)

Lösungsvektoren, die die einzelnen Ziele optimieren	Zielwerte der einzelnen Ziele			
	Z_1	Z_2	Z_k	Z_p
$x_1^1, x_2^1, ..., x_n^1$	M_1	$Z_2(x^1)\,...$	$Z_k(x^1)\,...$	$Z_p(x^1)$
$x_1^2, x_2^2, ..., x_n^2$	$Z_1(x^2)$	$M_2 \quad ...$	$Z_k(x^2)\,...$	$Z_p(x^2)$
$x_1^k, x_2^k, ..., x_n^k$	$Z_1(x^k)$	$Z_2(x^k)\,...$	M_k	$Z_p(x^k)$
$x_1^p, x_2^p, ..., x_n^p$	$Z_1(x^p)$	$Z_2(x^p)\,...$	$Z_k(x^p)\,...$	M_p

Bei Anwendung von Optimierungsverfahren mit a-posteriori Präferenzabgabe können sämtliche effizienten Lösungen eines Mehrfachzielsetzungsproblems ermittelt werden. Die bevorzugte Lösung muß jedoch der Entscheidungsträger – ggfs. unter Zuhilfenahme von Auswahlverfahren – bestimmen.

Bei der *Restriktionsmethode* erfolgt die Auswahl nicht dominierter Alternativen durch Variation von Restriktionen: Restriktionen sind meist Grenzwerte, die nicht über- oder unterschritten werden dürfen. Im allgemeinen kann mit Hilfe der Restriktionsmethode die Anzahl der zur Auswahl stehenden Alternativen verringert werden, doch ist zwangsläufig nicht mit der Ermittlung der "besten" Lösungsmöglichkeit zu rechnen.

Fordert z.B. der Entscheidungsträger aufgrund der wirtschaftlichen Bedeutung des Fremdenverkehrs für die Region einen bestimmten einzuhaltenden landschaftsästhetischen Kennwert für das Gebiet, so werden alle Alternativen, die diese Restriktion nicht einhalten, gestrichen. Wird andererseits eine bestimmte minimale Energieerzeugung gefordert, so werden alle Alternativen, die dieses Teilziel nicht erfüllen, bei der Auswertung nicht berücksichtigt. Stellen diese Forderungen Mindestansprüche dar, so reduziert sich die Anzahl der zur Auswahl stehenden Alternativen beträchtlich. Wird die Erholungseignung eines Projektes als Hauprkriterium gewählt, so bleibt oft nur eine Alternative übrig.

Die Restriktionsmethode ist von der Auswahl der Restriktionen abhängig. Sie gibt keine Auskunft über das Verhältnis der Vor- und Nachteile in den einzelnen Zielsetzungen zueinander, z.B. welchen Gesamtvorteil eine reduzierte Energieerzeugung zugunsten ökologischer Verbesserungen hat. In dieser Methode werden die Maßnahmewirkungen in verschiedenen Zielen nicht aggregiert, sondern jede Zielsetzung wird für sich einzeln betrachtet.

6.4 Interaktive MCDM-Verfahren

Bei interaktiven Verfahren, die nicht so scharf abgegrenzt werden können, stehen Planer und Entscheidungträger während der gesamten Planungsphase im Dialog. Vom Entscheidungsträger werden schrittweise Präferenzen bezüglich verschiedener Lösungen abgegeben, die bei der Suche nach der bevorzugten Lösung berücksichtigt werden. Methodisch werden interaktiv Prozeduren verwendet, mit denen die Gewichtung des Entscheidungsträgers während der Ausführung der Berechnungen solange variiert werden bis die Ergebnisse annehmbar sind. Hierbei werden eingesetzt: Stem Method, Surrogate-Worth-Trade-off-Method, Protrade-Methode (= probalistic trade-off development), Compromise Programming, Trade-Verfahren, SEMOPS-Methode (= Sequential Multiobjective Problem Solving Method) (Goicoechea et al., 1982).

Interaktive MODM-Verfahren bieten die Möglichkeit, schrittweise Lösungsverbesserungen zu erarbeiten, indem die Kriteriengewichte oder/und die Anforderungen an die Zielerfüllungen verändert werden, um neue Lösungen zu produzieren. Die Verfahren sind attraktiver als die beiden anderen Gruppen. Der Entscheidungsträger wird bereits während des Planungsprozesses einbezogen und verbessert laufend seine Informationsstand.

Das *STEM-Verfahren* (step method) zählt zu den Methoden mit iterativer Präferenzangabe und entspricht hinsichtlich der Zielfunktion dem Goal Attainment Verfahren, das von der Minimierung der Abweichungen zu idealen Zielpunkten ausgeht.

Als interaktives Verfahren kann auch die Kompromiß-Programmierung (method of displaced ideals), eingestuft werden. Mit dem Verfahren werden die Abweichungen von den jeweils maximal erreichbaren Zielerfüllungen minimiert. Anhand einer Ausgangslösung gibt der Entscheidungsträger an, welche Ziele in welchem Umfang zu verbessern sind. Dieser Konstellation entspricht ein neuer Idealpunkt; der alte wird also durch diese Variation außer Kraft gesetzt (= displaced ideal).

Ist unter zu beurteilenden Alternativen keine dominante, d.h. sind in allen Kriterien beste Lösungen vorhanden, so kann mit diesem Verfahren für jedes Kriterium und jede Alternative der Abstand von einer idealen (minimalen oder maximalen) Lösung ermittelt werden. Der kleinste Abstand korrespondiert mit dem zu suchenden Kompromiß. Der Abstand wird mit der L_p-Metrik gemessen, in welcher statt der wirklichen idealen Lösung die jeweils besten (minimalen oder maximalen) Werte für die Kriterien aus allen Alternativen eingesetzt werden können. Die L_p-Metrik errechnet sich zu (vergl. Gl. 6.6):

$$L_p(m) = \left[\sum_{k=1}^{K} a_k{}^p \left(\frac{|BI_k - BK_{k,m}|}{|BKmax_k - BKmin_k|} \right)^p \right]^{1/p} = \text{min!} \qquad (6.7)$$

$L_p(m)$: L_p-Metrik für die Alternative m,

a_k : Gewichtsfaktor für das Kriterium k,

BI_k : ideale Lösung für das Kriterium k
(falls ein max oder min Wert vorgezogen wird, auch $BKmax_k$ oder $BKmin_k$),

$BK_{k,m}$: Wert des Kriteriums k der Alternative m,

$BKmax_k$: maximaler Wert für das Kriterium k aus allen Alternativen,

$BKmin_k$: minimaler Wert für das Kriterium k aus allen Alternativen,

p : Parameter, der das Entscheidungsverhalten des Entscheidungsträgers
beschreiben soll (Kompensierbarkeitsfaktor); $p = 1, 2, ..., \infty$,

K : Anzahl der Kriterien (Zielgrößen, Bewertungsgrößen).

Für einen Wert von $p \rightarrow \infty$, ist es das Ziel den maximalen Wert der gewogenen relativen Abstände zu minimieren, d.h.:

$$\min_j L_\infty (m) = \max_i \left(a_k \frac{|BI_k - BK_{k,m}|}{|BKmax_k - BKmin_k|} \right). \qquad (6.8)$$

Die Problematik bei der Anwendung ergibt sich aus den anzunehmenden Gewichtsfaktoren a_i und dem Parameter p, der das Verhalten des Entscheidungsträgers repräsentiern soll. Bei der Anwendung auf Speichersteuerungen wird vorgeschlagen bei Projekten, die der Allgemeinheit dienen sollen oder bei Speichersystemen, einen möglichst großen Wert für p (z.B. $p = 20, ..., \infty$) einzusetzen und bei Projekten kleinerer Unternehmen (Privatfirmen) $p = 1$ oder 2 zu wählen. Bei großem Wert für p wird das maximale Abweichen von der idealen Lösung stärker bewertet. Für die Auswahl der robustesten Steuerung müssen alle Kriterien als gleichrangig angesehen werden; in diesen Fällen wird a_i einheitlich zu 1 angenommen.

Bei der Ausgleichsmethode des Ersatznutzens *(Surrogate Worth Tradeoff Method*, SWT-Methode), die auf der der ökonomische Analyse im Sinne der Güterabwägung basiert, muß die vollständige Lösung bereits vorliegen. Es wird keine Ziel- bzw. Nutzwertfunktion verwendet, sondern eine Ersatzfunktion, die Surrogate-Worth-Funktion, gesucht. Es wird angenommen, daß der Entscheidungsträger die Zielwerte der einzelnen Zielfunktionen besser beurteilt, wenn er zusätzlich die relativen Austauschrelationen der Zielfunktionen kennt, die durch marginale Zu- oder Abnahme der Zielwerte zweier Zielfunktionen entstehen. Der Entscheidungsträger muß also nur noch entscheiden, ob er einen bestimmten Zuwachs eines Ziels wünscht unter Hinnahme von Einbußen bei einem anderen.

Das SWT-Verfahren besteht aus mehreren Optimierungsläufen, die sich in folgende Schritte einteilen lassen: im ersten werden effiziente Lösungen und deren Austauschrelationen berechnet, im zweiten wird mit den gegebenen Präferenzen des Entscheidungsträgers die bevorzugte Lösung unter den effizienten Lösungen gesucht. Möchte der Entscheidungsträger das Ergebnis verändern, schließt sich ein neuer Optimierungslauf an.

Die Austauschrelationsfunktionen lassen sich wie folgt berechnen:

$$\lambda_{ij} = \frac{\delta Z_i(x)}{\delta Z_j(x)} = \frac{\delta L_i}{\delta Z_j} \quad \text{mit } i \neq j; \quad i,j = 1, 2, ..., p \quad \text{bzw. } \lambda_{ij} = \frac{-\Delta z_j}{\Delta z_i}. \tag{6.9}$$

Der Funktionsverlauf gibt die Änderung eines Zielwertes der Zielfunktion i in Beziehung zu einer daraus resultierenden Änderung des Zielwertes der Zielfunktion j wieder. Zur Berechnung der Austauschrelationen zu jeder Lösung wird die Zielfunktion entsprechend der Multiplikatorenmethode von Lagrange für die Bestimmung der Extremwerte von Funktionen mit Restriktionen formuliert. Wenn die Zielfunktion $Z_i(x)$ für i = 1 Hauptzielfunktion ist, lautet die Lagrangefunktion L:

$$L(x, \mu, \lambda) = Z_1(x) + \sum_{k=1}^{m} \mu_k G_k(x) + \sum_{j=2}^{p} \lambda_{1j} [Z_j(x) - \varepsilon_j]. \tag{6.10}$$

In dieser Gleichung sind μ_k; k = 1, ..., m die Lagrangemultiplikatoren der m Restriktionsgleichungen und λ_{1j}; j = 1, ..., p die der als Restriktionen verwendeten p Zielfunktionen.

Von den notwendigen Kuhn-Tucker-Bedingungen für ein lokales Minimum des Problems sind nur die folgenden von Interesse (Haimes, 1977):

$$\lambda_{1j}[Z_j(x) - \varepsilon_j] = 0; \quad j = 2, ..., p, \tag{6.11}$$

$$\lambda_{1j} \geq 0; \quad j = 2, ..., p. \tag{6.12}$$

Aus den Gleichungen 6.11 und 6.12 ergibt sich, daß $\lambda_{1j} = 0$, wenn $Z_j(x) - \varepsilon_j \neq 0$, und daß $\lambda_{1j} \geq 0$, wenn $Z_j(x) - \varepsilon_j = 0$. Für ein Mehrfachzielsetzungsproblem sind nur die Lösungen mit $Z_j(x) - \varepsilon_j = 0$ und $\lambda_{1j} > 0$ von Interesse. Bei solchen Lösungen ist der Wert der Zielfunktion $Z_j(x)$ gleich dem Wert ε_j. Hat die als Restriktion verwendete Zielfunktion bei der Optimierung ihren Begrenzungswert (Zielwertgrenze ε_j) erreicht, ist die damit gewonnene Lösung eine effiziente. Die zugehörige Lagrangemultiplikatoren entsprechen den Austauschrelationen (trade-off function) dieser Lösung.

Sind bei einer Lösung $Z_j(x) - \varepsilon_j > 0$ und $\lambda_{1j} = 0$, liegt eine nicht effiziente Lösung vor. Diese braucht nicht weiter betrachtet zu werden, da hierbei ein Zielgewinn für die Zielfunktion $Z_l(x)$ möglich ist, ohne daß dadurch die Zielfunktion $Z_j(x)$ einen Zielverlust erfährt.

Die Austauschrelationsfunktionen werden mit zahlreichen Optimierungsläufen ermittelt, wobei die Zielbegrenzungen ε_j der als Restriktionen verwendeten Zielfunktionen systematisch variiert wird. Die Anzahl der Optimierungen läßt sich verringern, wenn folgende Abhängigkeiten der Lagrangekoeffizienten berücksichtigt werden (Haimes, 1975; Goicoechea, 1982):

$$\lambda_{ij} = \lambda_{ik} \cdot \lambda_{kj}; \quad \text{für } \lambda_{ij} = 0, \quad i \neq j; \quad i,j = 1, 2, ..., p, \tag{6.13}$$

$$\lambda_{ij} = 1 \, / \, \lambda_{ji}; \quad \lambda_{ji} \neq 0; \quad i \neq j; \quad i,j = 1,2, ..., p. \tag{6.14}$$

Die Ergebnisse der Optimierungsläufe werden dem Entscheidungsträger zur Abfrage seiner Präferenzen vorgelegt. Seine Werturteile zu den verschiedenen Austauschrelationen werden zur Aufstellung einer Ersatzwertfunktion benötigt. Die Werturteile beziffern wieviele Einheiten λ_{ij} der Zielfunktion $Z_j(x)$ der Entscheidungsträger gegen eine Einheit der j-ten Zielfunktionen $Z_j(x)$ austauschen würde. Diese Werturteile können mit einer Skala von -10 bis +10 wie folgt eingestuft werden: Ein Ersatzwert W_{ij} = +10 bedeutet, daß λ_{ij} Einheiten des Zieles $Z_j(x)$ dem Entscheidungsträger viel mehr wert sind als eine Einheit des Zieles $Z_j(x)$; W_{ij} = -10 bedeutet eine negative Einstellung. Der Ersatzwert W_{ij} = 0 entspricht einer indifferenten Haltung des Entscheidungsträger, d.h., ein Austausch ist nicht erwünscht. Wenn Ersatzwerte abgegeben werden, muß der Entscheidungsträger die Austauschrelationen und die Zielwerte aller Zielfunktionen bereits kennen.

Durch Abfrage mehrerer Zielwerte der Zielfunktion Z_j wird die Ersatzwertfunktion $W_{ij}(\lambda_{ij})$ bestimmt. Ersatzwertfunktionen werden für alle Austauschrelationsfunktionen λ_{ij}; $i \neq j$; $i,j = 1, 2, ..., p$ berechnet. Die bevorzugte Lösung des Mehrfachzielsetzungsproblems ist gefunden, wenn für eine Lösung gleichzeitig alle Ersatzwertfunktionen W_{ij}; $i \neq j$; $i,j = 1, 2, ..., p$ den Wert Null haben.

Wird nach der ersten Präferenzabfrage die bevorzugte Lösung nicht gefunden, werden neue Lösungen in dem Bereich, in welchem die bevorzugte Lösung vermutet wird, berechnet. Das Auffinden dieses Bereichs läßt sich mit einem Regressionsansatz, z.B. mehrfache lineare Regression, erleichtern. Kann davon ausgegangen werden, daß die Präferenzen des Entscheidungsträgers konsistent sind, befindet sich die bevorzugte Lösung (W_{ij} = 0; $i \neq j$; $i,j = 1, 2, ..., p$) unter den zuletzt berechneten Lösungen. Ist dies nicht der Fall, werden Berechnungen und Präferenzabgabe solange wiederholt, bis die bevorzugte Lösung gefunden ist. Beispiel in (Nachtnebel, 1988).

Bei dem *Trade-Verfahren* (*T*rade-off Development Modell) wird die Zielfunktion so als Vorschrift benutzt, daß die Summe der (ungewichteten) normierten Zielerreichungsgrade maximiert wird. Optimale und minimale Zielwerte legen den Erfüllungsbereich fest. Jedes Kriterium wird als eine Zielfunktion erfaßt. Der Entscheidungsträger wird nach Vorliegen der Ausgangslösung gefragt, ob die Lösung akzeptabel ist. Anderenfalls ist anzugeben, um wieviel die Zielfunktion mit dem höchsten Zielerfüllungsgrad zu verringern ist, z.B. durch neue Festlegung der Zielwerte. Diese Vorgabe geht als Nebenbedingung in den nächsten Rechenlauf ein, der damit eine Zielfunktion weniger aufweist. Unter Beachtung der Restriktionen wird eine zweite Lösung ermittelt, die für die übrigen Zielfunktionen höhere Erreichungsgrade zuläßt. Wird die neue Lösung nicht akzeptiert, wird die Prozedur solange wiederholt bis ein akzeptables Ergebnis vorliegt.

Das Trade-Verfahren beginnt analog dem Restriktionsverfahren mit der Bestimmung einer Zielwertmatrix. Beispiele in (Goicoechea, 1972). Sie enthält die optimalen und die jeweils schlechtesten Zielwerte $Z_i(x)_{min}$ der einzelnen Zielfunktionen. Diese werden benötigt, um deren Zielerreichungsgrade $G_i(x)$ zu berechnen:

$$G_i = [Z_i(x) - Z_i(x)_{min}] / [Z_i(x_i)_{max} - Z_i(x)_{min}]. \tag{6.15}$$

Der Wert $Z_i(x_i) - Z_i(x)_{min}$ ist eine Konstante, die dem Variationsbereich der i-ten Zielfunktion entspricht. Für die Optimierung wird eine Ersatzzielfunktion S_1 aufgestellt, welche die Summe der einzelnen Zielerreichungsgrade G maximiert:

$$\max S_1(x) = \sum_{i=1}^{p} G_i(x). \tag{6.16}$$

Das Ergebnis der Optimierung ist ein Lösungsvektor x_1, aus dem sich Werte für die Zielfunktionen $Z_1(x_1)$, $Z_2(x_1)$, ... und die Zielerreichungsgrade $G_1(x_1)$, $G_2(x_1)$, ..., usw. berechnen lassen:

$$W_1 = \begin{bmatrix} Z_i(x_1) \\ .. \\ .. \\ Z_p(x_1) \end{bmatrix} \quad V_1 = \begin{bmatrix} G_i(x_1) \\ .. \\ .. \\ G_p(x_1) \end{bmatrix}$$

Der Entscheidungsträger wird gefragt, ob die Zielwerte $Z_i(x_1)$ in W_1 akzeptabel sind. Bei Zustimmung ist W_1 die Lösung des Mehrzielproblems. Wird W_1 nicht akzeptiert, wird einer der Zielfunktionen $Z_i(x_1)$ ein niedrigerer Zielwert zugewiesen. Das Ausmaß der Verringerung legt der Entscheidungsträger fest. Die Verringerung erfolgt, um die Zielwerte der übrigen Zielfunktionen zu verbessern. Bei den folgenden Berechnungen dient diese Zielfunktion mit dem festgesetzten geringeren Zielwert als Restriktion. Die Optimierungsaufgabe umfaßt damit eine Zielfunktion weniger. Danach wird eine neue Ersatzzielfunktion $S_2(x)$ aufgestellt, aus der W_2 und V_2 bestimmt werden. Sie werden erneut zur Präferenzabgabe vorgelegt. Die Iterationen werden so lange fortgesetzt bis eine für den Entscheidungsträger zufriedenstellende Lösung gefunden ist.

Bei der sequentiellen Zieloptimierung (*SEMOPS-Methode*) können mehrmals Präferenzen augegeben werden, d.h. für jede Zielfunktion bevorzugte Werte. Es geht nicht darum eine Nutzwertfunktion zu optimieren, vielmehr sollen die Optimierungen im Hinblick auf mehrere Einzelziele nacheinander (sequentiell) vorgegenommen werden; z. B. können Optimierungen des Gehalts an gelöstem Sauerstoff an einzelnen Gewässerstellen vorgenommen werden unter der Nebenbedingung, daß über den gesamten Flußlauf hinweg der Sauerstoffgehalt ein bestimmtes Minimum nicht unterschreitet (bogardi, 1993; Nachtnebel, 1988).

Der Entscheidungsträger muß mehrmals seine Präferenzen angeben und kann für jede Zielfunktion bevorzugte Werte nennen. Die Erfüllung seiner Forderung wird durch ein normiertes Abweichungsmaß audgedrückt. Nach jedem Schritt wird ein Ziel in eine Nebenbedingung umformuliert, so daß die Zahl der zu lösenden Hilfsprobleme immer weiter eingeschränkt wird.

6.5 Beispiele zu den Mehrkriterien-Verfahren

6.5.1 Anwendung des Restriktionsverfahrens, des Trade-Verfahrens und des Surrogate-Worth-Trade-Off-Verfahrens auf die Wasserkraftnutzung

6.5.1.1 Aufgabenstellung und Restriktionen

In Anlehnung an (Becker et al., 1983) soll bei einer Talsperre mit Wasserkraftnutzung der Zufluß aus dem eigenen Einzugsgebiet durch eine Überleitung etwa versechsfacht werden. Nur Hochwasserabflüsse über 25 m^3/s werden in die Ausleitungstrecke abgeschlagen. Die Ausleitungsstrecke, die in einem lanschaftlich und ökologisch hochwertigen Gebiet liegt, ist dadurch durchschnittlich von Mitte Mai bis Mitte September trocken. Die Ausleitungsstrecke ist in sechs homogene Abschnitte eingeteilt, von denen nur die beiden ersten ökologisch wertvoll sind. Sie soll in ökologischer und lanschaftsästhetischer Hinsicht verbessert werden unter Inkaufnahme einer Einbuße bei der Wasserkrafterzeugung an drei bestehenden Wasserkraftwerke (Bild 6.6). Der in der Ausleitungsstrecke verbleibende Mindestabfluß, auch als Restwasser bezeichnet, dient zur Gewährleistung der Abflußdynamik, die zur Erhaltung der dem Gewässertyp entsprechenden Biozönose (DVWK, 1996a) erforderlich ist. Er wird vereinfacht als 1/6 bis 1/3 MNQ unter Einhaltung einer ausreichenden Wasserbedeckung der Sohle (1-2 dm) gewählt, muß aber gewässerökologisch überprüft werden und wird anhand eines Mehrzielverfahrens festgelegt. Im vorliegenden Beispiel soll er zwischen 2,5 und 8 m^3/s variiert werden.

Der jährliche Erzeugungswert E durch Mindestwasserauflagen läßt sich wie folgt ermitteln (DVWK, 1996):

$$E = 9{,}81 \cdot \eta_{ges} \cdot Q_{min} \cdot H \cdot 24 \cdot n$$

9,81   : Wichte von Wasser,
η_{ges} : Gesamtwirkungsgrad des Kraftwerkes; im Mittel ist $9{,}81 \cdot \eta_{ges} = 7{,}5$ bis 8,
Q_{min} : geforderter Mindestwasserabfluß [m^3/s],
H   : Fallhöhe [m],
n   : Anzahl der Tage pro Jahr an denen der Abfluß die Summe aus Mindestwasserabfluß und Ausbaugrad unterschreitet. Bei kleinen und mittleren Wasserkraftanlagen und hohem Ausbaugrad ist n $\leq$ 315 d, bei niedrigem Ausbaugrad n > 165 d. Der standardisierter Wert für 1 m^3/s und 1 m Fallhöhe entspricht 29700 kWh/a als unterer Grenzwert für n = 165 d und 56700 kWh/a als oberer Grenzwert für n = 315 d.

Für das Beispiel wurde anstelle der täglichen Einbußen die wöchentlichen Werte verwendet. Die hydrologischen und betrieblichen Aufzeichnungen liegen für 30 Jahre vor und wurden zur Vereinfachung der Berechnung in mittlere wöchentliche Werte umgerechnet. Die Einbußen an Energie E_j und die möglichen Zugewinne aller betroffenen Kraftwerke werden in der Zielfunktion der Energie ZE bilanziert. Ziel ist die Minimierung der gesamten Energieeinbußen:

$$\min ZE = \sum_{j=1}^{52} E_j.$$

Die Stromeinbußen E_j der drei Kraftwerke werden als Differenz der erzeugten elektrischen Arbeit A_j im derzeitigen Zustand und der über die einzelnen Wochen eines Jahres summierten elektrischen Arbeit bei unterschiedlichen mittleren wöchentlichen Abflüssen x_i ausgedrückt:

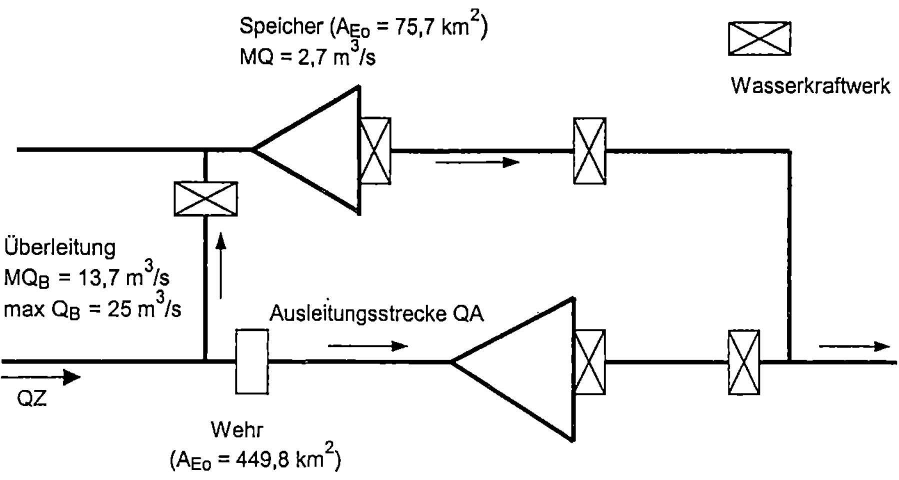

Bild 6.6. Systemskizze zum Beispiel

$$E_j = A_j - \sum_{i=1}^{52} \frac{604,8 \cdot [Q_{ij} - (x_i - QA_i)]}{SWB_{ij}} \quad \text{mit } j = 1, 2, 3$$

A_j : mittlere elektrische Arbeit in MWh/a im Kraftwerk j (heute),

E_j : mittlere Einbuße an elektrischer Arbeit in MWh/a im Kraftwerk j (künftig),

Q_{ij} : mittlere wöchentliche Zuflüsse in m^3/s zum Kraftwerk j (heute),

QA_i : mittlere wöchentliche Abflüsse in m^3/s über das Wehr (heute) (s. Bild 6.6),

x_i : mittlere wöchentliche Abflüsse in m^3/s über das Wehr in die Ausleitungswehre (künftig),

SWB_{ij} : mittlerer spezifischer Wasserbedarf zur Erzeugung einer kWh in m^3/(s·kWh) in der i-ten Woche beim Kraftwerk j,

604,8 : Umrechnungsfaktor für wöchentliche Sekunden und Kilowatt (604,8 = 7 · 24 · 3600/1000).

Künftig wird bei den beiden anderen Kraftwerken durch die erhöhten Abgaben Q_{ij} + (x_i - QA_i) über die Ausleitungswehre der energiewirtschaftlich nutzbare Abfluß vergrößert. Dadurch ergeben sich für E_j negative Werte, d.h. Zunahmen an elektrischer Arbeit. Die Berechnung dieser E_j erfolgt nicht über den spezifischen Wasserbedarf, sondern wegen örtlicher und technologischer Gegebenheiten über Stauhöhe, Abfluß und Abfluß-Leistungskurven der Turbinen und ist hier nicht gezeigt.

Durch Mehrabgaben sollen die ökologischen Verhältnisse in der Ausleitungsstrecke verbessert werden. Nachhaltige Verbesserungen der Biotopqualität sind nur in den ersten beiden in sich homogenen Flußabschnitten zu erwarten. Sie sind auf einige Tierarten beschränkt und resultieren in ökologische Zielfunktionen für Amphibien (ZA), Fische (ZF), Vögel / Rohbodenbrüter (ZR) und Vögel/Baumbrüter (ZB). Um diese Zielaussage in Zielfunktionen umzusetzen, werden die ökologischen Einzelwirkungen über Biotopkennwerte zahlenmäßig eingestuft. Aus örtlichen Erhebungen abgeleitete Kennwerte der Biotopqualität in den beiden ersten Flußabschnitten bilden die Stützstellen der einzelnen Zielfunktionen; zwischen den Stützstellen wird linear interpoliert (Bild 6.7).

Mit den Mehrabgaben soll das optische Erscheinungsbild (Landschaftsbild) der Ausleitungsstrecke verbessert werden. Die landschaftsästhetische Zielfunktion ZL baut auf einer Untersuchung auf, in der ein ästhetischer Kennwert für die Wirkungen auf einen Betrachter erfragt wurde. Dazu wurden mehrere Personengruppen nach ihren subjektiven ästhetischen Eindrücken befragt, die ihnen Bilder der Ausleitungsstrecke bei unterschiedlichen Abflüssen vermittelten. Die daraus abgeleiteten ästhetischen Kennwerte unterscheiden sich bezüglich der Abflüsse ebenfalls nur für die beiden ersten Flußabschnitte. Die Kennwerte der beiden Flußabschnitte werden als Stützstellen für die landschaftsästhetische Zielfunktion ZL verwendet; zwischen den Stützstellen wird linear interpoliert (vgl. Bild 6.7).

Als *Restriktionen* für Einschränkungen des Lösungsraumes gelten: Die künftigen Abflüsse x_i dürfen nicht kleiner sein als die derzeitigen Abflüsse QA_i in der Ausleitungsstrecke und nicht größer als die Zuflüsse QZ_i zum Ableitungswehr, d.h. $QA_i \leq x_i \leq QZ_i$.

Bei der Wasserkraftnutzung sollen die technische und betriebliche Randbedingung, wie maximale Turbinendurchflüsse, wartungsbedingte Ausfallzeiten sowie wasserrechtliche Bedingungen, wie die Einhaltung von Mindestabflüssen und Speicherwasserständen zu bestimmten Jahreszeiten, eingehalten werden. Sie werden hier nicht besonders dargelegt.

Für die Fische (ZF) ist ganzjähriger ein Mindestabfluß von 2,5 m^3/s einzuhalten, um eine Fischpopulation in der gesamten Ausleitungsstrecke zu ermöglichen, d.h. $x_i \geq 2,5$ für ZF > 0. Für die Amphibien gilt ganzjährig: $x_i > 0$, für ZA > 0 (Tabelle 6.3). Bei den Vögeln (Baum- und Bodenbrüter) sind Kennwerte für die Biotopqualität für den Zeitraum April bis Oktober von Bedeutung; die Zielfunktionen ZB und ZR sind nur von den Abflüssen während dieser Monate abhängig. Der erforderliche Abfluß für ZF dominiert, größere Energieeinbußen zur Folge.

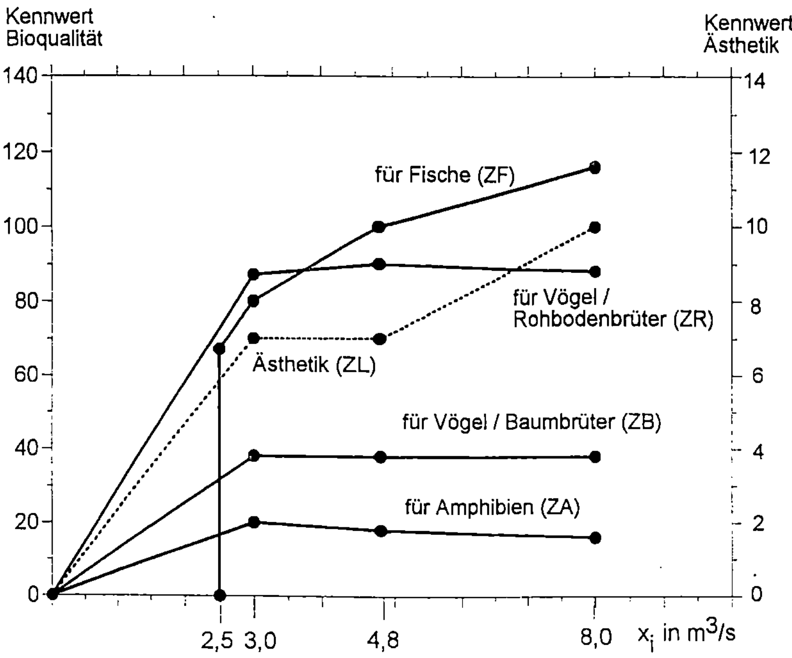

Bild 6.7. Normierte, ökologische Zielfunktionen für Fische (ZF), Amphibien (ZA), Vögel als Bodenbrüter ZR und Vögel als Baumbrüter (ZB) (minimaler Zielwert Z = 0 bei x_i = 0 und maximaler Zielwert 1 für x_i = 8 m^3/s, für ZA, ZB bei x_i = 3 und für ZR bei x_i = 4,8 m^3/s); Landschaftsästhetische Zielfunktion (ZL) für eine Ausleitungsstrecke (gestrichelt)

6.5.1.2 Anwendung des Restriktionsverfahrens

Das Restriktionsverfahren wird bei Optimierungsproblemen mit maximal drei Zielfunktionen empfohlen. Eine Reduzierung der Zielfunktionen kann für das Beispiel wie folgt vorgenommen werden: Von einer Mehrabgabe betroffen sind im wesentlichem Fische und gefährdete Vogelarten ZR. ZA und ZB sind weitgehend durch ZR bzw. ZL durch ZF repräsentiert (vgl. Bild 6.7). Damit kann das Optimierungsproblem auf max. ZF, max. ZR und min ZE reduziert werden.

Die vollständige Lösung wird wie folgt ermittelt: Nach Aufstellung der Zielmatrix wird min ZE als Zielfunktion angenommen. Die beiden anderen Zielfunktionen werden mit stufenweise variierten Zielwerten als untere Grenzwerte im Restriktionssystem berücksichtigt. Im ersten Lauf werden die Zielwerte für ZR, beginnend mit einem unteren Wert von $x_j = 0{,}56$ in Stufen von 0,1 erhöht und für jede Stufe wird das Ziel ZE optimiert. Der Wert von 0,56 ergibt sich aus den heutigen Abflüssen. Die Biotopqualität für Vögel/ Rohbodenbrüter beträgt bereits 56% des maximalen Wertes, der durch erhöhte Abgaben erreicht werden kann. Im zweiten Schritt werden die Zielwerte von ZF variiert und damit erneuert ZE optimiert. Der untere Wert für ZF von 0,68 kann aus der Restriktion $x \geq 2{,}5$ abgelesen werden (s. Bild 6.7).

Die Zielfunktion ZB wird aus Gründen der Vereinfachung nicht dargestellt, da sie fast immer durch die übrigen Zielfunktionen abgedeckt wird. Ergebnisse in Tabelle 6.4 stellen, abhängig von der Schrittweite, nur eine Teilmenge aller effizienten Lösungen dar. Aus diesen Lösungen wählt der Entscheidungsträger entsprechend seiner Präferenz die bevorzugte Lösung aus. Soll eine Fischpopulation in der gesamten Ausleitungsstrecke gewährleistet werden, ist die optimale Lösung bei der Biotopqualität 70 % erreicht.

Tabelle 6.3. Zielwertmatrix für fünf Zielfunktionen (nach Becker, 1983)

Zielfunktion	Zielwerte der Einzelziele					Lösungsvektor x_j in m^3/s[1]	
	ZE (MWh/a)	ZA	ZF	ZR	ZL	min. Wert	max. Wert
Energie (ZE)	0	0,00	0,00	0,56	0,46	0,0	8,0
Amphibien (ZA)	34167	0,97[2]	0,77	0,96	0,75	3,0	8,0
Fische (ZF)	116116	0,80	1,00	0,97	1,00	8,0	8,0
Vögel/Rohboden-brüter (ZR)	59534	0,88	0,87	0,99[2]	0,76	4,8	8,0
Landschafts-ästetik (ZL)	116116	0,80	1,00	0,97	1,00	8,0	8,0

[1] Der vollständige Lösungsvektor wird aus Platzgründen nicht angegeben, sondern nur die unteren und oberen Werte. Werte $x_j \geq 8{,}0$ m^3/s können auftreten, sind für die einzelnen Zielwerte aber bedeutungslos.

[2] 1,00 ist nicht erreichbar, da das Optimum der Zielfunktion bei $x_j = 4{,}8$ m^3/s liegt und diese Werte bei Hochwasser überschritten wird.

Tabelle 6.4. Zielwerte und Zielerreichungsgrade für ZE bei Variation von ZR und ZF für das Restriktionsverfahren (nach Becker, 1983)

Erster Rechenschritt					Zweiter Rechenschritt			
Vorgabe	Optimiert: ZE		Zielwert		Vorgabe	Optimiert: ZE		Zielwert
ZR	Zielwert (MWh/a)	Zielerrei-chungsgrad	ZF		ZF	Zielwert (MWh/a)	Zielerrei-chungsgrad	ZR
0,560	20	1,000	0,0		0,681	27673	0,762	0,868
0,600	1133	0,990	0,0		*0,700*	*28924*	*0,751*	*0,910*
0,700	4178	0,964	0,0		0,800	40884	0,648	0,960
0,800	7409	0,936	0,0		0,900	70829	0,390	0,994
0,900	10797	0,907	0,0		0,993	109506	0,057	0,973
0,950	12518	0,892	0,0		1,000	116116	0,000	0,970

(kursive Zeile in Tabelle 6.4). Unter Inkaufnahme einer Einbuße an elektrischer Arbeit von 28924,4 MWh/a werden gleichzeitig gute Voraussetzungen hinsichtlich der Biotopqualität für Amphibien und Vögel sowie der Kennwerte für die Landschaftsästetik erhalten.

Die zugehörigen Abflüsse am Wehr in die Ausleitungsstrecke sind in Bild 6.8 dargestellt. Aus den Ergebnissen des Restriktionsverfahrens geht hervor, daß die Zielfunktion ZR nicht den Ausschlag gibt sondern ZF.

6.5.1.3 Anwendung des Trade-Verfahrens

Beim Trade-Verfahren werden alle Ziele in die Optimierung einbezogen. Die Zielfunktion ZB ist hier nicht dargestellt.

Optimiert wird eine Ersatzzielfunktion mit dem Ziel, die maximale Summe der Zielerreichungsgrade nach Gl. 6.16 zu finden. Am Beginn des Entscheidungsprozesses steht die Startlösung, die in der Regel eine nicht effiziente Lösung darstellt (vergl. Tabelle 6.4).

Im nächsten Schritt werden vom Entscheidungsträger Verbesserungen der Einzelziele angestrebt. Da aus der Zielfunktion für Fische ZF nach Bild 6.7 hervorgeht, daß hierfür Minestabflüsse erforderlich sind soll die Biotopqualität für die Fische verbessert und der zugehörige Zielerreichungsgrad von 0,681 auf $\geq$ 0,770 erhöht werden. Mit dem unteren Grenzwert von 0,77 wird die Zielfunktion für Fische im Restriktionssystem berücksichtigt. Im folgenden ersten Optimierungsschritt werden die übrigen Zielfunktionen optimiert. Da das Ergebnis über die Energieverluste dem Entscheidungsträger zu hoch ist, wird für die 2. Optimierung der Zielerreichungsgrad für Energie mit $\geq$ 0,740 vorgesehen. Die 3. Lösung sei annehmbar, damit ist die Aufgabe gelöst.

Möchte der Entscheidungsträger wissen, bei welchen Vorgaben möglichst wenig Energieverluste eintreten werden nacheinander weitere Optimierungen für steigende Zielerreichungsgrade für die Energie, hier gestaffelt von $\geq$ 0,80, $\geq$ 0,85 und $\geq$ 0,90, vorgenommen.

Auf Grund der Restriktionen werden Zielerreichungsgrade von ZF = 0 erhalten. Da auf jeden Fall eine verbesserte Biotopqualität erreicht werden soll, die Fischleben ermöglicht, übernimmt der Entscheidungsträger die Lösung der zweiten Optimierung als bevorzugte Lösung (kursive Spalte in Tabelle 6.5). Die zugehörigen Abflüsse enthält Bild 6.8.

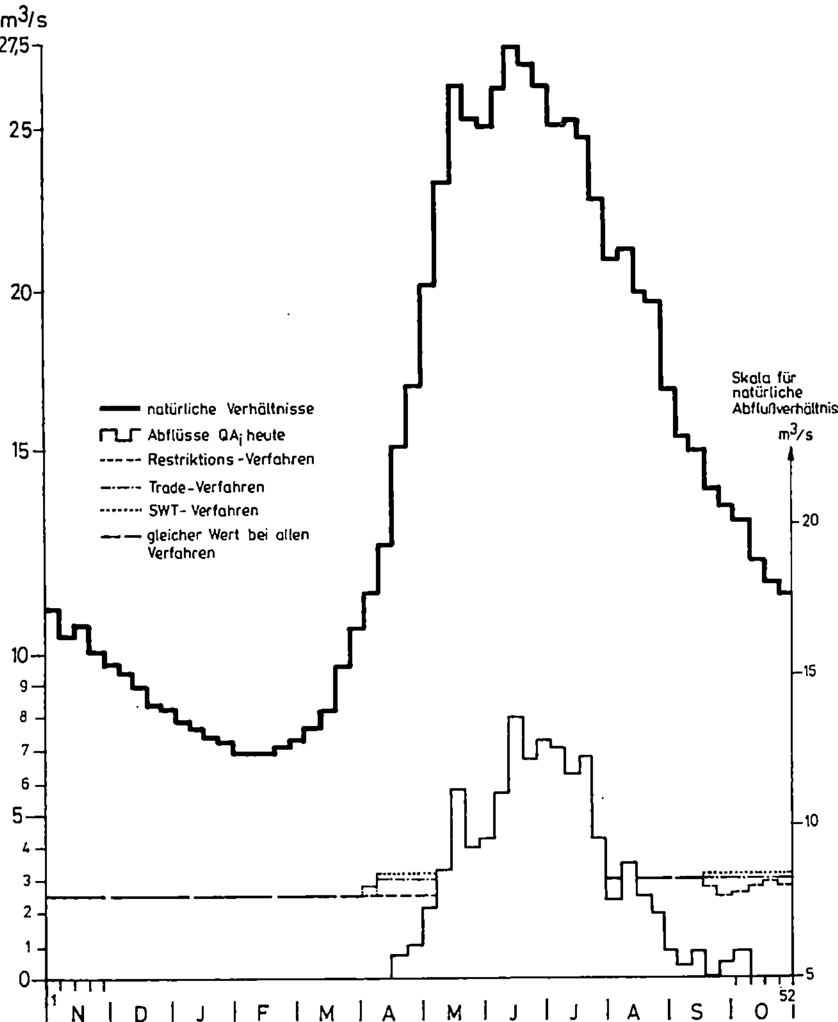

Bild 6.8. Errechnete Abflüsse der Ausleitungsstrecke (Lösungsvektoren) bei den einzelnen Optimierungsverfahren

6.5.1.4 Anwendung des SWT-Verfahren

Beim SWT-Verfahren müssen für die Präferenzabgabe die Zielwerte effizienter Lösungen und die Austauschrelationen zwischen jeweils zwei Zielen angegeben werden. Mit steigender Anzahl der Zielfunktionen verringert sich die Überschaubarkeit der Ergebnisse, die dem Entscheidungsträger vorzulegen sind. Aus diesem Grund wird eine Beschränkung auf wenige (hier drei): Zielfunktionen empfohlen. Das vorliegende Optimierungsproblem soll auf folgende Zielfunktionen zurückgeführt werden: max. ZF, max. ZR und min. ZE. Für die Ermittlung effizienter Lösungen kann eine geeignete Optimierungsmethode aus den Verfahren mit a-posteriori Präferenzabgabe gewählt werden. Vereinfacht sollen hier die Ergebnisse des Restriktionsverfahren übernommen werden.

Tabelle 6.5. Zielwertvorgaben und Optimierungsschritte beim Trade-Verfahren

Zielerreichungsgrad / Zielfunktion	Startlösung Wert →Vorgabe	1.Optimierungsschritt Wert →Vorgabe	2.Optimierungsschritt Wert →Vorgabe	3.Optimierungsschritt Wert →Vorgabe	4.Optimierungsschritt Wert →Vorgabe	5.Optimierung Wert
Energie[1] (ZE)	27673,8 0,762	34167,2 0,706 ↓ ≥ 0,740	30189,3 0,740 ↓ ≥ 0,800	23223,4 0,800 ↓ ≥ 0,850	17417,5 0,850 ↓ ≥ 0,900	11611,7 0,900
Amphibien (ZA)	0,871	1,000	0,924	0,790	0,674	0,556
Fische (ZF)	0,681	0,773 ↓ ≥ 0,770	0,718	0,000	0,000	0,000
Vögel/Rohbodenbrüter (ZR)	0,761	0,923	0,909	0,923	0,923	0,923
Landschaftsästhetik (ZL)	0,409	0,533	0,526	0,533	0,533	0,513

[1]) Energie: Einbuße an elektrischer Arbeit in MWh/a (1. Zeile), Zielerreichungsgrad (2. Zeile)

Zu einigen Lösungen werden die Austauschrelationen (Trade-offs) zwischen den einzelnen Zielfunktionen berechnet, Hier sollen nur die zwischen den gegenläufigen Zielen, min. ZE (hier: Z_1) einerseits und max. ZF und ZR (hier: Z_2 bzw. Z_3) andererseits, interessieren. (Tabelle 6.6).

Die Austauschrelation $\lambda_{1,2}$ = 769,8 nach Gl. 6.9 bedeutet, daß zusätzlich Energieeinbußen von 769,8 MWh/a entstehen, wenn die Biotopqualität für Fische von 0,75 auf 0,76 verbessert wird.

Nach Vorlage der Ergebnisse des ersten Optimierungszyklus (Tabelle 6.6) gibt der Entscheidungsträger Präferenzen auf einer Werteskala von + 10 bis - 10 ab. Für einige Ziele werden Verbesserungen angestrebt. Im vorliegenden Beispiel soll eine ausreichende Biotopqualität für Fische erreicht werden. Die Lösungen mit Z_2 = ZF = 0 werden von vornherein verworfen und sind nicht dargestellt. Für Lösungen mit Z_2 = ZF ≥ 0,68 werden Präferenzen abgegeben, durch die der Bereich der bevorzugten Lösung stark eingegrenzt wird.

$W_{1,2}$ = -10 bedeutet, daß Energieeinbußen in Höhe von 91486,0 MWh/a unerwünscht sind; der Entscheidungsträger ist nicht bereit, weitere 4127,8 MWh/a Stromverluste gegen eine Zunahme der Biotopqualität für Fische von 0,95 auf 0,96 auszutauschen. Mit $W_{1,2}$ = + 5 wird ausgedrückt, daß weitere Energieeinbußen von 677,4 MWh/a hingenommen werden, um die Biotopqualität für Fische von 0,68 auf 0,69 anzuheben. Die bevorzugte Lösung ist auf Grund der Präferenzen zwischen 0,68 und 0,75 für Z_2 zu suchen.

Im zweiten Optimierungszyklus werden für die neuen Präferenzen Lösungen mit den zugehörigen Austauschrelationen berechnet und dem Entscheidungsträger erneut vorgelegt. Die Werte der Ersatzwertfunktionen reichen von +3 bis -1. Der Wert $W_{1,2}$ = 0 wird als Lösung der vorletzten Zeile in Tabelle 6.5 akzeptiert.

Die zugehörigen Abflüsse sind im Bild 6.8 dargestellt. Der Vergleich der Ergebnisse setzt voraus, daß der Entscheidungsträger konsistent geurteilt hat. Die gesuchten Abgaben in Bild 6.8 liegen dicht beieinander bzw. decken sich über längere Zeiträume. Sie beinhalten, daß bei allen drei Verfahren zu Lasten der Stromerzeugung ein ganzjähriger Mindestabfluß in der Ausleitungsstrecke gewünscht wird, wodurch die Biotopqualität für Fische und Vögel erheblich gesteigert wird.

Tabelle 6.6. Zielwerte, Austauschrelationen (Dimension MWh/a · Werteinheit) und Präferenzen beim SWT - Verfahren zum Beispiel 6.5.14

Zielfunktionen				Austauschrelationen		Präferenzen	
$ZE = Z_1$		$ZF = Z_2$	$ZR = Z_3$				
MWh/a	Wert	Wert	Wert	$\lambda_{1,2}$	$\lambda_{1,3}$	$W_{1,2}$	$W_{1,3}$
Erster Optimierungszyklus							
20,8	1,000	0,0	0,560	-	303,7	-	-
2657,3	0,977	0,0	0,650	-	304,6	-	-
5735,2	0,951	0,0	0,750	-	317,5	-	-
9095,7	0,922	0,0	0,850	-	357,4	-	-
12518,7	0,892	0,0	0,950	-	391,5	-	-
27673,8	0,762	0,680	0,868	677,4	-	+ 5	-
32421,7	0,721	0,750	0,957	769,8	-	- 3	-
54005,6	0,535	0,850	0,979	2709,5	-	- 5	-
91486,0	0,212	0,950	0,985	4127,8	-	- 10	-
Zweiter Optimierungszyklus							
28250,3	0,757	0,690	0,888	677,7	-	+ 3	-
28924,4	0,751	0,700	0,910	677,9	-	+ 2	-
29601,4	0,745	0,710	0,940	679,5	-	+ 1	-
30288,7	0,739	0,720	0,950	683,8	-	0	-
30979,6	0,733	0,730	0,960	697,8	-	- 1	-

6.5.2 Anwendung der Ziel-, Kompromiß- und Composite-Programmierung auf die Wasserkraftnutzung

6.5.2.1 Aufgabenstellung und Randbedingungen

Das Beispiel ist schwerpunktmäßig auf die Anwendung von abstandsorientierten Verfahren bei Mehrfachzielproblemen. Infolge der umfangreichen Darstellung bei Anwendung in der Bewässerungswirtschaft wurde eine vereinfachte Darstellung in der Wasserkraftnutzung gewählt und zahlenmäßig an (DVWK 1999) angelehnt.

Das Beispiel behandelt eine Erweiterung des Beispiels 6.5.1.1. (DVWK, 1989) Isar und Loisach werden zur Wasserkraftnutzung in Form von Seitenkanalkraftwerken seit längerem beansprucht. Der rd. 20 km lange Isarabschnitt zwischen Krüner Wehr und Sylvensteinspeicher ist infolge der Isarausleitung zum Walchensee besonders betroffen (Bild 6.9). Als negative Folge der Ausleitungen sind landschaftsökologische Veränderungen, Beeinträchtigungen der Landschaftsästhetik, Verschlechterung der Gewässergüte des Walchensees durch erhöhte Nährstoffzufuhr aus der Isarüberleitung sowie die veränderten Niedrig- und Mittelwasserabflüsse zu untersuchen. Neben der überregionalen Bedeutung des Walchenseekraftwerks zur Stromerzeugung ist die Region ein Naherholungs- und Fremdenverkehrsgebiet (Schmidtke, 1986; DVWK, 1989).

Die Teilrücknahme der Isarausleitung am Krüner Wehr dient zur Verbesserung der Abflußverhältnisse und ist mit energiewirtschaftlichen Nachteilen verbunden. Neben den gegenwärtigen Verhältnissen (Ist-Zustand) werden hier aus Gründen der Übersichtlichkeit nur 2 Alternativen der Teilrückleitung betrachtet.

Variante 0: Ist-Zustand,
Variante 1: QR = 3 m³/s ganzjährige Mindestabgabe (QR = Rückleitungsmenge),
Variante 2: QR = 4,8 m³/s ganzjährig (nach wasserwirtschaftlichem Rahmenplan Isar).

Aus den Wirkungen infolge der veränderten hydrologischen Verhältnisse (Abfluß, Grundwasser, Gewässergüte) werden hier nur die Wirkungsbereiche Energiewirtschaft, Landschaftsökologie/Naturschutz, Landschaftsästhetik, wasserorientierte Freizeit- und Erholungsnutzung berücksichtigt.

Für die Energiewirtschaft besteht die Wirkung der Teilrückleitungen in verminderter erzeugter Arbeit der betroffenen Wasserkraftwerke. Die dadurch bedingten Veränderungen der Stromerzeugung werden als Jahressumme der erzeugten Energie in MWh/a ausgedrückt.

Zur Quantifizierung der landschaftsökologischen Auswirkungen und des Naturschutzes werden getrennt nach aquatischem und terrestrischem System Kennwerte der Biotopqualität gebildet. Der Kennwert der Biotopqualität für die terrestrische Vegetation basiert auf der rückleitungsbedingten Flächenänderung für acht verschiedene Vegetationstypen des Isartals. Die veränderten Flächenanteile bestimmter Zielausprägungen wurden anhand der ökologischen Bedeutung der Kriterien für den Naturschutz gewertet und für sechs annähernd homogene Flußabschnitte der Isar zwischen dem Krüner Wehr und dem Sylvensteinspeicher aggregiert. Die Transformation der einzelnen Kriterienausprägungen wird in Wertzahlen vorgenommen und eine Gewichtung der Kriterien untereinander erfolgt entsprechend ihrer Bedeutung für den Naturschutz.

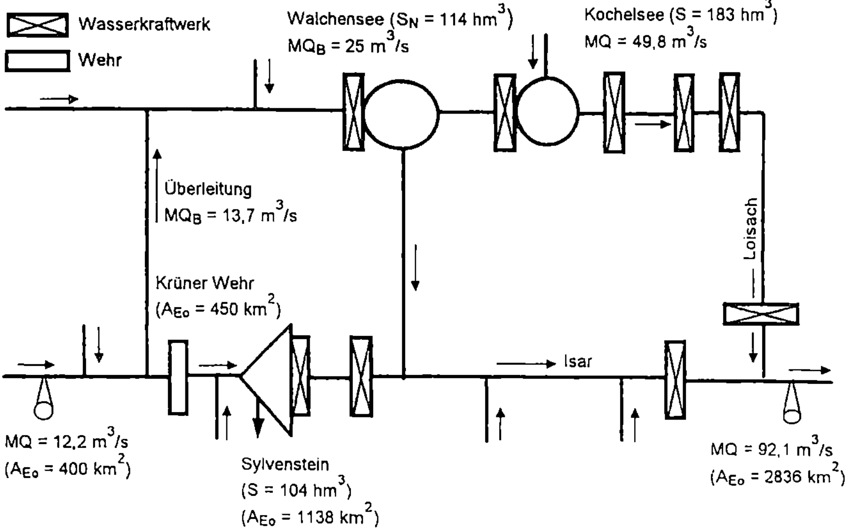

Bild 6.9. Struktur des wasserwirtschaftlichen Systems der Oberen Isar

Zur Berechnung des ökologischen Kennwertes wird das Produkt der Flächenänderung und Wertzahl mal Gewicht gebildet. Diese Produkte werden über alle Kriterien und Vegetationstypen zum ökologischen Kennwert summiert.

In ähnlicher Weise wurden die Folgewirkungen für die terrestrische Fauna ermittelt. Aufgrund des alpinen Charakters des Gebietes ist die aquatische Vegetation von untergeordneter Bedeutung; für den aquatischen Kennwert sind daher die Tiergruppen maßgebend.

In der landschaftsökologischen Bewertung werden Ziele des Naturschutzes, wie Förderung und Erhaltung von Naturnähe, Vielfalt und seltenen Arten anhand von Kennwerten quantifiziert. Die landschaftsästhetischen Wirkungen enthalten Bewertungen bezüglich der Eignung für die stille Erholung.

Als weiterer Indikator der Umweltqualität für jede Rückleitungsvariante dient die Gewässergüte in den Seen. Für den Walchensee und den Sylvensteinspeicher wird die jährliche Phosphorfracht [t/a] als Kriterium zur Beurteilung der Gewässergüte herangezogen. Die Bestimmung der Gewässergüte des nährstoffreichen, im Tiefenwasser sauerstoffarmen Kochelsees erfolgt über den Verdünnungsanteil [m^3/s] aus dem nährstoffarmen Walchensee; sinkt der Zufluß aus dem Walchensee, so steigt die Eutrophierungstendenz.

Die Landschaftsästhetik wurden nur für die Bereiche Isartal und Sylvensteinspeicher bewertet, da die landschaftsästhetischen Folgen der Teilrückleitung in anderen Bereichen des Untersuchungsgebietes vernachlässigbar sind. Die Bewertung der Landschaftsästhetik erfolgte verbal durch Befragung von 3 Gruppen zu je rund 30 Personen (Ortsansässige, Ortsfremde und Studenten des Fachgebietes Landschaftspflege).

Anhand von Fotos, welche die Isar bei unterschiedlicher Wasserführung zeigen, hatten die befragten Personen dem Zustand auf den Bildern nach einer 7-stufigen Skala (sehr wenig, wenig, mäßig wenig, mittel, mäßig stark, stark, sehr stark) spontan ästhetisch zu bewerten (BLfW, 1983).

Die einzelnen Varianten der Teilrückleitung haben auf die wasserorientierte Freizeit- und Erholungsnutzung, vor allem für die Isar zwischen Krüner Wehr und Sylversteinspeicher sowie für den Sylvensteinspeicher, Bedeutung. Da keine genaueren Unterlagen über die gegenwärtigen Freizeit- und Erholungsaktivitäten vorlagen, erfolgte die Beurteilung anhand der 7-stufigen verbalen Skala. Im einzelnen wurde die natürliche

Tabelle 6.7. Extreme Zielerträge

Kriterium	Teilzielbereich	bestmögliche Ausprägung	schlechtestmögliche Ausprägung
(1)	(2)	(3)	(4)
K_1	erzeugte Energie [MWh/a]	466 443	290 000
K_2	terrestrisches System	1 600	1 350
K_3	Wasservögel	235	145
K_4	Fische	584	368
K_5	übrige	450	330
K_6	Phosphorfracht in Walchensee [t/a]	3,9	8,5
K_7	Verdünnungsanteil in Kochelsee [m^3/s]	25	18,5
K_8	Phosphorfracht in Sylvensteinspeicher [t/a]	3,9	8,5
K_9	Ästhetik Isartal	56	35
K_{10}	Ästhetik Sylvenstein	28	48
K_{11}	Erholung Isartal	sehr viele (7)	sehr wenige (1)
K_{12}	Erholung Sylvenstein	sehr viele (7)	sehr wenige (1)
K_{13}	ökologische Folgewirkungen	sehr klein (7)	sehr groß (1)

Tabelle 6.8. Wirkungenvon drei Varianten für die Teilrückleitung der Oberen Isar

Teilzielbereich		Zielkriterium	Kriterium	Gewicht	Wirkungen d. Alternativen		
1. Stufe	2. Stufe	bzw. Einheit	Nr.	[%]	Altern. 0	Altern. 1	Altern. 2
1) Zielbereich: Energiewirtschaft (Gewicht 50 %)							
erzeugte Energie		[MWh/a]	K_1	50	466443	427707	398969
2) Zielbereich: Landschaftsökologie (Gewicht 37 %)							
terrestrisches System		Kennwert	K_2	6	1511	1551	1551
aquatisches System	Wasservögel	Kennwert	K_3	9	177	225	234
	Fische	Kennwert	K_4	9	368	512	555
	übrige	Kennwert	K_5	9	369	441	430
Gewässergüte	Phosphorfracht in Walchensee	[t/a]	K_6	1,5	8,48	6,79	5,70
	Verdünnungsanteil in Kochelsee	[m³/s]	K 7	2	25	22,8	21,2
	Phosphorfracht in Sylvensteinspeicher	[t/a]	K_8	0,5	3,92	5,61	6,70
3) Zielbereich: Landschaftsbild/stille Erholung (Gewicht 7,5 %)							
Isartal		Kennwert	K_9	5,5	42	49	51
Sylvensteinspeicher		Unterschreitungswochen	K_{10}	2	48	39	29
4) Zielbereich: wasserorientierte Freizeit u. Erholungsnutzung (Gewicht 5,5 %)							
Isartal		Freizeit u. Erholungsmöglichkeiten	K_{11}	2,5	mittel	mäßig viele	viele
Sylvensteinspeicher		Freizeit- u. Erholungsmöglichkeiten	K_{12}	2	mittel	viele	sehr viele
ökologische Folgewirkungen		Umfang der Folgewirkungen	K_{13}	1	mittel	mittelgroß	groß

Erholungseignung des Untersuchungsgebietes (Bioklima, orographische Verhältnisse, Waldanteil, Gewässerausstattung, Grünlandnutzung), die anthropogene Erholungseignung (Infrastruktur, Erholungseinrichtungen, Lärmbelastung, Beschränkungen für Kraftfahrzeugverkehr in Naturschutzgebieten) und die Erholungsnachfrage (Besucherzahl) untersucht. In Gebieten mit erhöhter Freizeitaktivität sind negative ökologische Folgewirkungen, wie verstärkte Trittbelastung, Störungen des Wildes und der Brut von Vogelarten durch Lagern, Camping, Fahrverkehr usw. zu erwarten. Sie wurden anhand der 7-stufigen Skala verbal quantifiziert. Die schlechtestmöglichen und bestmöglichen Zielausprägungen werden nicht zwangsläufig von den untersuchten Alternativen erreicht. Die bestmögliche Alternative mit allen Ausprägungen nach Tabelle 6.8 stellt eine optimale Alternative dar, die jedoch nicht durch eine einzige Maßnahme in die Praxis umgesetzt werden kann. Die theoretische Alternative wäre jeder anderen Alternative vorzuziehen und es gäbe dann kein Entscheidungsproblem. Entsprechendes gilt für die schlechtestmögliche Alternative nach Tabelle 6.7, letzte Spalte. Es wird hier davon ausgegangen, daß Energie unter 290 000 MWh/a nicht rentabel erzeugt werden kann und somit für den Energieerzeuger nicht von Interesse ist.

Mit der Angabe, ob ein Zielkriterium maximiert oder minimiert werden muß, wird nur die Richtung der Maßnahmenausprägung für eine optimale Erfüllung der Zielsetzungen angegeben. Es erfolgt keine Aussage über den Abstand der Zielausprägungen, dessen Kenntnis für eine Entscheidung unabdingbar ist.

6.5.2.2 Zielprogrammierung

Bei der Zielprogrammierung gibt der Entscheidungsträger für jedes Teilziel Zielwerte an, die er erreichen möchte. Die von ihm frei ausgewählten Zielpunkte drücken die Präferenzstruktur des Entscheidungsträgers aus. Im einfachsten Fall wird die Summe der Abweichungen der untersuchten Alternativen von den gewünschten Zielwerten gebildet. Die minimlae Abweichungssumme kennzeichnet die bevorzugte Alternative. Werden alle Ziele gleichgewichtet, wird es auch als Minimax-Regret Verfahren bezeichnet, d.h. Gl. 6.5 wird zu $\min \Sigma \mid Z_{imax} - Z_i(x) \mid$. Durch den Exponenten p in Gl. 6.5 wird die Kompensierbarkeit der Zielkriterien beeinflußt. Bei hohen Werten p dominieren die ungünstigsten Zielausprägungen. Bei den bevorzugten Alternativen wird die Summe der Abweichungen von den gewünschten Zielwerten minimiert. Für $p = 2$ wird das Zielprogrammieren auch als Goal Achievement Verfahren bezeichnet. Da bei der Wahl sehr hoher p-Werte z.B. $p = 10$ nur die schlechtesten Zielausprägungen Einfluß haben, wird dies als Goal Attainment Methode bezeichnet.

So wird der Abstand der Alternative 0 zum Idealpunkt (= bestmögliche Alternative nach Tabelle 6.7) wird bei gleichgewichteten Zielen, d.h. nach dem Minimax-Regret-Verfahrens als Abstand berechnet zu:

$$\mid 466443 - 466443 \mid + \mid 1600 - 1511 \mid + \mid 235 - 177 \mid + \mid 584 - 368 \mid + \mid 450 - 369 \mid + \mid 3,9 - 8,48 \mid +$$
$$\mid 25 - 25 \mid + \mid 3,9 - 3,92 \mid + \mid 56 - 42 \mid + \mid 28 - 48 \mid + \mid 7 - 4 \mid + \mid 7 - 4 \mid + \mid 7 - 4 \mid =$$
$$0 + 89 + 58 + 216 + 81 + 4,58 + 0,02 + 14 + 20 + 3 + 3 + 3 = 491,6 \sim 490.$$

In Tabelle 6.9 sind die Ergebnisse der übrigen Varianten dargestellt, wobei für alle Fälle die Ziele gleiche Gewichte erhielten.

Tabelle 6.9. Ergebnisse der Zielprogrammierung; (Klammerwerte = Rangfolge)

Exponent n. Gl. 6.5	Variante 0	Variante 1	Variante 2
$p = 1$ (Minimax-Regret-Verfahren)	$490 \cdot 10^5$ (1)	$38910 \cdot 10^5$ (2)	$67590 \cdot 10^5$ (3)
$p = 2$ (Goal-Achievement-Verfahren)	$260 \cdot 10^5$ (1)	$38740 \cdot 10^5$ (2)	$67470 \cdot 10^5$ (3)
$p = 10$ (Goal-Attainment-Verfahren)	$220 \cdot 10^5$ (1)	$38740 \cdot 10^5$ (2)	$67470 \cdot 10^5$ (3)

6.5.2.3 Kompromiß-Programmierung

Bei der Kompromiß-Programmierung wird der Zielpunkt dem Idealpunkt gleichgesetzt. Der Idealpunkt setzt sich aus den optimalen Zielerträgen in den einzelnen Zielen zusammen und ist praktisch nicht erreichbar. f_{imax} stellt die angestrebte optimale Zielausprägung in Kriterium i dar, während f_{imin} die minimal mögliche Zielausprägung im Kriterium i ist. f_{imax} und f_{imin} sind somit die Eckwerte (s. Tabelle 6.7), zwischen denen die Ausprägungen variieren können (s. Gl. 6.6. Durch die Normierung der Abstände ist der Einfluß einzelner Kriterien auf den Gesamtabstand zum Idealpunkt nicht von der Meßskala der Attributsausprägungen abhängig. Die Unterschiede in der Rangfolge sind z.T. nicht stark ausgeprägt.

Tabelle 6.10. Ergebnisse des Compromise Programming; (Klammerwerte = Rangfolge)

Exponent nach Gl. 6.6	Alternative 0		Alternative 1		Alternative 2	
p = 1	0,2509	(3)	0,1902	(1)	0,2558	(2)
p = 2	0,1282	(2)	0,1179	(1)	0,1935	(3)
p = 10	0,0901	(1)	0,1098	(2)	0,1912	(3)

6.5.2.4 Composite-Programmierung

Die Composite-Programmierung ist eine Untervariante der hierachisch strukturierte Kompromiß-Programmierung. Es wird der Abstand einzelner Attributsausprägungen zu einem Idealpunkt berechnet und mit Hilfe der Spannweite der Attributsausprägungen gewichtet. Sachlich zusammengehörende Kriterien werden in Gruppen gegliedert und hierarchisch angeordnet (Bild 6.10).

Die Gewichte innerhalb einer Gruppe sind normiert, d.h. ihre Summe ist jeweils 1. Die Gewichte der einzelnen Gruppenelemente stehen in Klammern hinter den Gruppennamen. Die Kompensierbarkeit innerhalb einer Gruppe wird über die p-Werte erreicht. Analog zur Kompromißprogrammierung bedeutet p = 1 vollständige Kompensierbarkeit und entspricht der Nutzwertanalyse, wohingegen höhere p-Werte die Kompensierbarkeit verringern. Bei p = 10 ist praktisch kein Ausgleich mehr möglich (Buck & Pflügner, 1991). Für umweltbezogene Zielfunktionen ist p < 2 günstig, um dem Minimumfaktor Rechnung zu tragen (Nachtnebel, 1988).

Die für das Beispiel der Oberen Isar gewählten Kompensationsfaktoren stehen in Kästchen am Zusammenfluß der Gruppenelemente in Bild 6.10. Im ästhetischen Bereich und bei der Erholungsnutzung können in diesem Beispiel schlechte Attribute besser ausgeglichen werden als im Bereich des Naturschutzes. Für die

Tabelle 6.11. Abstände und Rang (in Klammern) nach dem Composite-Programmierung für p (gesamt) = 5 und p (gesamt) = 2 (kursiv)

	Alternative 0		Alternative 1		Alternative 2	
Abstand	0,639	*0,361*	0,286	*0,264*	0,347	*0,326*
Rang	(3)	*(3)*	(1)	*(1)*	(2)	*(2)*

Gesamtaggregation wird eine gute Ausprägung in allen Bereichen gefordert, was durch den Kompensationsfaktor von p = 5 erreicht werden soll.

Der Abstand zu einem Idealpunkt wird in der ersten Stufe für die Kriterien der untersten Hierarchiestufe berechnet, z.B. die Kennwerte des aquatischen Systems (Vögel, Fische, Übrige).

Der normierte Abstand A(x) zu dem Idealpunkt errechnet sich durch

$$A(x) = (f_{imax} - f_i(x)) / (f_{imax} - f_{imin}).$$

Somit beträgt der Abstand der aquatischen Kennwerte (Vögel, Fische, Übrige) für Alternative 0:

A (Alternative 0, Vögel) = (235 - 177) / (235 - 145) = 0,644,

A (Alternative 0, Fische) = (584 - 368) / (584 - 368) = 1,

A (Alternative 0, Übrige) = (450 - 369) / (450 - 330) = 0,675.

Die Abstände werden innerhalb der Gruppe aggregiert, wobei w_i das Gewicht des Kriteriums innerhalb der Gruppe darstellt und die Kompensierbarkeit durch die p-Werte berücksichtigt wird. Die Summe der Gewichte innerhalb einer Gruppe ist 1.

$$D(x) = (\Sigma w_i \mid A(x) \mid^p)^{1/p}.$$

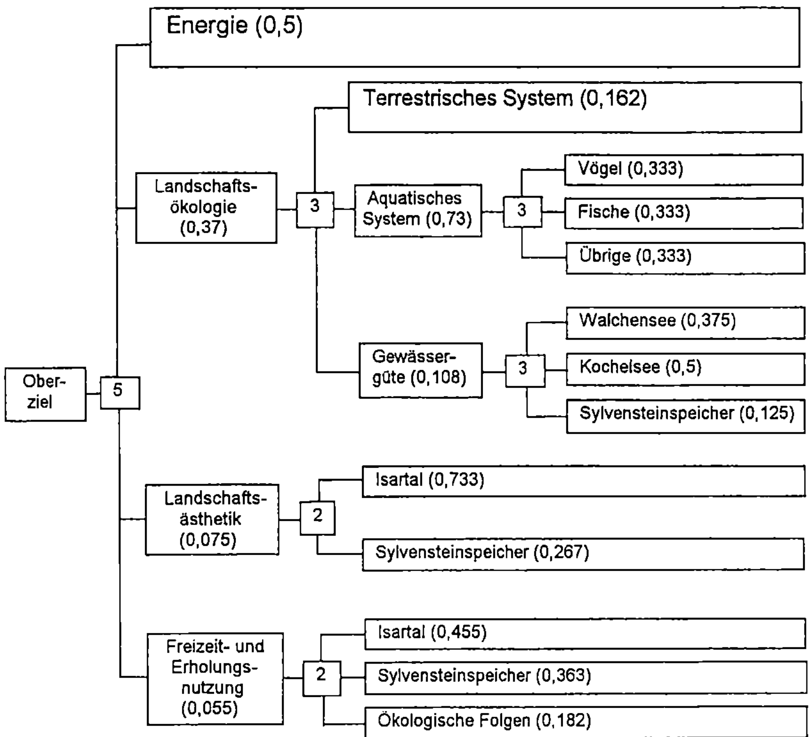

Bild 6.10. Hierarchische Struktur, Gewichte (Zahlen in runden Klammern) und Kompensierbarkeit (Zahlen in quadratischen Kästen) beim Composite-Programming

Für die aquatischen Kennwerte (Vögel, Fische, Übrige) werden die Abstände für Alternative 0 und p = 2 wie folgt aggregiert:

$$D \text{ (Alternative 0, aquatisches System)} = (0{,}333 \cdot 0{,}644^2 + 0{,}333 \cdot 1^2 + 0{,}333 \cdot 0{,}675^2)^{1/2} = 0{,}789.$$

Nach der Aggregation innerhalb der Gruppe geht D(x) als neuer Abstand a(x) in die nächst höhere Hierarchiestufe ein. Das System wird hierarchisch abgearbeitet, bis der gesamte Abstand einer Alternative zum Idealpunkt in allen Kriterien berechnet ist. Für den Bereich der Landschaftsökologie erhält man danach als Abstand zum Idealpunkt:

A (Alternative 0, terrestrisches System) = 0,356,
A (Alternative 0, aquatisches System) = 0,789,
A (Alternative 0, Gewässergüte) = 0,372,
$D \text{ (Alternative 0, Landschaftsökologie)} = (0{,}73 \cdot 0{,}789^2 + 0{,}162 \cdot 0{,}356^2 + 0{,}108 \cdot 0{,}372^2)^{1/2} = 0{,}246.$

Das Ergebnis der Composite-Programmierung ist in Tabelle 6.11 dargestellt.

Wird bei der Gesamtaggregation eine Ausgleichbarkeit zwischen den Bereichen "Energie", "Landschaftsökologie", "Landschaftsästhetik" und "Freizeit- und Erholungsnutzung" angenommen und ein Kompensationsfaktor p = 2 gewählt, so ergibt sich das Ergebnis nach Tabelle 6.11. Die Auswahl geeigneter Kompensationsfaktoren kann entscheidenden Einfluß auf das Ergebnis haben.

6.6 Nutzwertanalyse

6.6.1 Allgemeine Form

Unter dem Oberbegriff nutzwertanalytische Verfahren können verschiedene Modelle, in denen Bewertungsvorgänge formal und inhaltlich strukturiert und reglementiert werden, subsumiert werden. Die Nutzwertanalyse (NWA) ist ein nicht monetäres Bewertungsverfahren, um Alternativen oder Projektvarianten einer multidimensionalen Zielsetzung im Hinblick auf verschiedene Kriterien unterschiedlicher Dimension miteinander vergleichbar zu machen und sie entsprechend den Präferenzen des Entscheidungsträgers zu ordnen. Die Ordnung erfolgt durch Angabe und Reihung der Nutzwerte. Sämtliche Ziele gehen in das Entscheidungsmodell ein und werden in ihrer relativen Bedeutung entsprechend der geäußerten Präferenzen gewichtet. Anstelle eines monetären Wohlfahrtsindex wird ein dimensionsloser Ordnungsindex eingeführt, der nur auf die Zielerträge der untersuchten Alternativen ausgerichtet ist. Alle Wirkungen einer Alternative werden durch eine einzige Zahl, den Nutzwert, charakterisiert. Da alle erfaßten Projektwirkungen in einer Bewertungsgröße zusammengefaßt werden, ist die NWA ein geschlossenes Verfahren. Die NWA, die im Bereich der Raum- und Regionalplanung und bei der Umweltbewertung von Projekten verbreitet (Bild 6.12) sind, beruhen auf einer detaillierten Auflistung der wesentlichen Eigenschaften (Prädikate) der Alternativen. Dazu gehören ein detailliertes, mehrdimensionales Ziel- oder Wertsystem, mit dem die meßbaren Eigenschaften (Werte) der Alternativen bewertet werden sowie Wertmaßstäbe, die den einzelnen, unabhängigen Nutzen entsprechen.

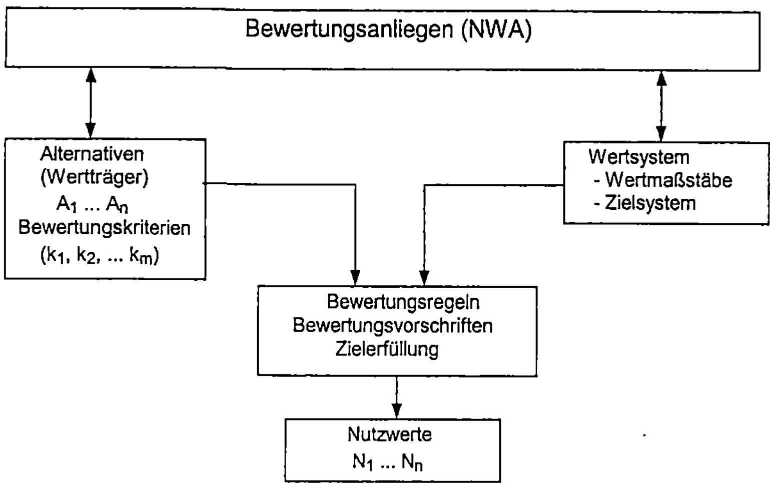

Bild 6.11. Die Grundstruktur einer Nutzwertanalyse

Nutzen entstehen, wenn die gemessene Eigenschaften einer Alternative denen des vorgegebenen Zielwertese entsprechen. Durch die im Wertsystem enthaltenen Wertmaßstäbe werden Wertaussagen erhalten. Ziele als Leitlinien zweckrationaler Handlungen enthalten normative Dimensionen. Sie sind in einem Zielsystem zusammengefaßt, das bei vertikaler Zielordnung hierarchisch in Ober- und Unterziele untergliedert ist. Die vertikale Gliederung geht von der Beziehung zwischen Zweck und Mittel aus. Grad der Zieloperationalisierung und Zuordnung von Zielen zu Entscheidungsträgern hierarchisch gegliederter Organisationen sind weitere Ordnungsmerkmale.

Eine horizontale Gliederung von Zielen geht von Haupt- und Nebenzielen bezüglich der inhaltlichen Bedeutung oder Prioritäten aus. Wertbeziehungen, wie Substituierbarkeit, Komplementarität, Konkurrenz und Indifferenz, können zusätzliche Unterordnungen bilden. Bei der Substituierbarkeit eines Teilnutzen wird angenommen, daß ein geringer Erfüllungsgrad des zugehörigen Teilzieles durch bessere Zielerträge in anderen Teilzielen ausgeglichen werden kann (Zangenmeister, 1971; Bechmann, 1978).

Die NWA ordnet einer vorgegebenen Anzahl von Alternativen und Güteaussagen auf der Grundlage eines Wertsystems die Nutzwerte zu und wird mit Hilfe von Bewertungsregeln (Bewertungsvorschriften) analysiert (Bild 6.11). Jede Wirkung ist eine dimensionslose Zielgröße (= Zielerfüllungsgrad) zugeordnet. Ausgehend von globalen Zielstellungen werden über das mehrstufige hierarchische Zielsystem die zugehörigen Effekte zunehmend detaillierter erfaßt. Der eigentliche Bewertungsprozeß wird in umgekehrter Richtung aufgebaut. Die Alternativen, die mit Hilfe eines Satzes von ihnen allen gemeinsamen Merkmalen beschrieben werden, werden in einem Sachmodell abgebildet. Ihre Merkmale bilden die Kriterien für die anschließende Bewertung und bilden in ihrer Gesamtheit die im Hinblick auf das Bewertungsanliegen wesentlichen Sacheigenschaften ab. Jedes Bewertungskriterium mißt eine beobachtbare Sacheigenschaft (Merkmal) der Alternativen. Es hat in Form von Beobachtungs- oder Meßwerten eine physikalische oder monetäre Dimension. Da jedes Bewertungskriterium eindimensional sein muß, werden mehrdimensionale Wertträger

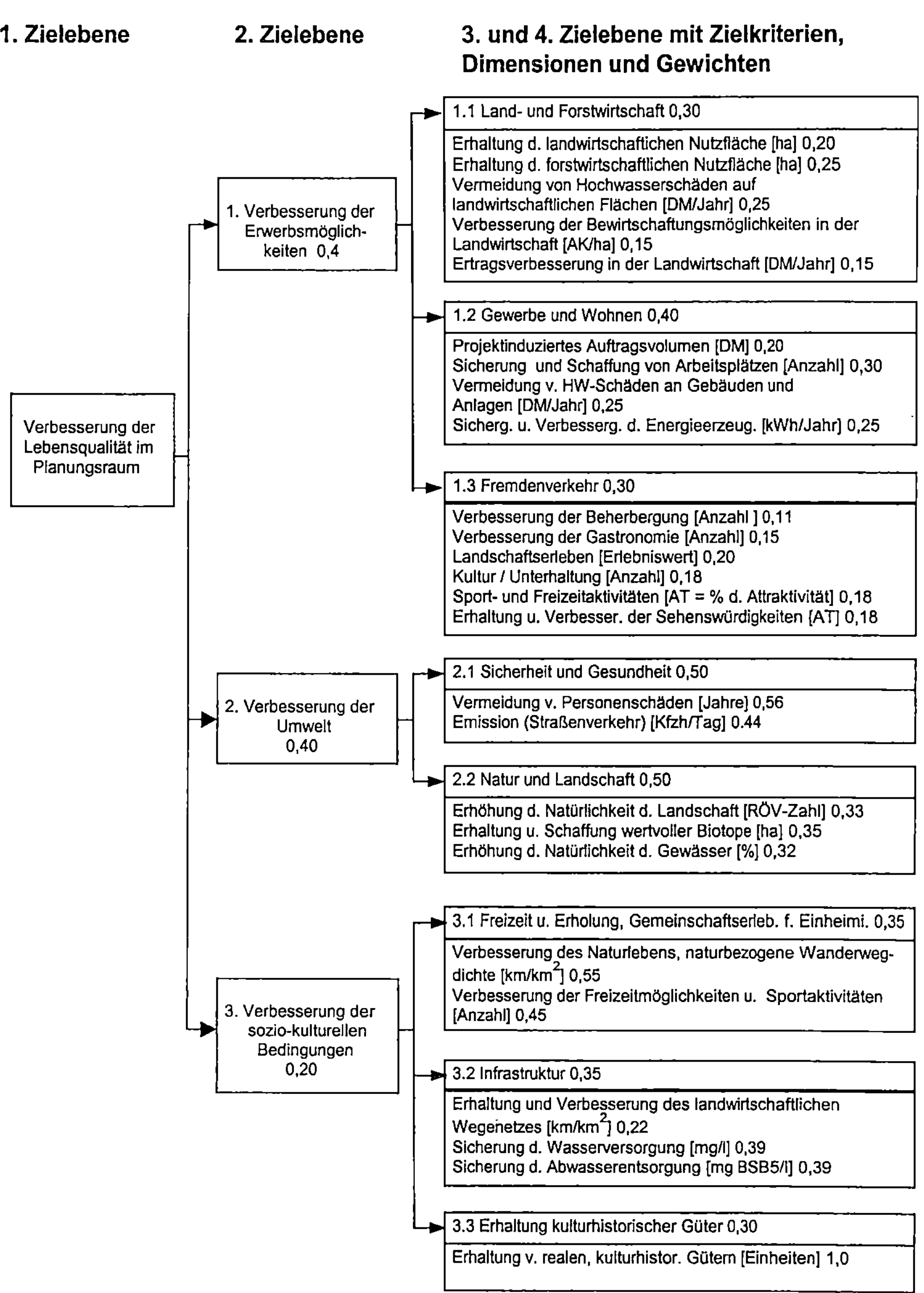

Bild 6.12. Vorhaben zur Verbesserung von Hochwasserschutz, Erholungswert und Umwelt: Zielsystem des Planungsraums geordnet nach Ober-, Haupt- und Teilzielebenen mit dimensionsbehafteten Zielkriterien und Gewichten für 2., 3. und 4. Zielebene. Die Gewichte g_i des ersten Teilziels der 4. Ebene sind: 0,2+0,25+0,25+0,15+0,15 = 1, usw. (abgewandelt nach Rickert, 1993).

durch ein Bündel eindimensionaler Bewertungskriterien dargestellt, d.h. die Summe der Teilnutzen wird gleich dem Gesamtnutzen gesetzt.

Ausgehend von der Gesamtzielsetzung wird unter Zugrundelegung der Zweck-Mittel-Beziehungen ein gestaffeltes Zielsystem aus verschiedenen Ebenen aufgestellt (Bild 6.13). Auf der untersten Ebene erhält man eine Reihe von Zielen, die sog. Zielkriterien k_1, ... k_j, ... k_m. Das Oberziel wird bis herunter zu den einzelnen Zielkriterien aufgefächert und für jede Alternative A_1, ... A_i, ... A_n werden die Zielerträge der einzelnen Teilziele k_{11}, ... k_{ij}, ... k_{nm} gemessen. Die Zielertragsmessung führt zu einer Mengengerüstbestimmung. Durch Festlegung der Gewichte für einzelne Zielkriterien g_1, ... g_j, ... g_m wird ein Wertegerüst erhalten. Bevor die Zielerträge mit den zugehörigen Gewichten multipliziert werden, müssen die Zielerträge, die in der Regel in unterschiedlichen Dimensionen gemessen werden, umskaliert werden. Um die Zielerträge auf einer gemeinsamen Wertskala abzubilden, werden die dimensionsbehafteten realen Zielerträge k_{ij} in dimensionslose Zielwerte $e_{ij} = f(k_{ij})$ mit Hilfe von Transformationsfunktionen umgewandelt. Die numerische Angaben der Zielerträge in unterschiedlichen Maßeinheiten werden mit einer Punkte-Skala, z.B. 1 bis 100, in dimensionslose Zielwerte kardinal skaliert. Damit sind Zielerträge als Bruchteile der Zielerfüllung in Form von Zielwerten (Punkten) ausgedrückt. Die Zielwerte e_{ij} werden als Zielerreichungs- oder Zielerfüllungsgrade bezeichnet. Der Zielerfüllungsgrad drückt aus, in welchem Umfang ein gegebener Zielertrag dem durch das Wertsystem gesetzten Bewertungsmaßstab entspricht und wie weit ein bestimmtes Ziel aus der Sicht des Bewerters erreicht ist. Zielerfüllungsgrade sind Wertprädikate (Werturteile); sind sie gewonnen, so ist jeder Wertträger hinsichtlich jedes Bewertungskriteriums einzeln bewertet. Die Erträge der Teilziele werden in Zielwerte transformiert, indem Entscheidungsträger oder Experten den Grad der jeweiligen Zielerreichung beurteilen. Der Gesamtnutzwert einer Alternative wird als Summe der gewichteten Zielwerte (Teilnutzwerte) erhalten, d.h. $N_{ij} = e_{ij} \cdot g_j$. Er dient als Beurteilungsmaß für den Vergleich von Alternativen. Die einzelnen Zielkriterien am Ende dieses Zielbaums werden nutzenunabhängig gemacht, d.h. die Zielerträge sind kardinal meßbar.

Die Umskalierung von Zielerträgen in Zielerfüllungsgrad (Zielwert) wird durch Transformationsregeln oder -funktionen erreicht (Bild 6.14, 6.15). Die Transformationsfunktionen können im Prinzip folgende unterschiedliche Verläufe für den Zielerfüllungsgrad aufweisen: Zu- oder Abnahme bis zur Wertsättigung und anschließende Ab- oder Zunahme (nicht monotone Transformationsfunktion), Wertkonstanz sowie exponentielle oder gradlinige Wertzunahme bzw. -abnahme der Zielerfüllungsgrade mit wachsendem Zielertrag.

Ein Beispiel für eine nicht monotone Transformationsfunktion ist die Wertsättigung, die bei Maßnahmen zur Erschließung eines Raumes oder einer Landschaft auftritt, z.B. bei der Ausstattung eines Erholungsgebietes mit Infrastruktureinrichtungen, z.B. Anzahl der Hotelbetten oder Freizeiteinrichtungen, oder durch Netzdichte der Verkehrs- oder Wanderwege. Überschreitet die Wegdichte einen Maximalwert, nimmt ihr Wert ab. Ein konstanter Zielerfüllungsgrad mit wachsendem Zielertrag deutet auf eine Größe, welche für die Nutzwertanalyse wenig relevant ist. Zunehmende Zielerfüllungsgrade treten bei Elementen auf, die ökonomische Nutzen aufweisen, wie z.B. land- oder forstwirtschaftliche Nutzflächen, Schadensminderung bei Überflutungsschäden, Schaffung von Arbeitsplätzen. Abnehmende Funktionen für den Zielerfüllungsgrad deuten auf eine Entlastung des Planungsraumes hin, z.B. Vermeidung von Emissionen mit sinkendem PKW-Aufkommen am Wochenende, Abnahme der Gewässerbelastung (s. Bild 6.14 und 6.15).

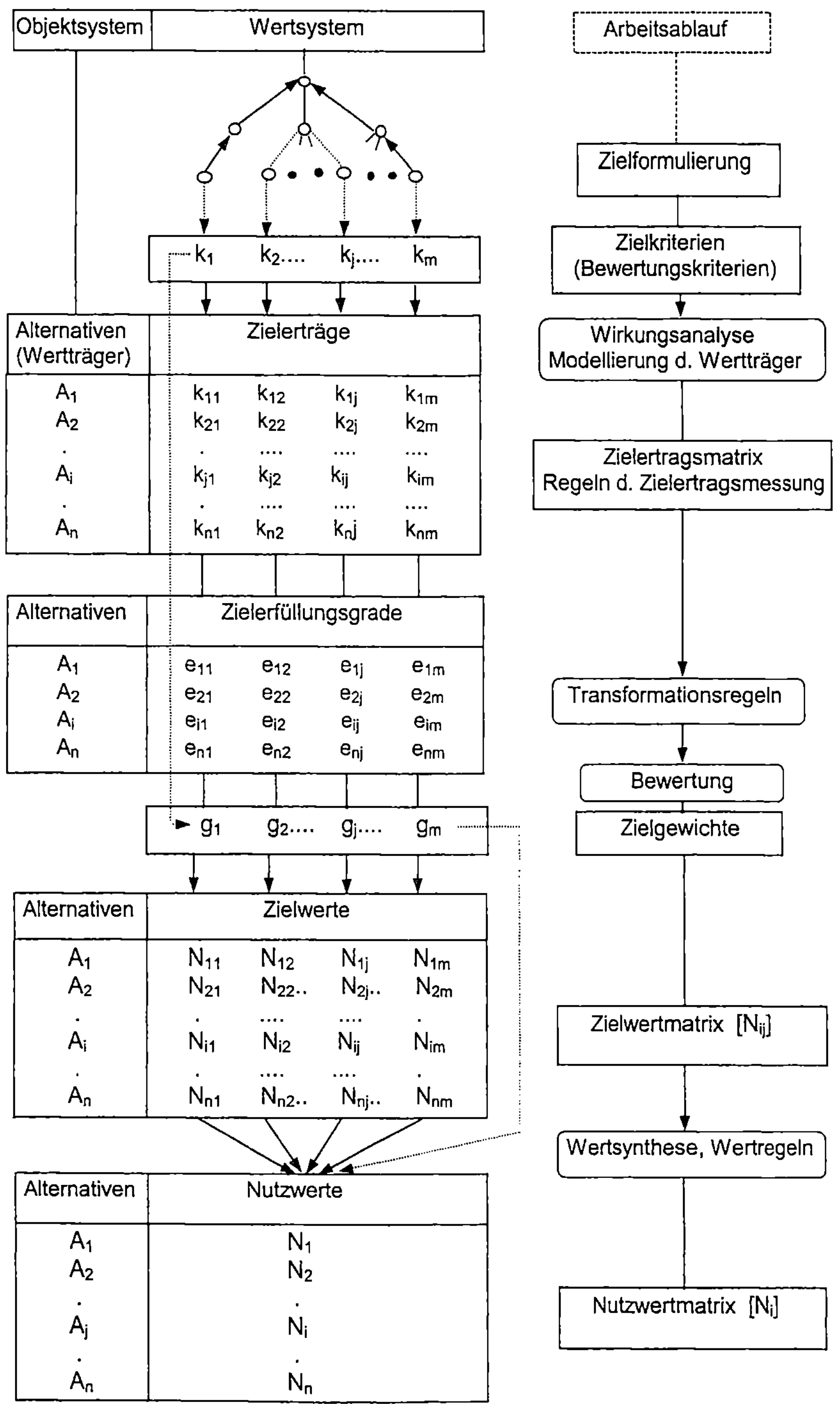

Bild 6.13. Strukturmuster der Nutzwertanalyse und Arbeitsablauf (nach HdUVP, 1988)

Das Bewertungsergebnis ist ein n-dimensionales Bündel von Wertprädikaten. Ein ordinaler Vergleich der bewerteten Alternativen ist möglich, wenn für jede Alternative nur ein Güteprädikat vorhanden ist. Um dies zu erreichen, werden die n-verschiedenen Zielerfüllungsgrade in Teilzielwerte umgewandelt und diese zu einem Gesamtwert, dem Nutzwert, zu-

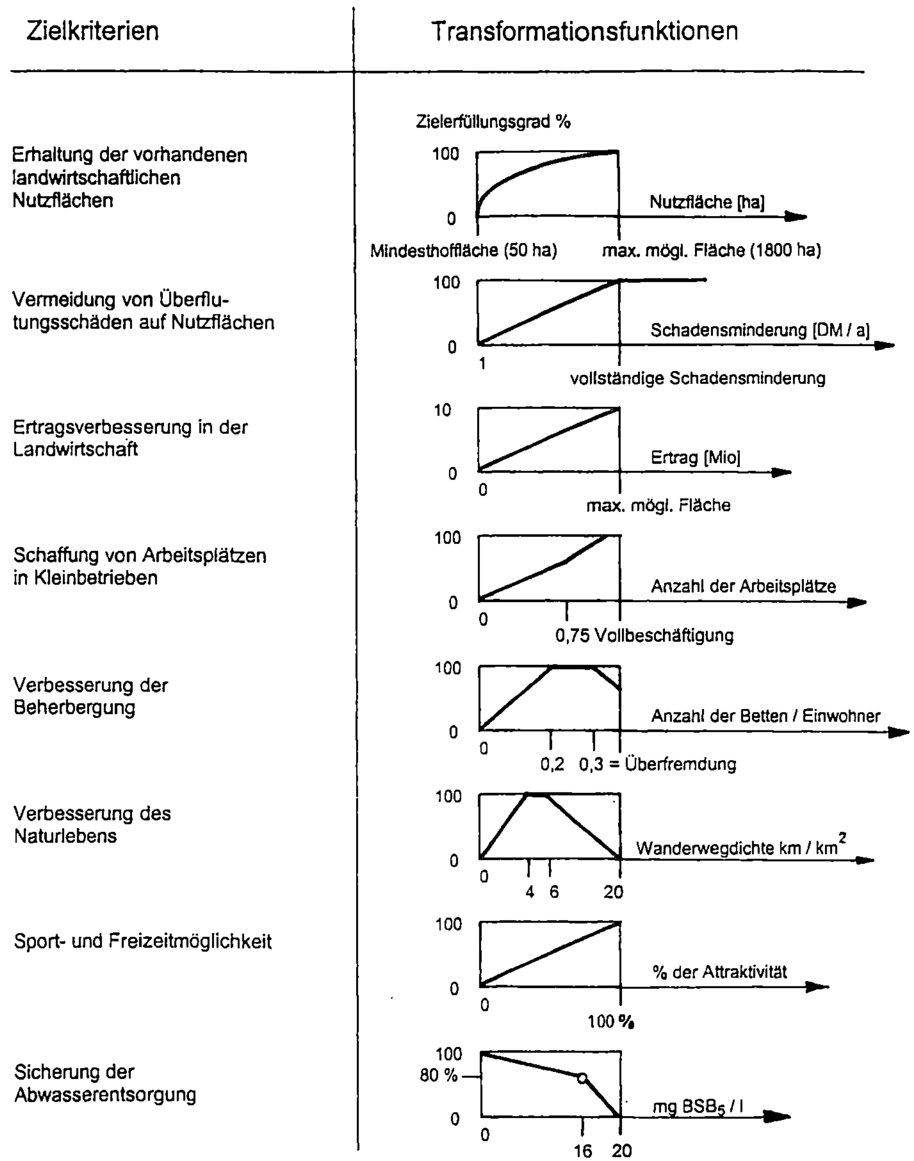

Bild 6.14. Einige Zielkriterien und Transformationsfunktionen für ein Projekt für Hochwasserschutzmaßnahmen kombiniert mit wassergebundener Freizeitnutzung und ökologischer Ausgleichsmaßnahmen (nach Rickert, 1993)

sammengefaßt. Dieser Schritt wird als Wertsynthese, Wertaggregation oder Wertamalgamation bezeichnet. Anhand der Nutzwerte können die untersuchten Alternativen verglichen werden.

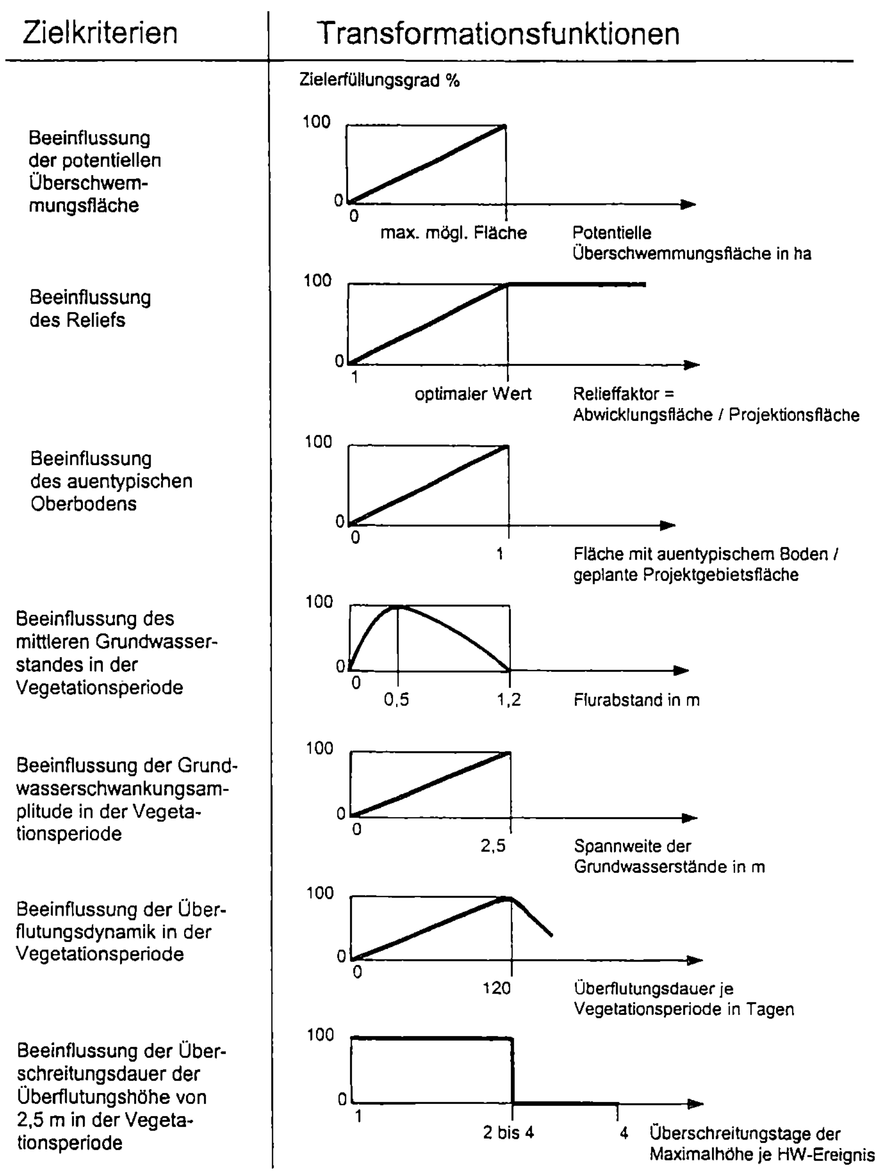

Bild 6.15. Beispiele für Zielkriterien und Transformationsfunktionen für die Verbesserung von standorttypischen auenökologischen Wirkungen durch Verbesserung der abiotischen Faktoren (nach Pflügner, 1991)

Die Nutzwertanalyse leistet unter sehr allgemeinen, d.h. in unterschiedlicher Weise konkretisierbaren Strukturbedingungen, die von einem Bewertungsverfahren zu verlangende Verknüpfung von einem Sachmodell mit einem Wertsystem.

Die Anwendung der NWA setzt bei der quantitativen Ermittlung der Zielerträge Erfahrung voraus. Die Umwandlung der Zielerträge und die Gewichtung der Ziele kann sich als schwierig herausstellen. Einige Teilziele sind manchmal abhängig voneinander, obwohl bei der Nutzwertermittlung diese als unabhängig vorausgesetzt werden. Mit der NWA wird die relativ beste, nicht jedoch die absolut vorteilhafteste Alternative herausgesucht.

6.6.2 Standardversion

Die Standardversion wird auch als Nutzwertanalyse der ersten Generation bezeichnet. Die Standardversion setzt ein Ziel- oder Wertsystem voraus, mit dem gemessen werden kann in welcher Größe die in der Bewertung berücksichtigten Objekteigenschaften für die einzelnen Alternativen vorliegen. Die Zielerfüllungsgrade und Nutzwerte werden kardinal skaliert.

Ein Vorteil der Standardversion, die ihre verbreitete Anwendung begründet, liegt in ihrer leichten Handhabbarkeit, die auf die Verwendung kardinal quantifizierter Zielerfüllungsgrade und auf einfache Rechenoperationen der Wertsynthese zurückzuführen ist. Dafür bietet sich ein Rechenschema (vgl. Tabelle 6.12) an, in welchem jede Objekteigenschaft (Kriterium) durch eine eindimensionale Funktion bewertet werden kann. Der Nutzen, d.h. die Dimension des zugrunde gelegten Wert- oder Zielsystems, steht fest und die kardinale vorgenommene Nutzenskalierung d.h. die Bildung der Zielerfüllungsgrade, ist eindeutig.

Folgende Abkürzungen werden verwendet (s. Bild 6.13):

$$K_1, K_2, ..., K_m \qquad : \text{m Kriterien, bezüglich deren bewertet werden soll,}$$

Tabelle 6.12. Rechenschema zur Standardversion der Nutzwertanalyse (vergl. Bild 6.13)

Kriterium	Gewicht	Alternative A_1			Alternative A_2		
		Zielertrag	Zielerfüllungsgrad	Teilnutzwert	Zielertrag	Zielerfüllungsgrad	Teilnutzwert
K_1	g_1	k_{11}	e_{11}	$N_{11} = g_1 e_{11}$	k_{12}	e_{12}	$N_{12} = g_1 e_{12}$
K_2	g_2	k_{21}	e_{21}	$N_{21} = g_2 e_{21}$	k_{22}	e_{22}	$N_{22} = g_2 e_{22}$
K_3	g_3	k_{31}	e_{31}	$N_{31} = g_3 e_{31}$	k_{32}	e_{32}	$N_{32} = g_3 e_{32}$
$\cdot$	$\cdot$	$\cdot$	$\cdot$	$\cdot$	$\cdot$	$\cdot$	$\cdot$
$\cdot$	$\cdot$	$\cdot$	$\cdot$	$\cdot$	$\cdot$	$\cdot$	$\cdot$
$\cdot$	$\cdot$	$\cdot$	$\cdot$	$\cdot$	$\cdot$	$\cdot$	$\cdot$
Summe der Gewichte	$g_1 + g_2 + ... + g_i$ $= 1$	Nutzwert von A_1		$\Sigma N_{i1} = N_1$	Nutzwert von A_2		$\Sigma N_{i2} = N_2$

$A_1, A_2, ..., A_n$: m Alternativen, die bewertet werden sollen,

$g_1, g_2, ..., g_m$: Gewichte der Kriterien,

k_{ij} $i = 1, ...,n$ $j = 1, ...,m$: Zielertrag des Kriteriums i bezüglich der Alternative j,

e_{ij} $i = 1, ...,n$ $j = 1, ..., m$: Zielerfüllungsgrad des Kriteriums i bezüglich der Alternative j,

N_{ij} $i = 1, ...,n$ $j = 1, ...,m$: Teilnutzwert des Kriteriums i bezüglich der Alternative j,

N_j $j = 1, ..., m$: Nutzwert der Alternative j,

Es gilt: $N_{ij} = g_i \cdot e_{ij}$ und $N_j = N_{1j} + N_{2j} + ... + N_{nj} = \sum\limits_{i=1}^{n} N_{ij}$.

Bei der Standardversion erhalten die Transformations- und Wertsyntheseregeln einfache und handliche Formen. Die Transformationsregeln führen zu kardinal quantifizierten Zielerfüllungsgraden. Sie können meist als mathematische Funktion ausgedrückt werden. Als Wertsyntheseregel dient eine durch konstante Gewichte multiplikativ gewichtete Summenbildung.

Die Bearbeitung der Standardversion der NWA umfaßt folgende Schritte.

1.) Aufstellung des Zielsystems und Ermittlung der Zielerträge:
Die Formulierung des Bewertungsanliegens, die Festlegung der Alternativen (A_1, ..., A_n), die Vorgabe des Wertsystems, die Abbildung der Wertträger in Bewertungskriterien (Zielkriterien) (K_1, ..., K_m) und die Messung der Zielerträge (k_{11}, ..., k_{ij}, ..., k_{nm}) in der Regel numerisch, sonst verbal, z.B. Gewässergüteklasse II.

2.) Bestimmung der Transformationsfunktionen (skalare Nutzenfunktionen) und Umformung der Zielerträge in Zielerfüllungsgrade (e_{11}, ..., e_{nm}):
Als Transformationsregeln werden gütequantifizierende Funktionen verwendet, d.h., die Zielerfüllungsgrade sind Kardinalzahlen. Für die Skalierung der Zielerfüllungsgrade werden meist normierte Skalen, z.B. fünf- oder zehnstufig, Intervall 0 bis 1, bzw. 0 bis 100%, verwendet. Die Transformationsfunktionen können unterschiedliche Verläufe ausweisen (Bild 6.12 , 6.13).

3.) Gewichtung der Teilziele:
Die Bewertungskriterien werden gewichtet entsprechend ihrer relativen Bedeutung gegeneinander. Jedem Kriterium wird dafür eine Zahl als Gewicht (g_1, ..., g_n) zugeordnet; diese Zahl wird als Gewichtsfaktor (Zielgewicht) bezeichnet. Die Summe der Gewichte ist 1. ($\Sigma g_i = 1,0$ z.B. Gewässergüte $g_1 = 0,5$; Auwalderhaltung $g_2 = 0, 2, ...$).

Bei Gewichtungen geht man häufig nach der 100-Punkte-Regel vor: 100 Punkte werden so aufgeteilt, daß jedes Bewertungskriterium denjenigen Teilbetrag dieser 100 Punkte als Gewicht zugeordnet bekommt, der die Bedeutung dieses Kriteriums im Verhältnis zu den anderen Bewertungskriterien ausdrückt. Bei dieser Art der Gewichtungen wird unterstellt, daß das Kriteriumsgewicht den prozentualen Anteil der Bedeutung dieses Kriteriums am Zustandekommen des Gesamt-Nutzwertes ausdrückt. Bei zu vielen Teilzielen in einer Ebene entfällt daher oft die Gewichtung.

4.) Bestimmung der Teilnutzwerte:
Sind die Zielerträge in Zielerfüllungsgrade transformiert, so läßt sich für jedes Kriterium ein Teilnutzwert N_{ij} bestimmen. Er entsteht durch Multiplikation des betreffenden Zielerfüllungsgrades mit dem zugehörigen Kriteriengewicht, d.h. $N_{ij} = g_i e_{ij}$.

5.) Addition der Teilnutzwerte zum Gesamtnutzwert:
Der Nutzwert einer Alternative (Wertträgers) wird durch Addition aller Teilnutzwerte dieser Alternative gebildet, d.h.

$$N_j = \sum_{i=1}^{n} N_{ij} = \sum_{i=1}^{n} g_i \cdot e_{ij}, \qquad \text{mit } \Sigma g_i = 1, \qquad k_i \in [0,1].$$

Anschließend erfolgt die Reihung der Alternativen aufgrund der Nutzwerte als Rangordnung.

Zwischen den einzelnen Zielkriterien soll keine Nutzenabhängigkeiten bestehen. Einmal gewählte Gewichte, mit denen die Zielerfüllungsgrade gewichtet werden, bleiben unverändert während der Analyse, d.h. $N/k_i = g_1 = const$. Für jede Alternative wird ein kardinaler Gesamtnutzen durch Aggregation der Teilnutzen berechnet.

Wenn auch Einigkeit über das zugrundezulegende Zielsystem und über die kardinale Bewertung herrscht, ist die Festlegung der Kriteriengewichte und der Transformationsfunktion mit einer gewissen Willkür behaftet. Der verwendete Nutzenbegriff kann als Präferenz des Bewerters gedeutet werden.

Die Standardversion weist weitere Schwachstellen auf. Bei unterschiedlichen Interessen und Zielvorstellungen gelingt oft nicht die Herausbildung eines einheitlichen Ziel- bzw. Wertsystems bei allen Beteiligten und Betroffenen. Werden das Zielsystem, die Transformationsfunktionen und die Kriteriengewichte vom Planungsexperten oder Entscheidungsberater formuliert, so ist nicht sicher, ob sie auch vom Entscheidungsträger oder gar vom Entscheidungsbetroffenen akzeptiert werden. Werden sie dagegen vom Entscheidungsträger formuliert, können einige relevante Gesichtspunkte fehlen oder seine Sichtweise stimmt nicht mit der der Betroffenen überein.

Für einige Alternativen ist es nicht sinnvoll Zielerfüllungsgrade, Teilnutzen und Gesamtnutzen kardinal zu skalieren, wenn zwischen den Zielerfüllungsgraden bzw. zwischen den Teilnutzen unterschiedliche Arten der Nutzungsabhängigkeit herrschen. Die Quantifizierung von Zielerfüllungsgraden, Teilnutzwerten und Nutzwerten auf Kardinalskalen stellt an das Wertsystem sehr hohe und sehr einengende inhaltliche und strukturelle Anforderungen, die im praktischen Fall oft nicht erfüllt sind. Verbesserungen der Standardversion sollen diese Schwachstellen der Nutzwertanalyse der ersten Generation vermeiden; eine ausführliche Darstellung darüber enthält (Pflügner, 1991).

Als Beispiel soll die Verbesserung der Lebensqualität im Emstal dienen (Rickert, 1993, abgewandelt). Die Gemeinde Emstal, Nordhessen, hat eine Fläche von 3860 ha (Planungsraum), davon 100 ha Siedlungsfläche mit 6300 Einwohner und 1010 Fremdenbetten bei 130000 Übernachtungen pro Jahr. Das Emstal wird von der Ems, einem Gewässer III. Ordnung ($A_{E0} = 54$ km^2), durchflossen.

Der Landschaftsplan enthält eine ausführliche Bestandsaufnahme und zahlreiche Maßnahmevorschläge in den Bereichen der städtebaulichen Entwicklung, des Verkehrs, der Ver- und Entsorgung, des Gewässerausbaus, der Forst- und Landwirtschaft und des Denkmalschutzes. Außerdem umfaßt er ein Natur- und Biotopschutzprogramm sowie ein Fachprogramm für die freiraumbezogene Erholung.

Durch die starke landwirtschaftliche Nutzung auf einer Fläche von 1800 ha ist die Vegetationsvielfalt im Emstal eingeschränkt und viele Nistplätze von Vögeln entlang der Wasserläufe sind gefährdet. Die Forstfläche beträgt 1700 ha, Grünland 160 ha und Biotopfläche 110 ha. Die bestehenden Biotope sind voneinander getrennt und sollen vernetzt werden, wobei der Flächenbedarf zu Lasten der Ackerflächen gehen soll. Es ist ein Defizit an Sportanlagen und Hotelbetten für den Fremdenverkehr und die Bevölkerung vorhanden. In Bereichen der Ems ist es zu Hochwasserschäden gekommen, die durch ein Hochwasserrückhaltebecken vermieden werden sollen. Drei alte Mühlen und zwei Brücken sollen als kulturhistorische Güter erhalten bleiben.

Auf Grund der Problemformulierung und Analyse der im betrachteten Raum unbefriedigenden Zustände wird eine Zielvorstellung des gewünschten, zukünftigen Zustand entwickelt. Anhand der formulierten Ziele können dann die Wirkungen von Maßnahmen identifiziert und quantifiziert werden. Voraussetzung ist, daß jedes Ziel eine Dimension besitzt, in der man die Wirkungen einer Alternative messen kann. Teilziele können in gemeinsame, übergeordnete Wirkungsbereiche zusammenzufaßt werden, so daß ein hierarchisches Zielsystem (Baumstruktur) von Ober-, Haupt- und Teilzielen besteht (Bild 6.12).

Für das Fallbeispiel werden die Alternativen (1) Ist - Zustand, (2) Rückhaltebecken mit Dauerstau von 10 ha Gesamtfläche und (3) Biotopvernetzung behandelt. Das Ergebnis der Wirkungsanalyse ist eine Vielzahl von Zielerträgen mit den unterschiedlichsten Dimensionen für jede Alternativen (Tabelle 6.13). Bei hoher Alternativenanzahl und/oder bei sehr vielen Zielkriterien ist es sehr schwer, Alternativen miteinander zu vergleichen. Eine Entscheidungshilfe erhält man, wenn die dimensionsbehafteten Zielerträge mit Hilfe der Transformationsfunktionen in dimensionslose Zielerfüllungsgrade überführt werden. Die Transformationsfunktion stellt einen funktionalen Zusammenhang zwischen den dimensionsbehafteten Zielerträgen und den im Hinblick auf ein Leitbild des Entscheidungsträgers bewerteten dimensionslosen Zielerfüllungsgraden her (Bild 6.14 und 6.15). In der Zielertragsachse werden die durch die Alternativen erzielten Zielerträge abgebildet, in der Abszisse das Kriterium über den zulässigen Variationsbereich. Die Zielerfüllungsgradachse ist kardinal skaliert und wird hier zwischen 0 und 1 oder 0 und 100% gewählt. Alle zum gleichen Zielsystem gehörenden Transformationsfunktionen müssen die gleiche Zielerfüllungsgradachse aufweisen. Für jedes Zielkriterium müssen die Zielerträge mit Hilfe einer Wirkungsanalyse bestimmt werden. Die Wirkungsanalyse ergibt zunächst eine unbewertete Zusammenstellung aller relevanten Projektwirkungen, wie sie auch nach Paragraph 11 UVPG gefordert wird.

Zur Verbesserung der Erwerbsmöglichkeiten in Land- und Forstwirtschaft werden zunehmende Funktionen verwendet, wenn von der Ressource Boden ausgegangen wird. Der minimale Wert der Nutzung bildet die kleinste wirtschaftliche Betriebseinheit, z.B. eine Mindesthoffläche von 50 ha (= 1 Arbeitsplatz), der maximale wird durch die verfügbare Gesamtfläche dargestellt, z.B. landwirtschaftliche Gesamtfläche von 1800 ha. Vergleichbar wird als Minimalwert für die Forstwirtschaft die Waldfläche eines Revierforstamtes, hier 400 ha, und als Optimalwert der gesamte Waldbestand von 1700 ha durch eine geradlinig ansteigende Transformationsfunktion verbunden. Hochwasserschäden werden über die Schadenspotentiale ermittelt. Der Zielerfüllungsgrad für die Verbesserung der Bewirtschaftungsmöglichkeit in der Landwirtschaft nimmt mit sinkender Anzahl von Arbeitskräften pro bewirtschaftbarer Fläche zu. Er erreicht 100 %, wenn von einer Arbeitskraft 50 bis 100 ha Ackerland bewirtschaftet werden, d.h. AK/ha = 0,01 bis 0,02. Er sinkt linear auf 15 % für

AK/ha = 1/15. Die Erträge der landwirtschaftlichen Flächen werden zum Minimum, wenn die gesamte Fläche als extensive Dauerweide genutzt wird, und zum Maximum bei Ackernutzung.

Die Verbesserung der Erwerbsmöglichkeiten im Gewerbebereich besteht durch projektinduziertes Auftragsvolumen, wenn von mehr als 20 % der teuersten Alternative als Baukosten ausgegangen wird. Bei zu hohen Investionen können Kapazitätsüberschreitungen bei den ansässigen Betrieben auftreten, die dann keine Steigerung der Zielerträge zur Folge haben. Vollbeschäftigung ist erreicht, wenn der Anteil der arbeitenden Bevölkerung des Planungsraumes dem Verhältnis der Arbeitsplätze zur Einwohnerzahl einer großen übergebietlichen Region entspricht, z.B. Bundesland oder Staatsterritorium. Eine Arbeitslosigkeitsquote, z.B. von 25 %, wird einem bestimmten Zielerfüllunggrad, z.B. von 20 %, gleichgesetzt und bildet eine Stützstelle der exponentiell zunehmenden Zielerfüllung in Abhängigkeit von wachsender Anzahl an Arbeitsplätzen.

Bezüglich der Energieerzeugung werden Unterschiede gemacht, ob die Energie aus fossilen Brennstoffen oder erneuerbaren Ressourcen gewonnen wird. Im Beispiel sollen nur Kleinstwasserkraftanlagen berücksichtigt werden, deren Ausbaugröße mit dem örtlich vorhandenen Wasserkraftpotential verglichen wird. Das ma-

Tabelle 6.13. Zielerträge in monetären oder physikalischen Dimensionen und – durch Schrägstrich getrennt – dahinter Zielerfüllungsgrade in % (kursiv) aller Zielkriterien für die Alternativen 1, 2 u. 3

Nr.	Zielktriterien	Dimension	Alternative 1	Altern. 2	Altern. 3
1.1.1	Erhalt landwirtschaftl. Nutzflächen	ha	1800 / *100*	1790 / *99,8*	1746 / *98*
1.1.2	Erhalt forstwirtschaftl. Nutzflächen	ha	1700 / *100*	1700 / *100*	1700 / *100*
1.1.3	Vermeidung von HW-Schäden	DM/Jahr	0 / *0*	464 / *27,8*	170 / *8,9*
1.1.4	Verbesserung Bewirtschaftung	Arbeiter/ha	0,08 / *13,7*	0,08 / *13,7*	0,09 / *13,2*
1.1.5	Ertragsverbesserung	Mio DM/Jahr	3,98 / *88,3*	3,96 / *88,1*	3,86 / *85,7*
1.2.1	Projektinduziertes Auftragsvolumen	Mio DM	0,75 / *10*	3,76 / *100*	1,25 / *30,0*
1.2.2	Schaffung von Arbeitsplätzen	Arbeitsplätze	1300 / *11,2*	1303 / *11,3*	1300 / *11,2*
1.2.3	Vermeidung v. HW-Gebäudeschäden	DM/a	--- / *100*	--- / *100*	--- / *100*
1.2.4	Verbesserung Energieerzeugung	kWh/a	4400 / *4,4*	7528 / *7,5*	4400 / *4,4*
1.3.1	Verbesserung der Beherbergung	Bettenanzahl	1010 / *77,7*	1010 / *77,7*	1010 / *77,7*
1.3.2	Verbesserung der Gastronomie	Anzahl Gastplätze	660 / *100*	660 / *100*	660 / *100*
1.3.3	Landschaftserleben	Erlebniswert	2,61 / *40,3*	2,63 / *40,9*	2,65 / *41,3*
1.3.4	Kultur und Unterhaltung	pro Woche	4,0 / *57,1*	4,38 / *62,6*	4,0 / *57,1*
1.3.5	Sport und Freizeitaktivitäten	% der Attraktivität	87,8 / *87,8*	95,6 / *95,6*	87,8 / *87,8*
1.3.6	Erhaltung d. Sehenswürdigkeiten	% der Attraktivität	100 / *100*	100 / *100*	100 / *100*
2.1.1	Vermeidung von Personenschäden	Wiederkehrintervall	900 / *99,0*	900 / *99,0*	900 / *99,0*
2.1.2	Emissionen des Straßenverkehrs	Kfz·h/d	500 / *66,6*	550 / *63,6*	500 / *66,6*
2.2.1	Natürlichkeitserhöhung d. Landschaft	% der korr. Flächen	--- / *80*	--- / *80*	--- / *80*
2.2.2	Schaffung von Biotopen	Biotopfläche [ha]	110 / *100*	106 / *61,3*	137 / *100*
2.2.3	Erhöhung der Gewässernatürlichkeit	NAT	75,5 / *80,4*	62,1 / *61,3*	75,4 / *80,3*
3.1.1	Verbesserung des Naturerlebens	Wegdichte km/km^2	4,1 / *100*	4,1 / *100*	4,1 / *100*
3.1.2	Verbessern Freizeit- u. Sportaktivität	Anzahl	18 / *78*	22 / *96*	18 / *78*
3.2.1	landwirtschaftl. Wegenetzverbesserg.	Wegedichte [km/km^2]	6,9 / *40*	6,9 / *40*	3,0 / *100*
3.2.2	Sicherung der Wasserversorgung	Nitratgehalt [mg/l]	< 50 / *100*	< 50 / *100*	< 50 / *100*
3.2.3	Sicherung der Abwasserentsorgung	mg BSB$_5$/l	< 5 / *100*	< 5 / *100*	< 5 / *100*
3.3.1	Erhaltg. kulturhistorischer Güter	Einheiten	11,0 / *100*	11,0 / *100*	11,0 / *100*

ximale theoretische Wasserkraftpotential kann z.B. aus dem Mittelwasser und der potentiell nutzbaren Fallhöhe des Einzugsgebietes abgeschätzt werden, d.h. $8760 \cdot 8 \cdot MQ \cdot \Delta h$ in kWh/a, hier $8760 \cdot 8 \cdot 0{,}016 \cdot 90 = 100000$ kWh/a (Maniak, 1997). Die Jahresarbeit aller in einer Alternative vorgesehenen Kleinstwasserkraftanlagen wird als Bruchteil der potentiell maximalen berechnet. Sie beträgt bei Alternative 1 und 3 4400 kWh/a oder 4,4 % und bei Alternative 2 7528 kWh/a oder 7,5 % (Tabelle 6.14).

In der Zielebene Fremdenverkehr wird bei der Verbesserung der Beherbergung und Gastronomie von der Anzahl der Gastbetten bzw. -plätze im Verhältnis zur Einwohnerzahl ausgegangen. Bei zu großem Angebot an Übernachtungen besteht die Gefahr der Überfremdung, d.h. bei einem Anteil der Übernachtungen von 20 bis 30 Prozent der Einwohnerzahl soll ein Optimum (100 %) erreicht werden. Ähnliches gilt für Gastplätze, deren Prozentzahlen etwa bei der Hälfte liegen. Das Optimum von 100 % Zielerfüllung für Kultur und Unterhaltung ist bei 1 Veranstaltung / Tag erreicht und wird durch 2 Veranstaltungen / Tag (Maximalwert) nicht mehr gesteigert (Bild 6.14).

Im Umweltbereich werden Sicherheit im Straßenverkehr und damit verbundene Gesundheitsschäden durch Lärm und Abgase ausgedrückt durch das Kfz-Aufkommen während der Woche und am Wochenende. Je geringer die Kapazitätsauslastung des Straßenverkehrs ist, umso höher ist der Zielerfüllungsgrad. Die Kapazitätsauslastung beträgt im Beispiel 1500 Kfz·h/Tag, oder 0 % Zielerfüllungsgrad. Im Bereich Natur und Landschaft ist die Natürlichkeit der Gewässer NAT über die 5-stufige Skala maßgebend z.B. nach (Engelhard, 1990). Die Stufe 1 dieser Skala (natürlich) wird mit 100 %, die Stufe 2 (naturnah) mit 75 %, die Stufe 3 (bedingt naturnah) mit 50, die Stufe 4 (naturfern) mit 25 % und die Stufe 5 (naturfremd) mit 0 % Zielerfüllungsgrad belegt. Die Natürlichkeit wird für die Gewässer des Planungsraumes ermittelt, indem der Natürlichkeitsgrad jedes markanten Flußabschnittes mit der Länge dieses Abschnittes multipliziert wird. Anschließend werden die Produkte addiert und durch die Gesamtlänge der betrachteten Gewässer dividiert. Das Ergebnis dieser längengewichteten Mittelung ist der Natürlichkeitsgrad NAT, der hier 75,7 % beträgt.

Die Natürlichkeit der Landschaft wird durch den relativen ökologischen Vollkommenheitsgrad (RÖV-Zahl) ausgerichtet. In der RÖV-Zahl sind Verhältnis der Vegetation, Bodennutzung und Landschaftsbilder berücksichtigt. Der Zielertrag ist 100 %, wenn das ökologische Gleichgewicht erreicht ist. Bei der Biotopfläche wird davon ausgegangen, daß ihr Optimum bei 15 % der Gesamtfläche, d.h. $0{,}15 \cdot 3860 = 580$ ha liegt ist und jede weitere Vergrößerung zu keiner Steigerung des Zielerfüllungsgrades führt. Die Verbesserung des Naherlebens kann anhand der naturbezogenen Wanderwegdichte abgeschätzt werden. Sie ereicht bei 4 bis 6 km/km^2 das Optimum von 100 % und sinkt bei Vergrößerung auf eine städtische Netzdichte von 20 km/km^2 auf Null. Für die Wasserver- und -entsorgung sind Stützstellen der Transformationsfunktion der Maximal- bzw. Optimalwert Null der Konzentration sowie die zulässige Grenzkonzentration z.B. 50 mg/l Nitrat bzw. 10 mg/l BSB für Gewässergüteklasse II.

Mit den ermittelten Zielerträgen für die einzelnen Alternativen ergeben sich nach Transformation die zugehörigen Zielerfüllungsgrade (Tabelle 6.13). Durch die Transformation auf eine gleiche Skala ist die Voraussetzung für die Zusammenfassung von Wirkungsbereichen geschaffen. So wird bei der Alternative 3 für das Zielkriterium 1.11 ein Wert von 1746 ha erhalten bzw. ein Zielerfüllungsgrad von $1746/1800 = 0{,}97$ da eine parabelförmige Transformation besteht (s. Bild 6.14).

Die beteiligten Entscheidungsträger müssen nach ihren Präferenzen die günstigste Alternative auswählen. Hierzu bedarf es einer von den Entscheidungsträgern vorzunehmenden Zielgewichtung. In jeder Zielebene werden Zielgewichte für jedes Teilziel durch Vergabe von 100 Punkten zugeordnet, d.h. die einzelnen Teilziele, die zu Gruppen zusammengefaßt werden, erhalten je ein Gewicht. Die Summe aller Gewichte einer Gruppe beträgt 100 Punkte (Bild 6.13). So erhalten in der 4. Zielebene die vier Zielkriterien unter 1.1 – Verbesserung der Erwerbsmöglichkeit in der Land- und Forstwirtschaft – je ein Gewicht, die in der Summe 1 betragen. Ebenso erhalten in der 3. Zielebene die drei Ziele zur Verbesserung der Erwerbsmöglichkeiten drei Gewichte mit der Summe 1 usw. (Bild 6.12).

Tabelle 6.14. Zusammenfassung der Kosten (Mio DM), Nutzwerte zur Verbesserung der Lebensqualität im Raum Emstal sowie Teilnutzwerte [%] für die Alternativen 1, 2 und 3. (ohne Gewichtung: linke Spalte; mit Gewichten g_i: rechte Spalte, kursive Zahlen)

Zielebenen	Alternative 1		Alternative 2		Alternative 3	
	ohne	mit g_i	ohne	mit g_i	ohne	mit g_i
Kosten [Mio DM]:	0,75		3,76		1,25	
Nutzwerte [%]:	76,9	*73,9*	77,9	*74,6*	79,8	*75,9*
Teilnutzwerte						
1 Erwerbsmöglichkeiten	56,3	*53,4*	66,7	*63,7*	58,3	*55,5*
1.1 Land- u. Forstwirtschaft	60,4	*60,3*	65,9	*67,2*	61,2	*61,7*
1.2 Gewerbe u. Wohnen	31,4	*31,5*	54,7	*50,3*	36,4	*35,5*
1.3 Fremdenverkehr	77,2	*75,7*	79,5	*78,2*	77,3	*75,9*
2 Umwelt	84,8	*85,9*	74,4	*75,5*	84,8	*85,9*
2.1 Sicherheit u. Gesundheit	82,8	*84,7*	81,3	*83,4*	82,8	*84,7*
2.2 Natur u. Landschaft	86,8	*87,1*	67,5	*67,5*	86,8	*87,1*
3 Sozio-kulturelle Bedingungen	89,7	*91,1*	92,7	*94,8*	96,3	*96,5*
3.1 Freizeit u. Erholung	89,0	*90,1*	98,0	*98,2*	89,0	*90,1*
3.2 Infrastruktur	80,0	*86,8*	80,0	*86,8*	100	*100*
3.3 Erhaltung kulturhistorischer Güter	100	*100*	100	*100*	100	*100*

Durch additive und multiplikative Verknüpfung der Zielerfüllungsgrade und Zielgewichte werden Teilnutz- und Nutzwerte ermittelt. Bezieht man dieses auf 100%, so geben die Teilnutz- und Nutzwerte die Zielerfüllungen für die Wirkungsbereiche in der nächst höheren Zielebene in Prozent an (Tabelle 6.14). Die Kosten und Nutzwerte der 3 Alternativen sind in Tabelle 6.14 zusammengefaßt. Die Nutzwerte sind für jede Alternative ohne Gewichtung, d.h. arithmetische Mittelung (Spalte "ohne"), und mit einer Gewichtung nach Bild 6.12, (Spalte "mit g_i"), angegeben. Bei maßvoller Gewichtung vergrößern sich die Unterschiede in den Nutzwerten, jedoch verschiebt sich die Rangfolge der Alternativen nicht, wenn von den (Teil)nutzwerten ausgegangen wird.

Literaturverzeichnis

1. Veröffentlichungen

Alaouze, Chris M. (1989): Reservoir releases to users with different reliability requirements, Water Resources Bulletin, Vol 25, No 6, Dec 1989.

Arbeitsgemeinschaft Naturschutz der Landesämter (1995): Systematik der Biotoptypen- und Nutzungstypen-kastrierung, bearb. vom Arbeitskreis Bildflug, Schriftenreihe Landschaftspflege und Naturschutz, H. 45

Bachfischer, R. (1978): Die ökologische Risikoanalyse; Füssen / Allgäu, 1978

Bader, W. (1969): Die wirtschaftliche Bedeutung des Europakanals Rhein-Main-Donau, Jahrbuch der Hafen-bautechnischen Gesellschaft 1969/71, S. 15-26.

Baecher, G.; Paté, E.; Neufville, R. (1980): Risk of Dam Failure in Benefit-Cost-Analysis; Water Resources Research; Vol. 16, No. 3 pp 449 - 456

Bayer. Landesamt für Wasserwirtschaft (1983): Nutzen-Kosten Untersuchung zur Teilrückleitung der oberen Isar - Fachbeitrag 8 - Gesamtökologisches Gutachten, München, Dezember 1983

Bartsch (1998): Ökonometrische Prognose- und Simulationsmodelle, Buchholz in der Nordheide, Eigenverlag

Becker, M.; Günther, W.; Overland, H. (1983): Optimierungsverfahren für wasserwirtschaftliche Planungs-probleme mit mehrfacher Zielsetzung II. Anwendungsbeispiele und auftretende Probleme WW 73, H. 9, S. 284-297

Bechmann, A. (1978): Nutzwertanalyse, Bewertungstheorie und Planung, Stuttgart, Bern

Bellmann, R.F. (1957): Dynamic Programming, Princeton University Press, Princeton 1957

Beyene, M. (1992): Ein Informationssystem für die Abschätzung von Hochwasserschadenspoputialen; Mitt. Inst. f. Wasserbau und Wasserwirtschaft RWTH Aachen H. 83, 1992

BfG (1996): Umweltverträglichkeitsuntersuchungen an Bundeswasserstraßen, Mitt. No. 9, Koblenz

BHO (1969): Gesetz über die Grundsätze des Haushaltsrechts des Bundes und der Länder (Haushaltsgrund-sätzegesetz - HGrG) vom 19.8.1969. BGBl. I 1969, S. 1273; § 6: Wirtschaftlichkeit und Sparsamkeit, Nutzen-Kosten-Untersuchungen

Binder, K. (1999): Mehrdimensionale Bewertung der Grundwasserbewirtschaftung am Beispiel des Grundwasserbewirtschaftungsplanues Hessisches Ried, Wasser und Boden 51/3, Blockwellverlag, Berlin

Binder, K.; Fuchs, R. et al. (1999): Mehrdimensionale Bewertung der Grundwasserbewirtschaftung am Beispiel des Grundwasserbewirtschaftungsplanes Hessisches Ried, Wasser & Boden; 51. Jahrg. H. 3, S. 19-28

Bjarsch, B.; Horlacher, H.-B.; Wolff, T. (1995): Wasserkraftnutzung bei einer staugestützten Flußregelung, Beispiel Elbe im Bereich der Stadt Magdeburg; Wasserkraftanlagen, Wasserwirtschaft 85; Berlin

Blank, L. Tarquin, A. (1998): Engineering Economy, 4 th ed., Mc Graw Hill

BMI (1997): Studie über Wirtschaftlichkeitsüberlegungen in Flußgebietsmodellen, Herausgeber: Arbeitskreis mathematische Flußgebietsmodelle, veröffentlicht vom Bundesministerium des Innern, Bonn Dez. 1977

BMU (1997): Stand und Einsatz mathematisch-numerische Modelle in der Wasserwirtschaft. Bearbeitet v. BMU Arbeitskreis "Flußgebietsmodelle"; Herausgegeben v. Bundesministerium für Umwelt, Naturschutz und Reaktorsicherheit, Bonn

Bokelmann, P. (1979): Schema zur Durchführung von Nutzen-Kosten-Analysen bei Metiorationen: Schriftenreihe des Bundesministers für Ernährung, Landwirtschaft und Forsten, Reihe A: Landwirtschaft, H. 208 Landwirtschaftsverlag Münster Hiltrup

Bretschneider, H. et al (ed) (1993): Taschenbuch der Wasserwirtschaft 7. Aufl. Paul Parey, Hamburg

Bronstein, I.; Semendjajew, A. (1985): Taschenbuch der Mathematik, 22. Aufl., Teuber Verlag, Leipzig

Bronstein, I.; Semendjajew, A. (1986): Taschenbuch der Mathematik, ergänzendes Kapitel, 4. Aufl., Harry Deutsch Verlag, Frankfurt

Brüggemann, R.; Fromm, O.; Steinberg, C. (2000): Biodiversitätsmaße - kritische Überlegungen aus naturwissenschaftlicher und ökonomischer Sicht; Wasser und Boden, 52. Jahrg.; H. 1/2

Buck, W. (Hrsg.) (1993): Umweltverträglichkeitsprüfung (UVP)-Unterstützung durch nutzwertanalytische Verfahren, Mitt. Inst. für Hydrologie und Wasserwirtschaft, H. 43, Uni Karlsruhe

BUWP (1979); Bundesminister für Verkehr; BVWP 80: Gesamtwirtschaftiche Bewertung von Investitionensvorhaben im Bereich der Bundesverkehrswege Teil A: Allgemeine Bewertungs-grundsätze; Teil B(W) und C(W): Verkehrsspezifische Ergänzungen und Formelteil (Verkehrszweig Wasserstraße), Bonn

Bundesminister der Finanzen (1973): Vorl. Verwaltungsvorschrift zur Bundeshaushaltsordnung vom 21.5.73 (MinBlFin 1973, S. 1994-195) und Vorl. Verwaltungsvorschriften zu § 7 Abs. 2 BHO vom 21.5.73 (MinBlFin, S. 293-302)

BWK (1998): Wasserbilanzmodelle in der Wasserwirtschaft, Merkblatt 2/BWK (Entwurf Sept. 1998)

Canter, L. (1996): Environmental Impact Assessment, Mc Graw Hill, New York

Card et al. (1984): Hydro - Environmental Indices: A Review and Evaluation of their use in the Assessment of the Environmental Impacts of Water Projekts, Technical Documents in Hydrology, UNESCO, Paris 1984

Casale, R., Pedroli, G., Samuels, P. (1998): Ribamod: River basin modelling, management and flood mitigation, Proceedings, European Comission, Brussel

Caspary, H. (1996): Die Winterhochwasser 1990, 1993 und 1995 in Südwestdeutschland - Signale einer bereits eingetretenen Klimaänderung? Klimaänderung und Wasserwirtschaft; Ist. f. Wasserwesen H. 56a; Wasserwirtschaft und Ressourcenschutz

Chapman, D. (1992): Water Quality Assessments, UNESCO/WMO/UNEP, Chapman & Hall, London

Collatz, L., Wetterling, W. (1971): Optimierungsaufgaben 2. Aufl. Springer Verlag, Berlin

Cowar (1993), Committee on Water Research: Water in our common future, Unesco, Paris, 1992

Crawley, D. and Dandy, G. (1993): Optimal operation of Multiple-Reservoir System; Journal of Water Resources Planning and Management; Vol. 119, No. 1

Dantzig, G.B. (1963): Linear Programming and Extensions, Princeton University Press

Deutsche Forschungsgemeinschaft (Hrsg.) (1981): Wasserwirtschaftliche Projektbewertung - Stand, Erfordernisse, Entwicklungslinien. Referatssammlung zum DFG-Rundgespräch am 19. - 20. Mai 1980 in Karlsruhe, Deutsche Forschungsgemeinschaft, Bonn

DFG (1995): National Report an Hydrological Research 1983-1993 National Comitee f. Geodesy and Geophysics, Bonn

Dierks, C.; Schulz, P.; Strunz, A. (1985): Wasserwirtschaftliche Fachplanung und Raumplanung; Mitt. Inst. für Hydrologie und Wasserwirtschaft H. 28

DIN 2000: Leitsätze für die zentrale Trinkwasserversorgung

DIN 2001: Leitsätze für die Einzeltrinkwasserversorgung

DIN 19700: Stauanlagen

DIN 4049: Hydrologie

Dornier et. al. (1977): Prognostisches Modell Neckar; Studien im Auftrag des BMFT, Friedrichshafen

Duckstein, L. Bogardi, I. (1981): Application of Reliability Theory to Hydraulic Engineering Design ASCE, Vol 107, No. HY7 pp. 799 - 815

DVWK (1984a): Projektbewertung in der Wasserwirtschaft; DVWK-Schriften, No. 66, Paul Parey Hamburg

DVWK Regel 113 (1984b): Arbeitsanleitung zur Anwendung von Niederschlag-Abfluß-Modellen in kleinen Einzugsgebieten, teil II-Synthese. - Verlag Paul Parey, Hamburg und Berlin

DVWK (1985): Ökonomische Bewertung von Hochwasserschutzwirkungen - Arbeitsmaterialien zum methodische Vorgehen - DVWK Mitt. Nr. 10, Bonn

DVWK (1989a): Wahl des Bemessungshochwasser, DVWK-Merkblatt 209, Paul Parey, Hamburg

DVWK (1989b): DVWK-Regel 113 / 1984; Arbeitsanleitung zur Anwendung von Niederschlag-Abfluß-Modellen in kleinen Einzugsgebieten, Teil II-Synthese. Verlag Paul Parey, Hamburg u. Berlin

DVWK (1996): Erholung und Freizeitnutzung an Seen - Voraussetzung, Planung, Gestaltung; DVWK Merkblätter zur Wasserwirtschaft 233/1996 - Bonn: Wirtschaft u. Verl. Ges. Gas u. Wasser

DVWK (1996a): Gesichtspunkte zum Abfluß in Ausleitungsstrecken kleiner Wasserkraftanlagen, DVWK Schriftenreihe, H. 114, Bonn

DVWK (1998): Einsatz von Niederschlag-Abfluß-Modellen zur Ermittlung von Hochwasserabflüssen; DVWK Merkblätter zur Wasserwirtschaft, Entwurf Mai 1998

DVWK (1999a): Integrierte Bewertung wasserwirtschaftlicher Maßnahmen; DVWK-Materialien 1/1999, Bonn

DVWK (1999b): Numerische Modelle von Flüssen, Seen und Küstengewässern, DVWK-Schriften, H. 127, Bonn

Engelhard, D., Stahlberg, S. (1990): Ökologische Bewertung eines Fließgewässers; Zeitschrift Kulturtechnik und Landnutzung, H. 31

EU - Wasserrahmenrichtlinie (1999): Schaffung eines Ordnungsrahmens für Maßnahmen der Gemeinschaft im Bereich der Wasserpotentiale (Entwurf)

European Commission (1997): Ribamod (Riverbasin modelling, management and flood mitigation concerted action, Proc. 1st Workshop, Luxemburg, 1998

Fachbereich Bauingenieurwesen d. TU Braunschweig (1998): Weiterbildendes Fernstudium Umweltingenieurwesen-Gewässerschutz, Lehrmaterialien, Braunschweig (unveröffentlicht)

Garbrecht, G. & L. Martz (1993): Program DEDNM. An automated extraction of channel netwok and drainage basin parameters from digital elevation models.-Information brochure

Georgi, B. (2000): Biodiversität - ein neuer Begriff aber alte Inhalte, Wasser und Boden, 52. Jahrg.; H. 1/2

Gilpin, A (2000): Environmental Economics - a critical overview, Wiley, Chichester

Goicoechea, A.; Hansen D.; Duckstein, L. (1982): Multiobjective Decision Analysis with Engineering and Business Application, J. Wiley, New York

Greiving, S. (1999): Das Verhältnis zwischen räumlicher Gesamtplanung und wasserwirtschaftlicher Fachplanung - dargestellt am Beispiel des Hochwasserschutzes; HW 43, H. 2, S. 75-82

Grenzkommission, Deutsch-Niederländische (1997): Plan zur Bewirtschaftung der Vechta, 2. Zwischenbericht, Druckhaus Plaggen, Meppen

Grigg, N. (1996): Water Resources Management, Mc Graw Hill, New York

Günther, W.; Overland H. (1983): Optimierungsverfahren für wasserwirtschaftliche Planungsprobleme mit mehrfacher Zielsetzung Teil I Zusammenstellung geeigneter Verfahren WW 73 H. 7/8, S. 221-225

Günther, W.; Klaus, J.; Lindstadt, H.-J.; Schmidtke, R.F. (1980): Monetäre Bewertung wasserwirtschaftliche Maßnahmen - Systematik der volkswirtschaftlichen Nutzenermittlung. Informationsberichte des Bayrischen Landesamtes für Wasserwirtschaft, H. 4

Günther, W.; Schmidtke, R. (1988): Hochwasserschadensanalyse - Pilotuntersuchung über das Inn - Hochwasser im August 1985, Wasserwirtschaft 78, H.Z.

Hafkampf, W.; Nijkamp, A. (1981): Multiobjective Modelling for economical-environmental policies; Environmental planning, A; Vol. 13, S. 7 ff

Haimes, Y.; Hall, W.; Freedman, H. (1975): Multiobjective Optimization in Water Resources System, Elsevier, Amsterdam

Haimes, Y. (1977): Hierarchical Analyses of Water Resources Systems, Mc Graw Hill, New York

Harboe, R. (1986): Optimaler Betrieb wasserwirtschaftlicher Verbundsysteme mit Speichern und anderen Anlagen, Schriftenreihe Hydrologie/Wasserwirtschaft, H. 4, Ruhr Universität Bochum

Hartmann, L. (1992): Ökologie und Technik; Analyse, Bewertung und Nutzung von Ökosystemen; Uni Karlsruhe, Springer Verlag, Berlin

HdUVP (1988): Handbuch der Umweltverträglichkeitsprüfung hrsg. v. Storm, P.; Bunge, T.; Erich Schmidt Verlag, Berlin

Hillier, F.S.; Liebermann, G.J. (1974): Introduction to Operations Research, Holden-Day, San Franzisco

HLfU (1991): Wasserbilanz Mittelhessen, Schriftenreihe Umweltplanung H 110, Hess. Landesamt f. Umwelt, Wiesbaden 1991

Hornbogen, M. (1998): Die Planung von Wasserversorgungssystemen auf der Basis des Nachhaltigkeitsprinzips, Schriftenreihe Hydrologie / Wasserwirtschaft, Ruhr Universität, Bochum H. 17

Howe, C. (1971): Benefit Cost Analysis for Water System Planning, Water Resources Monograph No 2, American Geophysical Union Washington

IAHS, 1998: Sustainable Reservoir Development and Management IAHS Pub. No. 251

IHP/OHP (1999): International Conference on Quality, Management and Availability of Data for Hydrology and Water Resources Management, herausgegeben: Deutsches National Komitee für IHP und OHP, Koblenz

Inst. f. Landschaftspflege (1998): Handlungsanleitung zur Anwendung der Eingriffsregelung in Bremen, herausgegeben: Inst. f. Landschaftspflege u. Naturschutz d. Uni Hannover u. Planungsbüro Mitschang, Homburg / Saar

Kindler, J. (1978): Proceedings of a Workshop on Modelling of Water Demands, IIASA, Laxenburg, Austria

Kleeberg, H.-B.; Nikamp, O.; Cennes, J. (1988): Konzeptstudie zur EDV-gestützten Abspeicherung und Auswertung von Hochwasserschadensdaten, Programmpaket HOWAS

Kleeberg, H.-B.; Overland, H. (1989): Zur Berechnung des effektiven oder abflußwirksamen Niederschlags. Mitteilungen des Instituts für Wasserwesen der Universität der Bundeswehr München, H. 32

Kreuzer, H. (1998): Talsperren - Der traditionelle Sicherheitsfaktor und seine Unzulänglichkeiten; Wasserwirtschaft 88, H. 12

Kuo, Jan-Tai (1990); Hsu, Nien-Sheng; Chu, Wensen; Wan, Shian and Lin, Youn-Jan (1990): Real-Time operation of Tanshui River Reservoirs; Journal Water Resources Planning and Management; Vol. 116, No. 3

Landesamt f. Natur und Umwelt des Landes Schleswig - Holstein (1996): Empfehlungen zum integrierten Fließgewässerschutz, Flintbek

Landesamt f. Wasserwirtschaft Rheinland Pfalz (1998): Sanierungskonzept Lahn Rheinland Pfalz, H. 3, Mainz

Landesanstalt für Ökologie (1985): Bewertung des ökologischen Zustandes von Fließgewässern, Teil I: Bewertungsverfahren, Teil II: Grundlagen für das Bewertungsverfahren, Landesanstalt für Ökologie, Landschaftsentwicklung und Forstplanung und Landesamt für Wasser und Abfall, Nordrhein-Westfalen, Recklinghausen und Düsseldorf

Landesumweltamt NRW (1996): Naturraumspezifische Leitbilder für kleine u. mittelgroße Fließgewässer in der freien Landschaft – Materialien Nr. 23, Düsseldorf

LAWA-Arbeitsgruppe Nutzen-Kosten-Untersuchungen in der Wasserwirtschaft (1979): Leitlinien zur Durchführung von Kosten-Nutzen-Analysen in der Wasserwirtschaft, Herausgeber: Ländergemeinschaft (LAWA), Stuttgart

LAWA-Arbeitsgruppe Grundzüge der Nutzen-Kosten-Untersuchungen in der Wasserwirtschaft (1981): Länderarbeitsgemeinschaft Wasser, Bremen

LAWA-Arbeitsgruppe Nutzen-Kosten-Untersuchungen in der Wasserwirtschaft (1982): Leitlinien zur Durchführung von Kostenvergleichsrechnungen. Herausgeber: Länderarbeitsgemeinschaft Wasser (LAWA), Bremen

LAWA (1996): Nationale Gewässerschutzkonvention

LAWA (1998): Leitlinien zur Durchführung dynamischer Kostenvergleichsrechnungen und Software Benutzerhandbuch, Kulturbuchverlag, Berlin

Lehn, H.; Steiner, M.; Mohr, H. (1996): Wasser - die elementare Resource, Springer Verlag, Berlin

Lochmüller, M. (1988): Sicherheitsüberprüfung und Ertüchtigung der Hochwasserrückhaltebecken des Landes Baden - Württemberg, Wasserwirtschaft Jg. 73, H. 4

Loucks, P. (1994): Water resources management, Technical Documents in Hydrology UNESCO, Paris

LWA (1993): Gewässerstrukturgütekarte - Kartieranleitung, herausgegeben vom Landesamt für Wasser und Abfall NW, Düsseldorf

Maniak, U.; Renz, F. (1978): Optimal Operation of the System of Ruhr Reservoirs, Prog. Wat. Tech. Vol. 10, Nos 3/4, IAWPR, Pergamon Press

Maniak, U. (1995): La Gestion des Resources en Ean en Méditerraneé, MED Campus Echo, No. 9

Maniak, U.; Beckmann, T. (1995): Betriebsplan für die Ruhrtalsperren, Bericht des Leichtweiss-Institut, unveröffentlicht

Maniak, U. (1997): Hydrologie und Wasserwirtschaft, 4. Aufl. Springer Verlag, Berlin

Maniak, U. (1999): Flußgebietsmodelle: Mathematische Modelle in der Gewässerkunde, BfG-Mitt. Nr. 19, Koblenz

Mazijk, van A. (1999): Das Rheinalarmmodell, in: Hydrologische Dynamik im Rheingebiet, IHP/OHP, H. 13, Koblenz

Mays, C.; Tung, Y. (1992): Hydrosystems Engineering and Management Mc Graw Hill, New York

Meier, J. (1987): Versagen einer Talsperre infolge hydrologisch - meteorologischer Abflußkomponenten, Mitt. IHW H. 32, Uni. Karlsruhe

Meon, G.; Plate, E. (1986): Risikoabschätzung von Stauanlagen, Wasserwirtschaft Jg. 76

Meyerhoff, J. Petschow, U. et al (1996): Umweltverträglichkeit kleiner Wasserkraftwerke - Zielkonflikte zwischen Klima- und Gewässerschutz, Umweltbundesamt, Texte 13/98, Berlin

Merz, R.; Buck, W. (1999): Integrierte Bewertung wasserwirtschaftlicher Maßnahmen; DVWK-Materialien 1/1999; DVWK, Bonn

Molnár, T.; Kasper, G.; Kleeberg, H. (1999): Parametermodelle und effektive Parameter zur Simulation von Wasserflüssen; Mitt. Nr. 68, Inst. für Wasserwesen, Universität der Bundeswehr, München

Morgenschweis, G.; zur Strassen, G. (1996): Leitzentrale zur Steuerung der Talsperren im Einzugsgebiet der Ruhr, Jahresbericht Ruhrwassermenge 1995, Ruhrverband Essen

Mosonyi, E.; Buck, W. (1972): Die Grundlagen der Wirtschaftlichkeitsanalyse und Kostenverteilung, 4. DVWW-Fortbildungslehrgang für Hydrologie, Karlsruhe, S. L1-L45

Müller, K. (1997): Auswertungsmethoden im Bodenschutz, 6. Aufl. Nieders. Landesamt f. Bodenforschung, Hannover

Nachtnebel, H. (1988): Wasserwirtschaftliche Planung bei mehrfacher Zielsetzung: Wiener Mitteilung Bd. 78; Universität für Bodenkultur, Wien

Nachtnebel, H.; Duckstein, L. (1990): Incorporating Risk and Imprecision into Water Related Decision Making: An Austrian Case Study for Instream Water Requirements

OECD (1999): Handbook of Incentive Measures for Biodiversity, OECD Publications, Paris

OECD (1999a): The Price of Water - Trends in OECD countries, OECD Publications, Paris

Pandyal, G.; Syme, M. (1994): Profiling a flood management System for Bangladesh: The strategy of the generic modul - GIS connection, Journal Hydraulic Research, Vol 32, Extra Issue. pp 21 - 34

Parr, N.; Charles, A.; Walther, S. (1992): Water Resources & Reservoir Engineering, Thomas Telford, London

Paté - Cornell, E.; Tagaras, G. (1986): Risk Cost for New Dams: Economic Analysis and Effects of Monitoring Water Resources Regards Vol. 22, No. 1 pp. 5 - 14

Pflügner, W. (1989): Nutzwertanalytische Ansätze zur Planungsunterstützung und Projektbewertung, DVWK-Mitteilung H. 19

Pflügner, W. (1991): Pilotstudie zur Anwendung nutzwertanalytischer Verfahren; DVWK-Mitt. H. 22, Bonn

Pflügner, W. et al. (1995): Ermittlung der Hochwasserschadenspotentiale am Oberrhein; Bericht für die WSV der Planungsgruppe IFB: Barschel + Schmidt, München

Pflügner, W. (1996): Nutzen-Analysen im Umweltschutz - Der ökonomische Wert von Wasser und Luft, Vanderhoeck & Ruprecht, Göttingen, 1996

Plate, E.; Duckstein, L. (1988): Reliability-based design concepts in hydraulic engineering, Water Resources Bulletin, AWRA, Vol. 24

Rasper, M.; Sellheim, P; Steinhardt, B. (1998): Das Niedersächische Fließgewässerschutzsystem, Naturschutz und Landschaftspflege 25/2, Hrsg. Niedersächisches Landesverwaltungsamt

Regierungsbezirk Weser-Ems (1995): Betrieb und Unterhaltung wasserwirtschaftlicher landeseigener Objekte im Regierungsbezirk Weser-Ems, Oldenburg, unveröffentlicht

Resources Agency (1970): The California State Water Projekt, State of California, Bulletin No. 132 - 70

Rickert, K., Rodriquez, E. (1993): Anwendung einer formalisierten Entscheidungshilfe - Fallbeispiel Emstal, Wasserwirtschaft 83 (1993), H. 12, S. 666-670

Riedel, G.; Maniak, U. (1999): Regionalization of parameters for direct runoff in: Regionalization in Hydrology, IASH-Publ. No. 254

Rothengatter, W. (1998): Entwicklung eines Verfahrens zur Aufstellung umweltorientierter Fernverkehrskonzepte als Beitrag zur Bundesverkehrswegeplanung; F+E Vorhaben Nr. 10506001; Bericht Umwelt-Bundesamt Berlin   .

Rother, K.-H. (1974): der Einfluß von Veränderungen im Abflußsystem auf den Hochwasserablauf in kleinen Einzugsgebieten, Wasserhaushalt und Bodennutzung, Schriftenreihe des Sonderforschungsbereiches 150 der Technischen Universität Braunschweig

Röttcher, K.; Tönsmann, F. (1999): Kosten-Nutzen Untersuchung für Hochwasserschutzmaßnahmen am Beispiel der Losse (Nordhessen), Wasser & Boden; 51. Jahrg. H. 3,
S. 34-39

Scharaw, B.; Westerhoff, I.; Puta, H. (1998): Qualitätsorientierte Bewirtschaftung eines Talsperrensystems, FHG. IITB-Mitt. S. 71-74; Karlsruhe

Schäfers, C. (1999): Darstellung und vergleichende Bewertung nationaler und internationaler Ansätze zur Klassifizierung der Beschaffenheit von Fließgewässern, Umweltbundesamt, Texte 21/99, Berlin

Schmidtke, R. (1972): Ein Kostenzurechnungsmodell für wasserwirtschaftliche Mehrzweckprojekte, Wasserbau-Mitt. H. 12, TH Darmstadt

Schmidtke, R. (1976): Kosten-Nutzen-Untersuchungen im Schutzwasserbau, Österreichische Wasserwirtschaft 28 Jahrg. H. 3/4 S. 58-66

Schmidtke, R. (1981): Kompendium Nutzen-Kosten-Untersuchungen in der Wasserwirtschaft. Eigenverlag des Instituts für Wasserbau und Wasserwirtschaft, Technische Hochschule Darmstadt, 8. Auflage

Schmidtke, R. (1986): Beitrag der analytischen Projektbewertung zum resourcenpolitischen Konfliktmanagement - Beispiel: Obere Isar, Wasser und Boden, H. 3, S. 128-132

Schmidtke, R. (1995): Sozio-ökonomische Schäden von Hochwasserkatastrophen in: Wasserbau-Mitt. Nr. 40, S. 143-156; TH Darmstadt

Schmidtke, R.; Günther, W.; Klaus, Z.; Lindstadt, H. (1981): Monetäre Bewertung wasserwirtschaftlicher Maßnahmen- Systematik der volkswirtschaftlichen Nutzenermittlung Mitt. Bayrisches Landesamt f. Wasserwirtschaft, H. 2

Schultz, G. (1972): Wasserwirtschaftliche Speicherplanung, Mitt. Inst. f. Hydrologie u. Wasserwirtschaft, Universität Karlsruhe, Heft 2, Eigenverlag

Schultz, G. (1987): Projektbewertung von Talsperren, Schriftenreihe Wasser und Umwelt, Bd. 1, Universität Witten/Herdecke GmbH.

Schultz, G. (1998): Wege zur Realisierung des Prinzips nachhaltiger Entwicklung auf dem Gebiet von Hydrologie und Wasserwirtschaft: Mitt. BfG H. 16, Koblenz

Singh, V.P. (1995): Computer Models of Watershed Hydrology, Water Resources Publication, Highlands Ranch, Colorado, 1995

Statistisches Jahrbuch der Bundesrepublik Deutschland (1996), herausgegeben vom statistischen Bundesamt

StMLU (1998): Wasserwirtschaftlicher Rahmenplan Naab-Regen, herausgegeben: Bayerisches Staatsministerium f. Landesentwicklung und Umweltfragen, München

Stödter, A. (1994): GIS-gestützte Ermittlung von Abflußkonzentrationsparametern für ein konzeptionelles Hochwassermodell. Mitteilungen des Leichtweiß-Instituts für Wasserbau der Technischen Universität Braunschweig, H. 126

Szidarovsky, F.; Gershon, M.; Duckstein, L. (1986): Techniques for Multiobjektive Decision Making in System Management, Elsevier, Amsterdam

Tecle, A.; Duckstein, L: (1992): A procedure for Selecting MCDM techniques for Forest Resources Management; Proceedings 9. Internat. Conference on Multiple Criteria Decision Making, Springer Verlag, New York

Tegtmeier, V; Rudolph, K; Schultz, G. (1987): Nutzen-Kosten Untersuchung einer Talsperrensanierung, Wasserwirtschaft, 77. Jahrgang, H. 1

Tiedt, M. (1992): Freizeitnutzung als Komponente der wasserwirtschaftlichen Projektbewertung, Schriftenreihe Hydrologie / Wasserwirtschaft, H. 9, Ruhr Universität Bochum

Umweltbundesamt (Hrsg.) 1998): Entwicklung eines Verfahrens zur Aufstellung umweltorientierter Fernverkehrskonzepte als Beitrag zur Bundesverkehrswegeplanung, Berlin

UNCED (1993): United Nations Conference on Environment and Development-Programme of action for sustainable Development Chapter 18: Protection of the Quality and Supply of Freshwater Resources No E 93.1 NN Pub. 1993, New York

UNCED (1992): Agenda 21: Programm of Action for Sustainable Development. United Nations Conference on Environment and Development, Rio de Janeiro, Brazil, 3-14 June 1992

UNCSD, 1995: Workprogramme on indicators of sustainable development. United Nations Department for Policy Coordination and Sustainable Development (unpublished)

UNEP (1987): Methodological guidelines for the Integrated Evaluation of Water Resources Development, Unesco, Paris

Unesco (1987): Methodological guidelines for the integrated environmental evaluation of Water Resources Development, Techn. Documents, Paris

Unesco (1987): The process of water resources project planning: a systems approach (ed. by Y. Haimes, J. Kindler, E. Plate) Studies and reports in hydrology, No. 44, Unesco, Paris

Unesco (1994): Multicriteria Decision Analysis in Water Resources Management, IHP, Paris

Unesco (1997): Regionalization in Hydrology (Extendet Abstracts) National Conference, Braunschweig

UPVG (1990): Gesetz über die Umweltverträglichkeitsprüfung (UVPG) vom 12.2.90, BGBl I S. 205, zuletzt geändert 18.8.97, BGBl. I S. 2081

Viessman, W. (1990): Water Management: Challenge and Opportunity; Journal Water Resources Planning and Management; Vol. 116, No. 2

Vischer, D. (1974): Die Kostenzurechnung bei Mehrzweckprojekten Schweizerische Bauzeitung 92. Jahrg.

Vischer, D.; Spreafico, M. (1974): Optimale Bewirtschaftung von Speicherseen, Wasser- und Energiewirtschaft, 66 Jahrg. Nr. 3

Vischer, D. (Hrsg.) (1975): Nutzen-Kosten-Analysen in der Wasserwirtschaft, Mitt. Nr. 18 der Versuchsanstalt für Wasserbau, Hydrologie und Glaziologie, ETH Zürich, Zürich

Walz, R. (1997): Grundlagen für ein nationales Umweltindikatorsysteme; UBA-Texte 37/97, Berlin

Water Resources Council (1983): Economic and Environmental Principles and Guidelines for Water and Related Land Resources Implementation Studies, U.S. Dept. of Interior, Washington DC., March 10, 1983

WMO (1992): The Dublin Statement and Report of the Conference, Geneva

WMO (1994): Guide to hydrological practies. 5th ed. Genf

Wolbring, F. (1997): Wissensbasierte Methoden für den Betrieb von Talsperren, Schriftenreihe Hydrologie / Wasserwirtschaft H. 16, Ruhruniversität Bochum

World Bank (1993): Privatization and User Porticipation in Water resources Management, Washington DC

World Commision on Environment and Development (WCED 1987): Our Common Future (Brundtland-Bericht, Oxford University Press)

Worreschk, B. (1999): Hochwasserschutz und Hochwasservorhersage in Rheinland-Pfalz, Wasser u. Abfall, H. 11

WRC (U.S. Water Resources Council) (1983): Economic and Environmental Principles and Guidelines for Water and Related Land Resources Implementation Studies, Dept. of the Interior, Washington, D.C. March 10, 1983

WRM (1992): Wasserbilanz Rhein - Main 1990-2010, Herausgeg. Arbeitsgemeinschaft Wasserversorgung Rhein-Main, RP. Darmstadt

Yen, B.C.; Tung, Y. (1993): Reliability and uncertainity Analysis in Hydraulic Design, American Section Civil Engineers, New York

Yen, B.C.; Cheng, S.; Melching, C.S. (1986): "First order reliability analysis" in: Stochastic and Risk Analysis in Hydraulic, Design ed. B. C. Yen

Yevjevich, V.; Starosolzky, Ö. (1998): Controversies between water resources development and protection of the environment, Journal JAHR Vol. 36, pp. 135-138

Zangemeister, Ch. (1973): Nutzwertanalyse in der Systemtechnik. Eine Methode zur multidimensionalen Bewertung und Auswahl von Projektalternativen. Wittemannsche Buchhaltung, 3. Auflage, München

Zeleny, M. (1982): Multiple Criteria Decision Making, Mc Graw Hill New York

Zimmermann, H.; Zielinski (1971): Lineare Programmierung, De Gruyter, Berlin

Zimmermann, H.; Gutschel (1991): Multi-Criteria Analyse; Springer Verlag, Berlin

Sachregister